Otto Mildenberger

Grundlagen der Statistischen Systemtheorie

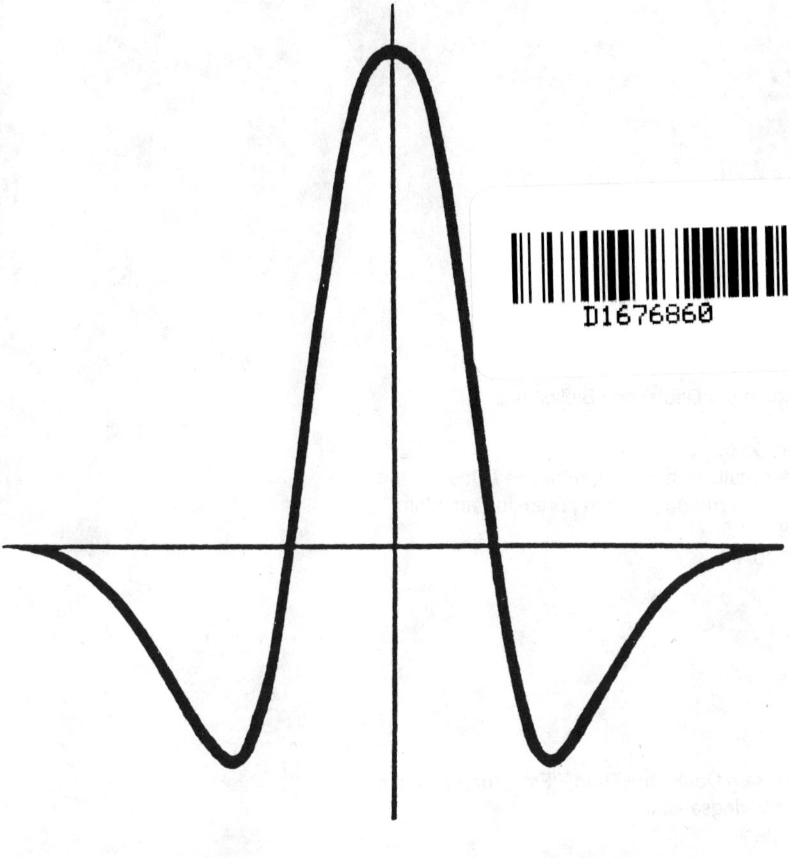

Verlag Harri Deutsch

CIP-Titelaufnahme der Deutschen Bibliothek

Mildenberger, Otto:
Grundlagen der Statistischen Systemtheorie / Otto Mildenberger. - 2., verb. Aufl. - Thun ; Frankfurt am Main : Deutsch, 1988
ISBN 3-8171-1077-4

Druck: Fuldaer Verlagsanstalt
Printed in Germany

Vorwort

Dieses Buch ist aus einem Vorlesungsmanuskript für eine dreistündige Vorlesung über Statistische Systemtheorie an der Fachhochschule Wiesbaden entstanden. Es ist als Begleitbuch zu Vorlesungen und auch für das Selbststudium konzipiert.

Eine Einführung in die Systemtheorie und erst recht eine Einführung in die Statistische Systemtheorie ist ohne einen gewissen mathematischen Aufwand nicht möglich. Es wurde jedoch versucht, mit geringen mathematischen Voraussetzungen auszukommen. Häufig wird auf eine strenge mathematische Beweisführung zugunsten von physikalischen oder Plausibilitätserklärungen verzichtet. Andererseits enthält das Buch oft ausführlichere Erklärungen zu Ableitungen, wie sie bei Büchern über dieses Gebiet meist nicht üblich sind. Wesentlicher Bestandteil des Buches sind viele voll durchgerechnete Beispiele, die die Ergebnisse interpretieren und verständlich machen sollen.

Der 1. Abschnitt des Buches hat die Aufgabe, den Leser mit den notwendigen Kenntnissen der Wahrscheinlicheitsrechnung vertraut zu machen, oder ggf. diese Kenntnisse aufzufrischen.

Im 2. Abschnitt wird zunächst der Begriff des Zufallssignales eingeführt und anhand von Beispielen ausführlich erläutert. Schließlich erfolgt die Besprechung stationärer und ergodischer Zufallsprozesse.

Der 3. Abschnitt befaßt sich mit der Beschreibung stationärer Zufallsprozesse durch Korrelationsfunktionen und deren Messung. Als wichtigste Anwendung wird gezeigt, wie ein stark verrauschtes periodisches Signal von seinen Störungen "befreit" werden kann.

Der 4. Abschnitt ist der Beschreibung von Zufallssignalen im Frequenzbereich und sich daraus ergebenden Anwendungen gewidmet. Ebenso wie in den anderen Abschnitten, wird auch hier auf die Besonderheiten bei zeitdiskreten Signalen eingegangen. Als Voraussetzung zum Verständnis des Stoffes in diesem Abschnitt sind Kenntnisse über die Fourier-Transformation (siehe z.B. Anhang) erforderlich.

Der umfangreiche Abschnitt 5 befaßt sich mit Reaktionen linearer Systeme auf zufällige Eingangssignale und sich daraus ergebenden Anwendungen. Zum Verständnis des Stoffes in diesem Abschnitt sind Grundkenntnisse der Systemtheorie (Anhang) erforderlich. Neben anderen Anwendungen wird hier auch die Theorie der optimalen Suchfilter behandelt. Eine ausführliche Besprechung der Theorie der Optimalfilter (Wiener'sches Optimalfilter, Kalman-Filter) würde den Rahmen dieser einführenden elementaren Darstellung sprengen. Aus dem gleichen Grund wird auch auf die Behandlung von nicht-

nichtlinearen Systemen verzichtet.

Im relativ umfangreichen Anhang werden schließlich Methoden und Ergebnisse der "klassischen" Systemtheorie zusammengestellt und teilweise auch erläutert. Dabei erfolgt im wesentlichen eine Beschränkung auf die Verfahren, die zum Verständnis des Stoffes in den vorhergehenden Abschnitten nützlich und erforderlich sind.

Mainz, Januar 1986 Otto Mildenberger

Vorwort zur 2. Auflage

Die 1. Auflage des Buches hat eine erfreulich schnelle Aufnahme gefunden, so daß eine Neuauflage erforderlich wurde.

Die 2. Auflage unterscheidet sich zunächst durch eine bessere Ausstattung gegenüber der früheren. Selbstverständlich wurden auch erkannte Fehler korrigiert und weiterhin wurden einige Formelzeichen durch heute häufiger übliche ersetzt.

Meiner Frau danke ich dafür, daß sie den größten Teil der sehr mühevollen Schreibarbeit übernommen hat.

Mainz, Juni 1988 Otto Mildenberger

Inhalt

Einleitung

In der Systemtheorie beschreibt man die Systeme durch möglichst einfache Kenngrößen (z.B. Übertragungsfunktionen), die eine einfache Berechnung gestatten und natürlich andererseits eine hinreichend gute Annäherung an die wirklichen Verhältnisse gewährleisten.

Man kann auf diese Weise vergleichsweise einfache Entwicklungsrichtlinien für zu konzipierende Systeme finden, oder die grundsätzlichen Eigenschaften eines bestehenden Systems ermitteln. Bei den Systemen kann es sich um Übertragungssysteme der Nachrichtentechnik oder z.B. auch Systeme aus dem Bereich der Regelungs- oder Meßtechnik handeln.

Das vorliegende Buch beschränkt sich auf die Behandlung linearer Systeme, die in der Nachrichtentechnik besonders wichtig sind. Oft ist es auch möglich nichtlineare Systeme durch lineare anzunähern, wenn im Betrieb nur kleine Aussteuerungen von Bedeutung sind (Kleinsignalbetrieb).

Eine zentrale Bedeutung in der Systemtheorie spielt die (mathematische) Beschreibung der Signale. Die klassische Systemtheorie befaßt sich ausschließlich mit determinierten Signalen. Dies sind Signale mit vollständig bekanntem Verlauf, die in günstigen Fällen durch geschlossene mathematische Ausdrücke beschrieben werden können. Im Sinne der Informationstheorie (siehe z.B. [10]) kann man durch völlig determinierte Signale keine Informationen übertragen. Ein determiniertes Signal ist ja in seinem Verlauf vollständig bestimmt, eine zunächst unbekannte Nachricht kann nicht in ihm enthalten sein.

In der Praxis müssen (Übertragungs-) Systeme nicht nur ein bestimmtes Signal übertragen oder in geeigneter Weise umformen, sondern eine große Anzahl möglicher Signalformen. Bei einer Fernsprechübertragung sind dies z.B. alle denkbaren Sprachsignale (bis zu einer Grenzfrequenz von 3,4 kHz). Dies führt zu der Fragestellung, wie man ein ganzes Ensemble von Signalen beschreiben kann. Ein mathematisches Modell hierfür liefern die sogen. Zu- Zufallssignale oder Zufallsprozesse. Zufallsprozesse dienen zur Beschreibung und Untersuchung von nicht genau vorhersehbaren Signalen, die statistischen Gesetzen gehorchen.

Die Einführung von Zufallsprozessen in die Systemtheorie führt in vielen Fällen zu einem gründlicherem Verständnis von Phänomenen und liefert Hinweise, wie Systeme ggf. für die ganze Gruppe der zu erwartenden Signale optimiert werden können. Manche Probleme sind ohne die Einbeziehung von Zufallssignalen überhaupt nicht lösbar. Beispiele hierfür sind das Problem des Erkennens stark verrauschter Signale oder die Entwicklung störunempfindlicher Meßmethoden für Systemkenngrößen.

Abschließend soll darauf hingewiesen werden, daß in der Systemtheorie üblicherweise mit dimensionslosen Größen (normiert) gerechnet wird. Dies kann im einfachsten Fall dadurch erreicht werden, daß man die Ströme auf 1 A, die Spannungen auf 1V, die Zeiten auf 1 s usw. bezieht (vgl. z.B. [12]). Auf diese Weise werden die abgeleiteten Beziehungen einfacher und zugleich allgemeiner. Die für eine "elektrische Übertragung" abgeleiteten Ergebnisse kann man dann ggf. auch zur Beschreibung einer "akustischen Übertragung" anwenden.

1 Kurze Einführung in die Wahrscheinlichkeitsrechnung

In diesem Kapitel werden die wichtigsten Grundlagen der Wahrscheinlichkeitsrechnung zusammengestellt, soweit diese zum Verständnis des Stoffes in den anderen Kapiteln erforderlich sind.

Bei der Darstellung wird oft auf eine mathematisch strenge Durchführung von Beweisen verzichtet, stattdessen wird versucht, Ergebnisse durch Beispiele verständlich zu machen.

Einige Abschnitte wenden sich an mathematisch etwas stärker interessierte Leser, sie können bei der ersten Durcharbeitung übersprungen werden. Dazu gehört z.B. der Abschnitt 1.1.4 in dem auf den axiomatischen Aufbau der Wahrscheinlichkeitsrechnung eingegangen wird und auch der Abschnitt 1.6, in dem der zentrale Grenzwertsatz und Konvergenzfragen behandelt werden. Zum Verständnis eines großen Teiles des Stoffes der folgenden Kapitel sind jedenfalls Kenntnisse im Umfang der Abschnitte 1.1 (ggf. ohne 1.1.4), 1.2 (ggf. ohne 1.2.2.3), 1.3 und 1.4 erforderlich.

1.1 Grundbegriffe

1.1.1 Relative Häufigkeit und Wahrscheinlichkeit

Wichtige Grundbegriffe der Wahrscheinlichkeitsrechnung lassen sich besonders anschaulich mit Hilfe einfacher Hilfsmodelle einführen. Wir werden bebesonders das "Werfen eines Würfels" als Modell verwenden.

Die Durchführung eines Wurfes mit einem Würfel nennen wir **Zufallsexperiment**, als Ergebnis erhalten wir **Zufallsereignisse** x_i (hier $x_1=1$, $x_2=2$, ... , $x_6=6$). Etwas genauer kann man die geworfenen Augenzahlen **Elementarereignisse** nennen. Neben Elementarereignissen gibt es dann **zusammengesetzte Ereignisse**. Beim Würfeln wäre z.B. das Zufallsereignis "gerade Augenzahl" ein zusammengesetztes Ereignis, weil es eintritt, wenn eines der Elementarereignisse 2, 4 oder 6 aufgetreten ist.

Natürlich kann man bei einem einzelnen Zufallsexperiment (z.B. Wurf eines Würfels) nicht exakt voraussagen, welches Zufallsereignis (Augenzahl) eintritt. Erst, wenn eine größere Zahl von Zufallsexperimenten untersucht wird, sind sichere Aussagen möglich.

Wir definieren als **relative Häufigkeit** eines Zufallsereignisses x_i:

$$h_N(x_i) = \frac{N_i}{N}\,. \qquad (1.1)$$

Darin ist N die Zahl der insgesamt durchgeführten Zufallsexperimente (Würfe des Würfels), N_i ist diejenige Zahl, die das betrachtete Zufallsereignis zur Folge hatte.

Beispiel Bei N = 10000 Würfen mit einem Würfel wurde 1620 mal die Augenzahl "5" geworfen. Dann gilt $h_N(x_i=5) = 1620/10000 = 0{,}162$.

Am Beispiel eines gleichmäßigen Würfels soll experimentell untersucht werden, wie die relative Häufigkeit eines Zufallsereignisses von der Zahl der Zufallsexperimente abhängt. Das uns interessierende Zufallsereignis soll die Augenzahl "5" sein. Bild 1.1 zeigt die (mit Hilfe eines Simulationsprogrammes ermittelte) relative Häufigkeit $h_N(5)$ in Abhängigkeit von der Versuchszahl N. Man erkennt, daß die Werte von $h_N(5)$ mit steigendem N offenbar immer weniger schwanken und sich dem Wert 1/6 nähern.
Dieses Ergebnis ist nicht überraschend, wir erwarten, daß aus Symmetriegründen und bei großen Versuchszahlen ungefähr 1/6 der Würfe auf die Augenzahl 5 entfallen.

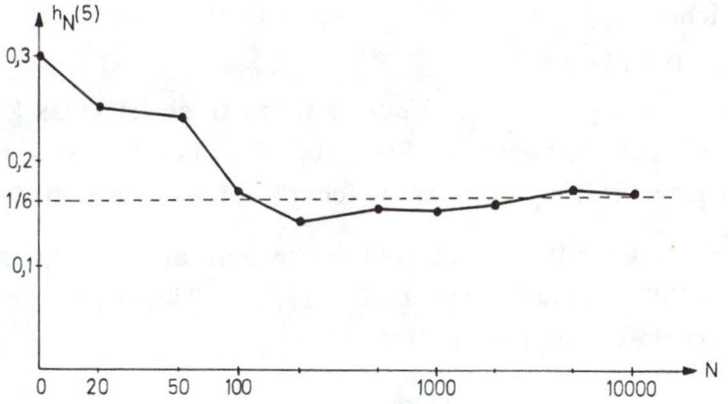

Bild 1.1 Relative Häufigkeit der Augenzahl "5" eines Würfes in Abhängigkeit von der Versuchszahl N

Basierend auf der Erfahrung, daß die relative Häufigkeit eines Zufallsereignisses bei großer Versuchszahl auf einen festen Wert "zugeht", bietet es sich zunächst an, die Wahrscheinlichkeit $P(x_i)$ eines Zufallsereignisses x_i als Grenzwert seiner relativen Häufigkeit zu definieren:

$$P(x_i) = \lim_{N\to\infty} h_N(x_i) = \lim_{N\to\infty} \frac{N_i}{N} . \qquad (1.2)$$

Diese Definition geht auf den Mathematiker von Mises (ca. 1930) zurück. Vom strengen mathematischen Standpunkt aus gesehen, hat sie sich allerdings als unbefriedigend erwiesen. So ist z.B. ein mathematisch exakter

Beweis dafür, daß $h_N(x_i)$ für $N \to \infty$ gegen einen festen Wert konvergiert, nicht zu erbringen. Auf dieses Problem wird im Abschnitt 1.6.2 im Zusammenhang mit Konvergenzfragen in der Wahrscheinlichkeitsrechnung nochmals kurz eingegangen.

Heute ist die Wahrscheinlichkeitsrechnung auf Axiomen aufgebaut, die auf den russischen Mathematiker Kolmogorov (ca. 1933) zurückgehen. Nach diesen Axiomen wird einem Zufallsereignis eine Wahrscheinlichkeit $P(x_i)$ **zugeordnet.** Der genaue Wert für diese Wahrscheinlichkeit ist dadurch nicht festgelegt.

Die Erfahrung zeigt, daß $h_N(x_i)$ bei großer Versuchszahl N eine beliebig gute Näherung für $P(x_i)$ liefert. Gl. 1.2 ist demnach eine zwar vom mathematischen Standpunkt nicht befriedigende Definition, sie kann aber (im Sinne einer Hypothese) für praktische Anwendungen akzeptiert werden und liefert gleichzeitig eine Methode zur (näherungsweisen) Ermittlung der Wahrscheinlichkeiten. Wir werden daher im folgenden Gl. 1.2 häufig als Grundlage zur Ableitung von Ergebnissen verwenden.

Aus Gl. 1.2 folgt unmittelbar, daß Wahrscheinlichkeiten nur Werte innerhalb des Bereiches

$$0 \leq P(x_i) \leq 1 \tag{1.3}$$

annehmen können. Ist $P(x_i)=0$ oder nahezu 0, so tritt das Ereignis x_i "praktisch nicht" auf (unmögliches Ereignis). Gilt $P(x_i)=1$ oder nahezu 1, so tritt das Zufallsereignis x_i "praktisch sicher" auf (sicheres Ereignis).

Beim Würfeln ist z.B. das Würfeln einer beliebigen Augenzahl ein sicheres Ereignis (P("beliebige Augenzahl")=1), das Würfeln der Augenzahl "7" ist ein unmögliches Ereignis (P("7")=0).

1.1.2 Das Additionsgesetz

Zur Erklärung der Additionsregel gehen wir von einem gedachten Würfelexperiment mit N=10000 Würfen aus. Die Tabelle zeigt die Ergebnisse dieser Zufallsexperimente.

Augenzahl	$x_1=1$	$x_2=2$	$x_3=3$	$x_4=4$	$x_5=5$	$x_6=6$
Zahl der Würfe	$N_1=1600$	$N_2=1550$	$N_3=1750$	$N_4=1700$	$N_5=1650$	$N_6=1750$

(N=1600+1550+1750+1700+1650+1750=10000)

Tabelle Ergebnisse eines Würfelexperimentes

Im Sinne der Ausführungen vom Abschnitt 1.1.1 ersetzen wir die Wahrscheinlichkeiten näherungsweise durch die relativen Häufigkeiten und stellen folgende Fragen:

a) Wie groß ist die Wahrscheinlichkeit für die Augenzahl "2"?
Aus der Tabelle folgt

$$P(x_2) = P(2) \approx \frac{N_2}{N} = \frac{1550}{10000} = 0{,}155.$$

b) Wie groß ist die Wahrscheinlichkeit für die Augenzahl "5"?
Aus der Tabelle folgt

$$P(x_5) = P(5) \approx \frac{N_2}{N} = \frac{1650}{10000} = 0{,}165.$$

c) Wie groß ist die Wahrscheinlichkeit für das Ereignis "2 oder 5"?
Von den N = 10000 Würfen wurde bei 1550 Würfen die "2" und bei 1650 Würfen die "5" geworfen, also tritt in 1550 + 1650 = 3200 Fällen das hier untersuchte Ereignis "2 oder 5" auf und entsprechend Gl. 1.2 wird

$$P(\text{"2 oder 5"}) \approx \frac{N_2 + N_5}{N} = \frac{N_2}{N} + \frac{N_5}{N} \approx P(2) + P(5) \approx 0{,}32.$$

d) Wie groß ist die Wahrscheinlichkeit für das Ereignis "gerade Augenzahl"?
Eine gerade Augenzahl wird geworfen, wenn das Ereignis "2 oder 4 oder 6" auftritt. Von den 10000 Würfen führten 1550 + 1700 + 1750 = 5000 zu diesem Ereignis, also wird

$$P(\text{"2 oder 4 oder 6"}) \approx \frac{N_2 + N_4 + N_6}{N} \approx \frac{N_2}{N} + \frac{N_4}{N} + \frac{N_6}{N} \approx$$

$$\approx P(2) + P(4) + P(6) \approx \frac{5000}{10000} = 0{,}5 .$$

Aus den Ergebnissen der Fragen c und d gewinnen wir die **Additionsregel**

$$P(x_i \text{ oder } x_j) = P(x_i) + P(x_j), \qquad (1.4)$$

bzw.

$$P(x_i \text{ oder } x_j \text{ oder } x_k) = P(x_i) + P(x_j) + P(x_k)$$

usw..

Voraussetzung für die Gültigkeit von Gl. 1.4 ist, daß die Ereignisse x_i und x_j nur alternativ, also **nicht gleichzeitig**, auftreten können. Diese Voraussetzung war bei den Beispielen nach den Fragen c und d erfüllt.

Ein Beispiel mit sich nicht ausschließenden Ereignissen, bei dem Gl. 1.4 nicht gilt, liegt vor, wenn x_i das Ereignis Augenzahl "2" und x_j das Ereignis "gerade Augenzahl" ist. In diesem Fall ist mit dem Ereignis x_i=2 gleichzeitig das Ereignis "gerade Augenzahl" eingetreten. Hier gilt, wenn die Wahrscheinlichkeiten nach dem oben angegebenen Würfelexperiment angenommen werden:

P(2 oder gerade Augenz.)=P(2 oder 4 oder 6) = 0,5 $\neq$ P(2)+P(gerade Augenz.).

Bei einem Zufallsexperiment mit genau n sich gegeneinander ausschließenden Ereignissen, ist das Ereignis "x_1 oder x_2 oder ... oder x_n" das **sichere Ereignis**, das mit der Wahrscheinlichkeit 1 auftritt.

Gemäß Gl. 1.4 wird

$$P(x_1 \text{ oder } x_2 \ldots \text{ oder } x_n) = P(x_1) + P(x_2) + \ldots + P(x_n) = 1,$$

bzw.

$$\sum_{i=1}^{n} P(x_i) = 1. \qquad (1.5)$$

Beim Würfel bedeutet dies:

$$P(1 \text{ oder } 2 \text{ oder } \ldots \text{ oder } 6) = P(1) + P(2) + \ldots + P(6) = 1.$$

Liegt ein gleichmäßiger Würfel vor, so sind die Wahrscheinlichkeiten für alle Augenzahlen gleich groß, es muß P(1) = P(2) = ... = P(6) = 1/6 sein.

Komprimierter und eindeutiger kann die Additionsregel ausgedrückt werden, wenn Rechenregeln der Mengenlehre verwendet werden. Sind A und B Zufallsereignisse, so kann man Gl. 1.4 in der Form

$$P(A \cup B) = P(A) + P(B), \; A \cap B = \emptyset \qquad (1.6)$$

ausdrücken, wobei "$\emptyset$" die Nullmenge bedeutet.

Erklärung

Die Ereignisse A, B werden als Mengen aufgefaßt, Bild 1.2 zeigt eine Darstellung der Mengen A und B als Flächen. Die gesamte von A und B eingeschlossene Fläche ist die **Summe** von A und B oder die Vereinigungsmenge $A \cup B$. Der "Überlappungsteil" der Flächen (Bild 1.2 links) ist die **Produkt**- oder Durchschnittsmenge $A \cap B$. $A \cap B = \emptyset$ (Bild 1.2 rechts) bedeutet, daß die Mengen A und B keine gemeinsamen Elemente besitzen, die Ereignisse A und B schließen sich gegeneinander aus.

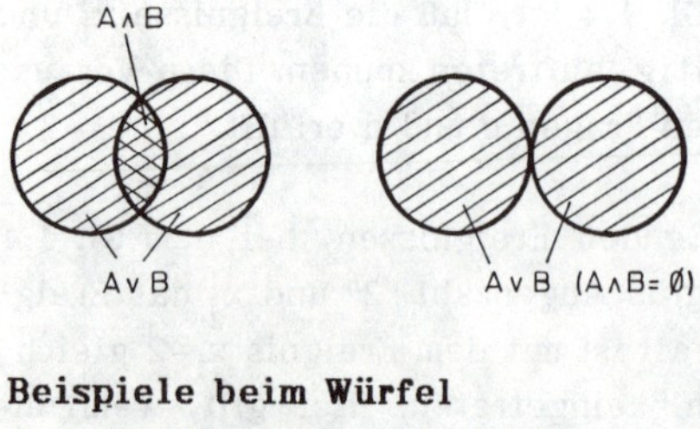

Bild 1.2 Die Summe $A \cup B$ und das Produkt $A \cap B$ der Ereignisse A und B

Beispiele beim Würfel

1. A ist die Menge der geraden Augenzahlen, d.h. A={2,4,6}, B ist die Au-

genzahl 5. In diesem Fall ist $A \cap B = \emptyset$, die Additionsregel gilt.
2. A ist wieder die Menge der geraden Augenzahlen und B bedeutet das Ereignis "2 oder 5", d.h. $B=\{2,5\}$. In diesem Fall wird $A \cap B=\{2\} \neq \emptyset$, die Additionsregel ist nicht gültig.

1.1.3 Das Multiplikationsgesetz

1.1.3.1 Voneinander unabhängige Zufallsereignisse

Zur Erklärung des Multiplikationsgesetzes gehen wir von einem Würfelexperiment mit zwei Würfeln aus. Das Zufallsexperiment besteht im (gleichzeitigen) Werfen beider Würfel. Die Zufallsereignisse (Augenzahlen) des 1. Würfels nennen wir x_i, die des 2. Würfels y_j.

Die Fragestellung lautet, wie groß ist die Wahrscheinlichkeit $P(x_i,y_j)$ dafür, daß mit dem 1. Würfel eine bestimmte Augenzahl x_i und mit dem 2. Würfel **gleichzeitig** eine bestimmte Augenzahl y_j geworfen wird. Beispiel: P(3,5) ist die Wahrscheinlichkeit dafür, daß mit dem 1. Würfel eine "3" und mit dem 2. Würfel gleichzeitig eine "5" geworfen wurde. Es wird hierbei natürlich vorausgesetzt, daß beide Würfel voneinander unterscheidbar sind.

Wir nehmen nun an, daß N Würfe (mit zwei Würfeln) durchgeführt wurden. Dabei soll N so groß sein, daß die unten berechneten relativen Häufigkeiten als hinreichend gute Näherungen für die Wahrscheinlichkeiten anzusehen sind (vgl. Abschnitt 1.1.1).

Bei einer 1. Untersuchung ignorieren wir die Augenzahlen des 2. Würfels und beachten nur die Ergebnisse x_i des 1. Würfels. Wir stellen fest daß

$$N_{x_i} \approx N\,P(x_i)$$

Würfe die gewünschte Augenzahl des 1. Würfels zur Folge hatten (vgl. Gl. 1.2: $P(x_i) \approx N_{x_i}/N$). Von den insgesamt N Würfen gibt es also N_{x_i}, bei denen der 1. Würfel die verlangte Augenzahl zeigt.
Wir untersuchen nun, bei wieviel dieser N_{x_i} Würfe der 2. Würfel gleichzeitig das verlangte Zufallsereignis y_j zeigt. Diese Zahl beträgt offenbar $N_{x_i} P(y_j)$. D.h.

$$N_{x_i y_j} \approx N_{x_i} P(y_j) \approx N\,P(x_i)\,P(y_j)$$

Würfe (von insgesamt N) haben zur verlangten Kombination x_i, y_j geführt. Voraussetzung für diese Beziehung ist natürlich, daß die Zufallsereignisse y_j des 2. Würfels nicht von den Augenzahlen x_i des 1. Würfels abhängen.
Im Sinne von Gl. 1.2 wird nun

$$P(x_i,y_j) \approx \frac{N_{x_i y_j}}{N} \approx \frac{N\,P(x_i)\,P(y_j)}{N} \approx P(x_i)\,P(y_j).$$

Die Beziehung

$$P(x_i,y_j) = P(x_i)\,P(y_j) \qquad (1.7)$$

heißt **Multiplikationsregel**, sie ist natürlich erweiterbar

$$P(x_i,y_j,z_k) = P(x_i)\,P(y_j)\,P(z_k)$$

usw. (z.B. Modell mit 3 Würfeln).

Voraussetzung für das Multiplikationsgesetz in der Form von Gl. 1.7 ist die **Unabhängigkeit** der Zufallsereignisse x_i und y_j. Beim Würfelexperiment mit zwei Würfeln bedeutet dies, daß sich die beiden Würfel in ihren Ergebnissen nicht gegenseitig beeinflussen.

Liegen zwei gleichmäßige Würfel vor, so ist $P(x_i)=1/6$, $P(y_j)=1/6$ und damit $P(x_i,y_j) = 1/6 \cdot 1/6 = 1/36$. Dieses Ergebnis ist plausibel, da insgesamt 36 gleichwahrscheinliche Ereignisse existieren (x_i,y_j: 11 12 13 14 15 16 21 22 ... 61 62 63 64 65 66).

Beispiele

1. Wie groß ist die Wahrscheinlichkeit dafür, daß beim Werfen eines (gleichmäßigen) Würfels dreimal hintereinander die Augenzahl 6 geworfen wird?
Offenbar ist die Wahrscheinlichkeit für das dreimalige Werfen der "6" identisch mit der Wahrscheinlichkeit, daß bei **einem** Wurf mit drei Würfeln alle drei die Augenzahl 6 liefern. Daher gilt entsprechend Gl. 1.7 P("dreimal 6")= $P(6,6,6) = P(x_i=6)\,P(y_j=6)\,P(z_k=6) = 1/6 \cdot 1/6 \cdot 1/6 = 0{,}00463$.
2. Bei einem Zufallsexperiment wird gleichzeitig eine (gleichmäßige) Münze und ein (gleichmäßiger) Würfel geworfen. Gesucht ist die Wahrscheinlichkeit P("Würfel=5", "Münze=Wappen").
Nach Gl. 1.7 wird

$$P(\text{"5"}, \text{"Wappen"}) = P(5)\,P(\text{Wappen}) = 1/6 \cdot 1/2 = 1/12.$$

3. Ein Gerät besteht aus 10 Bauteilen, es ist so aufgebaut, daß es funktionsuntüchtig wird, wenn ein einziges Bauteil ausfällt. Jedes Bauteil hat eine Ausfallswahrscheinlichkeit von 0,005. Gesucht wird die Wahrscheinlichkeit mit der das Gerät funktioniert.
Wenn P(B) die Wahrscheinlichkeit dafür ist, daß ein einzelnes Bauteil funktioniert und $P(\bar{B})$ die Wahrscheinlichkeit dafür, daß es defekt ist, so gilt gemäß Gl. 1.5 $P(B) + P(\bar{B}) = 1$, denn B und $\bar{B}$ sind einander ausschliessende Ereignisse. Dann folgt mit dem angegebenen Wert $P(\bar{B})=0{,}005$:
$P(B)=1-0{,}005 = 0{,}995$, d.h. mit einer Wahrscheinlichkeit von 0,995 ist ein einzelnes Bauteil funktionstüchtig. Das gesamte Gerät funktioniert, wenn

alle 10 Bauteile in Ordnung sind und entsprechend Gl. 1.7 wird

P("Gerät in Ordnung")=$P(B_1,B_2,B_3 \ldots B_{10})=P(B_1)\,P(B_2)\ldots P(B_{10})= 0{,}995^{10}=0{,}951$.

4. Ein Gerät besteht aus den Bauteilen A und B. Bauteil A hat eine Ausfallwahrscheinlichkeit $P(\bar{A}) = 0{,}005$ (d.h. $P(A) = 0{,}995$). Bauteil B hat eine Ausfallswahrscheinlichkeit $P(\bar{B})=0{,}1$ (d.h. $P(B)=0{,}9$). Mit welcher Wahrscheinlichkeit funktioniert das gesamte Gerät, wenn für das Bauteil B zusätzlich ein gleichartiges Reservebauteil B_R vorhanden ist, das bei einer Störung eingesetzt wird.

Es gibt drei unterschiedliche Fälle, bei denen das Gerät funktioniert:

a) A, B, B_R (alle Bauteile in Ordnung): $P(a)=P(A)\,P(B)\,P(B_R)$

b) A, $\bar{B}$, B_R (Bauteil B defekt) : $P(b)=P(A)\,P(\bar{B})\,P(B_R)$

c) A, B. $\bar{B}_R$ (Bauteil B_R defekt) : $P(c)=P(A)\,P(B)\,P(\bar{B}_R)$.

Nach dem Additionsgesetz wird

P("Gerät in Ordnung") = P("a oder b oder c") = P(a)+P(b)+P(c) und mit den oben angegebenen Wahrscheinlichkeiten erhalten wir

$$P(\text{"Gerät in Ordnung"})=P(A)\,P(B)\,P(B_R)+P(A)\,P(\bar{B})\,P(B_R)+P(A)\,P(B)\,P(\bar{B}_R)=$$
$$=0{,}995\cdot 0{,}9\cdot 0{,}9+0{,}995\cdot 0{,}1\cdot 0{,}9+0{,}995\cdot 0{,}9\cdot 0{,}1=0{,}9851.$$

Ohne das Reservesystem hätte die Wahrscheinlichkeit

P("Gerät in Ordnung")=$P(A)\,P(B) = 0{,}995\cdot 0{,}9 = 0{,}8955$ betragen.

1.1.3.2 Voneinander abhängige Zufallsereignisse

Im Abschnitt 1.1.3.1 sind wir bei der Ableitung von Gl. 1.7 von einem Würfelexperiment mit zwei Würfeln ausgegangen, wobei die dort sinnvolle Annahme gemacht wurde, daß sich beide Würfel in ihren Ergebnissen nicht gegeneinander beeinflussen. Diese Unabhängigkeit der Zufallsereignisse kann nicht in jedem Fall vorausgesetzt werden.

Ein plausibles Beispiel für einen solchen Fall liegt vor, wenn die Zufallsereignisse x_i und y_j zwei aufeinanderfolgende Buchstaben des Alphabets in einem (deutschen) Text sein sollen. Aus Untersuchungen der deutschen Sprache (vgl. z.B. [10]) weiß man, daß der Buchstabe "Q" mit einer Wahrscheinlichkeit $P(Q)\approx 0{,}0005$ auftritt. Die Wahrscheinlichkeit für den Buchstaben "U" beträgt $P(U)\approx 0{,}0422$. Fragt man nach der Wahrscheinlichkeit, daß in einem deutschen Text die Buchstabenkombination "QU" vorkommt, so gilt **keineswegs** P("QU") = $P(Q,U) = P(Q)\,P(U) \approx 2\cdot 10^{-5}$.

Der Grund ist der, daß die Buchstaben Q und U nicht unabhängig voneinander im deutschen Text auftreten, vielmehr ist es so, daß fast immer auf ein Q ein U folgt und daher gilt P("QU")$\approx P(Q)\approx 5\cdot 10^{-4}$.

Diese Zusammenhänge werden durch folgende Beziehung beschrieben (Beweis vgl. z.B. [7]):

$$P(x_i,y_j) = P(y_j|x_i)\,P(x_i) = P(x_i|y_j)\,P(y_j) \tag{1.8}$$

Dabei sind $P(y_j|x_i)$ und $P(x_i|y_j)$ **bedingte Wahrscheinlichkeiten.**
$P(y_j|x_i)$ bedeutet die Wahrscheinlichkeit für das Zufallsereignis y_j, wenn x_i bereits eingetreten ist.

Auf den besprochenen Fall der Buchstabenfolge "QU" angewandt, heißt dies, daß $P(U|Q)$ die Wahrscheinlichkeit für y_j=U ist, wenn das Zufallsereignis x_i=Q bereits eingetreten ist. Diese Wahrscheinlichkeit ist im deutschen Text nahezu 1, denn wenn ein Q eingetreten ist, folgt fast stets ein U. Nach Gl. 1.8 erhalten wir mit $P(U|Q)\approx1$: $P("QU") = P(Q,U) = P(U|Q)\,P(Q)\approx P(Q)$.

Gl. 1.8 enthält als Sonderfall die Aussage nach Gl. 1.7. Betrachten wir das im Abschnitt 1.1.3.1 untersuchte Würfelexperiment, so gilt dort sicherlich $P(y_j|x_i)=P(y_j)$, denn die Wahrscheinlichkeit dafür, daß der 2. Würfel y_j liefert, ist sicher nicht von einem bestimmten Ergebnis x_i des 1. Würfels abhängig. Mit $P(y_j|x_i)=P(y_j)$ bei unabhängigen Ereignissen geht Gl. 1.8 in Gl. 1.7 über.

1.1.4 Der axiomatische Aufbau der Wahrscheinlichkeitsrechnung

Für den mathematisch stärker interessierten Leser soll in diesem Abschnitt etwas tiefer auf die mathematischen Grundlagen der Wahrscheinlichkeitsrechnung eingegangen werden. Ausführlichere Darstellungen zu diesem Gebiet findet man selbstverständlich in der entsprechenden mathematischen Literatur (z.B. [3], [7], [15]).
In diesem Zusammenhang werden auch die im Abschnitt 1.1.1 eingeführten Begriffe, wie Zufallsexperiment, Zufallsereignis, Elementarereignis usw. genauer definiert. Wie schon vorne erwähnt wurde, ist eine Durcharbeitung dieses Abschnittes keine unbedingt erforderliche Voraussetzung für das Verständnis der übrigen Kapitel.

Zunächst sind einige Begriffe einzuführen, die zum Verständnis der axiomatischen Begründung der Wahrscheinlichkeitsrechnung nach Kolmogorov erforderlich sind.

A) Ein Versuch, der beliebig oft unter gleichartigen Voraussetzungen wiederholt werden kann und dessen Ergebnisse ungewiß sind, wird **Zufallsexperiment** oder auch **zufälliger Versuch** genannt.
Jede Durchführung eines Zufallsexperimentes soll ein Ereignis e_i liefern,

das **Elementarereignis** genannt wird. Für das Auftreten jedes Elementarereignisses e_i kann man eine relative Häufigkeit $h_N(e_i)=N_i/N$ finden. Dabei ist N die Zahl der durchgeführten Zufallsexperimente, N_i dieser Versuche hatten das Ereignis e_i zur Folge.

Beispiele
In diesem Sinne ist das Werfen eines Würfels ein Zufallsexperiment. Elementarereignisse sind hier die sechs möglichen Augenzahlen des Würfels. Beim Werfen einer Münze gibt es die Elementarereignisse "Wappen" und "Zahl".

B) Mit $E=\{e_1,e_2 \dots e_n\}$ wird die Menge aller n möglichen Elementarereignisse bezeichnet. Die Summe aller relativen Häufigkeiten $h_N(e_i)$ für das Auftreten der Elementarereignisse ist 1, also

$$\sum_{i=1}^{n} h_N(e_i) = 1.$$

Beispiele
Beim Würfeln mit zwei unterscheidbaren Würfeln gibt es 36 mögliche Elementarereignisse, d.h. E={11,12,...,66}.
Beim Werfen mit zwei Münzen gilt E={WW, WZ, ZW, ZZ}, (W=Wappen, Z=Zahl).

C) Es wird die Menge Z von Teilmengen der Menge E betrachtet. Diese Teilmengen heißen Zufallsereignisse.

Ist A eine solche Teilmenge aus E, so ist das Zufallsereignis A dann eingetroffen, wenn bei dem Zufallsexperiment ein Elementarereignis aufgetreten ist, das zur Menge A gehört.
Dieser etwas schwerer zu verstehende Sachverhalt wird durch das folgende Beispiel anschaulicher.

Beispiel Werfen mit einem Würfel
Menge der Elementarereignisse: $E=\{e_1,e_2,\dots,e_6\}=\{1,2,3,4,5,6\}$.
Mögliche Teilmengen aus Elementen von E:
$A_1=\{2,4,6\}$; $A_2=\{1,3,5\}$; $A_3=\{1,2,3\}$; $A_4=\{1,6\}$; $A_5=\{4\}$.
A_1 ist z.B. das Zufallsereignis "gerade Augenzahl". A_1 wird auch ein zusammengesetztes Ereignis genannt, weil die Teilmenge A_1 mehrere Elemente von E enthält. A_5 enthält nur ein einziges Element aus E, das Zufallsereignis A_5 ist demnach ein Elementarereignis.
Tritt beispielsweise bei einem Zufallsexperiment das Ereignis $e_2=2$ ein, dann sind damit die Zufallsereignisse A_1 und A_3 aufgetreten, denn beide enthalten das Elementarereignis e_2.

Die Menge Z der Teilmengen aus E enthält hier (u.a.) die Teilmengen $A_1, A_2, \ldots, A_5$, d.h. $Z = \{A_1, A_2, A_3, A_4, A_5, \ldots\}$.
Der Fettdruck von Z soll die Besonderheit der Menge Z gegenüber den anderen Mengen hervorheben, Z ist eine Menge aus Teilmengen.

D) Die Menge Z soll folgende Eigenschaften besitzen und wird dann **"Borel'sche Menge"** genannt:
1. Z enthält als Teilmenge die Menge E.
2. Sind A_1 und A_2 Teilmengen aus Z, so soll Z auch die Teilmengen $A_1 \cup A_2$ (Vereinigungsmenge), $A_1 \cap A_2$ (Durchschnittsmenge) sowie $\bar{A}_1$ bzw. $\bar{A}_2$ enthalten.

Aus dieser Bedingung folgt, daß mit E auch die Menge $\bar{E}$, also die leere Menge (Nullmenge) zu Z gehört. Z kann als Menge aller möglichen Zufallsereignisse eines Zufallsexperimentes aufgefaßt werden.

Beispiele
1. Werfen mit einem Würfel.
Nach dem Beispiel von Punkt C war $A_1=\{2,4,6\}$, $A_2=\{1,3,5\}$.
Dann gehören auch $B_1=A_1 \cup A_2=\{1,2,3,4,5,6\}$ (=E), $B_2=A_1 \cap A_2=\emptyset$ $(=\bar{E})$, $B_3=\bar{A}_1=\{1,3,5\}$ usw. zu Z.
2. Werfen mit einer Münze (E={W, Z}).
Hier kann man sehr schnell alle zu Z gehörenden Teilmengen angeben: $Z=\{E, \emptyset, W, Z\}$.
Beweis: Alle Operationen "$\cup$", "$\cap$" und Negierungen der oben angegebenen Teilmengen E, Ø, W, Z führen wieder auf diese. Z.B. $W \cup Z=E$, $W \cap Z=\emptyset$, $\bar{W}=Z$ usw..

Der Vollständigkeit halber soll nachgetragen werden, daß auch noch der Fall zugelassen werden kann, bei dem Z aus (abzählbar) unendlich vielen Teilmengen besteht.

Erklärung Eine Menge hat abzählbar unendlich viele Elemente, wenn es gelingt, die (unendlich vielen) Elemente in einer numerierbaren Folge anzugeben. So ist z.B. die Menge aller gerader positiver Zahlen eine abzählbar unendlich große Menge. Man kann die Elemente in der Form 2,4,6,8, ... so anordnen, daß kein Element in der Folge ausgelassen wird. Eine nicht abzählbar unendlich große Menge bildet z.B. die Menge aller Zahlen im Bereich von 0 bis 1. Eine durchnumerierbare Anordnung gibt es hier nicht. Zwischen zwei noch so benachbarte Zahlen aus diesem Intervall könnte man beliebig viele weitere einfügen.

Basierend auf diesen Definitionen können wir die Axiome der Wahrscheinlichkeitsrechnung nach Kolmogorov angeben. Wir gehen dabei von einer Borel'schen Menge Z (vgl. Punkt D) aus und geben zu jedem Ereignis $A \in Z$ eine Zahl P(A) an, die Wahrscheinlichkeit des zufälligen Ereignisses A heißt und die folgenden Bedingungen genügt:

Axiom 1: Für jedes Element $A \in Z$ gilt

$$0 \leq P(A) \leq 1. \tag{1.9}$$

Axiom 2: Es gilt

$$P(E) = 1. \tag{1.10}$$

Axiom 3: Schließen sich die Ereignisse A_1 und A_2 gegeneinander aus (d.h. $A_1 \cap A_2 = \emptyset$), so gilt

$$P(A_1 \cup A_2) = P(A_1) + P(A_2). \tag{1.11}$$

Diese Eigenschaft (Additionsregel) läßt sich auf eine Vereinigungsmenge aus mehr als zwei Teilmengen erweitern.
Fall Z abzählbar unendlich viele Teilmengen besitzt, ist ein Axiom 4 erforderlich, das Axiom 3 auf abzählbar unendlich viele Zufallsereignisse erweitert.

Wie schon im Abschnitt 1.1.1 erwähnt, liefern die Axiome keine Vorschriften, wie groß in einem speziellen Fall z.B. die Wahrscheinlichkeiten für die Elementarereignisse sind. Hier greift man auf die relativen Häufigkeiten zurück, von denen man annehmen kann, daß sie beliebig genaue Werte für die Wahrscheinlichkeiten liefern.
Axiom 2 macht eine Aussage über das "sichere" Ereignis E, diesem wird die Wahrscheinlichkeit 1 zugeordnet. Da bei jedem Zufallsexperiment eines der Elementarereignisse (d.h. ein Element aus E) auftreten muß, ist $\bar{E} = \emptyset$ das unmögliche Ereignis. Nach Axiom 3 erhalten wir mit $A_1 = E$ und mit $A_2 = \bar{E} = \emptyset$: $P(E \cup \bar{E}) = P(E) + P(\bar{E})$. Daraus folgt $P(\bar{E}) = P(\emptyset) = 0$, die Wahrscheinlichkeit für das unmögliche Ereignis ist 0.

1.2 Verteilungs- und Dichtefunktionen

1.2.1 Zufallsgrößen und Verteilungsfunktionen

1.2.1.1 Diskrete Zufallsgrößen

Zunächst wird der Begriff der **Zufallsgröße** (auch Zufallsvariable, stochastische Variable) erklärt.
Bei dem schon mehrfach verwendeten Würfelexperiment waren die mögli-

chen Zufallsereignisse (genauer Elementarereignisse) Zahlen, nämlich die geworfenen Augenzahlen 1,2,...,6. Beim Werfen einer Münze gibt es die Elementarereignisse W und Z. In diesem Fall kann es für das weitere Vorgehen sinnvoll sein, diesen Zufallsereignissen ebenfalls Zahlen, z.B. 0 und 1 zuzuordnen. Ein entsprechendes Problem liegt bei einem Würfel vor, dessen Seiten lediglich durch verschiedene Farben gekennzeichnet sind. Auch hier kann es sinnvoll sein, den Zufallsereignissen (d.h. den Farben) Zahlen zuzuordnen.

Damit ist (etwas vereinfacht dargestellt) eine Zufallsgröße erklärt. Sie entsteht dadurch, daß den Zufallsereignissen (reelle) Zahlen zugeordnet werden.

Eine **eindimensionale** Zufallsgröße erhält man, wenn jedem Elementarereignis genau eine Zahl X zugeordnet wird.

Beispiele

1. Würfelexperiment mit einem Würfel: Die Zufallsgröße X entspricht jeweils der geworfenen Augenzahl.
2. Wurf mit einer Münze: Dem Elementarereignis "Wappen" wird z.B. die Zufallsgröße X=0, dem Elementarereignis "Zahl" wird z.B. X=1 zugeordnet.

Man kann einem Elementarereignis aber auch mehrere Zahlen zuordnen und erhält dann eine **mehrdimensionale** Zufallsgröße.

Beispiele

1. Würfelexperiment mit zwei (unterscheidbaren) Würfeln: Jedem Elementarereignis werden zwei Zahlen X,Y zugeordnet. X entspricht der Augenzahl des ersten, Y der Augenzahl des zweiten Würfels.
Natürlich ist hier auch eine Beschreibung durch eine eindimensionale Zufallsgröße möglich. Dazu könnte man z.B. die 36 möglichen Elementarereignisse durchnumerieren und so eine eindimensionale Zufallsgröße X definieren (X=1, X=2 ... X=36).
2. Zufallsexperiment Werfen eines Würfels und einer Münze: Hier bietet sich die Beschreibung durch eine zweidimensionale Zufallsgröße X,Y an. (X≙Augenzahl des Würfels, Y=0≙Wappen, Y=1≙Zahl).

Eine **diskrete Zufallsgröße** liegt vor, wenn die Zufallsgröße X nur endlich viele Werte $X=x_1, X=x_2, \ldots, X=x_n$ mit den Wahrscheinlichkeiten $P(x_1), P(x_2), \ldots, P(x_n)$ annehmen kann. Dies traf bei allen bisher besprochenen Beispielen zu. Stetige Zufallsgrößen, bei denen dies nicht gilt, werden im Abschnitt 1.2.1.3 besprochen.

Es soll noch erwähnt werden, daß man auch noch im Fall abzählbar unendlich vieler Ereignisse von diskreten Zufallsgrößen spricht, weiterhin ist die

Definition von Zufallsgrößen nicht nur auf die Zuordnung von Zahlen zu Elementarereignissen beschränkt. Es können auch Zufallsgrößen durch Zuordnung von Zahlen zu zusammengesetzten Ereignissen erklärt werden.

1.2.1.2 Die Verteilungsfunktion

Eine wichtige Funktion im Zusammenhang mit Zufallsgrößen ist die Verteilungsfunktion.

Definition: X sei eine Zufallsgröße, dann nennt man

$$F(x) = P(X \leq x) \tag{1.12}$$

die **Verteilungsfunktion** von X. F(x) ist also die Wahrscheinlichkeit dafür, daß die Zufallsgröße X keinen größeren Wert als eine (reelle) Zahl x annimmt.

Für das Beispiel eines gleichmäßigen Würfels erhalten wir die im Bild 1.3 skizzierte Verteilungsfunktion auf folgende Art:
Für $x < 1$ wird $F(x) = P(X \leq x) = 0$, denn die Zufallsgröße X kann nur die Werte 1,2,... ,6 annehmen. Für x=1 gilt $F(1)=P(X\leq 1)=P(X=1)=1/6$, dies bedeutet, daß F(x) bei x=1 eine Sprungstelle der Höhe $P(1)=1/6$ aufweist. Der Punkt bei F(1) im Bild 1.3 deutet an, daß an der Unstetigkeitsstelle der Verteilungsfunktion der rechtsseitige Funktionswert zuzuordnen ist ("rechtsseitig stetig"). Wird x erhöht, so bleibt $F(x)=1/6$, solange $x<2$ ist. Erst bei x=2 gilt $F(2)=P(X\leq 2)=P(1 \text{ oder } 2)=2/6=1/3$. Bei x=2 liegt ebenfalls eine Sprungstelle vor, auch hier wird F(x) der rechtsseitige Funktionswert zugeordnet. Setzt man diese Überlegungen fort, so findet man schließlich die im Bild 1.3 dargestellte Funktion. Für $x>6$ gilt natürlich $F(x)=1$, dieser Fall schließt alle möglichen Zufallsereignisse 1,2,... ,6 ein.

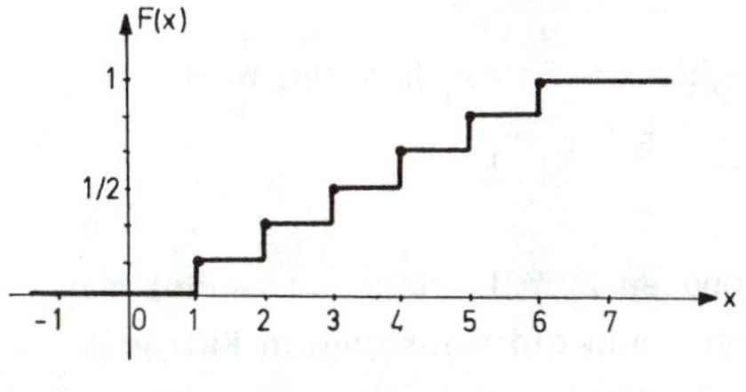

Bild 1.3 Die Verteilungsfunktion $F(x)=P(X\leq x)$ eines gleichmäßigen Würfels

Aus der Verteilungsfunktion erhält man die Wahrscheinlichkeit dafür, daß die Zufallsvariable in einem Intervall $a<X\leq b$ liegt zu

$$P(a<X\leq b) = F(b) - F(a), \quad a<b. \tag{1.13}$$

Beweis Im Falle $a<b$ schließen sich die Ereignisse $X\leq a$ und $a<X\leq b$ aus und nach der Additionsregel (Abschnitt 1.1.2) gilt $P(X\leq b) = P(X\leq a) + P(a<X\leq b)$,

dann folgt $F(b)=F(a)+P(a<X\leq b)$. Diesen Zusammenhang kann man sich auch plausibel machen, wenn man die Bereiche $X\leq a$, $X\leq b$ und $a<X\leq b$ als Strecken auf der Zahlengeraden darstellt.

Beispiele

1. $P(1<X\leq 4)=F(4)-F(1)=4/6-1/6=1/2$ (vgl. Bild 1.3). Das Ergebnis ist richtig, denn das Ereignis "$1<X\leq 4$" wird durch das Werfen der Augenzahlen 2 oder 3 oder 4 realisiert.
2. $P(2<X\leq 3)=F(3)-F(2)=1/6$. Das Ereignis "$2<X\leq 3$" tritt genau im Falle $X=3$ auf.

Aus den bisherigen Überlegungen können wir folgende allgemeine Eigenschaften von Verteilungsfunktionen ableiten:

1. $F(x)$ ist eine monoton ansteigende (rechtsseitig stetige) Funktion. Dies heißt, $F(x)$ wird bei zunehmendem x niemals kleiner.
Der Beweis folgt mit Hilfe von Gl. 1.13. Im Falle $b>a$ gilt

$$F(b)=F(a)+P(a<X\leq b),\ \text{also}\ F(b)\geq F(a).$$

2. $\lim\limits_{x\to\infty} F(x)=1$.

Dies folgt unmittelbar aus der Definitionsgleichung $F(\infty)=P(X\leq\infty)=1$ (sicheres Ereignis).

3. $\lim\limits_{x\to-\infty} F(x)=0$.

Dies folgt ebenfalls aus der Definitionsgleichung $F(-\infty)=P(X\leq-\infty)=0$ (unmögliches Ereignis).

4. Verteilungsfunktionen von diskreten Zufallsgrößen sind Funktionen, die abschnittsweise konstant sind und Unstetigkeiten in Form von Sprüngen aufweisen. Die Sprünge treten an den Stellen x_i auf, die die Zufallsgröße X annehmen kann. Die Sprunghöhen entsprechen den jeweiligen Wahrscheinlichkeiten $P(X=x_i)$.
Beweis für diese Aussage: Die Sprunghöhe bei $x=x_i$ hat den Wert
$F(x_i+0)-F(x_i-0) = P(X\leq x_i+0)-P(X\leq x_i-0) = P(X=x_i)$.

Zur Beschreibung einer mehrdimensionalen Zufallsgröße verwendet man eine mehrdimensionale Verteilungsfunktion. Im zweidimensionalen Fall gilt

$$F(x,y) = P(X\leq x, Y\leq y). \tag{1.14}$$

Dies bedeutet, $F(x,y)$ ist die Wahrscheinlichkeit dafür, daß $X\leq x$ und gleichzeitig $Y\leq y$ ist.

Sind X und Y voneinander unabhängig, so gilt nach dem Multiplikationsgesetz (Gl. 1.7) $P(X \le x, Y \le y) = P(X \le x)\, P(Y \le y)$, d.h.

$$F(x,y) = F_X(x)\, F_Y(y). \qquad (1.15)$$

Die Verteilungsfunktionen für die beiden Zufallsgrößen sind i.a. unterschiedliche Funktionen. Dies wird hier und in Fällen, bei denen eine Unterscheidung erforderlich ist, durch einen entsprechenden Index angedeutet.

$F(x,y)$ ist eine in beiden Variablen monoton ansteigende (rechtsseitig stetige) Funktion und es gilt $F(-\infty,-\infty)=0$, $F(\infty,\infty)=1$. Weiterhin wird $F(x,\infty)=F_X(x)$ und $F(\infty,y)=F_Y(y)$, denn es gilt $F(x,\infty)=P(X \le x, Y \le \infty)=P(X \le x)=F_X(x)$ usw. .
Entsprechend Gl. 1.13 gilt im zweidimensionalen Fall

$$P(a_1 < X \le b_1, a_2 < Y \le b_2) = F(b_1,b_2) - F(a_1,b_2) - F(b_1,a_2) + F(a_1,a_2). \qquad (1.16)$$

Gl. 1.16 kann man sich, ebenso wie Gl. 1.13, geometrisch plausibel machen, wenn die hier auftretenden Intervalle als Flächen in ein karthesisches Koordinatensystem eingetragen werden (vgl. z.B. [7]).

Beispiele
Zufallsexperiment: Gleichzeitiges Werfen mit zwei gleichmäßigen Würfeln. X ist die Augenzahl des ersten, Y die des zweiten Würfels.
a) $F(2,4)=P(X \le 2, Y \le 4)=P(X \le 2)\, P(Y \le 4)=F(2)\, F(4)=2/6 \cdot 4/6=2/9$.
b) $P(2<X \le 4, 3<Y \le 6)=F(4,6)-F(2,6)-F(4,3)+F(2,3)=$
$=F(4)F(6)-F(2)F(6)-F(4)F(3)+F(2)F(3)=1/6$.
Kontrolle: Das Ereignis "$2<X \le 4, 3<Y \le 6$" tritt auf, wenn die Elementarereignisse 34, 35, 36, 44, 45, 46 eingetreten sind. Dies sind 6 von 36 möglichen Ergebnissen, also beträgt die Wahrscheinlichkeit 1/6.
Da im vorliegenden Fall die Verteilungsfunktionen $F(x)$ und $F(y)$ identisch sind (zwei gleichmäßige Würfel), ist eine Kennzeichnung der Verteilungsfunktionen nicht erforderlich (vgl. Gl. 1.15).

1.2.1.3 Stetige Zufallsgrößen und deren Verteilungsfunktionen

Bei der Erklärung des Begriffes Zufallsgröße im Abschnitt 1.2.1.1 wurde stets davon ausgegangen, daß die Zufallsgröße nur endlich viele (allenfalls abzählbar unendlich viele) Werte annehmen kann. Es gibt viele Fälle, bei denen eine solche Voraussetzung nicht zutreffend oder nicht sinnvoll ist. Als Beispiel betrachten wir eine große Liefermenge von Widerständen mit einem Nennwert von 600 Ohm und einer Toleranzangabe von 10%. Dies soll bedeuten, daß alle Widerstandswerte im Bereich $540\ \Omega \le r \le 660\ \Omega$ liegen. Das Zufallsexperiment besteht darin, daß ein Widerstand herausgegriffen und gemessen wird. Zufallsgröße X ist der Wert des herausgegriffenen Widerstandes. Im Gegensatz zu diskreten Zufallsgrößen, bei denen nur endlich viele Werte auftreten können, kann in diesem Fall X (überabzählbar) unendlich viele Werte annehmen, nämlich theoretisch jede reelle Zahl aus dem Intervall [540,660]. Daraus folgt unmittelbar, daß die Wahrscheinlichkeit für das Auftreten eines **genau** festgelegten Widerstandswertes Null sein muß, denn es gibt unendlich viele mögliche Werte und die Summe aller zugehörenden Wahrscheinlichkeiten müßte den Wert 1 ergeben.

Bei diesem Modell entstehen gedankliche Schwierigkeiten. Im Abschnitt 1.1.1 wurde ausgeführt, daß die Wahrscheinlichkeit eines Elementarereignisses näherungsweise durch die relative Häufigkeit bestimmt werden kann. Wenn der Widerstandswert X ein Elementarereignis sein soll, so müßte ihm eine Wahrscheinlichkeit zugewiesen werden können. Einen Ausweg aus dieser Situation findet man, wenn man sich überlegt, wie die Widerstandswerte praktisch ermittelt werden. Wir nehmen an, daß zunächst ein Meßgerät vorliegt, das Widerstände bis auf 1 Ohm genau messen kann. Die Messung liefert uns dann in diesem Fall 120 unterscheidbare Werte (540–660 auf 1 Ohm). Jedes Meßergebnis stellt ein Intervall (Breite 1 Ohm) dar. Der genaue Wert X der Zufallsgröße ist uns nicht bekannt, er liegt in dem durch die Meßgenauigkeit festgelegten Intervall. Elementarereignisse sind die bei den Messungen ermittelten Meßwerte oder Intervalle I. Diesen Intervallen kann man ohne gedankliche Schwierigkeiten Wahrscheinlichkeiten zuordnen.

Nehmen wir der Einfachheit halber an, daß die Widerstandswerte "gleichmäßig" im Toleranzbereich auftreten, so beträgt die Wahrscheinlichkeit, einen der 120 möglichen Werte zu messen, 1/120. Will man die Zufallsgröße (den Wert des Widerstandes) genauer ermitteln, so müßte man ein Meßgerät mit einer Genauigkeit von z.B. 0,1 Ohm verwenden. Man kann dann 1200 verschiedene Intervalle (Elementarereignisse) erhalten, ein bestimmter Meßwert hat eine Wahrscheinlichkeit von 1/1200. Eine genauere Messung der Zufallsgröße ist, zumindest gedanklich, möglich. Die Wahrscheinlichkeiten werden mit zunehmender Meßgenauigkeit immer kleiner.

Als Ergebnis dieser Überlegungen haben wir gefunden, daß eine stetige Zufallsgröße (überabzählbar) unendlich viele Werte annehmen kann. Die Zufallsgröße X gehört stets einem Intervall ($X \in I$) an. Jedem Intervall I kann man eine Wahrscheinlichkeit zuordnen.

Die Verteilungsfunktion $F(x)=P(X \le x)$ für die soeben besprochene Zufallsgröße ist im Bild 1.4 dargestellt. F(x) hat die im Abschnitt 1.2.1.2 angegebenen Eigenschaften. Im Gegensatz zu Verteilungsfunktionen diskreter Zufallsgrößen ist hier allerdings F(x) eine stetige Funktion. Im vorliegenden Fall ist $F(x)=P(X \le x)=0$ für $x<540$, denn kleinere Widerstandswerte sind nicht möglich. Im Falle $x>600$ gilt $F(x)=1$, alle möglichen Widerstandswerte erfüllen diese Bedingung. Wenn man voraussetzt, daß die Widerstandswerte im zulässigen Intervall (540,660) "gleichmäßig" auftreten, dann steigt F(x) in diesem Bereich linear an (Bezeichnung: Gleichverteilung).

Mit Hilfe von Gl. 1.13 läßt sich angeben, mit welchen Wahrscheinlichkeiten Widerstandswerte in vorgegebenen Intervallen liegen.
Beispielsweise findet man bei F(x) nach Bild 1.4:

a) $P(600<X\leq 601)=F(601)-F(600)=0{,}50833-0{,}5=0{,}00833$,

b) $P(600<X\leq 600{,}5)=F(600{,}5)-F(600)=0{,}504166-0{,}5=0{,}00417$,

c) $P(600-0<X\leq 600+0)=F(600+0)-F(600-0)=0$, dieses Intervall enthält nur noch den Wert 600. Wie besprochen wurde, ist die Wahrscheinlichkeit 0, daß genau der Wert 600 Ohm herausgegriffen wird.

Hinweis: für $540\leq x\leq 660$ gilt $F(x)=(x-540)/120$.

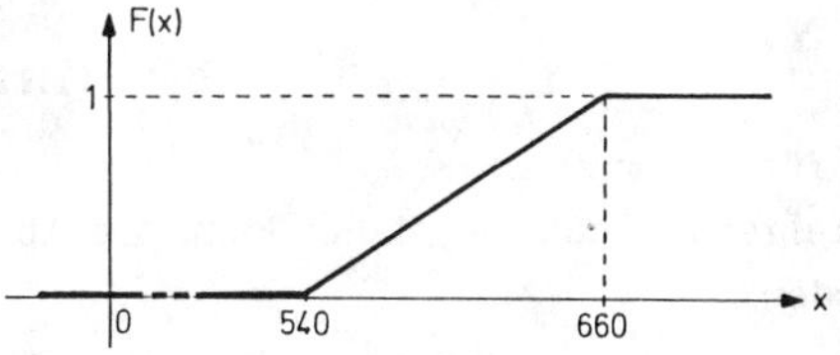

Bild 1.4 Verteilungsfunktion der stetigen Zufallsgröße "Bauelementewerte" (Gleichverteilung)

Ein Beispiel für eine zweidimensionale stetige Zufallsgröße liefert das Zufallsexperiment "Schießen auf eine Zielscheibe".
Wir nehmen (nicht sehr praxisnah) an, daß sich auf der Zielscheibe ein karthesisches Koordinatensystem befindet. Ein Zufallsexperiment ist ein Schuß, die Zufallsgrößen sind die Koordinaten X,Y des Treffers. Wie kann man den Verlauf der Verteilungsfunktion $F(x,y) = P(X\leq x,Y\leq y)$ praktisch ermitteln? Dazu würde eine ausreichend große Zahl N von Zufallsexperimenten (Schüsse auf die Zielscheibe) durchgeführt. Nun legt man zwei Koordinatenwerte x,y fest und sieht nach, wieviel Treffer N_{xy} die Bedingung $X\leq x$, $Y\leq y$ erfüllen. Dann wird $F(x,y)=P(X\leq x,Y\leq y)\approx N_{xy}/N$. Bei Kenntnis der gesamten Funktion F(x,y) kann man nach Gl. 1.16 die Wahrscheinlichkeit finden, daß ein Treffer in einen vorgegebenen Rechteckbereich fällt.

1.2.2 Wahrscheinlichkeitsdichtefunktionen

1.2.2.1 Definition und Eigenschaften

F(x) sei die Verteilungsfunktion einer Zufallsgröße X, dann heißt die Ableitung

$$p(x) = \frac{dF(x)}{dx} \tag{1.17}$$

Wahrscheinlichkeitsdichtefunktion oder kurz Dichtefunktion.
Im Falle einer zweidimensionalen Zufallsgröße gilt

$$p(x,y) = \frac{\partial^2 F(x,y)}{\partial x\, \partial y}. \tag{1.18}$$

Diese Beziehung ist sinngemäß auf mehr als zwei Dimensionen erweiterbar. Zunächst setzen wir voraus, daß $F(x)$ eine stetige und differenzierbare Funktion ist. Im Falle diskreter Zufallsgrößen ist die für das Differenzieren notwendige Bedingung der Stetigkeit von $F(x)$ nicht erfüllt (vgl. z.B. $F(x)$ nach Bild 1.3). Im Abschnitt 1.2.2.3 wird gezeigt, wie man auch dann $p(x)$ mit Hilfe sogen. verallgemeinerter Funktionen berechnen kann.

Eigenschaften von Dichtefunktionen

1.

$$p(x) \geq 0 \text{ für alle } x \tag{1.19}$$

(im zweidimensionalen Fall $p(x,y) \geq 0$ für alle x,y).
Beweis $F(x)$ ist eine monoton ansteigende Funktion, daher kann die Ableitung $p(x)=F'(x)$ nicht negativ werden.

2.

$$P(a<X\leq b) = \int_a^b p(x)\,dx = F(b)-F(a). \tag{1.20}$$

Die Fläche zwischen a und b unter $p(x)$ ist gleich der Wahrscheinlichkeit, daß die Zufallsgröße X im Intervall von a bis b liegt.
Beweis $F(x)$ ist die Stammfunktion zu $p(x)$, d.h.

$$\int p(x)dx = F(x)+C$$

Durch Einsetzen der Grenzen und unter Beachtung von Gl. 1.13 findet man Gl. 1.20.
Im zweidimensionalen Fall gilt

$$P(a_1<X\leq b_1, a_2<Y\leq b_2) = \int_{a_1}^{b_1}\int_{a_2}^{b_2} p(x,y)\,dx\,dy. \tag{1.21}$$

3.

$$\int_{-\infty}^{\infty} p(x)\,dx = 1, \tag{1.22}$$

die gesamte Fläche unter der Dichte hat den Wert 1. Der Beweis folgt aus Gl. 1.20 mit $a=-\infty$ ($F(-\infty)=0$) und $b=\infty$ ($F(\infty)=1$).

Im zweidimensionalen Fall gilt

$$\int_{-\infty}^{\infty}\int_{-\infty}^{\infty} p(x,y)\,dx\,dy = 1. \tag{1.23}$$

4. Bei gegebenem p(x) erhält man die Verteilungsfunktion

$$F(x) = \int_{-\infty}^{x} p(u)\,du. \tag{1.24}$$

Beweis:

$$\int_{-\infty}^{x} p(u)\,du = F(u)\Big|_{-\infty}^{x} = F(x) - F(-\infty) = F(x).$$

Zweidimensionaler Fall:

$$F(x,y) = \int_{-\infty}^{x} \int_{-\infty}^{y} p(u,v)\,du\,dv. \tag{1.25}$$

1.2.2.2 Beispiele

a) Gleichverteilung

Bild 1.5 zeigt im linken Teil die Dichtefunktion einer Gleichverteilung. Die Zufallsgröße X kann hier nur Werte im Bereich $m-\epsilon \le X \le m+\epsilon$ annehmen. Betrachtet man ein Intervall $I=[x_1, x_1+\Delta x]$ der Breite Δx in diesem Bereich, so liegt die Zufallsgröße nach Gl. 1.20 mit einer Wahrscheinlichkeit von

$$P(x_1 < X \le x_1+\Delta x) = \int_{x_1}^{x_1+\Delta x} \frac{1}{2\epsilon}\,dx = \frac{\Delta x}{2\epsilon}$$

in diesem Bereich. Der Name Gleichverteilung ist also dadurch begründet, daß die Wahrscheinlichkeit nur von der betrachteten Intervallbreite abhängt. Im übrigen stellen wir fest, daß die gesamte Fläche unter p(x) den Wert 1 hat. m liegt genau in der Mitte des möglichen Wertebereiches der Zufallsgröße und heißt auch Mittelwert. Der Begriff des Mittelwertes einer Zufallsgröße wird allerdings erst im Abschnitt 1.3 eingeführt.

Rechts im Bild 1.5 ist die Verteilungsfunktion dargestellt, die aus p(x) nach Gl. 1.24 berechnet werden kann. Im vorliegenden Fall kann man unmittelbar p(x) durch abschnittsweises differenzieren von F(x) berechnen.

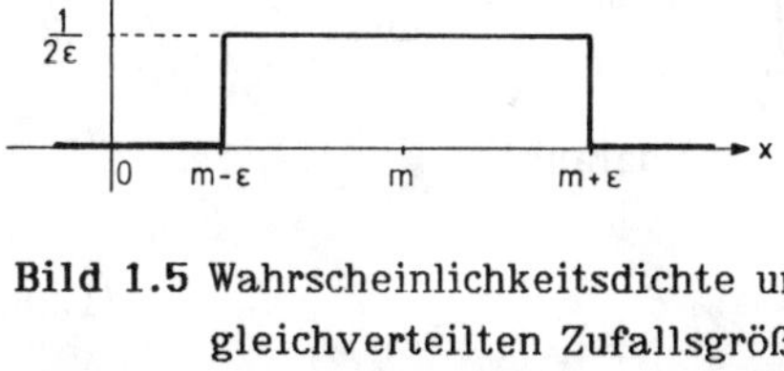

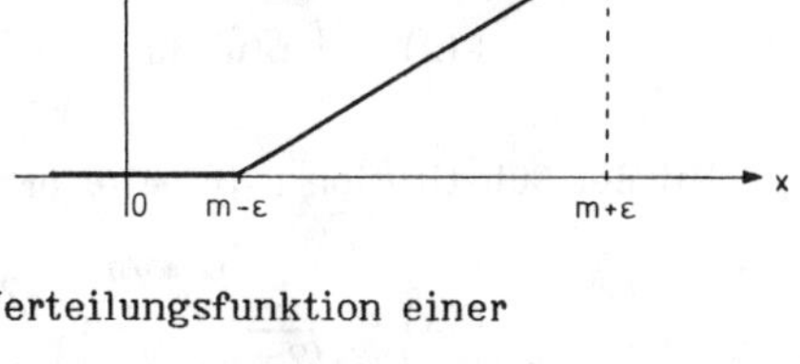

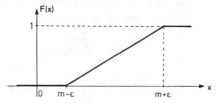

Bild 1.5 Wahrscheinlichkeitsdichte und Verteilungsfunktion einer gleichverteilten Zufallsgröße

Im Abschnitt 1.2.1.3 wurde der Begriff der stetigen Zufallsgröße am Beispiel von toleranzbehafteten Widerständen erklärt. Im Bild 1.4 wurde die dort angenommene Verteilungsfunktion dargestellt. Ein Vergleich mit Bild 1.5 zeigt, daß es sich dort um eine Gleichverteilung gehandelt hat (m=600, ϵ=60).

b) **Normalverteilung**

Eine Zufallsgröße X ist normalverteilt, wenn die Dichtefunktion die Form

$$p(x) = \frac{1}{\sqrt{2\pi}\,\sigma}\, e^{-(x-m)^2/(2\sigma^2)} \tag{1.26}$$

besitzt. Die Bedeutung der in p(x) auftretenden Parameter m und σ^2 wird später (Abschnitt 1.3) besprochen. m heißt Mittelwert, σ^2 heißt Streuung der Zufallsvariablen X.

Im Bild 1.6 ist links p(x) nach Gl. 1.26 mit den Werten m=2, σ=0,5 skizziert. Aus Gl. 1.26 ist zu erkennen, daß p(x) einen zu x=m symmetrischen Verlauf aufweist. Ohne Beweis wird angegeben, daß die beiden Wendepunkte von p(x) im Abstand σ (im Bild 1.6: σ=0,5) von m auftreten.

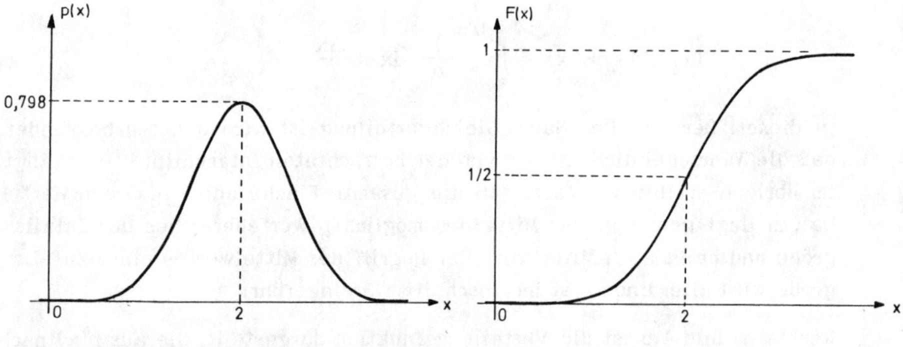

Bild 1.6 Wahrscheinlichkeitsdichte und Verteilungsfunktion einer normalverteilten Zufallsgröße (m=2, σ=0,5)

Die Berechnung der Verteilungsfunktion der Normalverteilung führt mit Gl. 1.24 auf das Integral

$$F(x) = \int_{-\infty}^{x} p(u)\,du = \frac{1}{\sqrt{2\pi}\,\sigma}\int_{-\infty}^{x} e^{-(u-m)^2/(2\sigma^2)}\,du\,. \tag{1.27}$$

Mit der Substitution t=(u−m)/σ erhalten wir daraus

$$F(x) = \frac{1}{\sqrt{2\pi}}\int_{-\infty}^{(x-m)/\sigma} e^{-t^2/2}\,dt\,. \tag{1.28}$$

Hinweis: $du=\sigma dt$, untere Grenze $u=-\infty \rightarrow t=-\infty$, obere Grenze $u=x \rightarrow t=(x-m)/\sigma$.

Eine unmittelbare Berechnung dieses Integrals ist nicht möglich, es muß vielmehr eine numerische Auswertung erfolgen. Viele Tabellensammlungen enthalten Tabellen der Funktion

$$\Phi(x) = \frac{1}{\sqrt{2\pi}} \int_{-\infty}^{x} e^{-t^2/2}\, dt. \tag{1.29}$$

Auch Taschenrechner verfügen oft über durch Funktionstasten abrufbare Unterprogramme für diese Funktion.

$\Phi(x)$ ist ein Sonderfall von $F(x)$ nach Gl. 1.28, allgemein gilt:

$$F(x) = \Phi\left(\frac{x-m}{\sigma}\right). \tag{1.30}$$

In der folgenden Tabelle sind einige Funktionswerte von $\Phi(x)$ zusammengestellt. Für negative Argumente findet man

$$\Phi(-x) = 1-\Phi(x). \tag{1.31}$$

Beweis $\Phi(x)$ ist eine Verteilungsfunktion, damit ist $\Phi(\infty)=1$, oder

$$\Phi(\infty) = 1 = \frac{1}{\sqrt{2\pi}} \int_{-\infty}^{\infty} e^{-t^2/2}\, dt = \frac{1}{\sqrt{2\pi}} \int_{-\infty}^{x} e^{-t^2/2}\, dt + \frac{1}{\sqrt{2\pi}} \int_{x}^{\infty} e^{-t^2/2}\, dt = I_1 + I_2.$$

Offenbar ist $I_1=\Phi(x)$, für I_2 finden wir, wenn man dort die Substitution $\tilde{t}=-t$ durchführt

$$I_2 = \frac{1}{\sqrt{2\pi}} \int_{x}^{\infty} e^{-t^2/2}\, dt = -\frac{-1}{\sqrt{2\pi}} \int_{-x}^{-\infty} e^{-\tilde{t}^2/2}\, d\tilde{t} = \frac{1}{\sqrt{2\pi}} \int_{-\infty}^{-x} e^{-\tilde{t}^2/2}\, d\tilde{t} = \Phi(-x)$$

($dt=-d\tilde{t}$, untere Grenze $t=x \rightarrow \tilde{t}=-x$, obere Grenze $t=\infty \rightarrow \tilde{t}=-\infty$).
Damit folgt $\Phi(\infty)=1=\Phi(x)+\Phi(-x)$ und Gl. 1.31 ist bewiesen.

Beispiele
Wir gehen von der im Bild 1.6 dargestellten Dichte- und Verteilungsfunktion ($m=2$, $\sigma=0{,}5$) aus. Nach Gl. 1.30 (und mit Gl. 1.31) finden wir aus der Tabelle für die Funktion $\Phi(x)$:

$F(0{,}5) = \Phi(-3) = 1-\Phi(3) = 0{,}0014$; $F(1) = \Phi(-2) = 1-\Phi(2) = 0{,}0228$;

$F(1{,}5) = \Phi(-1) = 1-\Phi(1) = 0{,}1587$; $F(2) = \Phi(0) = 0{,}5$; $F(2{,}5) = \Phi(1) = 0{,}8413$;

$F(3) = \Phi(2) = 0{,}9772$; $F(4) = \Phi(4) = 0{,}99996$.

Nach Gl. 1.20 wird beispielsweise:

$P(1{,}5<X\le 2{,}5) = F(2{,}5)-F(1{,}5) = \Phi(1)-\Phi(-1) = 0{,}6826$;

$P(1<X\le 3) = F(3)-F(1) = \Phi(2)-\Phi(-2) = 0{,}9544$;

$P(-\infty<X\le 2) = F(2)-F(\infty) = \Phi(0)=0{,}5$.

x	0	0,1	0,2	0,4	0,6	0,8	1	1,2
Φ(x)	0,5000	0,5398	0,5793	0,6554	0,7257	0,7881	0,8413	0,8849
x	1,4	1,6	1,8	2	2,5	3	3,5	4
Φ(x)	0,9192	0,9452	0,9641	0,9772	0,9938	0,9986	0,9993	0,99996

Tabelle Funktionswerte der Funktion $\Phi(x)$ nach Gl. 1.29, für negative Werte von x gilt $\Phi(-x)=1-\Phi(x)$

1.2.2.3 Wahrscheinlichkeitsdichtefunktionen diskreter Zufallsgrößen

Dieser Abschnitt kann beim ersten Durcharbeiten auch übergangen werden. Zum Verständnis des weiteren Stoffes ist die Einführung von Dichtefunktionen bei diskreten Zufallsgrößen nicht unbedingt erforderlich.

Die Definition der Dichtefunktion $p(x) = dF(x)/dx$ setzt voraus, daß es sich bei der Verteilungsfunktion um eine differenzierbare Funktion handeln muß. Notwendige Voraussetzung für die Differenzierbarkeit ist die Stetigkeit einer Funktion. Verteilungsfunktionen von diskreten Zufallsgrößen sind abschnittsweise konstante Funktionen mit Sprüngen (vgl. Abschnitt 1.2.1.2).

Im Bild 1.7 ist links nochmals die Verteilungsfunktion eines gleichmäßigen Würfels dargestellt (siehe auch Bild 1.3). Im Sinne der klassischen Analysis ist die vorliegende Funktion selbstverständlich nicht differenzierbar, da die notwendige Bedingung der Stetigkeit hier nicht erfüllt ist. Diese Schwierigkeiten werden beseitigt, wenn man akzeptiert, daß Dichtefunktionen auch verallgemeinerte Funktionen (Distributionen) sein dürfen. In diesem Fall findet man

$$p(x) = \frac{1}{6}\delta(x-1) + \frac{1}{6}\delta(x-2) + \dots + \frac{1}{6}\delta(x-6) = \sum_{i=1}^{6} \frac{1}{6}\delta(x-i) . \qquad (1.32)$$

p(x) nach Gl. 1.32 ist rechts im Bild 1.7 skizziert.

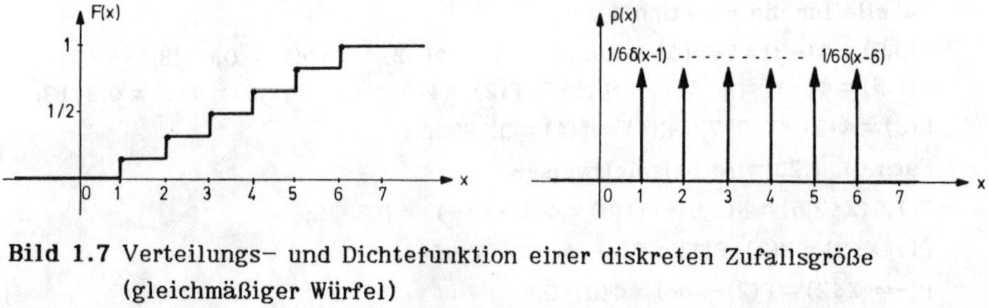

Bild 1.7 Verteilungs- und Dichtefunktion einer diskreten Zufallsgröße (gleichmäßiger Würfel)

Erklärung Mit Hilfe der links im Bild 1.8 skizzierten Sprungfunktion

$$s(x) = \begin{cases} 0 \text{ für } x<0 \\ 1 \text{ für } x>0 \end{cases} \tag{1.33}$$

kann man F(x) (links im Bild 1.7) in der Form

$$F(x) = \frac{1}{6}s(x-1) + \frac{1}{6}s(x-2) + \dots + \frac{1}{6}s(x-6) \tag{1.34}$$

darstellen. Im rechten Teil von Bild 1.8 sind die einzelnen Summanden $\frac{1}{6}s(x-1)$, $\frac{1}{6}s(x-2)$ usw. skizziert. Die Addition ergibt offenbar genau die Verteilungsfunktion F(x).

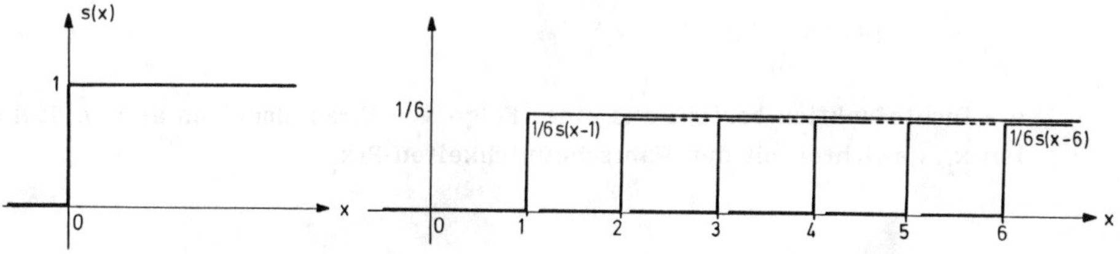

Bild 1.8 Sprungfunktion s(t) und die Darstellung von F(x) nach Gl. 1.34 mit Hilfe von s(x)

Leitet man s(x) ab, so erhält man einen Dirac-Impuls (siehe Anhang)

$$\frac{d\,s(x)}{d\,x} = \delta(x). \tag{1.35}$$

$\delta(x)$ kann man sich als Grenzfall eines Impulses $\Delta(x)$ der Breite ϵ und der Höhe $1/\epsilon$ im Falle $\epsilon \to 0$ vorstellen (siehe Bild 1.9).
Es gilt

$$\int_{-\infty}^{\infty} \Delta(x)\,dx \underset{\epsilon\to 0}{\to} \int_{-\infty}^{\infty} \delta(x)dx = 1. \tag{1.36}$$

Differenziert man F(x) in der Form nach Gl. 1.34, so findet man (unter Beachtung von Gl. 1.35) p(x) gemäß Gl. 1.32. Diese Zusammenhänge sind im Anhang nochmals etwas ausführlicher dargestellt.

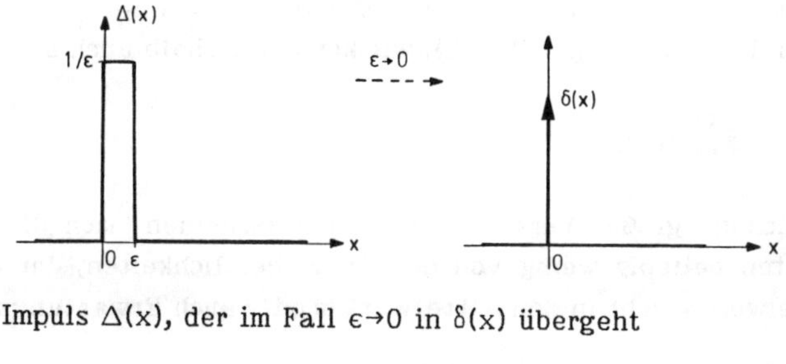

Bild 1.9 Impuls $\Delta(x)$, der im Fall $\epsilon \to 0$ in $\delta(x)$ übergeht

Da Verteilungsfunktionen diskreter Zufallsgrößen stets einen "treppenförmigen" Verlauf aufweisen, kann man sie in der Form

$$F(x) = \sum_{i=1}^{n} P(x_i)\, s(x-x_i) \tag{1.37}$$

darstellen. n ist die Zahl der Sprungstellen, diese treten an den Stellen x_i auf. Die Sprunghöhen entsprechen den jeweiligen Wahrscheinlichkeiten $P(x_i)$. Für den gleichmäßigen Würfel wäre $n=6$, $x_1=1$, $P(x_1)=\frac{1}{6}$, $x_2=2$, $P(x_2)=\frac{1}{6}$ usw. zu setzen.

Differenziert man F(x) gemäß Gl. 1.37, so wird

$$p(x) = \sum_{i=1}^{n} P(x_i)\, \delta(x-x_i), \tag{1.38}$$

die Dichtefunktion besteht aus einer Folge von Dirac-Impulsen an den Stellen x_i, gewichtet mit den Wahrscheinlichkeiten $P(x_i)$.

1.3 Erwartungswerte

1.3.1 Mittelwert und Streuung einer diskreten Zufallsgröße

Wir setzen zunächst voraus, daß X eine diskrete Zufallsgröße ist, die die Werte $x_1, x_2 \dots x_n$ mit den Wahrscheinlichkeiten $P(x_1), P(x_2), \dots, P(x_n)$ annehmen kann.

Das (die Zufallsgröße erzeugende) Zufallsexperiment wird N mal durchgeführt. Das Ergebnis $X=x_1$ soll dabei N_1 mal, das Ergebnis $X=x_2$ soll N_2 mal usw. aufgetreten sein.
Dann können wir das **arithmetische Mittel** $\bar{x}$ der Zufallsgröße bei diesen N Experimenten berechnen:

$$\bar{x} = \frac{1}{N}(N_1x_1+N_2x_2+ \dots +N_nx_n) = x_1\frac{N_1}{N} + x_2\frac{N_2}{N} + \dots + x_n\frac{N_n}{N}\,. \tag{1.39}$$

Offenbar treten in Gl. 1.39 die relativen Häufigkeiten $h_N(x_i) = N_i/N$ für das Eintreffen der x_i auf (vgl. Gl. 1.1), wir können deshalb auch schreiben

$$\bar{x} = \sum_{i=1}^{n} x_i\, h_N(x_i). \tag{1.40}$$

Bei hinreichend großer Versuchszahl N unterscheiden sich die relativen Häufigkeiten beliebig wenig von den Wahrscheinlichkeiten, der arithmetische Mittelwert $\bar{x}$ geht in den **Mittelwert** m oder auch **Erwartungswert** E[X] über:

$$m = E[X] = \sum_{i=1}^{n} x_i \, P(x_i) \,. \tag{1.41}$$

Gl. 1.41 kann als Definition des Mittel- oder Erwartungswertes einer diskreten Zufallsgröße X gelten.

Neben dem Erwartungswert ist die Streuung eine wichtige Kenngröße für eine Zufallsgröße. Die Streuung ist ein Maß dafür, in welchem Maß eine Zufallsgröße um ihren Mittelwert "streut".

Zur Ableitung der Streuung kommen wir auf das vorne besprochene, N mal durchgeführte Zufallsexperiment zurück. Wir nehmen an, daß der Mittelwert m bekannt ist, anderenfalls verwenden wir als Näherung für ihn den nach Gl. 1.40 berechneten arithmetischen Mittelwert $\bar{x}$.
Nimmt die Zufallsgröße X einen Wert x_i (i=1, 2 ... n) an, so ist $(x_i-m)^2$ ihre quadratische Abweichung vom Mittelwert. Wir berechnen den (arithmetischen) Mittelwert aller quadratischer Abweichungen von m und erhalten

$$s^2 = \frac{1}{N} \left(N_1 (x_1-m)^2 + N_2 (x_2-m)^2 + \ldots + N_n (x_n-m)^2 \right).$$

Da die Zufallsgröße N_1 mal den Wert x_1 angenommen hat, tritt in s^2 der quadrierte Abstand $(x_1-m)^2$ auch N_1 mal auf. Entsprechendes gilt für die anderen Werte x_2, x_3 usw.. Aus dem Ausdruck für s^2 erhalten wir

$$s^2 = (x_1-m)^2 \frac{N_1}{N} + \ldots + (x_n-m)^2 \frac{N_n}{N} = \sum_{i=1}^{n} (x_i-m)^2 \, h_N(x_i). \tag{1.42}$$

Für große Werte von N kann man auch hier die relativen Häufigkeiten durch die Wahrscheinlichkeiten ersetzen. Wir erhalten dann die **Streuung** oder **Varianz**

$$\sigma^2 = \sum_{i=1}^{n} (x_i-m)^2 \, P(x_i). \tag{1.43}$$

σ^2 nach Gl. 1.43 kann in etwas verallgemeinerter Art auch als Mittel- oder Erwartungswert einer Zufallsgröße $(X-m)^2$ bezeichnet werden (siehe auch Abschnitt 1.3.3), daher wird häufig auch die Schreibweise

$$\sigma^2 = E[(X-m)^2] \tag{1.44}$$

verwendet.
σ, d.h. die **positive** Wurzel aus der Streuung, nennt man **Standardabweichung** der Zufallsgröße, es gilt also stets $\sigma \geq 0$. Oft bezeichnet man σ auch als "mittlere Abweichung" der Zufallsgröße von ihrem Mittelwert.

Die Berechnung von σ^2 wird oft etwas einfacher, wenn Gl. 1.43 folgendermaßen umgeformt wird:

$$\sigma^2 = \sum_{i=1}^{n} (x_i - m)^2 P(x_i) = \sum_{i=1}^{n} (x_i^2 - 2mx_i + m^2) P(x_i) =$$

$$= \sum_{i=1}^{n} x_i^2 P(x_i) - 2m \sum_{i=1}^{n} x_i P(x_i) + m^2 \sum_{i=1}^{n} P(x_i).$$

Für die erste Summe führen wir die Bezeichnung

$$E[X^2] = \sum_{i=1}^{n} x_i^2 P(x_i) \qquad (1.45)$$

ein, man spricht von dem **2. Moment** der Zufallsgröße X. Die 2. Summe ergibt den Mittelwert m (vgl. Gl. 1.41) und die 3. Summe hat den Wert 1. Dann erhalten wir

$$\sigma^2 = \sum_{i=1}^{n} x_i^2 P(x_i) - m^2 = E[X^2] - (E[X])^2. \qquad (1.46)$$

Beispiel 1

Wie groß sind Mittelwert und Streuung bzw. Standardabweichung der Augenzahlen eines gleichmäßigen Würfels?

Die Zufallsgröße X kann hier die Werte $x_1=1$, $x_2=2$, ... ,$x_6=6$ mit den Wahrscheinlichkeiten 1/6 annehmen. Nach Gl. 1.41 wird

$$E[X] = m = \sum_{i=1}^{6} x_i P(x_i) = 1 \cdot \frac{1}{6} + 2 \cdot \frac{1}{6} + \ldots + 6 \cdot \frac{1}{6} = \frac{1}{6}(1+2+\ldots+6) = 3{,}5.$$

Dieses Ergebnis ist plausibel, die mittlere Augenzahl muß beim gleichmäßigen Würfel genau in der Mitte zwischen 1 und 6 liegen.

Nach Gl. 143 und mit m=3,5 wird

$$\sigma^2 = (1-3{,}5)^2 \frac{1}{6} + (2-3{,}5)^2 \frac{1}{6} + \ldots + (6-3{,}5)^2 \frac{1}{6} = 2{,}917$$

und die Standardabweichung hat den Wert $\sigma=1{,}708$.

Den gleichen Wert erhält man natürlich bei Verwendung von Gl. 1.46, nach Gl. 1.45 ist $E[X^2] = (1^2+2^2+\ldots+6^2)/6 = 15{,}167$ und $\sigma^2=15{,}167-3{,}5^2=2{,}917$.

Im Gegensatz zum Mittelwert ist dieses Ergebnis nicht ganz so plausibel. Geht man von der Bezeichnung "mittlere Abweichung vom Mittelwert" für σ aus, so würde man eigentlich den Wert 1,5 erwarten. Grund: die kleinstmögliche Abweichung vom Mittelwert beträgt 0,5 (Augenzahlen 3 oder 4), die größtmögliche Abweichung ist 2,5 (Augenzahlen 1 oder 6). Da die Augenzahlen gleichwahrscheinlich auftreten, müßte die mittlere Abweichung in der Mitte zwischen 0,5 und 2,5 liegen, d.h. 1,5 sein.

Der Grund für die (hier) nicht unerhebliche Abweichung liegt darin, daß bei der Berechnung von σ^2 nach Gl. 1.43 die Abstände vom Mittelwert zunächst quadriert werden. Dies bedeutet eine stärkere Gewichtung der weiter vom Mittelwert entfernt liegenden Zufallsereignisse und erklärt den größeren Wert von σ.

In der Praxis ermittelt man den Mittelwert und Streuung einer Zufallsgröße oft näherungsweise aus Versuchsergebnissen (Zufallsexperimenten). Dann ist der arithmetische Mittelwert

$$\bar{x} = \frac{1}{N} \sum_{\nu=1}^{N} x^{(\nu)} \tag{1.47}$$

eine Näherung für den Erwartungswert E[X]. $x^{(\nu)}$ sind die Werte der Zufallsgröße bei den einzelnen Versuchen.

Für die Streuung würde man gemäß Gl. 1.42 die Näherung

$$s^2 = \frac{1}{N} \sum_{\nu=1}^{N} (x^{(\nu)} - m)^2 \tag{1.48}$$

verwenden, also das arithmetische Mittel der quadrierten Abweichungen der Zufallsgröße von ihrem Mittelwert. I.a. wird für m natürlich nur der Näherungswert $\bar{x}$ nach Gl. 1.47 vorliegen. Es zeigt sich, daß in diesem Fall die Beziehung

$$s^2 = \frac{1}{N-1} \sum_{\nu=1}^{N} (x^{(\nu)} - \bar{x})^2 \tag{1.49}$$

eine bessere Näherung für die Streuung liefert (vgl. hierzu z.B. [7]). Bei großen Versuchszahlen N spielt es offenbar keine große Rolle, ob die Summe durch N oder durch N−1 dividiert wird.

Beispiel 2

In der Pädagogik betrachtet man gelegentlich die bei einer Prüfung erreichten Noten als Zufallsgrößen und verwendet Mittelwert und Streuung zur Beurteilung des Lernerfolges.

Bei einer Gruppe von 30 Personen sollen folgende Noten $x^{(\nu)}$ erzielt worden sein: 4 1 2 3 5 2 1 4 4 3 3 2 4 5 2 3 4 2 5 1 3 2 1 3 5 4 1 3 5 3.

Wir berechnen den arithmetischen Mittelwert nach Gl. 1.47:

$$\bar{x} = \frac{1}{N} \sum_{\nu=1}^{N} x^{(\nu)} = \frac{1}{30} (4+1+2+ \ldots +5+3) = \frac{90}{30} = 3.$$

Nach Gl. 1.49 wird mit $\bar{x}=3$

$$s^2 = \frac{1}{29} \left((4-3)^2+(1-3)^2+(2-3)^2+ \ldots +(5-3)^2+(3-3)^2\right) = \frac{52}{29} = 1{,}79.$$

Der Mittelwert beträgt also $m \approx 3$, die Standardabweichung $\sigma \approx \sqrt{s^2} = 1{,}34$.

Nehmen wir an, daß alle 30 Personen die Note 3 erhalten hätten, so würde dies zum gleichen Mittelwert $\bar{x}=3$ führen und die Streuung hätte den Wert $\sigma^2 \approx s^2 = ((3-3)^2+(3-3)^2+ \dots +(3-3)^2)/29 = 0$, d.h. $\sigma=0$.
Ein weiterer Fall mit der mittleren Note 3 tritt auf, wenn genau 15 Personen die Note 1 und 15 Personen die Note 5 erhalten. In diesem Fall gilt $\sigma^2 \approx s^2 = (15\,(1-3)^2+15\,(5-3)^2)/29 = 120/29 \approx 4$, also $\sigma \approx 2$.

Man erkennt aus diesen Ergebnissen, daß der Mittelwert alleine eine Zufallsgröße nur sehr unvollständig charakterisiert und die Angabe der Standardabweichung eine wichtige Zusatzinformation bedeutet. Bei diesem Beispiel kann die Standardabweichung Werte zwischen 0 und 2 annehmen. $\sigma=0$ ist ein Sonderfall, alle Personen erhalten die gleiche Note, eine Zufallsgröße im eigentlichen Sinne liegt nicht mehr vor.

Erweiterungen

Für den Fall, daß eine diskrete Zufallsgröße abzählbar unendlich viele Werte annehmen kann, geht Gl. 1.41 in eine Summe mit unendlich vielen Summanden über. Bei einer unendlichen Summe können Konvergenzprobleme auftreten. Falls die Bedingung

$$\sum_{i=1}^{\infty} |x_i|\, P(x_i) < K < \infty \tag{1.50}$$

erfüllt ist, ist entsprechend Gl. 1.41

$$E[X] = \sum_{i=1}^{\infty} x_i\, P(x_i) \tag{1.51}$$

der Erwartungswert von X. Anderenfalls existiert kein Erwartungswert für diese Zufallsgröße.
Die Streuung ergibt sich (Konvergenz der Summe und Existenz von E[X] vorausgesetzt) entsprechend Gl. 1.43 zu

$$\sigma^2 = \sum_{i=1}^{\infty} (x_i-m)^2\, P(x_i). \tag{1.52}$$

Beispiel 3 (Poisson-Verteilung)
Von einer Poisson-Verteilung spricht man dann, wenn die Zufallsgröße X Werte $X=\nu$ ($\nu=0, 1, 2, \dots$) mit den Wahrscheinlichkeiten

$$P(X=\nu) = \frac{\lambda^\nu}{\nu!}\, e^{-\lambda}, \lambda>0$$

annimmt. Es handelt sich hier um eine diskrete Zufallsgröße, die abzählbar unendlich viele Werte annehmen kann.

Nach den Gln. 1.51, 1.52 erhält man (vgl. z.B. [7]):

$$E[X] = \sum_{i=1}^{\infty} x_i P(x_i) = \sum_{i=1}^{\infty} \nu \frac{\lambda^\nu}{\nu!} e^{-\lambda} = \lambda ,$$

$$\sigma^2 = \sum_{i=1}^{\infty} (x_i - m)^2 P(x_i) = \sum_{i=1}^{\infty} (\nu-\lambda)^2 \frac{\lambda^\nu}{\nu!} e^{-\lambda} = \lambda^2 .$$

1.3.2 Mittelwert und Streuung einer stetigen Zufallsgröße

Wir nehmen an, daß die stetige Verteilungsfunktion einer stetigen Zufallsgröße durch eine Treppenfunktion angenähert wird. Auf diese Weise entsteht eine Verteilungsfunktion einer diskreten Zufallsgröße, deren Mittelwert sicher dem der stetigen Zufallsgröße näherungsweise entspricht, d.h. nach Gl. 1.41 wird

$$E[X] \approx \sum_i x_i P(x_i).$$

x_i sind die Stellen, bei der die Treppenfunktion ihre Sprungstellen mit jeweils den Höhen $P(x_i)$ aufweist. Die Werte $P(x_i)$ werden durch die Verteilungsfunktion ausgedrückt: $P(x_i) = F(x_i) - F(x_{i-1})$.

Beweis: $F(x_i) - F(x_{i-1}) = P(X \le x_i) - P(X \le x_{i-1}) = P(X = x_i)$.

Mit diesem Ergebnis erhalten wir

$$E[X] \approx \sum_i x_i \left(F(x_i) - F(x_{i-1})\right), \tag{1.53}$$

oder auch

$$E[X] \approx \sum_i x_i \frac{F(x_i) - F(x_{i-1})}{x_i - x_{i-1}} (x_i - x_{i-1}). \tag{1.54}$$

Für eine immer besser werdende Annäherung von F(x) durch die Treppenfunktion mit immer mehr und kleiner werdenden "Stufen" erhalten wir schließlich

$$E[X] = \int_{-\infty}^{\infty} x F'(x)\, dx,$$

die Summe geht in ein Integral über. Mit $F'(x) = p(x)$ wird

$$E[X] = m = \int_{-\infty}^{\infty} x\, p(x)\, dx \tag{1.55}$$

der Erwartungswert einer stetigen Zufallsgröße X.

Voraussetzung für die Existenz des Erwartungswertes ist die Konvergenz des Integrals

$$\int_{-\infty}^{\infty} |x|\ p(x)\ dx < K < \infty \tag{1.56}$$

(vgl. auch die entsprechende Beziehung 1.50 bei diskreten Zufallsgrößen).

In entsprechender Weise läßt sich auch eine Gleichung für die Streuung ableiten, wir erhalten

$$\sigma^2 = E[(X-m)^2] = \int_{-\infty}^{\infty} (x-m)^2\, p(x)\, dx. \tag{1.57}$$

Multipliziert man den Klammerausdruck in Gl. 1.57 aus, so wird

$$\sigma^2 = \int_{-\infty}^{\infty} (x^2-2mx+m^2)\, p(x)\, dx = \int_{-\infty}^{\infty} x^2\, p(x)\, dx - 2m \int_{-\infty}^{\infty} x\, p(x)\, dx + m^2 \int_{-\infty}^{\infty} p(x)\, dx.$$

Das mittlere Integral ergibt den Wert m (vgl. Gl. 1.55), das rechte den Wert 1 (vgl. Gl. 1.22) und es wird

$$\sigma^2 = E[X^2] - m^2 \tag{1.58}$$

mit dem 2.**Moment**

$$E[X^2] = \int_{-\infty}^{\infty} x^2 p(x)\, dx. \tag{1.59}$$

Zusätzliche Hinweise

Definiert man auch bei einer diskreten Zufallsgröße eine Dichtefunktion, wie dies im Abschnitt 1.2.2.3 durchgeführt wurde, so können die Gln. 1.55, 1.57 generell als Definitionsgleichungen für Mittelwert und für Streuung gelten. Zum Beweis der Gültigkeit von Gl. 1.55 auch für eine diskrete Zufallsgröße setzen wir dort die Dichtefunktion gemäß Gl. 1.38 ein und erhalten unter Anwendung der Ausblendeigenschaft des δ-Impulses (s. z.B. [12]):

$$E[X] = \int_{-\infty}^{\infty} x \sum_{i=1}^{n} P(x_i)\delta(x-x_i)\, dx = \sum_{i=1}^{n} P(x_i) \int_{-\infty}^{\infty} x\,\delta(x-x_i)\, dx = \sum_{i=1}^{n} P(x_i)\, x_i.$$

Dies ist aber der nach Gl. 1.41 erklärte Erwartungswert einer diskreten Zufallsgröße.

Es soll erwähnt werden, daß in der mathematischen Literatur E[X] durch ein sogen. Stieltjes-Integral

$$E[X] = \int_{-\infty}^{\infty} x\, dF(x) \tag{1.60}$$

definiert wird. Diese Form würde man übrigens als Grenzfall der Summe nach Gl. 1.53 erhalten. Die Verwendung von Stieltjes-Integralen führt ebenfalls zu einheitlichen Beziehungen für diskrete und stetige Zufallsgrößen.

Beispiel 1 (Gleichverteilung)
Zu berechnen sind Mittelwert und Streuung einer gleichverteilten Zufallsgröße mit der im Bild 1.5 skizzierten Dichtefunktion.
Nach Gl. 1.55 wird

$$E[X]=\int_{-\infty}^{\infty} x\,p(x)\,dx=\int_{m-\epsilon}^{m+\epsilon} x\frac{1}{2\epsilon}\,dx=\frac{1}{2\epsilon}\,\frac{x^2}{2}\Big|_{m-\epsilon}^{m+\epsilon}=\frac{1}{4\epsilon}\,[(m+\epsilon)^2-(m-\epsilon)^2]=m.$$

Das Ergebnis ist einleuchtend, m liegt in der Mitte des möglichen Wertebereiches der (gleichverteilten) Zufallsgröße.
Nach Gl. 1.59 wird das 2. Moment

$$E[X^2]=\int_{-\infty}^{\infty} x^2 p(x)dx=\int_{m-\epsilon}^{m+\epsilon} x^2\frac{1}{2\epsilon}\,dx=\frac{1}{2\epsilon}\,\frac{x^3}{3}\Big|_{m-\epsilon}^{m+\epsilon}=\frac{1}{6\epsilon}[(m+\epsilon)^3-(m-\epsilon)^3]=m^2+\frac{\epsilon^2}{3}.$$

Nach Gl. 1.58 folgt dann $\sigma^2=\frac{1}{3}\epsilon^2$, $\sigma=\frac{1}{3}\sqrt{3}\,\epsilon\approx 0{,}577\,\epsilon$.

Im vorgegebenen Fall ist ϵ die maximal mögliche Abweichung der Zufallsgröße von ihrem Mittelwert. Die mittlere Abweichung vom Mittelwert sollte eigentlich 0,5 ϵ betragen. Der größere Wert der Standardabweichung, nämlich 0,577 ϵ rührt daher, daß bei der Definition der Streuung die Abstände vom Mittelwert quadriert werden. Dies führt zu einer stärkeren Gewichtung der weiter entfernt liegenden Werte (vgl. hierzu auch die Ausführungen beim Beispiel 1 vom Abschnitt 1.3.1).

Beispiel 2 (Exponentialverteilung)
Falls die Dichtefunktion

$$p(x)=\begin{cases} 0 \text{ für } x<0 \\ k\,e^{-kx} \text{ für } x>0 \end{cases},k>0 \tag{1.61}$$

lautet, spricht man von einer Exponentialverteilung (Skizze von p(x) für k=1/2 im linken Teil von Bild 1.10).
Diese Dichtefunktion wird z.B. in der Fernsprech-Verkehrstheorie verwendet. Es zeigt sich, daß durch sie die zufällige Dauer X von Gesprächen beschrieben werden kann.

Rechts im Bild 1.10 ist die zugehörende Verteilungsfunktion skizziert, sie berechnet sich nach Gl, 1.24: Für x<0 wird F(x)=0, für x>0 wird

$$F(x)=\int_{-\infty}^{x} p(u)\,du=\int_{0}^{x} k\,e^{-ku}\,du=-e^{-ku}\Big|_{0}^{x}=-e^{-kx}+1,$$

damit ist

$$F(x) = \begin{cases} 0 \text{ für } x<0 \\ 1-e^{-kx} \text{ für } x>0 \end{cases} . \tag{1.62}$$

Nach Gl. 1.55 wird der Mittelwert

$$E[X] = \int_{-\infty}^{\infty} x\, p(x)\, dx = \int_{0}^{\infty} x\, k\, e^{-kx}\, dx = \frac{e^{-kx}}{k}(x-1)\Big|_0^{\infty} = \frac{1}{k} .$$

Nach Gl. 1.59 lautet das 2. Moment

$$E[X^2] = \int_{-\infty}^{\infty} x^2 p(x)\, dx = \int_{0}^{\infty} x^2\, k\, e^{-kx}\, dx = -k\, e^{-kx}\left(\frac{x^2}{k} + \frac{2x}{k^2} + \frac{2}{k^3}\right)\Big|_0^{\infty} = 2/k^2$$

und nach Gl. 1.58 wird schließlich $\sigma^2 = 1/k^2$, $\sigma = 1/k$.

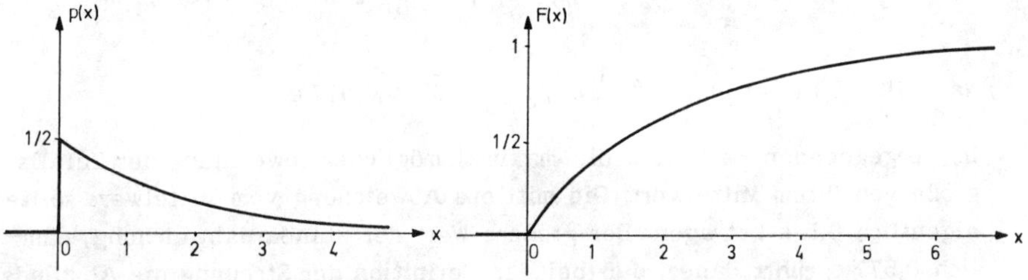

Bild 1.10 Dichte- und Verteilungsfunktion einer Exponentialverteilung

Beispiel 3 (Normalverteilung)

Die Normalverteilung wurde bereits im Abschnitt 1.2.2.2 eingeführt, nach Gl. 1.26 lautet die Dichtefunktion einer normalverteilten Zufallsgröße

$$p(x) = \frac{1}{\sqrt{2\pi}\,\sigma}\, e^{-(x-m)^2/(2\sigma^2)} .$$

Setzt man p(x) in Gl. 1.55 ein, so wird (vgl. z.B. [7])

$$E[X] = \int_{-\infty}^{\infty} x\, p(x)\, dx = \int_{-\infty}^{\infty} \frac{1}{\sqrt{2\pi}\,\sigma}\, e^{-(x-m)^2/(2\sigma^2)}\, dx = m.$$

Der Erwartungswert E[X]=m ist also einer der beiden Parameter, durch den p(x) festgelegt wird. Der 2. Parameter ist die Streuung σ^2, was durch das Einsetzen von p(x) in Gl. 1.57 bewiesen werden kann.

Im Bild 1.11 sind einige Dichtefunktionen der Normalverteilung bei gleichem Mittelwert, aber verschiedenen Standardabweichungen, skizziert. Je kleiner σ ist, desto schmaler und höher sind die Dichtefunktionen.

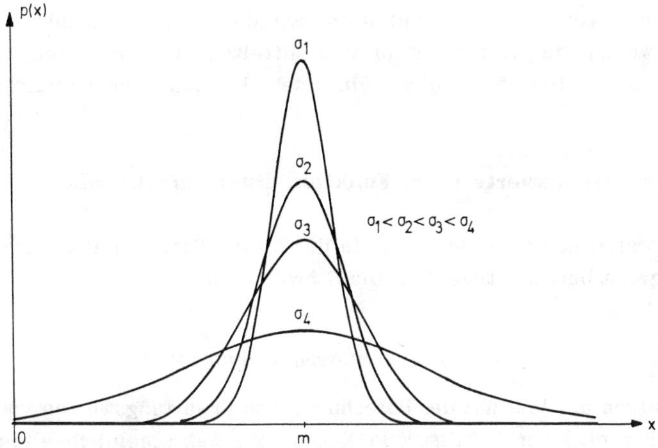

Bild 1.11 Dichtefunktionen von normalverteilten Zufallsgrößen mit verschiedenen Werten der Streuung

Die Normalverteilung ist eine sehr grundlegende Verteilung der Wahrscheinlichkeitsrechnung und in der Statistik. Sie findet bei zahlreichen Problemen Anwendung. Der Grund für das häufige Auftreten der Normalverteilung ist darin zu sehen, daß Zufallsgrößen, die durch Addition vieler Einflüsse entstehen, normalverteilt sind (vgl. hierzu die Erklärungen im Abschnitt 1.6.1).

Ist die Verteilungsfunktion F(x) gegeben, so kann man die Wahrscheinlichkeit dafür, daß die Zufallsgröße X in einem zum Erwartungswert symmetrischen Bereich $m-k\sigma < X \le m+k\sigma$ (k=0, 1, 2, ...) liegt, berechnen.
Nach Gl. 1.13 gilt

$$P(m-k\sigma < X \le m+k\sigma) = F(m+k\sigma) - F(m-k\sigma).$$

Aus dem Abschnitt 1.2.2.2 wissen wir, daß F(x) bei einer Normalverteilung nicht in geschlossener Form angegeben werden kann. Mit der nach Gl. 1.29 definierten Funktion $\Phi(x)$ wird $F(x) = \Phi((x-m)/\sigma)$ und damit

$$F(m+k\sigma) = \Phi(k),\ F(m-k\sigma) = \Phi(-k) = 1-\Phi(k),$$

daraus folgt schließlich

$$P(m-k\sigma < X \le m+k\sigma) = 2\,\Phi(k) - 1. \qquad (1.63)$$

Im Abschnitt 1.2.2.2 sind in einer Tabelle einige Werte für $\Phi(x)$ angegeben. Mit diesen erhalten wir:

$$P(m-\sigma < X \le m+\sigma) = 0{,}6826 \text{ "}\sigma\text{-Bereich"},$$

$$P(m-2\sigma < X \le m+2\sigma) = 0{,}9544 \text{ "}2\sigma\text{-Bereich"},$$

$$P(m-3\sigma < X \le m+3\sigma) = 0{,}9972 \text{ "}3\sigma\text{-Bereich"},$$

$$P(m-4\sigma < X \le m+4\sigma) = 0{,}99992 \text{ "}4\sigma\text{-Bereich"}.$$

Obschon die Dichtefunktion einer normalverteilten Zufallsgröße bei keinem Wert von x verschwindet, liegt doch fast die gesamte Fläche im "4σ-Bereich". Werte, die weiter als 4σ vom Mittelwert entfernt sind, sind zwar möglich, sie treten aber nur mit einer sehr kleinen Wahrscheinlichkeit auf.

1.3.3 Erwartungswerte einer Funktion einer Zufallsgröße

Häufig treten Zufallsgrößen auf, die durch eine Funktion aus einer anderen Zufallsgröße berechnet werden. Die Schreibweise

$$Y=g(X) \tag{1.64}$$

bedeutet, daß Y den Wert $y=g(x)$ annimmt, wenn $X=x$ ist.

Wir befassen uns hier mit der Berechnung von Erwartungswerten von Y, wenn die Dichte p(x) der Zufallsgröße X bzw. die Wahrscheinlichkeiten $P(X=x_i)$ gegeben sind. Zu diesem Zweck gehen wir so wie im Abschnitt 1.3.1 vor und denken uns ein Zufallsexperiment N mal durchgeführt.

Das Ergebnis $X=x_1$ soll N_1 mal, das Ergebnis $X=x_2$ soll N_2 mal usw. aufgetreten sein. Wenn $X=x_1$ ist, wird gemäß Gl. 1.64 $Y=y_1=g(x_1)$, das Ereignis $Y=y_1$ liegt ebenfalls N_1 mal vor. Entsprechend tritt $Y=y_2=g(x_2)$ N_2 mal auf usw..

Analog zu Gl. 1.39 wird der arithmetische Mittelwert $\bar{y}$ bei den N Experimenten:

$$\bar{y} = \frac{1}{N}(N_1y_1+N_2y_2+ \dots +N_ny_n) = \frac{1}{N}(N_1g(x_1)+N_2g(x_2)+ \dots +N_ng(x_n)) =$$

$$= g(x_1)\frac{N_1}{N}+ \dots +g(x_n)\frac{N_n}{N} = \sum_{i=1}^{n} g(x_i)\, h_N(x_i)\,. \tag{1.65}$$

Dieser Ausdruck geht bei hinreichend großer Versuchszahl in den Erwartungswert

$$E[Y] = m_Y = \sum_{i=1}^{n} g(x_i)\, P(x_i) = E[g(x)] \tag{1.66}$$

über. Dies bedeutet, daß zur Berechnung von E[Y] nicht die Wahrscheinlichkeitsdichte p(y) bzw. die Wahrscheinlichkeiten $P(Y=y_i)$ benötigt werden.

Auf ganz entsprechende Weise erhalten wir die Streuung von Y:

$$\sigma_y^2 = \sum_{i=1}^{n} (g(x_i)-m_y)^2\, P(x_i). \tag{1.67}$$

Bei stetigen Zufallsgrößen findet man

$$E[Y] = \int_{-\infty}^{\infty} g(x)\, p(x)\, dx = E[g(X)], \tag{1.68}$$

$$\sigma_y^2 = \int_{-\infty}^{\infty} (g(x)-m_y)^2\, p(x)\, dx\,. \tag{1.69}$$

Im Grunde wurden schon früher Funktionen von Zufallsgrößen verwendet. Benutzen wir z.B. als Funktion den Ausdruck $Y=X^2$, so erhalten wir nach Gl. 1.68 das 2. Moment von X (vgl. Gl. 1.59):

$$E[X^2] = \int_{-\infty}^{\infty} x^2\, p(x)\, dx.$$

Beispiel (Lineartransformation)
Es sei

$$Y = aX+b, \tag{1.70}$$

zwischen beiden Zufallsgrößen besteht ein linearer Zusammenhang. Nach Gl. 1.68, 1.69 wird

$$E[Y] = \int_{-\infty}^{\infty} (ax+b)\, p(x)\, dx = a\int_{-\infty}^{\infty} x\, p(x)\, dx + b\int_{-\infty}^{\infty} p(x)\, dx = a\, E[X]+b,$$

$$\sigma_Y^2 = \int_{-\infty}^{\infty} (ax+b-a\, m_X-b)^2\, p(x)\, dx = a^2\int_{-\infty}^{\infty} (x-m_X)^2\, p(x)\, dx = a^2\sigma_X^2\,.$$

Die Ergebnisse

$$E[Y] = a\, E[X]+b,\ \sigma_Y^2 = a^2\sigma_X^2 \tag{1.71}$$

gelten ebenfalls bei diskreten Zufallsgrößen (Beweis mit Gln. 1.66, 1.67).

1.3.4. Weitere Kennwerte einer Zufallsgröße

Als Moment k-ter Ordnung $E[X^k]$ einer Zufallsgröße X bezeichnet man den Ausdruck

$$E[X^k] = \int_{-\infty}^{\infty} x^k\, p(x)\, dx\,. \tag{1.72}$$

Das Moment 1. Ordnung (k=1) entspricht dem Erwartungswert m=E[X] (vgl. Gl. 1.55). Auch das Moment 2. Ordnung (k=2) wurde bereits im Zusammenhang mit der Berechnung der Streuung verwendet (vgl. Gl. 1.59).
Die Gleichung

$$E[(X-m)^k] = \int_{-\infty}^{\infty} (x-m)^k\, p(x)\, dx \tag{1.73}$$

liefert das **zentrale** Moment der Ordnung k. Der Fall k=2 führt auf die Streuung σ^2.

Bei diskreten Zufallsgrößen sind die Momente k-ter Ordnung durch die Beziehungen

$$E[X^k] = \sum_{i=1}^{n} x_i^k \, P(x_i), \quad E[(X-m)^k] = \sum_{i=1}^{n} (x_i-m)^k \, p(x_i) \tag{1.74}$$

definiert.

Als **Schiefe** V einer Zufallsgröße bezeichnet man das auf σ^3 bezogene 3. Zentralmoment:

$$V = \frac{E[(X-m)^3]}{\sigma^3} \tag{1.75}$$

Die Schiefe ist immer dann Null, wenn die Dichtefunktion symmetrisch zu ihrem Mittelwert ist. Dies trifft z.B. bei der Normalverteilung und auch bei der Gleichverteilung zu.

Bisweilen interessiert noch der **Exzeß** E:

$$E = \frac{E[(X-m)^4]}{\sigma^4} - 3. \tag{1.76}$$

Dieser Ausdruck verschwindet bei der Normalverteilung. Der Exzeß wird manchmal als Maß für die Abweichung gegenüber einer Normalverteilung verwendet.

Beispiel
Zu berechnen sind Schiefe und Exzeß einer gleichverteilten Zufallsgröße mit p(x) nach Bild 1.5.
Im Beispiel 1 vom Abschnitt 1.3.2 wurde die Streuung berechnet: $\sigma^2 = \epsilon^2/3$.
Das 3. Zentralmoment wird nach Gl. 1.73:

$$E[(X-m)^3] = \int_{-\infty}^{\infty} (x-m^3)\, p(x)\, dx = \frac{1}{2\epsilon} \int_{m-\epsilon}^{m+\epsilon} (x-m)^3 \, dx.$$

Mit der Substitution u=x-m (untere Grenze $m-\epsilon \rightarrow -\epsilon$, obere Grenze $m+\epsilon \rightarrow \epsilon$) wird

$$E[(X-m)^3] = \frac{1}{2\epsilon} \int_{-\epsilon}^{\epsilon} u^3 \, du = \frac{1}{2\epsilon} \frac{u^4}{4} \Big|_{-\epsilon}^{\epsilon} = 0$$

Damit wird auch die Schiefe V=0.

Zur Ermittlung des Exzesses berechnen wir (Substitution u=x-m):

$$E[(X-m)^4] = \int_{-\infty}^{\infty}(x-m)^4\, p(x)\, dx = \frac{1}{2\epsilon}\int_{m-\epsilon}^{m+\epsilon}(x-m)^4 dx = \frac{1}{2\epsilon}\int_{-\epsilon}^{\epsilon} u^4\, du =$$

$$= \frac{1}{2\epsilon}\, \frac{u^5}{5}\Big|_{-\epsilon}^{\epsilon} = \epsilon^4/5\,.$$

Mit $\sigma^2 = \epsilon^2/3$ erhalten wir nach Gl. 1.76 den Exzeß $E=-1{,}2$.

1.3.5 Die Tschebyscheff'sche Ungleichung

In der Praxis tritt häufig der Fall auf, daß von einer Zufallsgröße nur der Mittelwert m und die Streuung σ^2 (zumindest näherungsweise) bekannt sind. In diesem Fall erlaubt die Tschebyscheff'sche Ungleichung eine Abschätzung, mit welcher Wahrscheinlichkeit die Zufallsgröße in einem gewissen Bereich liegt. Die Tschebyscheff'sche Ungleichung lautet

$$P(|X-m| < k\sigma) \geq 1-1/k^2,\ k>0\,, \tag{1.77}$$

oder auch

$$P(|X-m| \geq k\sigma) \leq 1/k^2,\ k>0\,. \tag{1.78}$$

Beweis für die Tschebyscheff'sche Ungleichung in der Form nach Gl. 1.78 im Falle einer stetigen Zufallsgröße:
X habe die (nicht bekannte) Dichtefunktion p(x), dann gilt

$$\sigma^2 = \int_{-\infty}^{\infty}(x-m)^2\, p(x)\, dx = \int_{|x-m|<k\sigma}(x-m)^2\, p(x)\, dx + \int_{|x-m|\geq k\sigma}(x-m)^2\, p(x)\, dx \geq \int_{|x-m|\geq k\sigma}(x-m)^2\, p(x)\, dx.$$

Im letzten Integral ist $(x-m)^2 \geq k^2\sigma^2$, also erhalten wir die Ungleichung

$$\sigma^2 \geq \int_{|x-m|\geq k\sigma} k^2\sigma^2\, p(x)\, dx = k^2\sigma^2 \int_{|x-m|\geq k\sigma} p(x)\, dx = k^2\sigma^2\, P(|X-m|\geq k\sigma).$$

Nach Division durch σ^2 erhalten wir Gl. 1.78.

Beispiele

1. $k=3$, aus Gl. 1.77 folgt $P(|X-m|<3\sigma) \geq 1-1/9 = 0{,}889$.

Dies bedeutet, daß bei einer ganz beliebigen Verteilung die Zufallsgröße X mindestens mit einer Wahrscheinlichkeit von 0,889 im Bereich $m-3\sigma<X<m+3\sigma$ ("3σ-Bereich") liegt. Die Tschebyscheff'sche Ungleichung liefert natürlich nur eine mehr oder weniger grobe Abschätzung. Im 3. Beispiel vom Abschnitt 1.3.2 haben wir bei der Normalverteilung den Wert 0,9972 für den "3σ-Bereich" gefunden.

2. k=4, aus Gl. 1.77 folgt $P(|X-m|<4\sigma) \geq 1-1/16 = 0{,}938$.
Innerhalb des Bereiches $m-4\sigma<X<m+4\sigma$ tritt die Zufallsgröße mindestens mit einer Wahrscheinlichkeit von 0,938 auf. Bei der Normalverteilung betrug der entsprechende Wert 0,99992 (vgl. Beispiel 3, Abschnitt 1.3.2).

1.4 Mehrdimensionale Zufallsgrößen

1.4.1 Zusammenstellung bereits abgeleiteter Ergebnisse und einige Erweiterungen

1.4.1.1 Verteilungs- und Dichtefunktionen

Der Begriff der mehrdimensionalen Zufallsgröße wurde im Abschnitt 1.2.1.1 eingeführt. Eine mehrdimensionale Zufallsgröße entsteht dadurch, daß einem (Elementar-) Ereignis mehrere Zahlen zugeordnet werden.

Beispiele

1. "Schießen auf eine Zielscheibe". X und Y sind die Koordinaten der Treffer.
2. "Würfelexperiment mit n Würfeln". Jedem Elementarereignis werden n Zahlen (nämlich die geworfenen Augenzahlen) $X_1, X_2 \dots X_n$ zugeordnet.

Die Verteilungsfunktion einer zweidimensionalen Zufallsgröße wurde im Abschnitt 1.2.1.2 erklärt, es war

$$F(x,y) = P(X \leq x, Y \leq y).$$

Die Verallgemeinerung auf den n-dimensionalen Fall führt zu

$$F(x_1, x_2, \dots, x_n) = P(X_1 \leq x_1, X_2 \leq x_2, \dots, X_n \leq x_n). \qquad (1.79)$$

Sind die Zufallsgrößen unabhängig voneinander, so gilt nach Gl. 1.15

$$F(x,y) = F_X(x)\, F_Y(y),$$

oder im allgemeinen Fall

$$F(x_1, x_2, \dots, x_n) = F_{X_1}(x_1)\, F_{X_2}(x_2) \dots F_{X_n}(x_n). \qquad (1.80)$$

Nach Gl. 1.18 ist

$$p(x,y) = \frac{\partial^2 F(x,y)}{\partial x\, \partial y}$$

die Wahrscheinlichkeitsdichte einer zweidimensionalen Zufallsgröße, im n-dimensionalen Fall lautet sie

$$p(x_1, x_2 \dots x_n) = \frac{\partial^n F(x_1, x_2 \dots x_n)}{\partial x_1\, \partial x_2 \dots \partial x_n}. \qquad (1.81)$$

Sind die Zufallsgrößen X_1, $X_2, \dots, X_n$ unabhängig voneinander, so führt Gl. 1.81 mit der Verteilungsfunktion nach Gl. 1.80 zu der Dichte

$$p(x_1, x_2, \dots, x_n) = p_{X_1}(x_1)\, p_{X_2}(x_2) \dots p_{X_n}(x_n). \qquad (1.82)$$

Bei voneinander unabhängigen Zufallsgrößen ist die n-dimensionale Dichte das Produkt der eindimensionalen Dichtefunktionen. Dies ist eine Analogie zu dem im Abschnitt 1.1.3.1 abgeleiteten Multiplikationsgesetz bei unabhängigen Zufallsereignissen.

Auch zu der im Abschnitt 1.1.3.2 abgeleiteten allgemeineren Gleichung 1.8 gibt es eine analoge Beziehung, es gilt

$$p(x,y) = p(y|x)\, p(x) = p(x|y)\, p(y). \qquad (1.83)$$

Dabei sind $p(y|x)$ und $p(x|y)$ "bedingte Wahrscheinlichkeitsdichtefunktionen". Wie im Abschnitt 1.2.1.2 für den zweidimensionalen Fall gezeigt wurde, erhält man aus der n-dimensionalen Verteilungsfunktion eine n-1 dimensionale, wenn die nicht interessierende Variable unendlich gesetzt wird, d.h.

$$F_X(x) = F(x, y=\infty) = P(X \le x, Y \le \infty) = P(X \le x),$$

oder z.B.

$$F(x_1, x_2, \dots, x_{n-1}) = F(x_1, x_2, \dots, x_{n-1}, \infty). \qquad (1.84)$$

Die Verteilungsfunktion ergibt sich aus der Dichtefunktion (vgl. Gl. 1.25) zu

$$F(x_1, x_2, \dots, x_n) = \int_{-\infty}^{x_1} \int_{-\infty}^{x_2} \dots \int_{-\infty}^{x_n} p(u_1, u_2, \dots, u_n)\, du_1\, du_2 \dots du_n \qquad (1.85)$$

und es gilt

$$F(\infty, \infty, \dots, \infty) = \int_{-\infty}^{\infty} \dots \int_{-\infty}^{\infty} p(u_1, u_2, \dots, u_n)\, du_1 \dots du_n = 1. \qquad (1.86)$$

Schließlich gilt in Erweiterung von Gl. 1.21:

$$P(a_1 < X_1 \le b_1, \dots, a_n < X_n \le b_n) = \int_{a_1}^{b_1} \int_{a_2}^{b_2} \dots \int_{a_n}^{b_n} p(x_1, \dots, x_n)\, dx_1 \dots dx_n. \qquad (1.87)$$

1.4.1.2 Funktionen von mehrdimensionalen Zufallsgrößen

Im Abschnitt 1.3.3 wurde der Begriff "Funktion einer Zufallsgröße" eingeführt. Unter dem Ausdruck

$$Z = g(X_1, X_2, \ldots, X_n) \tag{1.88}$$

verstehen wir, daß die Zufallsgröße Z den Wert $g(x_1, x_2, \ldots, x_n)$ annimmt, wenn die n-dimensionale Zufallsgröße $X_1, X_2, \ldots, X_n$ den Wert $x_1, x_2, \ldots, x_n$ angenommen hat.

Mit dieser Definition der Funktion einer n-dimensionalen Zufallsgröße wird der Erwartungswert von Z (vgl. Gl. 1.68):

$$E[Z] = m_Z = E[g(X_1,\ldots,X_n)] = \int_{-\infty}^{\infty} \ldots \int_{-\infty}^{\infty} g(x_1,\ldots,x_n)\, p(x_1,\ldots,x_n)\, dx_1 \ldots dx_n. \tag{1.89}$$

Beispiel 1

Es sei $Z = X_1$, dann wird nach Gl. 1.89:

$$E[Z] = E[X_1] = \int_{-\infty}^{\infty} \ldots \int_{-\infty}^{\infty} x_1\, p(x_1,\ldots,x_n)\, dx_1 \ldots dx_n. \tag{1.90}$$

Diesen Erwartungswert kann man natürlich einfacher nach Gl. 1.55 berechnen:

$$E[X_1] = \int_{-\infty}^{\infty} x_1\, p_{X_1}(x_1)\, dx_1. \tag{1.91}$$

Für den Sonderfall n=2 soll die Identität der Ergebnisse nach den den Gln. 1.90, 1.91 bewiesen werden. Wir erhalten aus Gl. 1.90 im Fall n=2:

$$E[X_1] = \int_{-\infty}^{\infty} \int_{-\infty}^{\infty} x_1\, p(x_1,x_2)\, dx_1\, dx_2 = \int_{-\infty}^{\infty} x_1 \{ \int_{-\infty}^{\infty} p(x_1,x_2)\, dx_2 \}\, dx_1.$$

Wir weisen nach, daß das "innere" Integral mit der Dichte $p_{X_1}(x_1)$ identisch ist. Nach den Gln. 1.84, 1.85 wird

$$F(x_1,\infty) = \int_{-\infty}^{x_1} \{ \int_{-\infty}^{\infty} p(u_1,u_2)\, du_2 \}\, du_1 = F_{X_1}(x_1).$$

Die Differentiation nach x_1 (der oberen Grenze des Integrals) liefert die Dichte

$$p_{X_1}(x_1) = \frac{d\, F_{X_1}(x_1)}{d\, x_1} = \frac{d}{d\, x_1} \left(\int_{-\infty}^{x_1} \{ \int_{-\infty}^{\infty} p(u_1,u_2)\, du_2 \}\, du_1 \right) = \int_{-\infty}^{\infty} p(x_1,u_2)\, du_2 .$$

Dies ist aber (bis auf den Unterschied bei der Bezeichnung der Integrationsvariablen) das oben auftretende "innere" Integral.

Hinweis: Bekanntlich wird ein Integral nach seiner oberen Grenze differenziert, indem die Integrationsvariable durch die obere Grenze ersetzt wird.

Beispiel 2

Es sei $Z = (X_1-m_1)^2$ mit $m_1 = E[X_1]$, dann wird nach Gl. 1.89:

$$E[(X_1-m_1)^2] = \sigma_1^2 = \int_{-\infty}^{\infty} \dots \int_{-\infty}^{\infty} (x_1-m_1)^2 \, p(x_1 \dots x_n) \, dx_1 \dots dx_n \tag{1.92}$$

die Streuung der Zufallsgröße X_1. Eine einfachere Berechnung ist natürlich mit Gl. 1.57 möglich:

$$\sigma_1^2 = \int_{-\infty}^{\infty} (x_1-m_1)^2 \, p_{X_1}(x_1) \, dx_1 .$$

Der Übergang von Gl. 1.92 auf diese Form entspricht dem Übergang von Gl. 1.90 auf Gl. 1.91 beim Beispiel 1.

Läßt sich die Funktion $Z=g(X_1, X_2,\dots,X_n)$ nach Gl. 1.88 in der Form

$$Z = g_1(X_1,\dots,X_n) + g_2(X_1,\dots,X_n) + \dots + g_k(X_1,\dots,X_n) = Z_1+Z_2+\dots+Z_k \tag{1.93}$$

als Summe darstellen, so findet man nach Gl. 1.89 den Erwartungswert

$$E[Z] = E[Z_1+Z_2+ \dots +Z_k] = E[Z_1] + E[Z_2] + \dots + E[Z_k] \tag{1.94}$$

(das Integral nach Gl. 1.89 geht in eine Summe von k Teilintegralen mit der Bedeutung $E[Z_1], E[Z_2], \dots , E[Z_k]$ über).

Dies bedeutet, daß der Erwartungswert E[Z] einer Summe von Zufallsgrößen (GL. 1.93) gleich der Summe der Erwartungswerte der einzelnen Summanden ist (Gl. 1.94).

Beispiel 3

Es sei

$$Z = k_1X_1+k_2X_2+ \dots +k_nX_n , \tag{1.95}$$

dann erhalten wir nach Gl. 1.94

$$E[Z]] = E[k_1X_1] + E[k_2X_2] + \dots + E[k_nX_n] ,$$

bzw.

$$E[Z] = k_1 E[X_1] + k_2 E[X_2] + \dots + k_n E[X_n] . \tag{1.96}$$

Bei der Integration nach Gl. 1.89 können die Faktoren k_i selbstverständlich vor die Integrale gezogen werden.

Beispiel 4

Es sei

$$Z = k_1X_1+k_2X_2,$$

wobei die Zufallsgrößen X_1 und X_2 voneinander **unabhängig** sein sollen.

Gesucht sind Mittelwert und Streuung der Zufallsgröße Z.

Der Mittelwert wurde bereits (ohne die zusätzliche Einschränkung der Unabhängigkeit) berechnet, nach Gl. 1.96 ist

$$E[Z] = m_Z = k_1\, E[X_1] + k_2\, E[X_2] = k_1 m_1 + k_2 m_2. \qquad (1.97)$$

Wir berechnen das 2. Moment von Z und zunächst

$$\tilde{Z} = Z^2 = (k_1 X_1 + k_2 X_2)^2 = k_1^2\, X_1^2 + k_2^2\, X_2^2 + 2 k_1 k_2 X_1 X_2.$$

$\tilde{Z}$ ist eine Zufallsgröße in der Form von Gl. 1.93, daher ist zur Berechnung von $E[\tilde{Z}]$ Gl. 1.94 anwendbar:

$$E[\tilde{Z}] = E[Z^2] = k_1^2\, E[X_1^2] + k_2^2\, E[X_2^2] + 2 k_1 k_2 E[X_1 X_2]. \qquad (1.98)$$

Der Erwartungswert $E[X_1 X_2]$ wird nach Gl. 1.89

$$E[X_1 X_2] = \int_{-\infty}^{\infty}\int_{-\infty}^{\infty} x_1 x_2\, p(x_1, x_2)\, dx_1\, dx_2.$$

Wir verwenden nun erstmals die Bedingung der Unabhängigkeit von X_1 und X_2 und erhalten nach Gl. 1.82

$$E[X_1 X_2] = \int_{-\infty}^{\infty}\int_{-\infty}^{\infty} x_1 x_2\, p(x_1, x_2)\, dx_1 dx_2 = \int_{-\infty}^{\infty}\int_{-\infty}^{\infty} x_1\, p_{X_1}(x_1)\, x_2\, p_{X_2}(x_2)\, dx_1 dx_2 =$$

$$= \int_{-\infty}^{\infty} x_1\, p_{X_1}(x_1)\, dx_1 \int_{-\infty}^{\infty} x_2\, p_{X_2}(x_2)\, dx_2 = E[X_1]\, E[X_2]. \qquad (1.99)$$

Dieses Ergebnis in Gl. 1.98 eingesetzt, führt zu

$$E[Z^2] = k_1^2\, E[X_1^2] + k_2^2\, E[X_2^2] + 2\, k_1 k_2\, E[X_1]\, E[X_2]. \qquad (1.100)$$

Nach Gl. 1.97 wird

$$m_Z^2 = (E[Z])^2 = k_1^2\, m_1^2 + k_2^2\, m_2^2 + 2 k_1 k_2 m_1 m_2$$

und schließlich nach Gl. 1.58:

$$\sigma_Z^2 = E[Z^2] - m_z^2 = k_1^2 (E[X_1^2] - m_1^2) + k_2^2 (E[X^2] - m_2^2),$$

bzw.

$$\sigma_Z^2 = k_1^2\, \sigma_1^2 + k_2^2\, \sigma_2^2\,. \qquad (1.101)$$

Dieses Ergebnis läßt sich verallgemeinern. Ist Z die (gewichtete) Summe voneinander **unabhängiger** Zufallsgrößen, so lassen sich sowohl Mittelwerte, als auch Streuungen der einzelnen Summanden addieren.

1.4.2 Der Korrelationskoeffizient

X_1 und X_2 sind zwei Zufallsgrößen mit der Verteilungsfunktion $F(x_1,x_2)$. $m_1=E[X_1]$, $m_2=E[X_2]$, $\sigma_1^2=E[(X_1-m_1)^2]$, $\sigma_2^2=E[(X_2-m_2)^2]$ sind Mittelwerte und Streuungen dieser Zufallsgrößen. Sie können bei Kenntnis der Verteilungsfunktion $F(x_1,x_2)$ bzw. der Dichtefunktion $p(x_1,x_2)$ nach den Gln. 1.90, 1.92 berechnet werden.

Als weitere Größe interessiert uns der Erwartungswert

$$E[X_1X_2] = \int_{-\infty}^{\infty}\int_{-\infty}^{\infty} x_1\, x_2\, p(x_1,x_2)\, dx_1\, dx_2\,. \qquad (1.102)$$

Mit diesen Kenngrößen können wir den **Korrelationskoeffizienten** r_{12} zwischen den Zufallsgrößen X_1 und X_2 definieren:

$$r_{12} = \frac{E[X_1X_2] - E[X_1]\,E[X_2]}{\sigma_1\,\sigma_2} = \frac{E[(X_1-m_1)(X_2-m_2)]}{\sigma_1\,\sigma_2}\,. \qquad (1.103)$$

Zunächst weisen wir nach, daß die beiden Ausdrücke in Gl. 1.103 identisch sind. Es gilt

$$E[(X_1-m_1)(X_2-m_2)] = E[X_1X_2 - m_1X_2 - m_2X_1 + m_1m_2]$$

und nach Gl. 1.94 wird daraus mit $m_1=E[X_1]$ und $m_2=E[X_2]$:

$$E[X_1X_2-m_1X_2-m_2X_1+m_1m_2] = E[X_1X_2]-m_1E[X_2]-m_2E[X_1]+m_1m_2 =$$
$$= E[X_1X_2] - m_1m_2\,.$$

Dieser Ausdruck ist mit dem Zähler in der vorderen Beziehung in Gl. 1.103 identisch.

Der Korrelationskoeffizient ist eine Kenngröße, die die (lineare) Abhängigkeit zwischen zwei Zufallsgrößen beschreibt. Wir wollen einige Eigenschaften des Korrelationskoeffizienten zusammenstellen.

1. Sind X_1 und X_2 voneinander unabhängige Zufallsgrößen, so ist $r_{12} = 0$.

Beweis: Im Beispiel 4 vom Abschnitt 1.4.1.2 wurde gezeigt, daß bei unabhängigen Zufallsgrößen $E[X_1X_2] = E[X_1]\,E[X_2]$ gilt (Gl. 1.99). Dies führt zu einem verschwindendem Zähler der (1.) Beziehung für r_{12} nach Gl. 1.103.

Wichtig ist, daß der umgekehrte Schluß nicht statthaft ist. Aus $r_{12} = 0$ folgt nicht zwangsläufig, daß beide Zufallsgrößen voneinander unabhängig sind. Dies zeigen wir an einem Beispiel. X_1 sei eine gleichverteilte Zufallsgröße mit $m_1 = E[X_1] = 0$. Die Zufallsgröße X_2 sei nicht unabhängig von X_1, es soll vielmehr $X_2 = X_1^2$ gelten. In diesem Fall wird $E[X_1X_2] = E[X_1^3]$, dies ist das 3. Moment der Zufallsgröße X_1 (vgl. Abschnitt 1.3.4). Zur Berechnung von $E[X_1^3]$ schauen wir uns die Dichtefunktion einer gleichverteilten Zufallsgröße an, wie sie im Bild 1.5 skizziert ist. Für m=0 finden wir

$$E[X_1^3] = \int_{-\infty}^{\infty} x_1^3 \, p_{X_1}(x_1)\, dx_1 = \frac{1}{2\epsilon}\int_{-\epsilon}^{\epsilon} x_1^3\, dx_1 = \frac{x_1^4}{8\epsilon}\Big|_{-\epsilon}^{\epsilon} = 0 .$$

Setzen wir $E[X_1X_2]=E[X_1^3]=0$ und $E[X_1]=0$ in Gl. 1.103 ein, so wird $r_{12}=0$.

Falls $r_{12}=0$ ist, spricht man von **unkorrelierten** Zufallsgrößen. Wie wir gesehen haben, müssen unkorrelierte Zufallsgrößen nicht notwendig auch unabhängig voneinander sein. Wir werden aber im Abschnitt 1.4.3 feststellen, daß unkorrelierte normalverteilte Zufallsgrößen auch unabhängig voneinander sind.

2. Der Korrelationskoeffizient hat den Wert $r_{12}=1$ bzw. $r_{12}=-1$, wenn die Zufallsgrößen linear voneinander abhängen.

Beweis: Lineare Abhängigkeit bedeutet

$$X_2 = aX_1 + b \quad (a \neq 0). \tag{1.104}$$

Ist $m_1=E[X_1]$ der Mittelwert, σ_1^2 die Streuung von X_1, so wird (Gl. 1.71):

$$m_2 = E[X_2] = a\, m_1 + b,\ \sigma_2^2 = a^2\sigma_1^2.$$

Wir benötigen noch

$$E[X_1X_2] = E[X_1(aX_2+b)] = E[aX_1^2+bX_1] = a\,E[X_1^2] + b\,m_1.$$

Setzen wir diese Ergebnisse in Gl. 1.103 ein und beachten $E[X_1^2] = \sigma_1^2 + m_1^2$, so wird (nach elementarer Rechnung):

$$r_{12} = \frac{a(\sigma_1^2+m_1^2)+bm_1 - m_1(am_1+b)}{\sigma_1\,|a|\,\sigma_1} = \frac{a}{|a|}$$

Das Betragszeichen bei der Größe a im Nenner dieses Ausdruckes ist erforderlich, da definitionsgemäß die Standardabweichung $\sigma_2 = \sqrt{a^2\sigma_1^2} > 0$ sein muß (a kann auch negativ sein!). Das soeben gefundene Ergebnis lautet

$$r_{12} = \frac{a}{|a|} = \begin{cases} 1 \text{ für } a>0 \\ -1 \text{ für } a<0 \end{cases} \tag{1.105}$$

$a>0$ bzw. $r_{12}=1$ bedeutet, daß X_1 und X_2 "gleichsinnig" voneinander abhängen. Wenn X_1 größer wird, dann steigt auch X_2. $a<0$ bzw. $r_{12}=-1$ bedeutet eine "gegenläufige" Abhängigkeit der Zufallsgrößen.

3. Der Korrelationskoeffizient kann Werte nur im Bereich $-1 \leq r_{12} \leq 1$ annehmen. Zum Beweis dieser Aussage wird auf die Literatur verwiesen (vgl. [7]).

Beispiel 1

X sei eine gleichverteilte Zufallsgröße mit der im Bild 1.12 skizzierten Dichtefunktion. Die Zufallsgröße Y hängt folgendermaßen mit X zusammen:
a) Y=2X−4; b) Y=−6X; c) Y=3X für X<2,5 und Y=6X für X>2,5.
Zu berechnen sind die Korrelationskoeffizienten r_{XY} für diese drei Fälle.

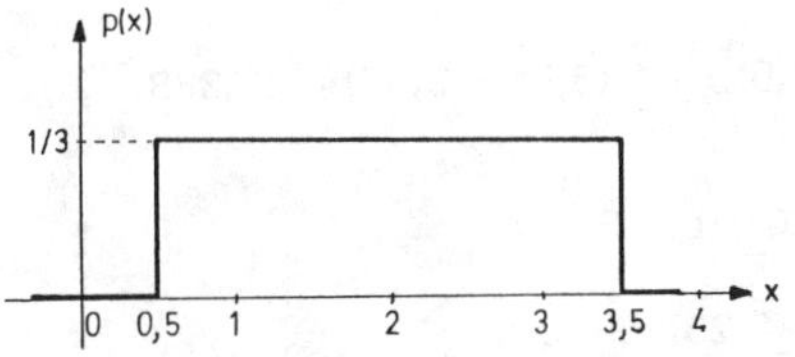

Bild 1.12 Dichtefunktion einer gleichverteilten Zufallsgröße (Beispiel 1)

zu a,b In beiden Fällen besteht ein linearer Zusammenhang zwischen X und Y, dies führt zu $r_{XY}=1$ im Fall a und zu $r_{XY}=-1$ im Fall b (vgl. die Gln. 1.104, 1.105).

zu c Ein linearer Zusammenhang gemäß Gl. 1.104 liegt nicht vor. Beide Zufallsgrößen sind "gleichsinnig" voneinander abhängig, der Korrelationskoeffizient muß positiv, aber kleiner als 1 sein.
Zur Berechnung von r_{XY} müssen wir die in Gl. 1.103 auftretenden Erwartungswerte berechnen:

$E[X]=m_X=2$ (aus Bild 1.12 entnommen),

$$E[X^2] = \int_{-\infty}^{\infty} x^2 p(x)\,dx = \frac{1}{3}\int_{0,5}^{3,5} x^2\,dx = \frac{1}{9}x^3\Big|_{0,5}^{3,5} = \frac{1}{9}(3{,}5^3 - 0{,}5^3) = 4{,}75\;,$$

$$\sigma_X^2 = E[X^2] - m_X^2 = 4{,}75 - 4 = 0{,}75\;,\; \sigma_X = 0{,}866.$$

Nach Gl. 1.68 und dem vorne angegebenen Zusammenhang zwischen X und Y wird

$$E[Y] = m_Y = \int_{-\infty}^{\infty} g(x)\,p(x)\,dx = \frac{1}{3}\int_{0,5}^{2,5} 3\,x\,dx + \frac{1}{3}\int_{2,5}^{3,5} 6\,x\,dx =$$

$$= \frac{1}{2}x^2\Big|_{0,5}^{2,5} + x^2\Big|_{2,5}^{3,5} = \frac{1}{2}(2{,}5^2 - 0{,}5^2) + (3{,}5^2 - 2{,}5^2) = 9\;.$$

Hinweis: Der Integrationsbereich von 0,5 bis 3,5 wurde entsprechend den Definitionsbereichen der gegebenen Funktion Y=g(X) aufgeteilt.

$$E[Y^2] = \int_{-\infty}^{\infty} g^2(x)\, p(x)\, dx = \frac{1}{3}\int_{0,5}^{2,5} 9\,x^2\, dx + \frac{1}{3}\int_{2,5}^{3,5} 36\,x^2\, dx =$$

$$= x^3 \Big|_{0,5}^{2,5} + 4\,x^3 \Big|_{2,5}^{3,5} = (2{,}5^3 - 0{,}5^3) + 4\,(3{,}5^3 - 2{,}5^3) = 124{,}5\,,$$

$$\sigma_Y^2 = E[Y^2] - m_Y^2 = 43{,}5\,,\ \sigma_Y = 6{,}595\,,$$

$$E[XY] = \int_{-\infty}^{\infty} x\, g(x)\, p(x)\, dx = \frac{1}{3}\int_{0,5}^{2,5} 3\,x^2\, dx + \frac{1}{3}\int_{2,5}^{3,5} 6\,x^2\, dx =$$

$$= \frac{1}{3}x^3 \Big|_{0,5}^{2,5} + \frac{2}{3}x^3 \Big|_{2,5}^{3,5} = \frac{1}{3}(2{,}5^3 - 0{,}5^3) + \frac{2}{3}(3{,}5^3 - 2{,}5^3) = 23{,}333.$$

Mit diesen Werten erhalten wir nach Gl. 1.103

$$r_{XY} = \frac{E[XY] - E[X]\,E[Y]}{\sigma_X\,\sigma_Y} = \frac{23{,}33 - 2\cdot 9}{0{,}866\cdot 6{,}595} = 0{,}943\,.$$

Beispiel 2

Im Beispiel 2 des Abschnittes 1.3.1 wurden die Noten in einer Klausur als Zufallsgröße aufgefaßt. Dort wurden Mittelwert und Standardabweichung der Ergebnisse einer Klausur mit 30 Teilnehmern berechnet.

Wir erweitern das dortige Beispiel und nehmen an, daß die Ergebnisse von Klausuren der gleichen Teilnehmergruppe in zwei verschiedenen Fächern vorliegen. $x^{(\nu)}$ sind die Ergebnisse des 1. Faches (identisch mit den Noten im Beispiel 2 vom Abschnitt 1.3.1), $y^{(\nu)}$ sind die Ergebnisse des 2. Faches.

$x^{(\nu)}$: 4 1 2 3 5 2 1 4 4 3 3 2 4 5 2 3 4 2 5 1 3 2 1 3 5 4 1 3 5 3

$y^{(\nu)}$: 3 2 1 4 5 3 2 3 4 3 4 1 5 4 2 3 2 3 4 2 3 1 2 4 2 4 1 4 4 3

Untereinanderstehende Noten beziehen sich jeweils auf die gleiche Person. Mittelwert und Standardabweichung der Noten des 1.Faches wurden im Abschnitt 1.3.1 berechnet: $m_X \approx \bar{x} = 3$, $s_x^2 = 1{,}79$, $\sigma_X \approx 1{,}34$.
Mit den Gln. 1.47, 1.49 erhalten wir für das 2. Fach:

$$\bar{y} = \frac{1}{N}\sum_{\nu=1}^{N} y^{(\nu)} = \frac{1}{30}\,(\,3+2+1\ \dots\ +4+3\,) = \frac{88}{30} = 2{,}93\,,$$

$$s_y^2 = \frac{1}{N-1}\sum_{\nu=1}^{N} (y^{(\nu)} - \bar{y})^2 = \frac{1}{29}\,\left((3-2{,}93)^2 + (2-2{,}93)^2 + \dots + (3-2{,}93)^2\right) = 1{,}375\,,$$

$\sigma_Y \approx 1{,}17$.

Zur Berechnung des Korrelationskoeffizienten benötigen wir noch den Erwartungswert E[XY]. Entsprechend Gl. 1.47 verwenden wir den arithmetischen Mittelwert der Produkte $x^{(\nu)}y^{(\nu)}$ als Näherung:

$$\overline{x\,y} = \frac{1}{N}\sum_{\nu=1}^{N} x^{(\nu)}y^{(\nu)} = \frac{1}{30}(12+2+2+\ldots+20+9) = \frac{292}{30} = 9{,}733.$$

Mit diesen Ergebnissen finden wir nach Gl. 1.103 näherungsweise

$$r_{xy} \approx \frac{9{,}733-3\cdot 2{,}93}{1{,}34\cdot 1{,}17} = 0{,}6\,.$$

Der Korrelationskoeffizient drückt aus, daß zwischen den Ergebnissen der beiden Klausuren ein (statistischer) Zusammenhang besteht. Im Falle $r_{XY}=0$, oder bei sehr kleinen Werten des Korrelationskoeffizienten hätte ein solcher Zusammenhang nicht bestanden. Selbstverständlich kann (sollte) in der Realität der Wert $r_{XY}=1$ (oder $r_{XY}=-1$) unmöglich sein. Dies würde bedeuten, daß zwischen den Noten in beiden Fächern ein linearer Zusammenhang besteht. Bei Kenntnis der Noten im 1. Fach könnten die des 2. Faches berechnet werden.

1.4.3 Die n-dimensionale Normalverteilung

Wir beginnen mit dem zweidimensionalen Fall. Zwei Zufallsgrößen X_1, X_2 mit den Mittelwerten m_1, m_2 und den Streuungen σ_1^2, σ_2^2 sind gegeben. Als weitere Kenngröße soll der Korrelationskoeffizient r_{12} zwischen X_1 und X_2 bekannt sein. Dann hat die zweidimensionale Wahrscheinlichkeitsdichte normalverteilter Zufallsgrößen X_1, X_2 die Form:

$$p(x_1,x_2) = \\ = \frac{1}{2\pi\sigma_1\sigma_2\sqrt{1-r_{12}^2}} \exp\left(\frac{-1}{1-r_{12}^2}\left[\frac{(x_1-m_1)^2}{2\sigma_1^2} + \frac{(x_2-m_2)^2}{2\sigma_2^2} - r_{12}\frac{(x_1-m_1)(x_2-m_2)}{\sigma_1\sigma_2}\right]\right). \tag{1.106}$$

Im Bild 1.13 ist eine solche zweidimensionale Dichte dargestellt.

Wir betrachten den Sonderfall unkorrelierter Zufallsgrößen, d.h. $r_{12}=0$ und erhalten aus Gl. 1.106

$$p(x_1,x_2) = \frac{1}{2\pi\sigma_1\sigma_2}\exp\left(-\frac{1}{2}\left[\frac{(x_1-m_1)^2}{\sigma_1^2} + \frac{(x_2-m_2)^2}{\sigma_2^2}\right]\right) =$$

$$= \frac{1}{\sqrt{2\pi}\,\sigma_1}\exp\left(-\frac{(x_1-m_1)^2}{2\sigma_1^2}\right)\frac{1}{\sqrt{2\pi}\,\sigma_2}\exp\left(-\frac{(x_2-m_2)^2}{2\sigma_2^2}\right) = p_{X_1}(x_1)\,p_{X_2}(x_2)\,. \tag{1.107}$$

Dies bedeutet, daß normalverteilte unkorrelierte Zufallsgrößen auch unabhängig voneinander sind.

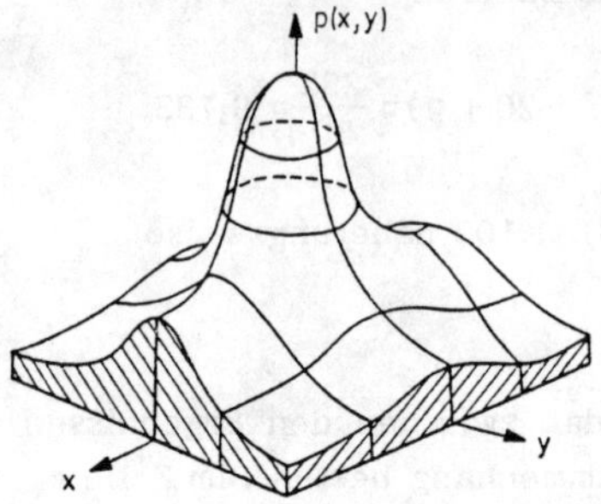

Bild 1.13 Wahrscheinlichkeitsdichte einer zweidimensionalen Normalverteilung

Im n-dimensionalen Fall lassen sich $\binom{n}{2}$ Korrelationskoeffizienten r_{ij} zwischen den n Zufallsgrößen $X_1, X_2, \ldots, X_n$ definieren. Diese Korrelationskoeffizienten werden, zusammen mit den Streuungen der Zufallsgrößen, in einer Matrix zusammengefaßt:

$$\mathbf{M} = \begin{pmatrix} \sigma_1^2 & \sigma_1\sigma_2 r_{12} & \sigma_1\sigma_3 r_{13} & \cdots & \sigma_1\sigma_n r_{1n} \\ \sigma_2\sigma_1 r_{12} & \sigma_2^2 & \sigma_2\sigma_3 r_{23} & \cdots & \sigma_2\sigma_n r_{2n} \\ - & - & - & - & - \\ \sigma_n\sigma_1 r_{1n} & \sigma_n\sigma_2 r_{2n} & \sigma_n\sigma_3 r_{3n} & \cdots & \sigma_n^2 \end{pmatrix} \tag{1.108}$$

Die Matrix ist symmetrisch, denn offenbar gilt $r_{ij}=r_{ji}$, die Hauptdiagonale ist mit den Streuungen der Zufallsgrößen besetzt.

Ausgehend von dieser Matrix kann man die n-dimensionale Dichte der Normalverteilung folgendermaßen ausdrücken (vgl. z.B. [7], [22]):

$$p(x_1, \ldots, x_n) = 1/\left((2\pi)^{n/2} \sqrt{\det \mathbf{M}}\right) \cdot$$

$$\cdot \exp\left(-\frac{1}{2}\frac{1}{\det \mathbf{M}} \sum_{i=1}^{n}\sum_{j=1}^{n} (\det_{ij}\mathbf{M})(x_i-m_i)(x_j-m_j)\right). \tag{1.109}$$

Darin ist $\det_{ij}\mathbf{M}$ die Unterdeterminante, die zum Element der i-ten Zeile und j-ten Spalte gehört. Man erkennt, daß die Dichtefunktion vollständig durch die Mittelwerte, die Streuungen und die Korrelationskoeffizienten festgelegt ist.

Wir wollen untersuchen, wie Gl. 1.109 im Fall n=2 in Gl. 1.106 übergeht. Im zweidimensionalen Fall gilt

$$\mathbf{M} = \begin{pmatrix} \sigma_1^2 & \sigma_1\sigma_2 r_{12} \\ \sigma_1\sigma_2 r_{12} & \sigma_2^2 \end{pmatrix}$$

$$p(x_1,x_2) = \left(2\pi\,\sigma_1\sigma_2\sqrt{1-r_{12}^2}\right)^{-1}\cdot$$

$$\cdot\exp\left(\frac{-1}{2\sigma_1^2\sigma_2^2(1-r_{12}^2)}[\sigma_2^2(x_1-m_1)^2-2\sigma_1\sigma_2 r_{12}(x_1-m_1)(x_2-m_2)+\sigma_1^2(x_2-m_2)^2]\right).$$

und dieser Ausdruck stimmt mit Gl. 1.106 überein.

Relativ einfach ist noch der Fall zu behandeln, bei dem die n Zufallsgrößen unkorreliert sind. In der Matrix $\mathbf{M}$ nach Gl. 1.108 ist dann nur die Hauptdiagonale besetzt:

$$\mathbf{M} = \begin{pmatrix} \sigma_1^2 & 0 & 0 & \dots & 0 \\ 0 & \sigma_2^2 & 0 & \dots & 0 \\ - & - & - & - & - \\ 0 & 0 & 0 & \dots & \sigma_n^2 \end{pmatrix} \qquad (1.110)$$

Dies führt dazu, daß $\det_{ij}\mathbf{M}=0$ für $i \neq j$ gilt und damit geht die n-dimensionale Dichte nach Gl. 1.109 in das Produkt der n eindimensionalen Dichtefunktionen über. Dies bedeutet, daß unkorrelierte normalverteilte Zufallsgrößen auch unabhängig voneinander sind.

1.5 Summen von Zufallsgrößen

1.5.1 Mittelwert und Streuung einer Summe von Zufallsgrößen

Wir gehen von einer (gewichteten) Summe mit zwei Summanden

$$Z = k_1 X_1 + k_2 X_2$$

aus. Der Mittelwert E[Z] lautet nach Gl. 1.97

$$E[Z] = m_Z = k_1 E[X_1] + k_2 E[X_2] = k_1 m_1 + k_2 m_2.$$

Ausgehend von der Zufallsgröße

$$\tilde{Z} = Z^2 = k_1^2 X_1^2 + k_2^2 X_2^2 + 2k_1 k_2 X_1 X_2$$

findet man das 2. Moment der Zufallsgröße Z

$$E[Z^2] = k_1^2\, E[X_1^2] + k_2^2\, E[X_2^2] + 2k_1k_2\, E[X_1X_2].$$

Schließlich wird die Streuung

$$\sigma_Z^2 = E[Z^2]-m_Z^2 = k_1^2(E[X_1^2]-m_1^2)+k_2^2(E[X_2^2]-m_2^2)+2k_1k_2(E[X_1X_2]-m_1m_2),$$

oder mit $\sigma_1^2=E[X_1^2]-m_1^2$, $\sigma_2^2=E[X_2^2]-m_2^2$ und $E[X_1X_2]-m_1m_2=\sigma_1\sigma_2r_{12}$ wird

$$\sigma_Z^2 = k_1^2\sigma_1^2 + k_2^2\sigma_2^2 + 2k_1k_2r_{12}\sigma_1\sigma_2.$$

Im Falle unabhängiger Zufallsgrößen wird $r_{12}=0$ und wir finden das schon im Abschnitt 1.4.1.2 (Gl. 1.101) abgeleitete Ergebnis

$$\sigma_Z^2 = k_1^2\sigma_1^2 + k_2^2\sigma_2^2.$$

Die Verallgemeinerung auf eine Summe mit n Summanden

$$Z = k_1X_1 + k_2X_2 + \ldots + k_nX_n$$

führt zu den Ergebnissen

$$E[Z] = m_Z = \sum_{i=1}^{n} k_i E[X_i]\,, \tag{1.111}$$

$$\sigma_Z^2 = \sum_{i=1}^{n}\sum_{j=1}^{n} k_ik_jr_{ij}\sigma_i\sigma_j\,, \quad (r_{ii}=1 \text{ für } i=1\ldots n)\,. \tag{1.112}$$

Bei voneinander unabhängigen Summanden verschwinden die Korrelationskoeffizienten ($r_{ij}=0$ für $i\neq j$) und wir erhalten aus Gl. 1.112 die schon früher angegebene Beziehung

$$\sigma_Z^2 = \sum_{i=1}^{n} k_i^2\sigma_i^2. \tag{1.113}$$

1.5.2 Charakteristische Funktionen

Charakteristische Funktionen von Zufallsgrößen sind u.a. ein wichtiges Hilfsmittel zu Berechnung der Wahrscheinlichkeitsdichte von Summen von Zufallsgrößen. Es zeigt sich, daß die charakteristische Funktion weitgehend der Fourier-Transformierten der Dichtefunktion entspricht. Bei diskreten Zufallsgrößen verwendet man anstatt der charakteristischen Funktion häufiger die sogen. erzeugende Funktion. Eine erzeugende Funktion entspricht weitgehend der z-Transformierten der Zahlenfolge $P(X=x_1)$ (vgl. z.B. [7]).
Hier werden nur charakteristische Funktionen behandelt. Definiert man bei

diskreten Zufallsgrößen Dichtefunktionen in der im Abschnitt 1.2.2.3 erklärten Art, so gelten die angegebenen Beziehungen auch für diskrete Zufallsgrößen.

1.5.2.1 Charakteristische Funktionen eindimensionaler Zufallsgrößen

Die charakteristische Funktion $C(\omega)$ einer Zufallsgröße X kann auf zweierlei Arten eingeführt werden:

1. als Erwartungswert einer Funktion $g(X)=e^{j\omega X}$, also (vgl. Gl. 1.68)

$$C(\omega) = E[e^{j\omega X}] = \int_{-\infty}^{\infty} p(x)\, e^{j\omega x}\, dx\,, \tag{1.114}$$

2. als Fourier-Transformierte der Dichtefunktion $p(x)$.

Hinweise Ist $f(x)$ eine Funktion, die absolut integrierbar ist, dann existiert zu dieser Funktion eine Fourier-Transformierte, die meist in der Form

$$F(j\omega) = \int_{-\infty}^{\infty} f(x)\, e^{-j\omega x}\, dx \tag{1.115}$$

definiert wird. Bei bekanntem $F(j\omega)$ findet man $f(x)$ nach der Umkehrbeziehung (siehe z.B. [12])

$$f(x) = \frac{1}{2\pi} \int_{-\infty}^{\infty} F(j\omega)\, e^{j\omega x}\, d\omega\,. \tag{1.116}$$

Die Definition von $C(\omega)$ nach Gl. 1.114 unterscheidet sich von der Definition von $F(j\omega)$ nach Gl. 1,115 im Vorzeichen der (Frequenz-) Variablen ω. Dies muß beachtet werden, wenn $C(\omega)$ als Fourier-Transformierte der Dichtefunktion bezeichnet wird und z.B. Tabellen der Fourier-Transformation zur Ermittlung von $C(\omega)$ oder zur Rücktransformation verwendet werden.

Da Gl. 1.114 als Fourier-Transformierte von $p(x)$ aufgefaßt werden kann, gilt umgekehrt

$$p(x) = \frac{1}{2\pi} \int_{-\infty}^{\infty} C(\omega)\, e^{-j\omega x}\, d\omega\,. \tag{1.117}$$

Beispiel 1 (Gleichverteilung)
Gesucht wird die charakteristische Funktion einer gleichverteilten Zufallsgröße mit $p(x)$ nach Bild 1.5.

Nach Gl. 1.114 wird

$$C(\omega) = \int_{-\infty}^{\infty} p(x)\, e^{j\omega x}\, dx = \frac{1}{2\epsilon} \int_{m-\epsilon}^{m+\epsilon} e^{j\omega x}\, dx = \frac{1}{2\epsilon j\omega}\, e^{j\omega x} \Big|_{m-\epsilon}^{m+\epsilon} =$$

$$= \frac{1}{2\epsilon j\omega}\left(e^{j\omega(m+\epsilon)} - e^{j\omega(m-\epsilon)}\right) = e^{j\omega m} \frac{1}{\omega\epsilon} \frac{1}{2j}\left(e^{j\omega\epsilon} - e^{-j\omega\epsilon}\right) = e^{j\omega m} \frac{\sin(\omega\epsilon)}{\omega\epsilon}. \tag{1.118}$$

Beispiel 2 (Normalverteilung)
Gesucht wird die charakteristische Funktion einer normalverteilten Zufallsgröße.

Mit

$$p(x) = \frac{1}{\sqrt{2\pi}\,\sigma}\, e^{-(x-m)^2/(2\sigma^2)}$$

erhalten wir nach Gl. 1.114

$$C(\omega) = \frac{1}{\sqrt{2\pi}\,\sigma} \int_{-\infty}^{\infty} e^{-(x-m)^2/(2\sigma^2)}\, e^{j\omega x}\, dx .$$

Dieses Integral hat die Lösung (vgl. z.B. [7]):

$$C(\omega) = e^{j\omega m}\, e^{-\omega^2\sigma^2/2}. \tag{1.119}$$

Besonders einfach wird dieser Ausdruck, wenn die Zufallsgröße einen verschwindenden Mittelwert hat, dann gilt

$$C(\omega) = e^{-\omega^2\sigma^2/2}$$

und $C(\omega)$ ist eine reelle Funktion.

Differenziert man $C(\omega)$ nach Gl. 1.114 wiederholt nach ω, so findet man:

$$C'(\omega) = \int_{-\infty}^{\infty} p(x)\, jx\, e^{j\omega x}\, dx ,$$

$$C''(\omega) = \int_{-\infty}^{\infty} p(x)\, (jx)^2\, e^{j\omega x}\, dx ,$$

- - - - - - - - - - - - - -

$$C^{(n)}(\omega) = \int_{-\infty}^{\infty} p(x)\, (jx)^n\, e^{j\omega x}\, dx . \tag{1.120}$$

Setzen wir bei diesen Ableitungen $\omega=0$, so wird

$$C'(0) = j \int_{-\infty}^{\infty} x\, p(x)\, dx = j\, E[X],$$

$$C''(0) = j^2 \int_{-\infty}^{\infty} x^2\, p(x)\, dx = j^2\, E[X_2],$$

- - - - - - - - - - - - - - - - -

$$C^{(n)}(0) = j^n \int_{-\infty}^{\infty} x^n\, p(x)\, dx = j^n\, E[X^n]. \qquad (1.121)$$

Die Ableitungen (bei $\omega=0$) entsprechen also (bis auf einen Faktor) den Momenten der Zufallsgröße X.

Entwickelt man die charakteristische Funktion (bei $\omega=0$) in eine Taylorreihe, so lautet diese

$$C(\omega) = C(0) + C'(0)\omega + C''(0)\frac{\omega^2}{2!} + C'''(0)\frac{\omega^3}{3!} + \dots .$$

Die hier auftretenden Ableitungen können durch die Momente ausgedrückt werden (Gl. 1.121), mit $C(0)=1$ wird

$$C(\omega) = 1 + E[X]\,j\omega + E[X^2]\,\frac{(j\omega)^2}{2!} + E[X^3]\,\frac{(j\omega)^3}{3!} + \dots . \qquad (1.122)$$

Sind die Momente $E[X^i]$ bekannt, so findet man mit diesen einen (Näherungs-) Ausdruck für die charakteristische Funktion und ggf. nach Rücktransformation die Dichte $p(x)$.

1.5.2.2 Charakteristische Funktionen mehrdimensionaler Zufallsgrößen

Ist $p(x_1, x_2)$ die zweidimensionale Dichtefunktion der Zufallsgrößen X_1, X_2, so lautet die dazugehörende charakteristische Funktion

$$C(\omega_1,\omega_2) = E[e^{j(\omega_1 X_1 + \omega_2 X_2)}] = \int_{-\infty}^{\infty}\int_{-\infty}^{\infty} e^{j(\omega_1 x_1 + \omega_2 x_2)}\, p(x_1,x_2)\, dx_1\, dx_2 . \qquad (1.123)$$

$C(\omega_1, \omega_2)$ kann als zweidimensionale Fourier-Transformierte von $p(x_1, x_2)$ aufgefaßt werden.

Sind die Zufallsgrößen unabhängig voneinander, d.h.

$$p(x_1, x_2) = p_{X_1}(x_1)\, p_{X_2}(x_2),$$

so wird

$$C(\omega_1,\omega_2) = \int_{-\infty}^{\infty} \int_{-\infty}^{\infty} e^{j(\omega_1 x_1+\omega_2 x_2)}\, p_{X_1}(x_1)\, p_{X_2}(x_2)\, dx_1\, dx_2 =$$

$$= \int_{-\infty}^{\infty} e^{j\omega x_1} p_{X_1}(x_1)\, dx_1 \cdot \int_{-\infty}^{\infty} e^{j\omega x_2} p_{X_2}(x_2)\, dx_2 = C_{X_1}(\omega_1)\, C_{X_2}(\omega_2)\,. \qquad (1.124)$$

Dies bedeutet, daß sich die charakteristischen Funktionen bei unabhängigen Zufallsgrößen multiplizieren.

Beispiel 1 (Zweidimensionale Normalverteilung)
Gesucht wird die zweidimensionale charakteristische Funktion einer zweidimensionalen Normalverteilung.

Wir müssen den (umständlichen) Ausdruck für $p(x_1,x_2)$ nach Gl. 1.106 in Gl. 1.123 einsetzen. Das Ergebnis der Rechnung liefert (vgl. z.B. [7]):

$$C(\omega_1,\omega_2) = e^{j(m_1\omega_1+m_2\omega_2)}\, e^{-(\omega_1^2\sigma_1^2+\omega_2^2\sigma_2^2+2r_{12}\omega_1\omega_2\sigma_1\sigma_2)/2}\,. \qquad (1.125)$$

Sind die Zufallsgrößen voneinander unabhängig, so wird mit $r_{12}=0$

$$C(\omega_1,\omega_2) = e^{j(m_1\omega_1+m_2\omega_2)}\, e^{-(\omega_1^2\sigma_1^2+\omega_2^2\sigma_2^2)/2} =$$

$$= (e^{jm_1\omega_1}\, e^{-\omega_1^2\sigma_1^2/2})(e^{jm_2\omega_2}\, e^{-\omega_2^2\sigma_2^2/2}) = C_{X_1}(\omega_1)\, C_{X_2}(\omega_2)$$

(vgl. Gl. 1.124 und Gl. 1.119).

Im n-dimensionalen Fall ist die charakteristische Funktion definiert durch

$$C(\omega_1,\ldots,\omega_n) = E[e^{j(\omega_1 X_1+\omega_2 X_2+\ldots+\omega_n X_n)}] =$$

$$= \int_{-\infty}^{\infty} \cdots \int_{-\infty}^{\infty} e^{j(\omega_1 x_1+\ldots+\omega_n x_n)}\, p(x_1,\ldots,x_n)\, dx_1 \ldots dx_n\,. \qquad (1.126)$$

Bei voneinander unabhängigen Zufallsgrößen gilt (entsprechend Gl. 1.124):

$$C(\omega_1,\omega_2,\ldots,\omega_n) = C_{X_1}(\omega_1)\, C_{X_2}(\omega_2) \ldots C_{X_n}(\omega_n)\,. \qquad (1.127)$$

Auf die Angabe der Umkehrbeziehung zur Berechnung von $p(x_1,\ldots,x_n)$ aus der n-dimensionalen charakteristischen Funktion wird hier verzichtet (vgl. z.B. [7]).

Beispiel 2 (n-dimensionale Normalverteilung)
Gesucht ist die charakteristische Funktion der n-dimensionalen Normalver-

teilung.

Formal müßte man die Dichte nach Gl. 1.109 in Gl. 1.126 einsetzen und das Integral auswerten. Wir geben hier nur die Lösung an (vgl. z.B. [7]):

$$C(\omega_1,\dots,\omega_n) = \exp\Big(j\sum_{i=1}^{n} m_i\omega_i\Big)\cdot \exp\Big(-0{,}5\sum_{i=1}^{n}\sum_{j=1}^{n} m_{ij}\,\omega_i\,\omega_j\Big). \tag{1.128}$$

Darin sind m_{ij} die Elemente der im Abschnitt 1.4.3 angegebenen Matrix **M** nach Gl. 1.108.

Sonderfall n=2: Die Matrix **M** hat die Elemente $m_{11}=\sigma_1^2$, $m_{22}=\sigma_2^2$, $m_{12}=m_{21}=\sigma_1\sigma_2 r_{12}$, dann wird aus Gl. 1.128

$$C(\omega_1,\omega_2) = e^{j(m_1\omega_1+m_2\omega_2)}\, e^{-(\omega_1^2\sigma_1^2+\omega_2^2\sigma_2^2+2r_{12}\omega_1\omega_2\sigma_1\sigma_2)/2}\,.$$

1.5.3 Die Ermittlung der Dichtefunktion einer Summe von Zufallsgrößen

1.5.3.1 Dichtefunktionen von mit Faktoren multiplizierten Zufallsgrößen

Zur Vorbereitung der Berechnung der Dichte einer gewichteten Summe von Zufallsgrößen untersuchen wir zunächst, wie sich ein Faktor auf die Dichtefunktion auswirkt.

Gilt Y=kX und ist p(x) die Dichte der Zufallsgröße X, so lautet die charakteristische Funktion von Y nach Gl. 1.114

$$C_Y(\omega) = E[e^{j\omega Y}] = E[e^{j\omega kX}] = \int_{-\infty}^{\infty} e^{j\omega kx}\,p(x)\,dx\,.$$

Vergleichen wir diesen Ausdruck mit

$$C_X(\omega) = E[e^{j\omega X}] = \int_{-\infty}^{\infty} e^{j\omega x}\,p(x)\,dx\,,$$

so finden wir

$$C_Y(\omega)=C_X(k\omega). \tag{1.129}$$

Die Dichte $p_Y(y)$ erhalten wir durch Rücktransformation von $C_Y(\omega)$:

$$p_Y(y) = \frac{1}{2\pi}\int_{-\infty}^{\infty} C_Y(\omega)\,e^{-j\omega y}\,d\omega\,,$$

oder mit $C_Y(\omega)=C_X(k\omega)$:

$$p_Y(y) = \frac{1}{2\pi} \int_{-\infty}^{\infty} C_X(k\omega)\, e^{-j\omega y}\, d\omega\,. \tag{1.130}$$

In diesem Integral setzen wir $k\omega=\tilde{\omega}$ ($d\omega=d\tilde{\omega}/k$) und wir finden

$$p_Y(y) = \frac{1}{|k|}\frac{1}{2\pi} \int_{-\infty}^{\infty} C_X(\tilde{\omega})\, e^{j\tilde{\omega}y/k}\, d\tilde{\omega}\,. \tag{1.131}$$

Hinweis Bei der Substitution $k\omega=\tilde{\omega}$ sind die Fälle $k>0$ und $k<0$ zu unterscheiden. Ist $k>0$, so geht die obere Grenze $\omega=\infty$ von Gl. 1.130 in $\tilde{\omega}=\infty$ über und die untere $\omega=-\infty$ in $\tilde{\omega}=-\infty$. Bei $k<0$ ist es umgekehrt, $\omega=\infty$ geht in $\tilde{\omega}=-\infty$ und $\omega=-\infty$ geht in $\tilde{\omega}=\infty$ über. Die Vertauschung der Integrationsgrenzen im Fall $k<0$ bedeutet zunächst ein negatives Vorzeichen, das durch die Betragsbildung bei k kompensiert wird.

Vergleichen wir Gl. 1.131 mit Gl. 1.117, so finden wir

$$p_Y(y) = \frac{1}{|k|}\, p_X(y/k)\,,\ k\neq 0\,. \tag{1.132}$$

Die Dichtefunktion der Zufallsgröße $Y=kX$ findet man demnach, wenn in der Dichtefunktion $p_X(x)$ die Variable x durch y/k ersetzt und außerdem durch $|k|$ dividiert wird. Dies bedeutet, daß $p_Y(y)$ die gleiche "Form" wie $p_X(x)$ hat.

Beispiel

X sei eine Zufallsgröße mit der links im Bild 1.14 skizzierten Dichte. Gesucht wird die Dichtefunktion der Zufallsgröße $Y=2X$.

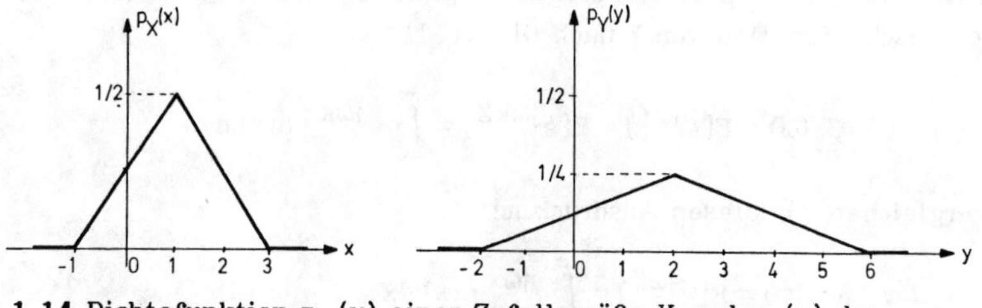

Bild 1.14 Dichtefunktion $p_X(x)$ einer Zufallsgröße X und $p_Y(y)$ der Zufallsgröße $Y=2X$

Nach Gl. 1.132 erhalten wir $p_Y(y) = 0{,}5\, p_X(0{,}5y)$. Zur Konstruktion von $p_Y(y)$ untersuchen wir einige Punkte:

$y=-2$: $p_Y(-2) = 0{,}5\, p_X(-0{,}5\cdot 2) = 0{,}5\, p_X(-1) = 0$,

$y=0$: $p_Y(0) = 0{,}5\, p_X(0) = 0{,}5\cdot 0{,}25 = 0{,}125$,

$y=2$: $p_y(2) = 0{,}5\, p_X(1) = 0{,}5\cdot 0{,}5 = 0{,}25$, y=4: $p_Y(4) = 0{,}5\, p_X(0{,}5\cdot 4) = 0{,}5\cdot p_X(2) = 0{,}5\cdot 0{,}25 = 0{,}125$,

y=6: $p_Y(6) = 0{,}5\, p_X(0{,}5\cdot 6) = 0{,}5\, p_X(3) = 0$.

Diese Funktion $p_Y(y)$ ist rechts im Bild 1.14 skizziert. Wir erkennen unmittelbar daß Y den Erwartungswert $E[Y] = 2 = 2\cdot E[X]$ besitzt.

Das nach Gl. 1.132 gefundene Ergebnis läßt sich auf mehrdimensionale Zufallsgrößen erweitern.

Sind X_1,X_2 zwei Zufallsgrößen mit der Dichte $p(x_1,x_2)$ und der charakteristischen Funktionen $C(\omega_1,\omega_2)$, so ist

$$C_Y(\omega_1,\omega_2) = C_X(k_1\omega_1,k_2\omega_2) \tag{1.133}$$

die charakteristische Funktion der Zufallsgrößen $Y_1=k_1X_1$, $Y_2=k_2X_2$. Die Rücktransformation von Gl.1.133 liefert die Dichte

$$p_Y(y_1,y_2) = \frac{1}{|k_1||k_2|}\, p_X(y_1/k_1,y_2/k_2)\,. \tag{1.134}$$

Im n-dimensionalen Fall gilt

$$C_Y(\omega_1,\omega_2 \,...\, \omega_n) = C_X(k_1\omega_1,k_2\omega_2,\dots,k_n\omega_n), \tag{1.135}$$

$$p_Y(y_1,y_2,\dots,y_n) = \frac{1}{|k_1k_2\dots k_n|}\, p_X(y_1/k_1,y_2/k_2,\dots, y_n/k_n)\,. \tag{1.136}$$

1.5.3.2 Die Dichtefunktion von Summen

X_1,X_2 sind zwei Zufallsgrößen mit der charakteristischen Funktion

$$C_X(\omega_1,\omega_2) = E[\, e^{j(\omega_1X_1+\omega_2X_2)}]\,.$$

Nach Gl. 1.133 ist dann

$$C_Y(\omega_1,\omega_2) = C_X(k_1\omega_1,k_2\omega_2) = E[\, e^{j(\omega_1k_1X_1+\omega_2k_2X_2)}] \tag{1.137}$$

die charakteristische Funktion der Zufallsgrößen $Y_1=k_1X_1$, $Y_2=k_2X_2$.

Setzen wir in Gl. 1.137 $\omega_1=\omega_2=\omega$, so erhalten wir zunächst

$$C_Y(\omega,\omega) = C_X(k_1\omega,k_2\omega) = E[e^{j\omega(k_1X_1+k_2X_2)}]\,. \tag{1.138}$$

Diesen Ausdruck können wir offensichtlich als charakteristische Funktion der Zufallsgröße

$$Z=k_1X_1+k_2X_2$$

auffassen, d.h.

$$C_Z(\omega) = C_X(k_1\omega, k_2\omega) = E[e^{j\omega(k_1X_1+k_2X_2)}] = E[e^{j\omega Z}] \,. \qquad (1.139)$$

Gl. 1.39 liefert das Verfahren zur Berechnung der Dichte der Zufallsgröße $Z=k_1X_1+k_2X_2$:

1. die charakteristische Funktion $C_X(\omega_1,\omega_2)$ wird ermittelt (Gl. 1.123),
2. entsprechend Gl. 1.139 erhält man $C_Z(\omega)=C_X(k_1\omega, k_2\omega)$,
3. $C_Z(\omega)$ wird zurücktransformiert (Gl. 1.117), diese Rücktransformation liefert die Dichtefunktion $p_Z(z)$ der (gewichteten) Summe der Zufallsgrößen.

Die Erweiterung auf die Summe mit n Summanden führt zu der charakteristischen Funktion

$$C_Z(\omega)=C_X(k_1\omega,k_2\omega,\ldots,k_n\omega) \,. \qquad (1.140)$$

Im Falle unabhängiger Zufallsgrößen ist die n-dimensionale Dichtefunktion das Produkt der n eindimensionalen, dann gilt die einfachere Beziehung

$$C_Z(\omega) = C_{X_1}(k_1\omega)\, C_{X_2}(k_2\omega) \,\ldots\, C_{X_n}(k_n\omega) \,. \qquad (1.141)$$

Beispiel

X_1, X_2 sind zwei gleichverteilte, voneinander unabhängige, Zufallsgrößen mit verschwindenden Mittelwerten und $p_{X_1}(x)=p_{X_2}(x)$ nach Bild 1.15. Gesucht ist die Dichtefunktion der Summe $Z=X_1+X_2$.

Nach Gl. 1.114 (oder mit Gl. 1.118 und m=0) wird

$$C_{X_1}(\omega)=C_{X_2}(\omega)=\frac{1}{2\epsilon}\int_{-\epsilon}^{\epsilon} e^{j\omega x}dx=\frac{1}{2\epsilon j\omega}\, e^{j\omega x}\Big|_{-\epsilon}^{\epsilon}=\frac{1}{\omega\epsilon}\,\frac{1}{2j}\,(e^{j\omega\epsilon}-e^{-j\omega\epsilon})=\frac{\sin(\omega\epsilon)}{\omega\epsilon} \,.$$

Dann wird nach Gl. 1.141

$$C_Z(\omega) = C_{X_1}(\omega)\, C_{X_2}(\omega) = \frac{\sin^2(\omega\epsilon)}{\omega^2\epsilon^2} \qquad (1.142)$$

die charakteristische Funktion der Zufallsgröße Z. Die Rücktransformation von $C_Z(\omega)$ führt auf die Dichte (vgl. z.B. die Tabelle zur Fourier-Transformation im Anhang):

$$p_Z(z) = \begin{cases} \dfrac{1}{2\epsilon}\left(1-\dfrac{|z|}{2\epsilon}\right) \text{ für } |z| < 2\epsilon \\ 0 \text{ für } |z| > 2\epsilon \end{cases} \,, \qquad (1.143)$$

sie ist im rechten Teil von Bild 1.15 skizziert.

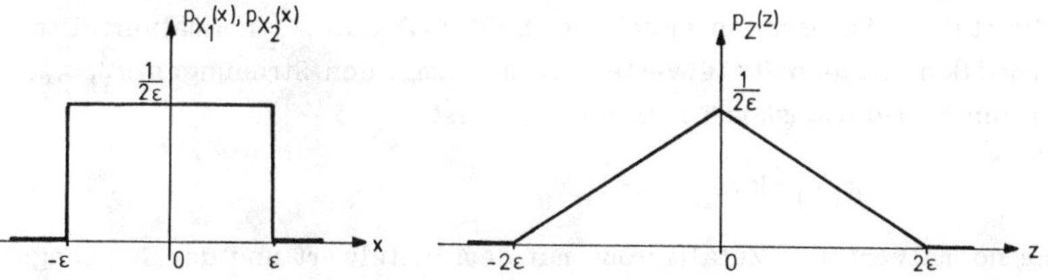

Bild 1.15 Dichtefunktion $p_{X_1}(x) = p_{X_2}(x)$ zweier voneinander unabhängiger Zufallsgrößen und die Dichtefunktion der Summe $Z = X_1 + X_2$

1.5.3.3 Summen normalverteilter Zufallsgrößen

Zunächst betrachten wir eine Summe von zwei normalverteilten Zufallsgrößen

$$Z = k_1 X_1 + k_2 X_2 .$$

Die charakteristische Funktion einer zweidimensionalen Normalverteilung lautet nach Gl. 1.125

$$C_X(\omega_1,\omega_2) = e^{j(m_1\omega_1 + m_2\omega_2)}\, e^{-(\omega_1^2\sigma_1^2 + \omega_2^2\sigma_2^2 + 2 r_{12}\omega_1\omega_2\sigma_1\sigma_2)/2}$$

und daraus folgt nach Gl. 1.139

$$C_Z(\omega) = C_X(k_1\omega, k_2\omega) =$$

$$= e^{j\omega(k_1 m_1 + k_2 m_2)}\, e^{-\omega^2(k_1^2\sigma_1^2 + k_2^2\sigma_2^2 + 2 r_{12} k_1 k_2 \sigma_1 \sigma_2)/2} . \qquad (1.144)$$

Wir vergleichen diesen Ausdruck mit der charakteristischen Funktion einer normalverteilten Zufallsgröße Z (siehe Gl. 1.119):

$$C_Z(\omega) = e^{j\omega m_Z}\, e^{-\omega^2\sigma_Z^2/2} \qquad (1.145)$$

und stellen fest, daß Gl. 1.144 die charakteristische Funktion einer normalverteilten Zufallsgröße mit dem Mittelwert und der Streuung

$$m_Z = k_1 m_1 + k_2 m_2 \, , \; \sigma_Z^2 = k_1^2\sigma_1^2 + k_2^2\sigma_2^2 + 2 r_{12} k_1 k_2 \sigma_1 \sigma_2 \qquad (1.146)$$

ist.

Ergebnis
Die (gewichtete) Summe zweier normalverteilter Zufallsgrößen ist wieder normalverteilt.

Dieses Ergebnis läßt sich auf die (gewichtete) Summe beliebig vieler normalverteilter Summanden erweitern. Sind $X_1, X_2, \ldots, X_n$ normalverteilte Zufallsgrößen mit den Mittelwerten $m_1, m_2, \ldots, m_n$, den Streuungen $\sigma_1^2, \sigma_2^2, \ldots, \sigma_n^2$ und den Korrelationskoeffizienten r_{ij}, so ist

$$Z = k_1 X_1 + k_2 X_2 + \ldots + k_n X_n \tag{1.147}$$

eine normalverteilte Zufallsgröße mit dem Mittelwert und der Streuung:

$$m_Z = \sum_{i=1}^{n} k_i m_i \,, \; \sigma_Z^2 = \sum_{i=1}^{n} \sum_{j=1}^{n} k_i k_j \sigma_i \sigma_j r_{ij} \,. \tag{1.148}$$

Bei der Auswertung der Doppelsumme für σ_Z^2 muß $r_{ii}=1$ $(i=1,\ldots,n)$ gesetzt werden. Für den Fall $n=2$ läßt sich Gl. 1.148 direkt in das Ergebnis nach Gl. 1.146 überführen.

Sind die n Zufallsgrößen unkorreliert (und damit hier auch unabhängig), so wird $r_{ij}=0$ für $i \neq j$ und aus Gl. 1.148 wird

$$m_Z = \sum_{i=1}^{n} k_i m_i \,, \; \sigma_Z^2 = \sum_{i=1}^{n} k_i^2 \sigma_i^2 \,. \tag{1.149}$$

Die Eigenschaft, daß eine Summe gleichartig verteilter Zufallsgrößen die gleiche Verteilung wie die einzelnen Summanden aufweist, ist eine Besonderheit der Normalverteilung. Im Beispiel des Abschnittes 1.5.3.2 wurde gezeigt, daß die Summe von zwei gleichverteilten Zufallsgrößen nicht gleichverteilt, sondern "dreieckverteilt" ist (siehe Bild 1.15). Es kann gezeigt werden, daß die Summe vieler (voneinander unabhängiger) Zufallsgrößen stets annähernd normalverteilt ist. Dies ist eine Aussage des sogen. zentralen Grenzwertsatzes, der im Abschnitt 1.6.1 besprochen wird.

Es soll noch erwähnt werden, daß auch die Poisson-Verteilung (vgl. Beispiel 3 im Abschnitt 1.3.1) die Eigenschaft aufweist, daß die Summe von Poisson-verteilten Zufallsgrößen wieder Poisson-verteilt ist (vgl. z.B. [7]).

1.5.4 Eine Anwendung zur Berechnung der Genauigkeit von Meßergebnissen

Sind Meßergebnisse in stärkerem Maße fehlerbehaftet, so geht man in der Praxis oft so vor, daß man n (voneinander unabhängige) Meßergebnisse $x^{(i)}$ $(i=1 \ldots n)$ ermittelt und das arithmetrische Mittel (vgl. Gln. 1.39, 1.47)

$$\bar{x} = \frac{1}{n} \sum_{i=1}^{n} x^{(i)} \tag{1.150}$$

als genaueres Meßergebnis ansieht.

Es stellt sich die Frage, ob und um wieviel genauer $\bar{x}$ gegenüber den Einzelwerten $x^{(i)}$ ist. Um diese Frage zu beantworten, wird angenommen, daß die n Meßwerte nicht zeitlich hintereinander mit einer einzigen Meßanordnung, sondern "parallel" aus n gleichartigen Meßanordnungen gewonnen werden. Im Bild 1.16 (oberer Teil) ist dies schematisch dargestellt. Die Meßergebnisse der n Meßanordnungen sind Zufallsgrößen X_i (i=1 ... n). Da die Meßanordnungen gleichartig sein sollen, haben alle die gleiche Wahrscheinlichkeitsdichte

$$p_{X_1}(x) = p_{X_2}(x) = \ldots = p_{X_n}(x) = p(x)$$

und damit gleiche Mittelwerte $m_1 = m_2 = \ldots = m_n = m$ sowie gleiche Streuungen $\sigma_1^2 = \sigma_2^2 = \ldots = \sigma_n^2 = \sigma^2$.

Wir betrachten zunächst die Meßanordnung 1 im Bild 1.16 und interpretieren die Meßergebnisse $x^{(i)}$ als zufällige Werte, die mehr oder weniger weit von dem genauen (aber unbekannten) Wert m entfernt liegen.

Nach dem Modell der n "parallelen" Messungen liefert die 1. Meßanordnung nur den Wert $x^{(1)}$ (im Bild 1.16 angedeutet); die 2. Meßanordnung den Wert $x^{(2)}$ usw.. Als Maß für den Fehler eines Meßwertes kann die Standardabweichung verwendet werden. Diese wird nach Gl. 1.49

$$\sigma \approx \sqrt{\frac{1}{n-1} \sum_{i=1}^{n} (x^{(i)} - \bar{x})^2} \tag{1.151}$$

Der Meßwert $x^{(1)}$ liegt z.B. mit einer Wahrscheinlichkeit von ca. 95% im Bereich $m \pm 2\sigma$, wenn die Meßwerte normalverteilt sein sollten (vgl. Abschnitt 1.3.2). Sind Angaben über die Verteilung der Meßwerte nicht möglich, so kann man mit Hilfe der Tschebyscheff'schen Ungleichung eine Abschätzung der möglichen Abweichungen eines Meßwertes vom genauen Wert durchführen.

Wir betrachten nun die (durch n dividierte) Summe

$$Z = \frac{1}{n} \sum_{i=1}^{n} X_i = \sum_{i=1}^{n} \frac{1}{n} X_i . \tag{1.152}$$

Nach Gl. 1.149 hat Z den Mittelwert

$$m_Z = \sum_{i=1}^{n} \frac{1}{n} m_i = m \tag{1.153}$$

und die Streuung bzw. Standardabweichung

$$\sigma_Z^2 = \sum_{i=1}^{n} \left(\frac{1}{n}\right)^2 \sigma_i^2 = n\left(\frac{1}{n}\right)^2 \sigma^2 = \frac{1}{n}\sigma^2 \; , \; \sigma_Z = \sigma/\sqrt{n} \; . \qquad (1.154)$$

Der Mittelwert von Z entspricht dem der Zufallsgrößen X_i, die Standardabweichung ist um den Faktor $1/\sqrt{n}$ kleiner. Im unteren Teil von Bild 1.16 ist die Dichte $p_Z(z)$ (nicht ganz maßstabsgetreu) skizziert.

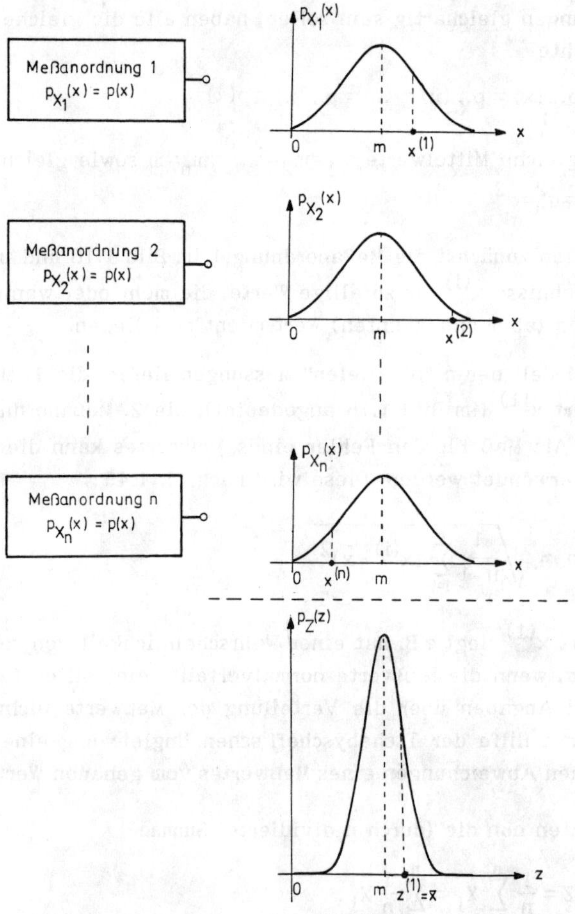

Bild 1.16 Darstellung zur Berechnung der Genauigkeit einer Messung aus n Teilmessungen

Nimmt X_1 den Wert $x^{(1)}$, X_2 den Wert $x^{(2)}$ usw. an (vgl. die Markierungen im Bild 1.16), so hat die Zufallsgröße Z den Wert

$$z^{(1)} = \frac{1}{n}\sum_{i=1}^{n} x^{(i)} \; .$$

Dieser entspricht dem arithmetrischen Mittelwert $\bar{x}$ aus den n Meßwerten. Das bedeutet, daß die n Meßwerte genau eine Realisierung $z^{(1)} = \bar{x}$ der Zufallsgröße Z liefern. Im Bild 1.16 (unterer Bildteil) ist ein möglicher Wert $z^{(1)} = \bar{x}$ markiert.

Wir können nun die Frage stellen, wie genau $z^{(1)}$ bzw. $\bar{x}$ ist. Als Maß verwenden wir wieder die Standardabweichung, hier natürlich die Standardabweichung von Z. Dann folgt mit $\sigma_Z = \sigma/\sqrt{n}$, daß $\bar{x}$ um den Faktor $1/\sqrt{n}$ genauer wie ein einzelner Meßwert ist.

Ergebnis
Führt man eine Messung nicht nur einmal, sondern n-mal durch und nimmt als Meßwert das arithmetrische Mittel (Gl. 1.150), so "schwankt" $\bar{x}$ um den gleichen Mittelwert m wie ein Einzelmeßwert und der Fehler von $\bar{x}$ ist um den Faktor $1/\sqrt{n}$ kleiner.

Nach dem zentralen Grenzwertsatz der Wahrscheinlichkeitsrechnung (siehe Abschnitt 1.6.1) kann man davon ausgehen, daß die Zufallsgröße Z (bei hinreichend großem n) annähernd normalverteilt ist. Diese Aussage gilt bei beliebigen Verteilungen der Zufallsgrößen X_i. Das bedeutet, daß genauere Abschätzungen über den Fehler von $\bar{x}$ möglich sind. $\bar{x}$ liegt mit einer Wahrscheinlichkeit von 0,997 im "3σ-Bereich" (vgl. Abschnitt 1.3.2), d.h. mit $\bar{x}$ nach Gl. 1.150 und $\sigma_Z = \sigma/\sqrt{n}$ wird

$$P\left(\left| \frac{1}{n} \sum_{i=1}^{n} x^{(i)} - m \right| \le \frac{3\,\sigma}{\sqrt{n}} \right) \approx 0{,}997 \,. \tag{1.155}$$

Natürlich sind die genauen Werte von m und σ nicht bekannt, bei hinreichend großen n liefern die Gln. 1.150, 1.151 Näherungswerte.

Beispiel
An einer Meßanordnung wurde eine Messung 20 mal hintereinander durchgeführt, es wurden folgende Meßwerte ermittelt:

2,05 2,13 2,40 2,11 2,08 2,33 2,01 2,41 2,39 2,12
2,06 2,00 2,14 2,28 2,21 2,01 2,42 2,20 2,19 2,30.

Nach den Gln. 1.150, 1.151 erhalten wir:

$$\bar{x} = \frac{1}{20}\,(\,2{,}05 + 2{,}13 + \ldots + 2{,}30\,) = 2{,}194 \,,$$

$$\sigma^2 \approx \frac{1}{19}\left(\,(2{,}05-2{,}914)^2+(2{,}13-2{,}914)^2+\ldots+(2{,}30-2{,}914)^2\,\right) = 0{,}02 \,.$$

Dies bedeutet, daß Einzelmeßwerte einen mittleren Fehler von $\sigma \approx \sqrt{0{,}02} \approx 0{,}141$ aufweisen. Falls die Meßfehler normalverteilt sind, würden einzelne Meßwerte mit einer Wahrscheinlichkeit von 99,7% in einem Bereich $m \pm 3\sigma = m \pm 0{,}423$ liegen.

Verwendet man das arithmetrische Mittel $\bar{x} = 2{,}194$ als (genaueres) Meßergebnis, so beträgt hier der mittlere Fehler $\sigma_Z = \sigma/\sqrt{20} = 0{,}141/4{,}47 = 0{,}032$, er beträgt weniger als 1/4 des Fehlers einer Einzelmessung. Der "3σ-Bereich" ist in diesem Fall $m \pm 0{,}096$.

Im Bild 1.17 sind die Dichte $P_X(x)$ (Einzelmessung) und $P_Z(z)$ maßstabsgetreu bezüglich der Streuungen dargestellt. Dabei wurde angenommen, daß X normalverteilt ist. Die Zufallsgröße Z als Summe von 20 Zufallsgrößen vgl. Gl. 1.152) wird in jedem Fall, zumindest in guter Näherung, normalverteilt verteilt sein (vgl. die Ausführungen zum zentralen Grenzwertsatz im Abschnitt 1.6.1). Aus Bild 1.17 erkennt man unmittelbar, daß $\bar{x}$ mit größerer Wahrscheinlichkeit als ein Einzelmeßwert $x^{(i)}$ in der Nähe des exakten Wertes m liegen wird.

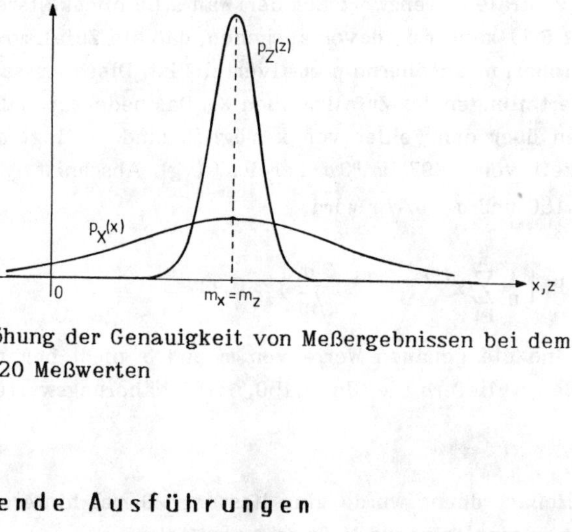

Bild 1.17 Erhöhung der Genauigkeit von Meßergebnissen bei dem Beispiel mit 20 Meßwerten

1.6 Ergänzende Ausführungen

1.6.1 Der zentrale Grenzwertsatz

Sind $X_1, X_2, \ldots, X_n$ voneinander unabhängige Zufallsgrößen mit den Mittelwerten $m_1, m_2 \ldots m_n$ und den Streuungen $\sigma_1^2, \sigma_2^2 \ldots \sigma_n^2$, so hat die Summe

$$Z = X_1 + X_2 + \ldots + X_n$$

den Mittelwert $m_Z = m_1 + m_2 + \ldots + m_n$ und die Streuung $\sigma_Z^2 = \sigma_1^2 + \sigma_2^2 + \ldots + \sigma_n^2$ (vgl. Gln. 1.111, 1.113). Sind die Summanden X_i normalverteilt, so ist auch die Summe Z normalverteilt.

Der zentrale Grenzwertsatz macht folgende viel weitergehende Aussage:

Sind X_i (i=1 ... n) voneinander unabhängige, **beliebig verteilte** Zufallsgrößen, so nähert sich die Verteilung der Summe $Z=X_1+X_2+ \dots +X_n$ einer Normalverteilung mit dem Mittelwert $m_Z=m_1+m_2+ \dots +m_n$ und der Streuung $\sigma_Z^2=\sigma_1^2+\sigma_2^2+ \dots +\sigma_n^2$. Die Annäherung ist umso besser, je größer die Zahl n der Summanden ist.

Obschon der zentrale Grenzwertsatz eine exakte Aussage für die Verteilung von Z nur im Fall $n\to\infty$ liefert, so zeigt sich doch, daß häufig schon Summen aus wenigen Summanden nahezu normalverteilt sind. Dies führt zu einer großen Bedeutung des zentralen Grenzwertsatzes und erklärt, warum die Normalverteilung in der Praxis besonders häufig auftritt.
So entstehen z.B. Toleranzen bei der Fertigung von Werkstücken oft als Summe kleiner zufälliger Abweichungen und der zentrale Grenzwertsatz erklärt, warum dann die Abmessungen annähernd normalverteilt sind.

In der mathematischen Literatur findet man Angaben, unter welchen genauen mathematischen Voraussetzungen der zentrale Grenzwert gültig ist. Es zeigt sich, daß diese Voraussetzungen sehr schwach sind (vgl. z.B. [7], [15]).

Hier soll der zentrale Grenzwertsatz in einem Sonderfall bewiesen werden. Wir setzen voraus, daß eine "gewichtete" Summe aus n gleichartig verteilten Summanden mit den Mittelwerten 0 und den Streuungen 1 vorliegt.
Damit die Streuung der Summe unabhängig von der Zahl der Summanden ist, betrachten wir die (gewichtete) Summe

$$Z = \frac{X_1}{\sqrt{n}} + \frac{X_2}{\sqrt{n}} + \dots + \frac{X_n}{\sqrt{n}} = \sum_{i=1}^{n} \frac{1}{\sqrt{n}} X_i . \qquad (1.156)$$

Mit $E[X_i]=0$ und $\sigma_i^2=1$ erhalten wir nach Gl. 1.149

$$E[X] = \sum_{i=1}^{n} \frac{1}{\sqrt{n}} E[X_i] = 0 , \ \sigma_Z^2 = \sum_{i=1}^{n} \left(\frac{1}{\sqrt{n}}\right)^2 \sigma_i^2 = 1 .$$

Die Zufallsgröße Z hat durch den Ansatz nach Gl. 1.156, unabhängig von der Zahl der Summanden, den Mittelwert 0 und die Streuung 1.

Nach Gl. 1.141 lautet die charakteristische Funktion der Summe Z mit den gleichartig verteilten Summanden

$$C_Z(\omega) = \left(C_X(\omega/\sqrt{n}) \right)^n . \qquad (1.157)$$

Beide Seiten von Gl. 1.157 werden logarithmiert:

$$\ln C_Z(\omega) = n \ln\left(C_X(\omega/\sqrt{n})\right) . \qquad (1.158)$$

Im Abschnitt 1.5.2.1 wurde gezeigt, daß die charakteristische Funktion durch die Reihe

$$C_X(\omega) = 1 + E[X]j\omega + E[X^2]\frac{(j\omega)^2}{2!} + E[X^3]\frac{(j\omega)^3}{3!} + \dots$$

dargestellt werden kann. Setzt man $C_X(\omega)$ nach dieser Reihe in Gl. 1.158 ein und beachtet, daß $E[X_i]=E[X]=0$ ist, so wird

$$\ln C_Z(\omega) = n \cdot \ln\left(1 + \frac{E[X^2]}{2!}(j\omega/\sqrt{n})^2 + \frac{E[X^3]}{3!}(j\omega/\sqrt{n})^3 + \frac{E[X^4]}{4!}(j\omega/\sqrt{n})^4 + \dots\right). \tag{1.159}$$

Die rechte Seite von Gl. 1.159 hat die Form: $n\ln(1+A)$ mit

$$A = \frac{1}{n}E[X^2]\frac{(j\omega)^2}{2!} + \frac{1}{n^{3/2}}E[X^3]\frac{(j\omega)^3}{3!} + \frac{1}{n^2}E[X^4]\frac{(j\omega)^4}{4!} + \dots \tag{1.160}$$

Entwickeln wir $\ln(1+A)$ in eine Taylorreihe, so wird

$$n\ln(1+A) = n\left(A - \frac{A^2}{2} + \frac{A^3}{3} - \frac{A^4}{4} + \dots\right).$$

A wird nach Gl. 1.160 eingesetzt und nach elementarer Rechnung folgt schließlich

$$\ln C_Z(\omega) = n \cdot \ln(1+A) =$$

$$= n\left(\frac{1}{n}\frac{(j\omega)^2}{2!}E[X^2] + \frac{1}{n^{3/2}}\frac{(j\omega)^3}{3!}E[X^3] + \frac{1}{n^2}\frac{(j\omega)^4}{4!}(E[X^4]-6(E[X^2])^2) + \dots\right) =$$

$$= E[X^2]\frac{(j\omega)^2}{2!} + \frac{1}{\sqrt{n}}\left(\frac{(j\omega)^3}{3!}E[X^3] + \frac{1}{\sqrt{n}}(\dots) + \dots\right). \tag{1.161}$$

Für $n\to\infty$ und mit $E[X^2]=\sigma^2=1$ ($E[X]=0$!) erhalten wir aus Gl. 1.61

$$\ln C_Z(\omega) = \tfrac{1}{2}(j\omega)^2 = -\tfrac{1}{2}\omega^2, \quad C_Z(\omega) = e^{-\omega^2/2}$$

und dies ist die charakteristische Funktion einer normalverteilten Zufallsgröße mit dem Mittelwert 0 und der Streuung 1 (vgl. Gl. 1.119).

1.6.2 Stochastische Konvergenz

Ist $\{f_n(x)\}$ eine Folge von Funktionen, so konvergiert diese Folge gegen eine Funktion $f(x)$, bzw. eine Konstante A, wenn (für beliebige $\epsilon>0$) die Bedingung

$$|f_n(x) - f(x)| < \epsilon, \text{ bzw. } |f_n(x) - A| < \epsilon$$

für alle $n>N$ erfüllt ist.

In diesem Sinne konvergiert z.B. die Folge

$$\{f_n(x)\} = \{ \sum_{i=0}^{n} \frac{x^i}{i!} \}$$

für jeden Wert von x gegen die Funktion $f(x)=e^x$.

Dieser Konvergenzbegriff aus der Analysis wird auf Folgen von Zufallsgrössen übertragen.

Ist $X_1, X_2, X_3 \dots$ eine Folge von Zufallsgrößen, so **konvergiert** diese **in Wahrscheinlichkeit** oder stochastisch gegen eine Konstante A, wenn für beliebige $\epsilon > 0$

$$\lim_{n\to\infty} P(|X_n - A| < \epsilon) = 1 \qquad (1.162)$$

gilt. Ersetzt man A in Gl. 1.162 durch eine Zufallsgröße X, so erhält man die Bedingung für die stochastische Konvergenz der Folge $\{X_n\}$ gegen diese Zufallsgröße.

Hinweis Neben diesem Konvergenzbegriff verwendet man in der Wahrscheinlichkeitsrechnung auch noch den Begriff "Konvergenz im Mittel" und den Begriff "Konvergenz mit der Wahrscheinlichkeit 1" (vgl. dazu z.B. [7]).

Als Anwendungsbeispiel betrachten wir die Folge

$$\{Z_n\} = \{ \frac{1}{n} \sum_{i=1}^{n} X_i \}, \qquad (1.163)$$

also $Z_1=X_1$, $Z_2=X_1/2+X_2/2$, $Z_3=X_1/3+X_2/3+X_3/3$ usw. . Wir setzen voraus, daß alle X_i gleichartig verteilt und voneinander unabhängig sind. m und σ^2 sind Mittelwert und Streuung der einzelnen Zufallsgrößen X_i (i=1 ... n).

Behauptung

Die Folge $\{Z_n\}$ konvergiert gegen die Konstante m, also den Mittelwert der Zufallsgrößen X_i.

Nach Gl. 1.162 bedeutet dies:

$$\lim_{n\to\infty} P(|Z_n - m| < \epsilon) = 1 \text{ bzw. } \lim_{n\to\infty} P(|\frac{1}{n} \sum_{i=1}^{n} X_i - m| < \epsilon) = 1. \qquad (1.164)$$

Beweis

Z_n hat den Mittelwert $m_Z=m$ und die Streuung $\sigma_Z^2 = \sigma^2/n$ (Gln. 1.153, 1.154). Nach der Tschebyscheff'schen Ungleichung (Gl. 1.77) wird dann:

$$P(|Z_n - m| < \frac{k\sigma}{\sqrt{n}}) \geq 1 - \frac{1}{k^2}.$$

Wir setzen $k\sigma/\sqrt{n} = \epsilon$ und erhalten:

$$P(|Z_n - m| < \epsilon) \geq 1 - \frac{\sigma^2}{\epsilon^2 n}, \text{ oder } P(|Z_n - m| < \epsilon) \to 1 \text{ für } n \to \infty, \epsilon \text{ beliebig.}$$

Gl. 1.164 sagt aus, daß das arithmetrische Mittel

$$Z_n = \frac{1}{n}(X_1 + X_2 + \dots + X_n)$$

von gleichartig verteilten Zufallsgrößen in Wahrscheinlichkeit gegen den Mittelwert m der X_i konvergiert. Man sagt, daß diese Folge dem "Gesetz der großen Zahlen" genügt.

Es läßt sich ebenfalls zeigen, daß die relative Häufigkeit eines Zufallsereignisses im Sinne der Gl. 1.162 gegen die Wahrscheinlichkeit dieses Zufallsereignisses konvergiert also

$$\lim_{n \to \infty} P(|h_N(x_i) - P(x_i)| < \epsilon) = 1.$$

2 Zufällige Signale

2.1 Grundbegriffe und einführende Beispiele

Nach einer kurzen Erinnerung an einige Begriffe aus der Wahrscheinlichkeitsrechnung wird im Abschnitt 2.1.1 der Begriff des zufälligen oder stochastischen Signales eingeführt. Im Anschluß daran werden in ganz kurzer Form wichtige Kennwerte (genauer Kennfunktionen) zufälliger Signale zusammengestellt.

Die Beispiele im folgenden Abschnitt 2.1.2 haben die Aufgabe, den Leser mit dem Begriff des Zufallssignales vertrauter zu machen. Im Rahmen dieser Beispiele werden die im Abschnitt 2.1.1 nur kurz und formal erklärten Kennfunktionen ausführlicher erläutert. Die Bearbeitung dieser Beispiele ist für das Verständnis des folgenden Stoffes wichtig, auch deshalb, weil in späteren Abschnitten erneut auf diese Beispiele Bezug genommen wird.

2.1.1 Der Begriff des Zufallssignales

Im Abschnitt 1.2.1 wurde die Zufallsgröße eingeführt. Man unterscheidet zwischen diskreten und stetigen Zufallsgrößen. Eine diskrete Zufallsgröße kann nur endlich (allenfalls abzählbar unendlich) viele Werte annehmen. Die Beschreibung einer Zufallsgröße erfolgt durch die Verteilungsfunktion F(x) bzw. durch die Wahrscheinlichkeiten $P(X=x_i)$ oder die Wahrscheinlichkeitsdichtefunktion p(x).

Die wichtigsten Kenngrößen einer Zufallsgröße sind der Erwartungswert E[X] und die Streuung $\sigma^2=E[X^2]-(E[X])^2$. Liegen zwei Zufallsgrößen X_1,X_2 vor, so ist der Korrelationskoeffizient

$$r_{12} = \frac{E[X_1X_2] - E[X_1]\,E[X_2]}{\sigma_1\,\sigma_2}$$

ein Maß für die (lineare) Abhängigkeit zwischen diesen. Sind X_1 und X_2 voneinander unabhängig, so ist $r_{12}=0$, bei linearer Abhängigkeit ist $r_{12}=\pm 1$ (siehe Abschnitt 1.4.2).

Nach dieser kurzen Wiederholung von Begriffen aus der Wahrscheinlichkeitsrechnung erklären wir ein **zufälliges (stochastisches) Signal** oder einen **Zufallsprozeß** folgendermaßen:

Ein zufälliges Signal oder ein Zufallsprozeß X(t) ist dadurch erklärt, daß eine Zufallsgröße X von einem (reellen) Parameter t abhängt. In der Praxis hat t meist die Bedeutung der Zeit.

Bei einem festen Wert des Parameters t ist X(t) eine Zufallsgröße mit einem Erwartungswert E[X] und einer Streuung $\sigma^2_{X(t)} = E[X^2(t)] - (E[X(t)])^2$. I. a. sind diese Kenngrößen vom Wert des Parameters t abhängig, eine wichtige Ausnahme bilden die sogenannten stationären Zufallsprozesse, die im Abschnitt 2.3 behandelt werden.

Wir betrachten nun zwei Zeitpunkte t_1 und t_2 mit den beiden Zufallsgrößen $X_1 = X(t_1)$, $X_2 = X(t_2)$. Diese haben die Mittelwerte $E[X_1] = E[X(t_1)]$, $E[X_2] = E[X(t_2)]$, die Streuungen $\sigma^2_{X(t_1)}$, $\sigma^2_{X(t_2)}$ und der Korrelationskoeffizient zwischen beiden lautet

$$r_{12} = \frac{E[X(t_1)X(t_2)] - E[X(t_1)]\,E[X(t_2)]}{\sigma_{X(t_1)}\,\sigma_{X(t_2)}}. \qquad (2.1)$$

Der Korrelationskoeffizient ist offenbar eine Funktion der beiden Variablen t_1 und t_2. Im Sonderfall $t_1 = t_2$ wird $r_{12} = r(t_1, t_1) = 1$. Grund: In diesem Fall gilt $X_1 = X_2 = X(t_1)$, beide Zufallsgrößen sind identisch (und damit auch linear voneinander abhängig).

Den in Gl. 2.1 auftretenden Erwartungswert $E[X(t_1)\,X(t_2)]$ nennt man **(Auto-) Korrelationsfunktion**

$$R_{XX}(t_1, t_2) = E[X(t_1)X(t_2)]. \qquad (2.2)$$

Die Autokorrelationsfunktion ist eine sehr wichtige Kennfunktion zur Beschreibung zufälliger Signale. Im Sonderfall $t_1 = t_2 = t$ liefert die Autokorrelationsfunktion das 2. Moment der Zufallsgröße X(t):

$$R_{XX}(t,t) = E[X^2(t)]. \qquad (2.3)$$

Hinweis Der Name <u>Auto</u>korrelationsfunktion kommt daher, daß beide Zufallsgrößen in Gl. 2.2, nämlich $X(t_1)$ und $X(t_2)$ zu dem gleichen Zufallssignal X(t) gehören. Später (siehe Abschnitt 3.3) werden wir auch sogenannte Kreuzkorrelationsfunktionen $R_{XY}(t_1, t_2) = E[X(t_1)\,Y(t_2)]$ kennenlernen, bei denen die Zufallsgrößen zu verschiedenen Signalen gehören.

2.1.2 Beispiele für zufällige Signale

2.1.2.1 <u>Ein zeit- und wertediskretes Zufallssignal</u>

Jeweils im Abstand T soll ein Würfelexperiment mit einem gleichmäßigen Würfel durchgeführt werden. Für alle möglichen (Würfel-) Zeitpunkte werden

Zufallsgrößen $X_\nu = X(t_\nu)$ definiert. Zu einer bestimmten Zeit $t = t_\nu$ kann die Zufallsgröße X_ν Werte von 1 bis 6 (die Augenzahlen) mit den Wahrscheinlichkeiten 1/6 annehmen.

Bild 2.1 zeigt **Realisierungen** des auf diese Weise erklärten Zufallsprozesses X(t).

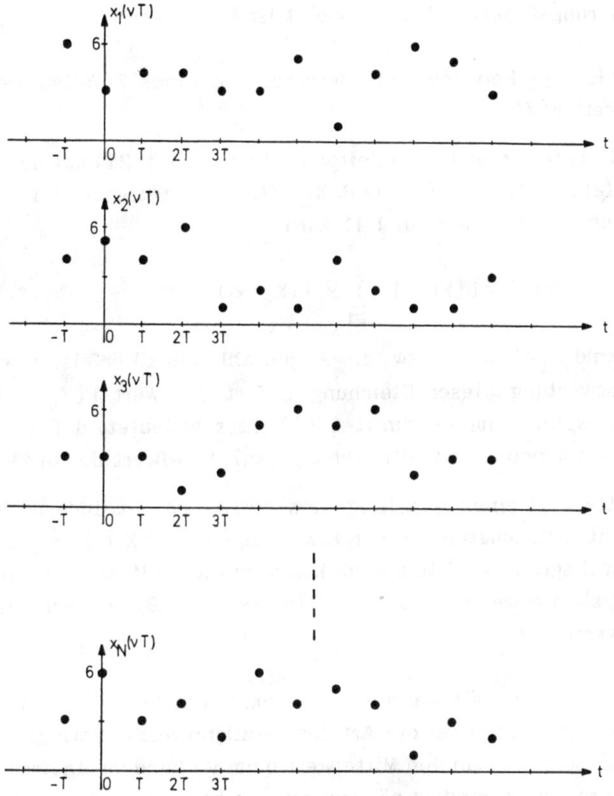

Bild 2.1 Realisierungen eines durch ein "Würfelexperiment" erklärten Zufallsprozesses.

Die Funktionen $x_\nu(t)$ wurden folgendermaßen erzeugt:
Ein 1. Würfelexperiment (zum Zeitpunkt t=−T) lieferte die Augenzahl 6, d.h. $X_{-1} = X(-T) = 6$. Zum Zeitpunkt t=0 wurde die Augenzahl 3 ($X_0 = X(0) = 3$) geworfen, bei t=T die Augenzahl 4 ($X_1 = X(T) = 4$) usw.. Auf gleiche Weise wurden die anderen Realisierungen $x_2(\nu T)$, $x_3(\nu T)$ ... erzeugt. Offenbar sind die Realisierungen $x_i(\nu T)$ dieses Zufallssignales zeit- und wertediskrete Signale.

Es soll ausdrücklich auf den Unterschied zwischen dem Begriff Zufallssignal oder besser Zufallsprozeß und der Realisierung eines Zufallsprozesses hingewiesen werden. Genau so, wie eine Zufallsgröße bei der Durchführung von Zufallsexperimenten verschiedene Werte annimmt, entstehen bei einem Zufallsprozeß Realisierungsfunktionen $x_i(t)$. Das Zufallssignal wird durch die Gesamtheit aller möglichen Realisierungen repräsentiert. Um Mißverständnisse zu vermeiden, sollte möglichst nicht von einem Zufallssignal oder einem zufälligen Signal gesprochen werden, wenn lediglich eine bestimmte Realisierungsfunktion damit gemeint ist.

Eine wichtige Kenngöße zur Beschreibung eines Zufallsprozesses ist sein Mittelwert $E[X(t)]$.

Wir betrachten irgendeinen Zeitpunkt $t=\nu T$ (z.B. $t=2T$) mit der dort definierten Zufallsgröße $X_\nu=X(\nu T)$ (z.B. $X_2=X(2T)$). Entsprechend der Definition des Erwartungswertes nach Gl. 1.41 wird

$$E[X_\nu] = E[X(\nu T] = \sum_{i=1}^{6} x_i \, P(X_\nu=x_i). \tag{2.4}$$

Darin sind $x_1=1$, $x_2=2$ usw. die Augenzahlen des Würfels, es gilt $P(x_i)=1/6$. Die Auswertung dieser Gleichung liefert den Wert $E[X_\nu] = E[X(\nu T)] = 3{,}5$ (vgl. Beispiel 1 im Abschnitt 1.3.1). Dies bedeutet, daß ein Zufallssignal mit einem konstanten (zeitunabhängigen) Mittelwert der Größe 3,5 vorliegt.

Der Mittelwert eines Zufallssignales wird berechnet, indem – für feste Werte des (Zeit–) Parameters t – der Erwartungswert $E[X(t)]$ der dann vorliegenden Zufallsgröße ermittelt wird. I. a. wird dieser Mittelwert von t abhängen, sogen. stationäre Zufallssignale (Abschnitt 2.3) weisen zeitunabhängige Mittelwerte auf.

Im vorliegenden Fall war die Berechnung von $E[X(t)]$ leicht möglich, weil genaue Kenntnisse über die Art des Zufallsprozesses vorlagen. Ist dies nicht der Fall, so kann man den Mittelwert beim Vorhandensein ausreichend vieler Realisierungen zumindest näherungsweise berechnen. Wir wollen dies im vorliegenden Fall z.B. für den Zeitpunkt $t=2T$ durchführen.

Aus den im Bild 2.1 skizzierten Realisierungen erkennen wir, daß die Zufallsgröße $X_2=X(t_2)$ die Werte $x_1(2T)=4$, $x_2(2T)=6$, $x_3(2T)=1, \ldots, x_N(2T)=4$ angenommen hat und im Sinne der Ausführungen vom Abschnitt 1.3.1 erhalten wir

$$E[X(2T)] \approx \frac{1}{N}(x_1(2T)+x_2(2T)+\ldots+x_N(2T)) = \frac{1}{N}(4+6+1+\ldots+4). \tag{2.5}$$

Gl. 2.5 liefert das arithmetische Mittel der Funktionswerte $x_i(2T)$, das für große Werte von N dem Erwartungswert $E[X(2T)] = 3{,}5$ entspricht.

Nach Gl. 2.5 wurde der Mittelwert für den Zeitpunkt t=2T "experimentell" ermittelt. Wir wissen, daß der Mittelwert im vorliegenden Fall zeitunabhängig ist, also würde die Berechnung (entsprechend Gl. 2.5) bei einem beliebigen anderen Zeitpunkt zu dem gleichen Ergebnis führen. Dies bedeutet auch, daß die Addition der (im Bild 2.1 skizzierten) Realisierungen $x_i(\nu T)$ bei hinreichend großer Anzahl N zu einem konstanten Wert (hier: N·3,5) führen muß.

Ausgehend von der Bestimmung des Mittelwertes entsprechend Gl. 2.5 verwendet man für den Mittelwert manchmal auch die Bezeichnung **Scharmittelwert** oder **Ensemblemittelwert**. Diese Bezeichnungen sollen andeuten, wie der Mittelwert bestimmt worden ist (bzw. werden kann). Man benötigt hierzu eine (hinreichend große) Schar oder ein Ensemble von Realisierungen des Zufallsprozesses.

Hinweis Im Rahmen der Theorie zufälliger Funktionen spielt noch der sogen. **Zeitmittelwert** eine wichtige Rolle, auf den im Abschnitt 2.3 ausführlich eingegangen wird. Dort kommen wir nochmals auf die in diesem Abschnitt behandelten Beispiele für Zufallsprozesse zurück.

Auf gleiche Weise wie den Mittelwert kann man auch das 2. Moment

$$E[X_\nu^2] = E[X^2(\nu T)] = \sum_{i=1}^{6} x_i^2 P(x_i) \tag{2.6}$$

berechnen und anschließend die Streuung

$$\sigma^2_{X(t)} = E[X^2(t)] - (E[X(t)])^2$$

Im vorliegenden Fall erhalten wir die zeitunabhängigen Werte:
$E[X^2(\nu T)] = 15{,}167$, $\sigma^2_{X(\nu T)} = 2{,}917$ (vgl. Beispiel 1 im Abschnitt 1.3.1). Selbstverständlich kann auch das 2. Moment beim Vorhandensein ausreichend vieler Realisierungen im Sinne von Gl. 2.5 als Scharmittelwert berechnet werden.

Wir kommen nun zu der schon im Abschnitt 2.1.1 kurz eingeführten Autokorrelationsfunktion und betrachten zwei Zeitpunkte $t_1=\mu T$, $t_2=\nu T$ mit den Zufallsgrößen $X(t_1) = X(\mu T)$ und $X(t_2) = X(\nu T)$. Die statistische Abhängigkeit zwischen diesen Zufallsgrößen kann durch den Korrelationskoeffizienten

$$r_{12} = r(t_1,t_2) = \frac{E[X(t_1)X(t_2)] - E[X(t_1)]\,E[X(t_2]}{\sigma_{X(t_1)}\,\sigma_{X(t_2)}}$$

ausgedrückt werden (siehe Gl. 2.1).

Den Erwartungswert

$$R_{XX}(t_1,t_2) = E[X(t_1)X(t_2)] = \sigma_{X(t_1)X(t_2)}\, r(t_1,t_2) + E[X(t_1)]\,E[X(t_2)] \tag{2.7}$$

nennt man Autokorrelationsfunktion (siehe Gl. 2.2).

Bei dem hier zugrunde liegenden Zufallsprozeß ist die Berechnung der Autokorrelationsfunktion besonders einfach. Im Falle $t_1 \neq t_2$ $(\mu \neq \nu)$ liegen zwei voneinander unabhängige Zufallsgrößen $X(\mu T)$ und $X(\nu T)$ vor, denn voraussetzungsgemäß sollen sich die Würfelergebnisse zu verschiedenen Zeitpunkten nicht gegenseitig beeinflussen. Dies führt zu einem verschwindendem Korrelationskoeffizienten $r(t_1,t_2)=0$ und aus Gl. 2.7 folgt:

$$R_{XX}(t_1,t_2) = E[X(t_1)X(t_2)] = E[X(t_1)]\,E[X(t_2)] = 3{,}5^2 = 12{,}25 \quad (t_1 \neq t_2).$$

Im Falle $t_1=t_2$ $(\mu=\nu)$ sind beide Zufallsgrößen identisch ($X(t_1)=X(t_2)$), damit hat der Korrelationskoeffizient den Wert 1 und aus Gl. 2.7 folgt mit $E[X(t_1)] = 3{,}5$, $\sigma^2_{X(t_1)} = 2{,}917$:

$$R_{XX}(t_1,t_1) = E[X(t_1)X(t_1)] = 3{,}5^2 + 2{,}917 = 15{,}167 \quad (t_1 = t_2, \mu = \nu).$$

Dieser Wert entspricht übrigens dem 2. Moment $E[X^2(t)]$ des Zufallsprozesses. Zusammenfassung der Ergebnisse:

$$R_{XX}(t_1,t_2) = R_{XX}(\mu T,\nu T) = \begin{cases} 12{,}25 \text{ für } t_1 \neq t_2, \mu \neq \nu \\ 15{,}167 \text{ für } t_1 = t_2, \mu = \nu \end{cases}. \tag{2.8}$$

Wie vorne gezeigt wurde, war es möglich, den Mittelwert (und auch das 2. Moment) zumindest näherungsweise beim Vorhandensein von hinreichend vielen Realisierungen des Zufallsprozesses "experimentell" zu bestimmen (Gl. 2.5). Aus dieser Berechnungsart ergab sich die Bezeichnung Schar- oder Ensemblemittelwert. Auch für die Autokorrelationsfunktion ist eine solche Berechnungsart möglich. Zur Ermittlung von z.B. $R_{XX}(2T,4T)=E[X(2T)X(4T)]$ erhalten wir aus den Realisierungen nach Bild 2.1 gemäß den Ausführungen vom Abschnitt 1.4.2 (Beispiel 2):

$$R_{XX}(2T,4T) \approx \frac{1}{N}\left(x_1(2T)x_1(4T) + x_2(2T)x_2(4T) + \ldots + x_N(2T)x_N(4T)\right) =$$
$$= \frac{1}{N}(4\cdot 3 + 6\cdot 2 + \ldots + 4\cdot 6). \tag{2.9}$$

Dies ist das arithmetische Mittel der Produkte von Funktionswerten der Realisierungen des Zufallsprozesses bei den Werten $t_1=2T$ und $t_2=4T$. Gl. 2.9 muß für große Werte von N (entsprechend Gl. 2.8) den Wert $3{,}5^2=12{,}25$ liefern.

Im Rahmen dieses ersten einführenden Beispieles ist es nicht sinnvoll, alle wichtigen Eigenschaften der Autokorrelationsfunktion aufzuzählen und zu begründen. Wir können aber schon hier erkennen, daß man aus der Korrelationsfunktion Informationen über die Abhängigkeit zwischen Werten eines

Zufallssignales zu verschiedenen Zeitpunkten erhalten kann. Wir werden später sehen, daß bestimmte Zufallsprozesse vollständig durch ihre Autokorrelationsfunktionen beschrieben werden können.

2.1.2.2 Ein wertediskretes und zeitkontinuierliches Zufallssignal

Ausgangspunkt für die Konstruktion ist eine Zufallsvariable, die die Werte $X=1$ und $X=-1$ mit gleichgroßen Wahrscheinlichkeiten $P(X=1)=P(X=-1)=1/2$ annehmen kann. Ein mögliches Zufallsexperiment hierfür ist das Werfen einer Münze (z.B. Wappen $\hat{=}-1$, Zahl $\hat{=}1$).

Wir nehmen an, daß das Zufallsexperiment jeweils in einem Abstand T durchgeführt wird. Die Realisierungen des Zufallssignales $X(t)$ nehmen im jeweils folgenden Zeitabschnitt der Dauer T die Werte -1 oder 1 der Zufallsgröße X an.

Bild 2.2 zeigt einige Realisierungen dieses Zufallssignales. Der Leser kann leicht (durch Werfen einer Münze) weitere Realisierungen von $X(t)$ erzeugen. Die Realisierungen von $X(t)$ sind mit Ausnahme der Zeitpunkte $t=\nu T$ ($\nu=0, \pm 1, \pm 2, \ldots$) für alle Zeiten definiert, es liegt ein zeitkontinuierliches (aber wertediskretes) Zufallssignal vor.

Hinweis Der Begriff "zeitkontinuierlich" ist nicht mit Begriff "stetig" zu verwechseln. Die Frage, wann ein Zufallssignal stetig ist, wird im Abschnitt 2.2.1 beantwortet.

Um den Mittelwert $E[X(t)]$ zu berechnen, werden (voneinander unabhängige) Zufallsgrößen X_ν definiert, die jeweils die Werte -1 und 1 gleichwahrscheinlich annehmen können. Im Zeitbereich $0<t<T$ gilt $X(t)=X_1$, im Zeitbereich $T<t<2T$ gilt $X(t)=X_2$ usw.. Für einen beliebigen Zeitpunkt (ausgenommen sind die "Umschaltzeitpunkte" νT) erhalten wir den Erwartungswert

$$E[X(t)] = E[X_\nu] = \sum_{i=1}^{2} x_i \, P(x_i) = -1\,\frac{1}{2} + 1\,\frac{1}{2} = 0$$

und das 2. Moment

$$E[X^2(t)] = E[X_\nu^2] = \sum_{i=1}^{2} x_i^2 \, P(x_i) = (-1)^2\,\frac{1}{2} + 1^2\,\frac{1}{2} = 1,$$

und damit die Streuung

$$\sigma_{X(t)}^2 = E[X^2(t)] - \left(E[X(t)]\right)^2 = 1.$$

Auch bei diesem Zufallssignal sind Mittelwert und Streuung zeitunabhängig.

Selbstverständlich können die Erwartungswerte näherungsweise aus den Realisierungen (Bild 2.2) ermittelt werden. Für z.B. t= 3/2 T erhält man

$$E[X(3\tfrac{T}{2})] \approx \frac{1}{N}(x_1(3\tfrac{T}{2}) + x_2(3\tfrac{T}{2}) + \dots + x_N(3\tfrac{T}{2})),$$

$$E[X^2(3\tfrac{T}{2})] \approx \frac{1}{N}(x_1^2(3\tfrac{T}{2}) + x_2^2(3\tfrac{T}{2}) + \dots + x_N^2(3\tfrac{T}{2})).$$

Es ist unmittelbar einsichtig, daß (bei hinreichend großem N) $E[X(3/2\cdot T)]=0$ wird, positive und negative Funktionswerte der Realisierungsfunktionen heben sich gegeneinander auf. Man sieht auch, daß der Ausdruck für das 2. Moment, ganz unabhängig von der Zahl der Realisierungen, den Wert 1 ergibt, es liegen stets N Summanden mit dem Wert 1 vor.

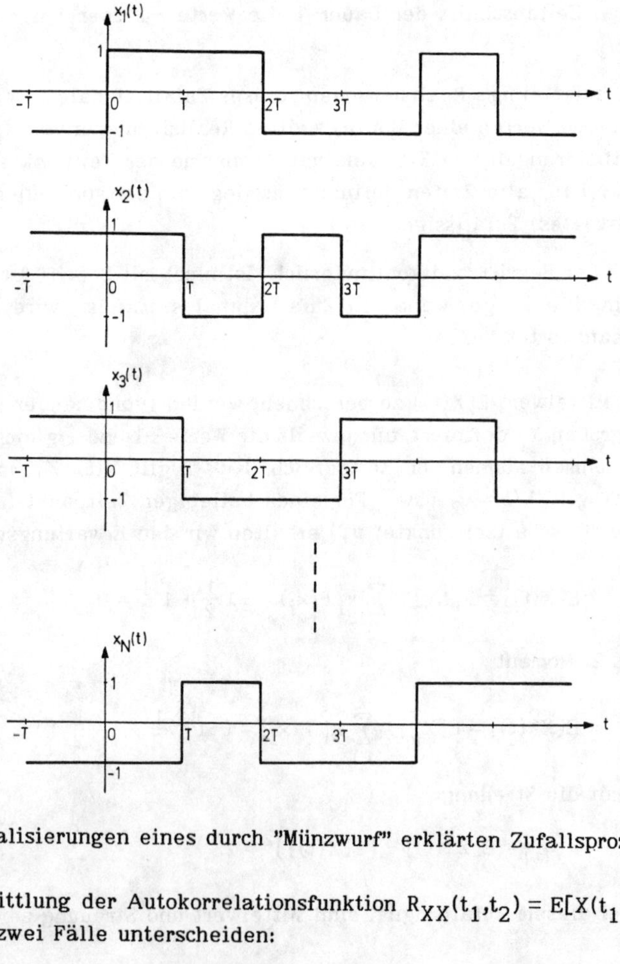

Bild 2.2 Realisierungen eines durch "Münzwurf" erklärten Zufallsprozesses

Bei der Ermittlung der Autokorrelationsfunktion $R_{XX}(t_1,t_2) = E[X(t_1)X(t_2)]$ müssen wir zwei Fälle unterscheiden:

a) Beide Zeitpunkte $t_1$und t_2 liegen innerhalb eines "Rasterbereiches" der Breite T. Dies trifft z.B. für $t_1=0{,}3T$, $t_2=0{,}6T$ zu. In diesem Fall ist $X(t_1)=X(t_2)=X_\nu$ (z.B. $X(t_1)=X(t_2)=X_1$ bei $0<t_1,t_2<T$) und der Korrelationskoeffizient nimmt den Wert $r(t_1,t_2)=1$ an. Nach Gl. 2.7 finden wir dann (mit den vorne berechneten Werten für Mittelwert und Streuung) $R_{XX}(t_1,t_2)=1$.

b) Beide Zeitpunkte t_1 und t_2 liegen in verschiedenen "Rasterbereichen" (z.B. $t_1=0{,}9$ T, $t_2=1{,}2$ T). In diesem Fall sind die Zufallsgrößen $X(t_1)$ und $X(t_2)$ unabhängig voneinander, der Korrelationskoeffizient verschwindet. Mit $r(t_1,t_2)=0$, $E[X(t)]=0$ und $\sigma^2_{X(t)}=1$ liefert Gl. 2.7 den Wert $R_{XX}(t_1,t_2)=0$.

Zusammenfassung der Ergebnisse:

$$R_{XX}(t_1,t_2)=\begin{cases}0, \text{ wenn } t_1,t_2 \text{ in verschiedenen Raster-} \\ \quad \text{bereichen der Breite T liegen} \\ 1, \text{ wenn } t_1,t_2 \text{ in gleichen Raster-} \\ \quad \text{bereichen der Breite T liegen}\end{cases} \tag{2.10}$$

Die Ergebnisse nach Gl. 2.10 sind schnell einzusehen, wenn die Autokorrelationsfunktion (näherungsweise) aus den Realisierungen berechnet wird, wie dies im Abschnitt 2.1.2.1 durch Gl. 2.9 erfolgt ist. Für z.B. $t_1=0{,}3T$, $t_2=0{,}6$ T erhalten wir mit den Realisierungen nach Bild 2.2:

$$R_{XX}(0{,}3T, 0{,}6T)\approx$$

$$\approx \frac{1}{N}\left(x_1(0{,}3T)x_1(0{,}6T)+x_2(0{,}3T)x_2(0{,}6T) + \ldots + x_N(0{,}3T)x_N(0{,}6T)\right) =$$

$$= \frac{1}{N}\left(1\cdot 1 + 1\cdot 1 + \ldots + (-1)\cdot(-1)\right) = 1\,.$$

Wir stellen fest, daß sich dieses Ergebnis hier unabhängig von der Zahl der Realisierungen einstellt. Das Ergebnis entspricht dem nach Gl. 2.10, t_1 und t_2 befinden sich beide innerhalb eines (des 1.) Rasterbereiches.

Für z.B. $t_1=0{,}9T$ und $t_2=1{,}2T$ erhält man nach Bild 2.2:

$$R_{XX}(0{,}9T, 1{,}2T)\approx$$

$$\approx \frac{1}{N}\left(x_1(0{,}9T)x_1(1{,}2T)+x_2(0{,}9T)x_2(1{,}2T) + \ldots + x_N(0{,}9T)x_N(1{,}2T)\right) =$$

$$= \frac{1}{N}\left(1\cdot 1 + 1\cdot(-1) + 1\cdot(-1) + \ldots + (-1)\cdot 1\right).$$

Bei hinreichend großem N heben sich positive und negative Summanden gegeneinander auf, wir erhalten das Ergebnis $R_{XX}(0{,}9T,1{,}2T)=0$.

2.1.2.3 Ein normalverteiltes periodisches Zufallssignal

$\hat{X}$ sei eine normalverteilte Zufallsgröße mit dem Erwartungswert $E[\hat{X}] = m$ und der Streuung σ^2. Die Wahrscheinlichkeitsdichte von $\hat{X}$ hat somit die Form (siehe Gl. 1.26, Bild 1.6)

$$p(\hat{x}) = \frac{1}{\sqrt{2\pi}\,\sigma} e^{-(\hat{x}-m)^2/(2\sigma^2)} . \tag{2.11}$$

Wir definieren nun einen Zufallsprozeß

$$X(t) = \hat{X} \cos(\omega_0 t). \tag{2.12}$$

Die Zufallsgröße $\hat{X}$ tritt als Amplitude einer Cosinusschwingung mit einer konstanten Kreisfrequenz ω_0 auf. Bild 2.3 zeigt einige Realisierungen dieses Zufallssignales.

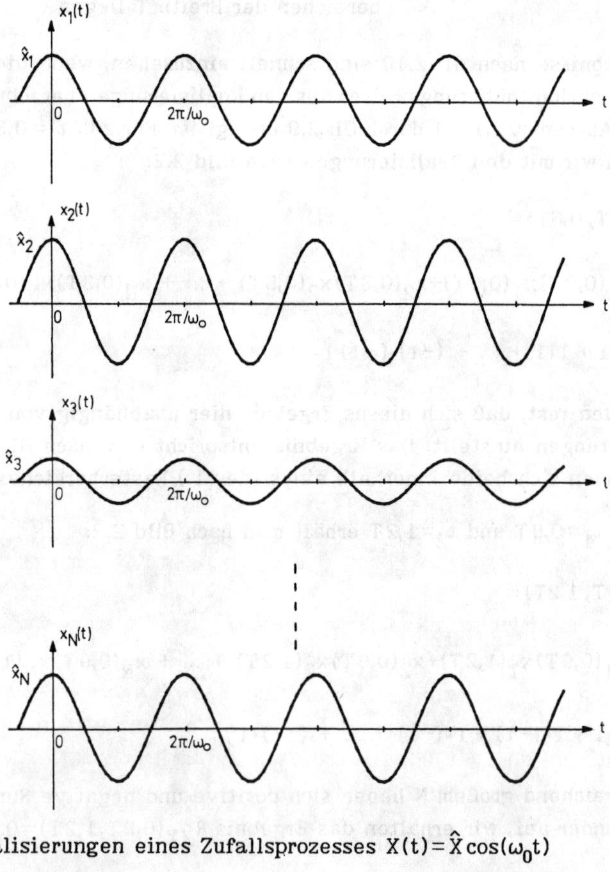

Bild 2.3 Realisierungen eines Zufallsprozesses $X(t) = \hat{X} \cos(\omega_0 t)$

Bei der ersten Realisierung $x_1(t)$ hat die Zufallsgröße $\hat{X}$ den Wert $\hat{x}_1$ angenommen, es entsteht eine Cosinusschwingung mit der Amplitude $\hat{x}_1$. Bei der 2. Realisierung war $\hat{X}=\hat{x}_2$ usw..

Da die Realisierungen periodische Funktionen sind, handelt es sich hier um einen sogen. periodischen Zufallsprozeß, der überdies zeit- und wertekontinuierlich ist.

Für feste Werte des Zeitparameters t ist $\cos(\omega_0 t)$ in Gl. 2.12 ein Faktor mit dem die Zufallsgröße $\hat{X}$ multipliziert wird. Dies bedeutet aber, daß der Mittelwert von X(t)

$$E[X(t)] = E[\hat{X}]\cos(\omega_0 t) \tag{2.13}$$

lautet (vgl. dazu das Beispiel im Abschnitt 1.3.3).

Im Gegensatz zu den früher behandelten Beispielen, hat dieses Zufallssignal einen zeitabhängigen Mittelwert ($E[\hat{X}]\neq 0$ vorausgesetzt).

Die Berechnung des Erwartungswertes beim Vorhandensein hinreichend vieler Realisierungen (Bild 2.3) erfolgt wieder mit der Beziehung

$$E[X(t)] \approx \frac{1}{N}\left(x_1(t) + x_2(t) + \ldots + x_N(t)\right).$$

Bei z.B. $t=\pi/(2\omega_0)$, d.h. $\omega_0 t=\pi/2$, gilt für alle Realisierungen $x_i(\pi/(2\omega_0))=0$ und damit wird auch $E[X(t)]=0$. Bei z.B. $t=0$ ist $\cos(\omega_0 t)=1$ und wir erhalten

$$E[X(0)] \approx \frac{1}{N}\left(\hat{x}_1+\hat{x}_2 + \ldots + \hat{x}_N\right) = E[\hat{X}] = m.$$

Zur Berechnung des 2. Momentes bilden wir zunächst das Quadrat

$$X^2(t) = \hat{X}^2\cos^2(\omega_0 t)$$

und erhalten

$$E[X^2(t)] = E[\hat{X}^2]\cos^2(\omega_0 t).$$

Für die Streuung findet man mit E[X(t)] nach Gl. 2.13

$$\sigma^2_{X(t)} = E[X^2(t)]-(E[X])^2 = (E[\hat{X}^2(t)]-(E[\hat{X}])^2)\cos^2(\omega_0 t) = \sigma^2\cos^2(\omega_0 t). \tag{2.14}$$

Für jeden festen Wert des Zeitparameters t ist X(t) eine Zufallsgröße mit einem Mittelwert und einer Streuung entsprechend den Gln. 2.13, 2.14. Da $\hat{X}$ normalverteilt ist, ist auch die Zufallsgröße X(t) normalverteilt (vgl. z.B. Abschnitt 1.5.3.1). Wir sprechen von einem **normalverteilten Zufallssignal**. Die Dichtefunktion der normalverteilten Zufallsgröße X(t) ist durch ihren Mittelwert und ihre Streuung festgelegt:

$$p_{X(t)} = p(x,t) = \frac{1}{\sqrt{2\pi}\,\sigma_{X(t)}}\, e^{-(x-E[X(t)])^2/(2\sigma^2_{X(t)})}. \tag{2.15}$$

Dabei sind allerdings die "Zeiten" $\omega_0 t = \pm\pi/2, \pm 3\pi/2, \ldots$ auszunehmen, an diesen Stellen verschwinden alle Realisierungen des Zufallssignales und damit wird auch $\sigma^2_{X(t)}=0$ (siehe Gl. 2.14).

Da die Wahrscheinlichkeitsdichte von X(t) bekannt ist, kann ohne Schwierigkeit angegeben werden, mit welcher Wahrscheinlichkeit Signalwerte (zu gegebenen Zeiten) innerhalb bestimmter Intervalle liegen.

Zahlenwertbeispiel

Mit welcher Wahrscheinlichkeit liegt das Zufallssignal X(t) bei $t=\pi/(3\omega_0)$ im Bereich $0{,}25 < X(t) < 0{,}75$, wenn $E[\hat{X}]=1$ ist und die Streuung von $\hat{X}$ den Wert $\sigma^2=0{,}25$ hat.

Nach den Gln. 2.13, 2.14 erhalten wir:

$E[X(t)]=\cos(\pi/3)=1/2$, $\sigma^2_{X(t)}=0{,}25\cos^2(\pi/3)=1/16$, also $\sigma_{X(t)}=1/4$.

Der angegebene Bereich $0{,}25 < X(t) < 0{,}75$ entspricht gerade dem "σ-Bereich" $E[X(t)] \pm \sigma_{X(t)}$ (vgl. Beispiel 3 im Abschnitt 1.3.2). Die zugehörende Wahrscheinlichkeit beträgt 0,6826.

Ergebnis: Zum Zeitpunkt $t=\pi/(3\omega_0)$ liegen die Werte der Realisierungen von X(t) mit einer Wahrscheinlichkeit von 0,6826 im Bereich von 0,25 bis 0,75. Das gleiche gilt für alle Zeitpunkte, bei denen $\cos(\omega_0 t)=1/2$ ist.

Zur Berechnung der Autokorrelationsfunktion $R_{XX}(t_1,t_2)=E[X(t_1)X(t_2)]$ bilden wir zunächst das Produkt (siehe Gl. 2.12)

$$X(t_1)X(t_2) = \hat{X}^2\cos(\omega_0 t_1)\cos(\omega_0 t_2)$$

Die Mittelwertbildung liefert die gewünschte Autokorrelationsfunktion

$$R_{XX}(t_1,t_2) = E[\hat{X}^2]\cos(\omega_0 t_1)\cos(\omega_0 t_2)\,. \qquad (2.16)$$

Wie bei den früheren Beispielen, ist es natürlich auch hier möglich, die Autokorrelationsfunktion beim Vorhandensein ausreichend vieler Realisierungen zu berechnen. Entsprechend Gl. 2.9 wird

$$R_{XX}(t_1,t_2) \approx \frac{1}{N}(x_1(t_1)x_1(t_2) + x_2(t_1)x_2(t_2) + \ldots + x_N(t_1)x_N(t_2))\,.$$

Im Falle $t_1=t_2$ entspricht die Autokorrelationsfunktion dem bereits vorne ermittelten 2. Moment

$$R_{XX}(t_1,t_1)=E[\hat{X}^2]\cos^2(\omega_0 t_1)=E[X^2(t_1)].$$

Wir wollen diese Ergebnisse für den Sonderfall $t_1=0$, $t_2=\pi/\omega_0$ (d.h. $\omega_0 t=\pi$) nachprüfen. Mit $\cos(\omega_0 t_1) = 1$, $\cos(\omega_0 t_2) = -1$ folgt aus Gl. 2.12 $X(t_1) = \hat{X}$, $X(t_2)=-\hat{X}$, also $X(t_1)=-X(t_2)$. Diese Aussage bestätigt sich, wenn man die im Bild 2.3 skizzierten Realisierungen anschaut. Der Korrelationskoeffizient muß damit den Wert $r(t_1,t_2)=-1$ annehmen (vgl. Abschnitt 1.4.2). Wir prüfen dies mit Gl. 2.1 nach.

Mit $E[X(t_1)]=E[\hat{X}]$, $E[X(t_2)]=-E[\hat{X}]$, $\sigma_{X(t_1)}=\sigma_{X(t_2)}=\sigma$ (vgl. Gl. 2.14) und $E[X(t_1)X(t_2)]=R_{XX}(t_1,t_2)=-E[\hat{X}^2]$ (vgl. Gl. 2.16) folgt aus Gl. 2.1:

$$r(t_1,t_2)=\frac{E[X(t_1)X(t_2)]-E[X(t_1)]E[X(t_2)]}{\sigma_{X(t_1)}\,\sigma_{X(t_2)}}=\frac{-(E[\hat{X}^2]-(E[\hat{X}])^2)}{\sigma^2}=-1.$$

Da der vorliegende Zufallsprozeß normalverteilt ist, kann auch die zweidimensionale Wahrscheinlichkeitsdichte

$$p_{X(t_1),X(t_2)}(x_1,x_2)=p(x_1,x_2,t_1,t_2)$$

angegeben werden. Zu diesem Zweck benötigt man lediglich die Mittelwerte und Streuungen beider Zufallsgrößen (Gln. 2.13, 2.14) sowie den Korrelationskoeffizienten (Gl. 2.1 mit Gl. 2.16). Diese Werte sind in die Formel für die zweidimensionale Normalverteilung (Gl. 1.106) einzusetzen.

Wir können nun auch Fragen folgender Art beantworten:
Mit welcher Wahrscheinlichkeit liegen Signalwerte des Zufallssignales bei $t=t_1$ in einem Intervall $a_1< X(t_1)\le b_1$ und **gleichzeitig** bei $t=t_2$ in einem Intervall $a_2< X(t_2)\le b_2$. Die Lösung dieser Fragestellung kann durch Auswertung von Gl. 1.21 erfolgen.

Bei normalverteilten Zufallssignalen reicht die Kenntnis der Mittelwertfunktion $E[X(t)]$ und der Autokorrelationsfunktion $R_{XX}(t_1,t_2)$ zur Festlegung der Wahrscheinlichkeitsdichten beliebig hoher Ordnung aus. Zur Bestimmung z.B. der dreidimensionalen Dichte

$$p_{X(t_1),X(t_2),X(t_3)}(x_1,x_2,x_3)=p(x_1,x_2,x_3,t_1,t_2,t_3)$$

sind neben den Mittelwerten und Streuungen von $X(t_1)$, $X(t_2)$, $X(t_3)$ noch drei Korrelationskoeffizienten $r(t_1,t_2)$, $r(t_1,t_3)$, $r(t_2,t_3)$ erforderlich (vgl. Abschnitt 1.4.3).

Hinweis Da die Autokorrelationsfunktion bei $t_1=t_2$ das 2. Moment von $X(t_1)$ ergibt, kann bei Kenntnis der Autokorrelationsfunktion und der Mittelwertfunktion auch die Streuung berechnet werden.

2.2 Differentiation und Integration von Zufallssignalen

2.2.1 Die Definition der Stetigkeit bei zufälligen Signalen

Eine zunächst besonders einleuchtende Definition der Stetigkeit eines Zufallsprozesses ist folgende:
Ein Zufallssignal $X(t)$ ist an der Stelle t stetig, wenn alle möglichen Realisierungen $x_i(t)$ dort stetig sind. Die mathematische Formulierung dieser Aussage lautet

$$\lim_{\tau \to 0} x_i(t+\tau) = x_i(t) \quad \text{(für alle Realisierungen von } X(t)\text{).} \tag{2.17}$$

In diesem Sinne ist der Zufallsprozeß $X(t) = \hat{X}\cos(\omega_0 t)$ nach Gl. 2.12 (Abschnitt 2.1.2.3, Bild 2.3) ein für alle Zeiten stetiger Zufallsprozeß. Hingegen ist der im Abschnitt 2.1.2.2 besprochene Zufallsprozeß an den Stellen $t=\nu T$ ($\nu=0, \pm 1, \pm 2, \ldots$) nicht stetig, da die Realisierungen $x_i(t)$ dort (mit der Wahrscheinlichkeit 1/2) Sprungstellen besitzen.

Im Rahmen der Theorie zufälliger Signale ist es sinnvoll, eine allgemeinere Definition der Stetigkeit zu verwenden:
Ein zufälliges Signal $X(t)$ ist an der Stelle t (im Mittel) stetig, wenn

$$\underset{\tau \to 0}{\text{li m}}\, E[(X(t+\tau) - X(t))^2] = 0 \tag{2.18}$$

gilt. Man spricht hier von einer **Stetigkeit im Mittel** und verwendet die Kurzschreibweise

$$\underset{\tau \to 0}{\text{l.i.m.}}\, X(t+\tau) = X(t) \tag{2.19}$$

(l.i.m. = Limes im Mittel).
Gl. 2.18 sagt aus, daß der Erwartungswert der Zufallsgröße $Y=(X(t+\tau)-X(t))^2$ bei stetigen Zufallsprozessen für $\tau \to 0$ verschwindet. Die Zufallsgröße Y kann keine negativen Werte annehmen, daher folgt aus $E[Y]=0$, daß Y nur den Wert 0 annehmen kann.
Mit

$$(X(t+\tau) - X(t))^2 = X^2(t+\tau) + X^2(t) - 2X(t)X(t+\tau)$$

erhält man aus Gl. 2.18

$$E[(X(t+\tau) - X(t))^2] = E[X^2(t+\tau)] + E[X^2(t)] - 2E[X(t)X(t+\tau)]\,.$$

$E[X^2(t+\tau)]$ ist das 2. Moment des Zufallssignales zum Zeitpunkt $t+\tau$, es entspricht der Autokorrelationsfunktion $R_{XX}(t_1,t_2)$ an der Stelle $t_1 = t_2 = t+\tau$ (vgl. Gl. 2.3), d.h. $E[X^2(t+\tau)] = R_{XX}(t+\tau,t+\tau)$. Entsprechend gilt $E[X^2(t)] = R_{XX}(t,t)$ und $E[X(t)X(t+\tau)] = R_{XX}(t,t+\tau)$. Mit diesen Ergebnissen erhält Gl. 2.18 die Form

$$\lim_{\tau \to 0}\left(R_{XX}(t+\tau,t+\tau) + R_{XX}(t,t) - 2R_{XX}(t,t+\tau)\right) = 0 \tag{2.20}$$

und diese Bedingung ist offenbar erfüllt, wenn die Autokorrelationsfunktion $R_{XX}(t_1,t_2)$ an der Stelle $t_1=t_2=t$ (in beiden Variablen) stetig ist.

Ergebnis Ein Zufallssignal ist zu einem Zeitpunkt t stetig (im Mittel), wenn $R_{XX}(t_1,t_2)$ eine an der Stelle $t_1=t_2=t$ stetige Funktion ist. Dies ist eine notwendige und hinreichende Bedingung für die Stetigkeit im Mittel (vgl. [19]).

Ein im Sinne von Gl. 2.17 stetiger Zufallsprozeß erfüllt immer auch die Stetigkeitsbedingung von Gl. 2.18 (bzw. Gl. 2.20). Der umgekehrte Schluß ist nicht statthaft. Es gibt spezielle Zufallsprozesse, bei denen alle Realisierungen Unstetigkeiten in Form von Sprungstellen aufweisen und die dennoch im Mittel (gemäß Gl. 2.18) für alle Zeiten stetig sind. Ein Beispiel für einen solchen Zufallsprozeß werden wir im Abschnitt 2.3.4 kennenlernen.

Beispiele

1. Wir wenden die Stetigkeitsbedingung nach Gl. 2.20 auf den im Abschnitt 2.1.2.2 beschriebenen Zufallsprozeß an (Realisierungen von X(t) nach Bild 2.2). Nach Gl. 2.10 kann $R_{XX}(t_1,t_2)$ nur die Werte 0 oder 1 annehmen und dies bedeutet, daß $R_{XX}(t_1,t_2)$ Unstetigkeiten in Form von Sprungstellen hat. Wir zeigen, daß diese Unstetigkeitsstellen zu den Zeiten $t_1=t_2=\nu T$ ($\nu=0, \pm 1, \pm 2, \ldots$) auftreten. Da $R_{XX}(t_1,t_2)$ an den Stellen $t=\nu T$ nicht definiert ist (diese "Umschaltzeitpunkte" wurden bei der Betrachtung im Abschnitt 2.1.2.2 ausgeschlossen), müssen wir die rechts- bzw. linksseitigen Grenzwerte der Autokorrelationsfunktion an diesen Stellen verwenden. Wir beziehen uns z.B. auf den Zeitpunkt T und setzen zunächst $t_1=T-0$, $t_2=T+0$. Dies bedeutet, daß die Zeitpunkte t_1 und t_2 gerade verschiedenen Rasterbereichen angehören (t_1 gehört zum 1. Bereich $0<t<T$, t_2 zum 2. Bereich $T<t<2T$). Nach Gl. 2.10 wird für diesen Fall $R_{XX}(T-0,T+0) = 0$. Im Falle $t_1=T-0$ und $t_2=T-0$ wird hingegen $R_{XX}(T-0,T-0)=1$, denn nun liegen beide (identischen) Zeitpunkte im gleichen Rasterbereich. Damit ist gezeigt, daß $R_{XX}(t_1,t_2)$ an der Stelle $t=T$ eine Sprungstelle aufweist, also dort unstetig ist. Für alle Zeitpunkte innerhalb der Rasterbereiche ist die Autokorrelationsfunktion stetig. Als Ergebnis dieser Überlegungen haben wir gefunden, daß der Zufallsprozeß vom Abschnitt 2.1.2.2 an den Stellen νT unstetig ist, ein sehr einleuchtendes Ergebnis, wenn man die Realisierungen nach Bild 2.2 betrachtet.

2. Beim Zufallsprozeß vom Abschnitt 2.1.2.3 war

$$R_{XX}(t_1,t_2) = E[\hat{X}^2] \cos(\omega_0 t_1) \cos(\omega_0 t_2) ,$$

dies ist eine für beliebige Werte t_1, t_2 stetige Funktion und damit ist auch X(t) stetig. Dieser Zufallsprozeß $X(t) = \hat{X} \cos(\omega_0 t)$ erfüllt sogar die Stetigkeitsdefinition gemäß Gl. 2.17, denn alle Realisierungen sind stetige Funktionen (siehe Bild 2.3).

Man kann auf relativ einfache Art zeigen, daß bei stetigen Zufallssignalen auch der Erwartungswert stetig ist, also gilt (Beweis siehe z.B. [13])

$$\lim_{\tau \to 0} E[X(t+\tau)] = E[X(t)] . \tag{2.21}$$

Zum Schluß der Ausführungen über die Stetigkeit von Zufallssignalen soll erwähnt werden, daß noch weitere Stetigkeitsdefinitionen existieren. z.B. die "Stetigkeit in Wahrscheinlichkeit" (siehe [13]). Wir werden immer den Stetigkeitsbegriff nach Gl. 2.18 verwenden, auf ggf. erforderliche Ausnahmen wird hingewiesen.

2.2.2 Die Differentiation von Zufallssignalen

Ein Zufallssignal X(t) besitzt (zum Zeitpunkt t) eine Ableitung, wenn ein Zufallssignal X'(t) mit der Eigenschaft

$$\lim_{\tau \to 0} E[(\frac{X(t+\tau)-X(t)}{\tau} - X'(t))^2] = 0 \tag{2.22}$$

existiert. Das Zufallssignal ist dann "im Mittel" differenzierbar. Wie bei der Definition der Stetigkeit (Gln. 2.18, 2.19) schreiben wir

$$X'(t) = \underset{\tau \to 0}{\text{l.i.m.}} \frac{X(t+\tau)-X(t)}{\tau} .$$

Betrachten wir die Realisierungen $x_i(t)$ des Zufallssignales X(t) und bilden die Ableitungen $x_i'(t)$, so sind dies Realisierungen des differenzierten Zufallsprozesses X'(t). Bezüglich der Realisierungen $x_i(t)$ hat die Differentiation also die gleiche Bedeutung wie bei determinierten Signalen.

Ohne Beweis geben wir eine Beziehung zur Berechnung der Autokorrelationsfunktion $R_{X'X'}(t_1,t_2)$ von X'(t) an (vgl. z.B. [13]):

$$R_{X'X'}(t_1,t_2) = \frac{\partial^2 R_{XX}(t_1,t_2)}{\partial t_1 \, \partial t_2}, \tag{2.23}$$

darin ist $R_{XX}(t_1,t_2)$ die Autokorrelationsfunktion von X(t).

Aus Gl. 2.23 findet man auch das 2. Moment des abgeleiteten Zufallsprozesses (vgl. Gl. 2.3):

$$E[X'^2(t)] = R_{X'X'}(t,t) .$$

Den Erwartungswert von X'(t) erhält man als Ableitung des Erwartungswertes von X(t):

$$E[X'(t)] = \frac{d\,E[X(t)]}{dt}. \tag{2.24}$$

Beweis

Ist Z eine Zufallsgröße, dann gilt offenbar $E[Z^2] \geq (E[Z])^2$, denn es gilt $\sigma_Z^2 = E[Z^2] - (E[Z])^2 \geq 0$. Mit $Z = (X(t+\tau) - X(t))/\tau - X'(t)$ ergibt sich dann die Ungleichung

$$E[(\frac{X(t+\tau)-X(t)}{\tau} - X'(t))^2] \geq (E[\frac{X(t+\tau)-X(t)}{\tau} - X'(t)])^2 .$$

Die linke Seite dieser Beziehung verschwindet gemäß Gl. 2.22 füt $\tau \to 0$, damit muß auch die rechte Seite verschwinden, d.h.

$$\lim_{\tau\to 0} E[\frac{X(t+\tau)-X(t)}{\tau} - X'(t)] = 0 .$$

Der Erwartungswert einer (gewichteten) Summe von Zufallsgrößen entspricht der (gewichteten) Summe dieser Erwartungswerte (vgl. Abschnitt 1.4.1.2), also wird

$$\lim_{\tau\to 0} (\frac{E[X(t+\tau)] - E[X(t)]}{\tau} - E[X'(t)]) = 0 ,$$

bzw.

$$E[X'(t)] = \lim_{\tau\to 0} \frac{E[X(t+\tau)] - E[X(t)]}{\tau} = \frac{d\,E[X(t)]}{dt} .$$

Beispiel

Wir betrachten das im Abschnitt 2.2.2.3 besprochene Zufallssignal

$$X(t) = \hat{X}\cos(\omega_0 t) .$$

Die Realisierungen dieses Zufallssignales lauten

$$x_i(t) = \hat{x}_i \cos(\omega_0 t)$$

(siehe Bild 2.3) und durch differenzieren finden wir die Realisierungen

$$x_i'(t) = -\omega_0\,\hat{x}_i \sin(\omega_0 t), \tag{2.25}$$

die offenbar zu dem Zufallsprozeß

$$X'(t) = -\omega_0\,\hat{X}\sin(\omega_0 t) \tag{2.26}$$

gehören. $X'(t)$ hätte man im vorliegenden Fall auch unmittelbar durch formales Differenzieren von $X(t)$ erhalten.

Zur Berechnung der Autokorrelationsfunktion $R_{X'X'}(t_1,t_2)$ können wir Gl. 2.23 anwenden und erhalten mit $R_{XX}(t_1,t_2)$ nach Gl. 2.16:

$$R_{X'X'}(t_1,t_2) = \frac{\partial^2 (E[\hat{X}^2]\cos(\omega_0 t_1)\cos(\omega_0 t_2))}{\partial t_1\,\partial t_2} = \omega_0^2\,E[\hat{X}^2]\sin(\omega_0 t_1)\sin(\omega_0 t_2) . \tag{2.27}$$

Zum gleichen Ergebnis führt die unmittelbare Berechnung, mit Gl. 2.26 wird

$$X'(t_1)X'(t_2) = \omega_0^2 \hat{X}^2 \sin(\omega_0 t_1)\sin(\omega_0 t_2)$$

und nach der Bildung des Erwartungswertes finden wir $R_{X'X'}(t_1,t_2)$.

Den Erwartungswert E[X'(t)] erhalten wir entweder durch unmittelbare Berechnung des Mittelwertes von X'(t) nach Gl. 2.26 oder nach Gl. 2.24 durch differenzieren von $E[X(t)] = E[\hat{X}]\cos(\omega_0 t)$:

$$E[X'(t)] = -\omega_0 E[\hat{X}]\sin(\omega_0 t)\,. \tag{2.28}$$

Mit dem 2. Moment

$$E[X'^2(t)] = R_{X'X'}(t,t) = \omega_0^2\, E[\hat{X}^2]\sin^2(\omega_0 t)$$

ergibt sich schließlich die Streuung

$$\sigma^2_{X'(t)} = E[X'^2(t)] - (E[X'(t)])^2 = \omega_0^2\,\sigma^2 \sin^2(\omega_0 t) \tag{2.29}$$

$(\sigma^2 = E[\hat{X}^2] - (E[\hat{X}])^2)$.

Der zugrunde liegende Zufallsprozeß ist normalverteilt, wenn (wie im Abschnitt 2.1.2.3 vorausgesetzt) $\hat{X}$ eine normalverteilte Zufallsgröße ist. Dann folgt unmittelbar, daß auch die Ableitung X'(t) ein normalverteilter Zufallsprozeß ist. Diese Aussage gilt generell, Ableitungen normalverteilter Zufallssignale sind ebenfalls normalverteilt.

Wie schon im Abschnitt 2.1.2.3 ausgeführt wurde, können bei normalverteilten Zufallssignalen alle n-dimensionalen Dichtefunktionen angegeben werden, wenn neben der Mittelwertfunktion noch die Autokorrelationsfunktion bekannt ist.

Der im Abschnitt 2.1.2.3 (und auch hier) besprochene Zufallsprozeß hat die Eigenschaft, daß er beliebig oft ableitbar ist. Notwendige und hinreichende Bedingung für die Existenz der Ableitung eines Zufallssignales ist die Existenz der Ableitung der zugehörenden Autokorrelationsfunktion entsprechend Gl. 2.23.

Nichtstetige Zufallsprozesse (z.B. der im Abschnitt 2.1.2.2) sind selbstverständlich nicht ableitbar.

Schließlich bemerken wir noch, daß es – ebenso wie bei Stetigkeit – noch andere Definitionen für die Ableitung von Zufallssignalen gibt (siehe z.B. [13]). Wir werden stets die Definition nach Gl. 2.22 zugrunde legen.

2.2.3 Die Integration von Zufallssignalen

Wir gehen von Realisierungen $x_i(t)$ eines Zufallsprozesses $X(t)$ aus und berechnen für einzelne Realisierungsfunktionen die (Riemann'schen) Integrale

$$z_i = \int_a^b x_i(t)\,dt\,,\; i = 1, 2, \ldots \tag{2.30}$$

Dann können die Integralwerte z_i als Werte (Zufallsereignisse) einer Zufallsgröße Z aufgefaßt werden. Die so erklärte Zufallsgröße ist das Integral über das Zufallssignal $X(t)$:

$$Z = \int_a^b X(t)\,dt\,. \tag{2.31}$$

Es kann vorkommen, daß die Integrale nach Gl. 2.30 nicht für alle Realisierungen $x_i(t)$ eines Zufallsprozesses existieren. In solchen Fällen kann es sinnvoll sein, das Integral folgendermaßen als Grenzwert einer Summe zu definieren:

$$Z = \int_a^b X(t)\,dt = \underset{\Delta t_i \to 0}{\mathrm{l.\,i.\,m.}} \sum_{i=1}^{n} x_i(t)\,\Delta t_i\,, \tag{2.32}$$

oder entsprechend den Gln. 2.18, 2.22:

$$\underset{\Delta t_i \to 0}{\mathrm{l\,i\,m}}\; E[(Z - \sum_{i=1}^{n} x(t_i)\Delta t_i)^2] = 0 \tag{2.33}$$

(der Integrationsbereich wurde in n Intervalle $\Delta t_1, \Delta t_2, \ldots, \Delta t_n$ unterteilt). Wir berechnen den Erwartungswert und das 2. Moment bzw. die Streuung der nach Gl. 2.30 bzw. Gl. 2.32 definierten Zufallsgröße Z. Bei hinreichend kleiner Unterteilung des Integrationsbereiches gilt

$$Z \approx \sum_{i=1}^{n} X(t_i)\Delta t_i\,. \tag{2.34}$$

Z wird durch eine gewichtete Summe von Zufallsgrößen $X(t_i)$ approximiert, der Erwartungswert wird (vgl. Abschnitt 1.4.1.2)

$$E[Z] \approx \sum_{i=1}^{n} E[x(t_i)]\,\Delta t_i\,.$$

Im Grenzfall $\Delta T_i \to 0$ erhalten wir schließlich

$$E[Z] = \int_a^b E[X(t)]\,dt\,. \tag{2.35}$$

Zur Ermittlung des 2. Momentes berechnen wir mit Gl. 2.34 zunächst

$$Z^2 \approx \sum_{i=1}^{n} X(t_i)\Delta t_i \sum_{j=1}^{n} X(t_j)\Delta t_j = \sum_{i=1}^{n}\sum_{j=1}^{n} X(t_i)X(t_j)\,\Delta t_i\,\Delta t_j\,.$$

Auch hier liegt eine gewichtete Summe von Zufallsgrößen $X(t_i)X(t_j)$ vor und wir erhalten

$$E[Z^2] \approx \sum_{i=1}^{n}\sum_{j=1}^{n} E[X(t_i)X(t_j)]\,\Delta t_i\,\Delta t_j\,,$$

bzw. im Grenzfall mit $E[X(t_i)X(t_j)] = R_{XX}(t_i,t_j)$:

$$E[Z^2] = \int_a^b\int_a^b R_{XX}(t_1,t_2)\,dt_1\,dt_2\,. \tag{2.36}$$

Die Streuung findet man schließlich zu $\sigma_Z^2 = E[Z^2] - (E[Z])^2$.

Beispiele

1. Wir untersuchen das Integral

$$Z = \int_0^T X(t)\,dt$$

mit dem im Abschnitt 2.1.2.2 beschriebenen Zufallssignal (Realisierungen nach Bild 2.2). Im Intervall $0<t<T$ nimmt dieses Zufallssignal die Werte -1 bzw. 1 mit den Wahrscheinlichkeiten 1/2 an.

Mit $E[X(t)]=0$ (siehe Abschnitt 2.1.2.2) wird nach Gl. 2.35 ebenfalls $E[Z]=0$. Nach Gl. 2.10 ist $R_{XX}(t_1,t_2)=1$, wenn t_1 und t_2 beide im gleichen Zeitbereich (0,T) liegen, aus Gl. 2.36 folgt also

$$E[Z^2] = \int_0^T\int_0^T dt_1\,dt_2 = T^2.$$

Zu den gleichen Ergebnissen kann man hier auf folgende Art kommen. Wir berechnen nach Gl. 2.30 die möglichen Werte z_i der Zufallsgröße Z:

$$z_i = \int_0^T x_i(t)\,dt = \begin{cases} -T, \text{ wenn } x_i(t) = -1 \\ T, \text{ wenn } x_i(t) = 1 \end{cases}.$$

Die Zufallsgröße Z kann nur die zwei Werte $Z=-T$ und $Z=T$ annehmen, wobei $P(Z=-T) = P(Z=T) = 1/2$ ist. Dann finden wir

$$E[Z] = -T\tfrac{1}{2} + T\tfrac{1}{2} = 0 \text{ und } E[Z^2] = (-T)^2\,\tfrac{1}{2} + T^2\,\tfrac{1}{2} = T^2.$$

Bei diesem Beispiel war es möglich, durch einfache Überlegungen zusätzlich die "Verteilung" der Zufallsgröße Z zu ermitteln $(P(Z=-T) = P(Z=T) = 1/2)$.

2. Wir untersuchen das Integral

$$Z = \int_0^T X(t)\,dt$$

mit dem normalverteilten (periodischen) Zufallsprozeß $X(t) = \hat{X}\cos(\omega_0 t)$ (Abschnitt 2.1.2.3, Bild 2.3). Dabei soll die Integration über die Dauer einer viertel Periode erfolgen, d.h. $T=\pi/(2\omega_0)$. Nach den Gln. 2.13, 2.16 lauten Mittelwert und Autokorrelationsfunktion von $X(t)$:

$$E[X(t)] = E[\hat{X}]\cos(\omega_0 t)\,,\; R_{XX}(t_1,t_2) = E[\hat{X}^2]\cos(\omega_0 t_1)\cos(\omega_0 t_2)\,.$$

Nach den Gln. 2.35, 2.36 wird

$$E[Z] = E[\hat{X}] \int_0^{\pi/(2\omega_0)} \cos(\omega_0 t)\,dt = E[\hat{X}]\,\frac{\sin(\omega_0 t)}{\omega_0}\Bigg|_0^{\pi/(2\omega_0)} = E[\hat{X}]/\omega_0\,,$$

$$E[Z^2] = E[\hat{X}^2] \int_0^{\pi/(2\omega_0)} \int_0^{\pi/(2\omega_0)} \cos(\omega_0 t_1)\cos(\omega_0 t_2)\,dt_1\,dt_2 =$$

$$= E[\hat{X}^2] \int_0^{\pi/(2\omega_0)} \cos(\omega_0 t_1)\,dt_1 \int_0^{\pi/(2\omega_0)} \cos(\omega_0 t_2)\,dt_2 = E[\hat{X}^2]/\omega_0^2\,.$$

Die Streuung von Z hat den Wert

$$\sigma_Z^2 = E[Z^2] - (E[Z])^2 = (\,E[\hat{X}^2] - (E[\hat{X}])^2\,)/\omega_0^2 = \sigma^2/\omega_0^2\,,$$

wenn σ^2 die Streuung der Zufallsgröße $\hat{X}$ ist.

Auch in diesem Fall finden wir weitere Informationen über die Zufallsgröße Z. Entsprechend Gl. 2.34 kann Z näherungsweise als eine gewichtete Summe von Zufallsgrößen aufgefaßt werden. Hier handelt es sich um normalverteilte Zufallsgrößen $X(t_i)$. Wie im Abschnitt 1.5.3.3 ausgeführt wurde, ergibt eine Summe von normalverteilten Zufallsgrößen wiederum eine normalverteilte Zufallsvariable.

Ergebnis: die hier berechnete Zufallsgröße Z ist normalverteilt, es gilt

$$p_Z(z) = \frac{1}{\sqrt{2\pi}\,\sigma_Z}\, e^{-(z-E[Z])^2/(2\sigma_Z^2)}$$

mit den oben berechneten Werten für $E[Z]$ und σ_Z^2.

Eine entsprechende Aussage gilt natürlich für alle Integrale über normalverteilte Zufallssignale.

Ändern wir die obere Integrationsgrenze bei dem Integral, so ergeben sich i.a. andere Werte für den Mittelwert und die Streuung von Z. Interessant ist der Fall $T=\pi/\omega_0$, es wird dann über eine halbe Periode integriert. Dies bedeutet, daß

$$z_i = \int_0^{\pi/\omega_0} x_i(t)\,dt = 0$$

für alle Realisierungen von X(t) gilt (siehe Bild 2.3). Z kann nur den Wert 0 annehmen, es wird $E[Z]=0$, $E[Z^2]=0$.

Bei beiden Beispielen war es möglich, neben den Kennwerten Mittelwert und Streuung, noch die Verteilung (Wahrscheinlichkeiten bzw. Dichte) von Z anzugeben. In der Regel muß man sich bei Integralen über Zufallssignale auf die Berechnung von Mittelwert und Streuung beschränken. Die Ermittlung der Dichte- oder der Verteilungsfunktion ist meist überaus kompliziert.

Eine Ausnahme bilden Integrale über normalverteilte Zufallsprozesse. In der Summe

$$Z \approx \sum_{i=1}^{n} X(t_i)\,\Delta t_i$$

sind $X(t_i)$ dann normalverteilte Zufallsgrößen. Im Abschnitt 1.5.3.3 wurde gezeigt, daß eine (gewichtete) Summe von normalverteilten Zufallsgrößen wieder normalverteilt ist. Zur Festlegung der Dichtefunktion der normalverteilten Zufallsgröße Z benötigt man nur die beiden ersten Momente E[Z] und $E[Z^2]$.

Hier soll nur ganz kurz eine Methode skizziert werden, die prinzipiell zur (näherungsweisen) Berechnung der Verteilung eines Integrales verwendet werden kann. Nach Gl. 1.122 (Abschnitt 1.5.2.1) ist es möglich, die charakteristische Funktion der Zufallsgröße

$$Z = \int_a^b X(t)\,dt$$

durch eine Taylorreihe

$$C_Z(\omega) = 1 + E[Z]\,j\omega + E[Z^2]\,\frac{(j\omega)^2}{2!} + E[Z^3]\,\frac{(j\omega)^3}{3!} + \ldots$$

darzustellen. Die Rücktransformation der charakteristischen Funktion liefert die Wahrscheinlichkeitsdichte $p_Z(z)$ (siehe Gl. 1.117).

Zur Berechnung der beiden ersten Momente E[Z] und $E[Z^2]$ stehen uns die Gln. 2.35, 2.36 zur Verfügung. Zur Berechnung der höheren Momente kann man ebenfalls Gleichungen ableiten.

Entsprechend der Ableitung von $E[Z^2]$ nach Gl. 2.36 findet man z.B. für das 3. Moment die Beziehung

$$E[Z^3] = \int_a^b \int_a^b \int_a^b E[X(t_1)X(t_2)X(t_3)]\, dt_1\, dt_2\, dt_3 \,.$$

Während zur Berechnung des 2. Momentes noch die Autokorrelationsfunktion ausreichte, muß beim 3. Moment der von 3 Variablen abhängige Erwartungswert $E[X(t_1)\, X(t_2)\, X(t_3)]$ ermittelt werden. Beim 4. Moment benötigt man $E[X(t_1)X(t_2)X(t_3)X(t_4)]$ usw. . Die Berechnung dieser Erwartungswerte ist, wenn man von normalverteilten Zufallssignalen absieht, meist sehr aufwendig. Man muß sich daher in der Regel nur mit wenigen Reihengliedern für die charakteristische Funktion zufrieden geben. Im Falle normalverteilter Zufallsprozesse wird man diesen Weg natürlich nicht beschreiten. Hier weiß man ja, daß Z normalverteilt ist und $p_Z(z)$ wird durch die beiden ersten Momente von Z festgelegt.

2.3 Stationäre und ergodische Zufallssignale

2.3.1 Zeitmittelwerte

Zur Vorbereitung der Ausführungen über stationäre und ergodische Zufallsprozesse befassen wir uns in diesem Abschnitt mit sogen. Zeitmittelwerten von Funktionen x(t). Bei x(t) kann es sich um eine deterministische Funktion handeln, oder auch um eine Realisierungsfunktion eines Zufallsprozesses.

Falls x(t) die Eigenschaft besitzt, daß das Integral

$$W = \int_{-\infty}^{\infty} x^2(t)\, dt \qquad (2.37)$$

existiert, spricht man von einem Signal mit der (begrenzten) Energie W.

Beispiele

1. Das Signal

$$x(t) = s(t)\, e^{-t} = \begin{cases} 0 & \text{für } t<0 \\ e^{-t} & \text{für } t>0 \end{cases}$$

hat die Energie

$$W = \int_0^{\infty} (e^{-t})^2\, dt = \int_0^{\infty} e^{-2t}\, dt = 1/2 \,. \qquad (2.38)$$

2. Das Signal $x(t) = \hat{x}\cos(\omega_0 t)$ hat keine endliche Energie, das Integral nach Gl. 2.37 konvergiert für dieses Signal nicht.

Die Signale, die wir betrachten wollen, sollen **keine** endliche Energie aufweisen. Falls bei solchen Signalen der Grenzwert

$$\widetilde{x(t)} = \lim_{T\to\infty} \frac{1}{T} \int_0^T x(t)\,dt \tag{2.39}$$

existiert, nennen wir $\widetilde{x(t)}$ den **Zeitmittelwert** von x(t).

Die Bedeutung dieses Zeitmittelwertes kann man sich leicht plausibel machen. Im Bild 2.4 ist (links) ein Signal x(t) dargestellt. Wir berechnen die Fläche unter x(t) zwischen t=0 und $t=T_i$ (schraffiert im Bild 2.4):

$$A = \int_0^{T_i} x(t)\,dt\,.$$

Die gleiche Fläche hat auch ein Rechteck mit der Breite T_i und der Höhe

$$h = \frac{1}{T_i} \int_0^{T_i} x(t)\,dt = \frac{A}{T_i}\,.$$

Diese "mittlere" Höhe h entspricht offenbar für $T_i \to \infty$ dem Zeitmittelwert $\widetilde{x(t)}$ nach Gl. 2.39. h bzw. $\widetilde{x(t)}$ kann als Wert angesehen werden, "um den das Signal x(t) schwankt".

$\widetilde{x(t)}$ kann bei gegebenem Signalverlauf technisch relativ einfach mit Hilfe eines integrierenden Meßgerätes gemessen werden, dies ist rechts im Bild 2.4 angedeutet. Übrigens haben Drehspulmeßgeräte solche Eigenschaften.

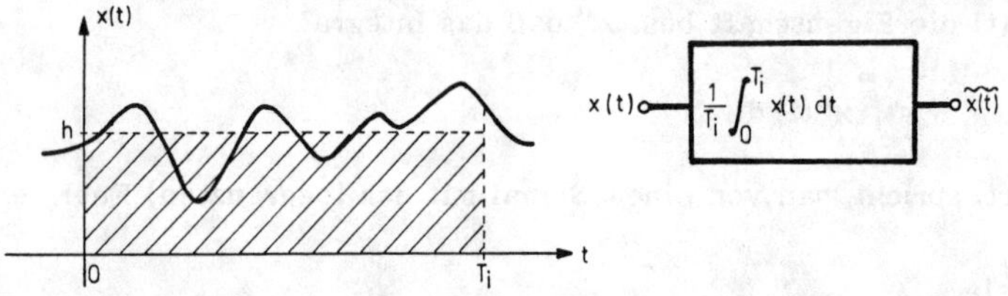

Bild 2.4 Darstellung zur Interpretation und Messung des Zeitmittelwertes ($h \to \widetilde{x(t)}$ für $t_i \to \infty$)

In entsprechender Weise findet man den quadratischen zeitlichen Mittelwert von x(t):

$$\widetilde{x^2(t)} = \lim_{T\to\infty} \frac{1}{T} \int_0^T x^2(t)\,dt. \tag{2.40}$$

Schließlich benötigen wir noch den vom "Verschiebungsparameter" τ abhängigen zeitlichen Mittelwert

$$\overline{x(t)x(t+\tau)} = \lim_{T\to 0} \frac{1}{T} \int_0^T x(t)x(t+\tau)\,dt\,, \tag{2.41}$$

der als Zeitmittelwert $\overline{z(t)}$ einer Funktion $z(t)=x(t)x(t+\tau)$ aufgefaßt werden kann. Man erkennt, daß der nach Gl. 2.41 erklärte Zeitmittelwert für $\tau=0$ in $\overline{x^2(t)}$ übergeht.

Hinweis Den Verlauf von $x(t+\tau)$ findet man, wenn das Signal $x(t)$ um die Zeit τ verschoben wird. Im Falle $\tau>0$ ist eine Verschiebung nach links durchzuführen, im Falle $\tau<0$ eine nach rechts.

Für zeitdiskrete Signale müssen die angegebenen Gleichungen modifiziert werden. Bei einem Signal $x(n)=x(nT)$, das nur an den diskreten Zeitpunkten $t=nT$ definiert ist, gilt:

$$\overline{x(n)} = \lim_{N\to\infty} \frac{1}{N} \sum_{n=0}^{N-1} x(n)\,, \quad \overline{x(n)\,x(n+m)} = \lim_{N\to\infty} \frac{1}{N} \sum_{n=0}^{N-1} x(n)x(n+m)\,. \tag{2.42}$$

Bei $\overline{x(n)x(n+m)}$ entspricht m der "Verschiebungszeit" τ, im Fall $m=0$ geht dieser Ausdruck in $\overline{x^2(n)}$ über.

Beispiele

1. Die zeitlichen Mittelwerte des Signales

$$x(t) = \hat{x}\cos(\omega t)$$

sind zu berechnen.

Gl. 2.39:

$$\overline{x(t)} = \lim_{T\to\infty} \frac{1}{T} \int_0^T \hat{x}\cos(\omega t)\,dt = \lim_{T\to\infty} \frac{1}{T} \frac{\hat{x}}{\omega} \sin(\omega t)\Big|_0^T = \frac{\hat{x}}{\omega} \lim_{T\to\infty} \frac{\sin(\omega T)}{T} = 0\,.$$

Gl. 2.40:

$$\overline{x^2(t)} = \lim_{T\to\infty} \frac{1}{T} \int_0^T \hat{x}^2 \cos^2(\omega t)\,dt\,.$$

Mit $\cos^2(\omega t) = \frac{1}{2} + \frac{1}{2}\cos(2\omega t)$ wird

$$\overline{x^2(t)} = \frac{\hat{x}^2}{2} \lim_{T\to\infty} \frac{1}{T} \int_0^T dt + \frac{\hat{x}^2}{2} \lim_{T\to\infty} \int_0^T \cos(2\omega t)\,dt\,.$$

Der 2. Grenzwert verschwindet (vgl. die Berechnung von $\overline{x(t)}$), der 1. Summand liefert das Ergebnis

$$\overline{x^2(t)} = \hat{x}^2/2\,. \tag{2.43}$$

Das vorliegende (periodische) Signal hat einen Effektivwert $X_{eff} = \frac{1}{2}\sqrt{2}\,\hat{x}$ und wir stellen fest, daß

$$\widetilde{x^2(t)} = X_{eff}^2 \tag{2.44}$$

ist.

Eine entsprechende Aussage gilt übrigens bei allen periodischen Signalen. Es wird daran erinnert, daß der Effektivwert eines periodischen Signales mit der Periode T_x durch die Beziehung

$$X_{eff}^2 = \frac{1}{T_x}\int_0^{T_x} x^2(t)\,dt$$

definiert ist. Dies ist ein zeitlicher Mittelwert über eine Periode. Das gleiche Ergebnis X_{eff}^2 erhält man auch, wenn die Mittelung über eine beliebige Zahl von Perioden durchgeführt wird und daraus folgt schließlich die Gültigkeit von Gl. 2.44.

Gl. 2.41:

$$\widetilde{x(t)x(t+\tau)} = \lim_{T\to 0}\frac{1}{T}\int_0^T \hat{x}^2\cos(\omega t)\,\cos(\omega(t+\tau))\,dt\,.$$

Mit $\cos(\omega t)\cos(\omega(t+\tau)) = 0{,}5\cos(\omega\tau) + 0{,}5\cos(2\omega t+\omega\tau)$ wird

$$\widetilde{x(t)x(t+\tau)} = \frac{\hat{x}^2}{2}\cos(\omega\tau)\cdot\lim_{T\to\infty}\frac{1}{T}\int_0^T dt + \frac{\hat{x}^2}{2}\cdot\lim_{T\to\infty}\int_0^T \cos(2\omega t+\omega\tau)\,dt\,.$$

Der 2. Summand verschwindet (vgl. die Berechnung von $\widetilde{x(t)}$), wir erhalten

$$\widetilde{x(t)x(t+\tau)} = \frac{\hat{x}^2}{2}\cos(\omega\tau)\,. \tag{2.45}$$

Für $\tau=0$ entspricht das Ergebnis dem quadratischen Mittelwert $\widetilde{x^2(t)}$.

2. $x(t)$ sei eine Realisierung des im Abschnitt 2.1.2.1 behandelten Zufallsprozesses, z.B. die im Bild 2.1 skizzierte Funktion $x_1(t) = x_1(nT) = x_1(n)$. Da ein zeitdiskretes Signal vorliegt, verwenden wir die Beziehungen 2.42:

$$\widetilde{x_1(n)} = \lim_{N\to\infty}\frac{1}{N}\sum_{n=0}^{N-1} x_1(nT) \approx \frac{1}{N}(3+4+4+\dots)\,,$$

(siehe Bild 2.1: $x_1(0)=3$, $x_1(T)=4$, $x_1(2T)=4, \dots$).

Zur (näherungsweisen) Berechnung von $\widetilde{x_1(n)}$ muß die Funktion $x_1(t)$ in einem hinreichend großen Zeitraum vorliegen bzw. erzeugt werden. Wie im Abschnitt 2.1.2.1 erklärt wurde, entsprechen die Funktionswerte $x_1(iT)$ den bei Würfelexperimenten geworfenen Augenzahlen und dies bedeutet, daß $\widetilde{x_1(n)}$

mit dem Erwartungswert der Augenzahlen eines (gleichmäßige) Würfels über-übereinstimmt:

$$\widetilde{x_1(n)} = 3{,}5 \, .$$

Der quadratische Mittelwert lautet

$$\widetilde{x_1^2(n)} = \lim_{N\to\infty} \frac{1}{N} \sum_{n=0}^{N-1} x_1^2(nT) \approx \frac{1}{N}(9 + 16 + 16 + \dots) \, .$$

$\widetilde{x_1^2(n)}$ entspricht dem Mittelwert der quadrierten Augenzahlen eines gleichmäßigen Würfels, d.h. (vgl. Beispiel 1 im Abschnitt 1.3.1)

$$\widetilde{x_1^2(n)} = 15{,}167 \, .$$

Wir stellen fest, daß man die gleichen zeitlichen Mittelwerte (3,5, 15,167) erhält, wenn man die Berechnung mit einer beliebigen anderen Realisierung des Zufallsprozesses (Bild 2.1) durchführt. Weiterhin stellen wir fest, daß die zeitlichen Mittelwerte mit den beiden ersten Momenten des Zufallsprozesses übereinstimmen:

$$\widetilde{x(n)} = E[X(nT)] = 3{,}5 \, , \; \widetilde{x^2(n)} = E[X^2(nT)] = 15{,}167 \, .$$

Eine Aussage dieser Art hat natürlich nur dann eine Bedeutung, wenn die Erwartungswerte zeitunabhängig sind und die Mittelung bei **allen** Realisierungen zu gleichen Ergebnissen führt.

Wir wollen uns bei dieser wichtigen Besonderheit noch kurz aufhalten. Nach Gl. 2.5 wurde $E[X(t)]$ zum Zeitpunkt $t=2T$ als "Scharmittelwert" berechnet:

$$E[X(2T] \approx \frac{1}{N} \sum_{i=1}^{N} x_i(2T) = \frac{1}{N}(4 + 6 + 1 + \dots) \, .$$

Dabei ist N die Zahl der vorhandenen Realisierungsfunktionen $x_i(t)$. Vergleichen wir diese Formel mit der oben angegebenen für $\widetilde{x_1(n)}$, so stellen wir fest, daß bei beiden der Mittelwert von Augenzahlen eines Würfels berechnet wird. Zur Berechnung des Scharmittelwertes benötigt man N Realisierungsfunktionen. Zur Berechnung des Zeitmittelwertes genügt eine einzige Realisierungsfunktion, aus der N "Proben" entnommen werden.

Wir werden im Abschnitt 2.3.2 sehen, daß dies eine Eigenschaft von sogen. ergodischen Zufallsprozessen ist. Ergodische Zufallssignale sind von besonderer Bedeutung, da in der Praxis meist nur auf einzelne Realisierungsfunktionen eines Zufallsprozesses zurückgegriffen werden kann. In den seltensten Fällen kann man über eine beliebig große Anzahl von Realisierungen verfügen.

Wir wollen nun noch den nach Gl. 2.42 erklärten Zeitmittelwert $\widetilde{x(n)x(n+m)}$ berechnen. Mit der Realisierungsfunktion $x(n)=x_1(nT)$ (siehe Bild 2.1) wird z.B. für m=1:

$$\widetilde{x_1(n)\,x_1(n+1)} = \lim_{N\to\infty} \frac{1}{N} \sum_{n=0}^{N-1} x_1(n)x_1(n+1) \approx \frac{1}{N}(3\cdot 4 + 4\cdot 4 + 4\cdot 3 + 3\cdot 3 + \dots).$$

Dieser Ausdruck entspricht dem Mittelwert des Produktes der Augenzahlen von zwei unabhängigen Würfeln, d.h. $\widetilde{x_1(n)x_1(n+1)} = 3{,}5^2 = 12{,}25$. Wir stellen fest, daß das gleiche Ergebnis für alle Werte m ($m \neq 0$) und ebenso bei den anderen Realisierungen des Zufallsprozesses zu erwarten ist. Für m=0 findet man den bereits ermittelten quadratischen Mittelwert $\widetilde{x_1^2(n)}=15{,}167$.
Ergebnis:

$$\widetilde{x(n)\,x(n+m)} = \begin{cases} 12{,}25 \text{ für } m \neq 0 \\ 15{,}167 \text{ für } m=0 \end{cases}.$$

Nach Gl. 2.8 lautet die Autokorrelationsfunktion für den vorliegenden Zufallsprozeß

$$R_{XX}(\mu T, \nu T) = \begin{cases} 12{,}25 \text{ für } \mu \neq \nu \\ 15{,}167 \text{ für } \mu = \nu \end{cases}.$$

Mit $\nu = \mu + m$ folgt daraus

$$R_{XX}(\mu T, (\mu+m)T) = \begin{cases} 12{,}25 \text{ für } m \neq 0 \\ 15{,}167 \text{ für } m=0 \end{cases}$$

und dieser Ausdruck entspricht dem für $\widetilde{x(n)\,x(n+m)}$.

3. x(t) sei eine Realisierung des im Abschnitt 2.1.2.3 (Bild 2.3) besprochenen Zufallsprozesses $X(t) = \hat{X}\cos(\omega_0 t)$.
Für $x(t) = x_1(t) = \hat{x}_1\cos(\omega_0 t)$ finden wir mit den Gln. 2.39, 2.40:

$$\widetilde{x_1(t)} = \lim_{T\to\infty} \frac{1}{T} \int_0^T \hat{x}_1 \cos(\omega_0 t)\,dt = 0\,,\quad \widetilde{x_1^2(t)} = \lim_{N\to\infty} \frac{1}{T} \int_0^T \hat{x}_1^2 \cos^2(\omega_0 t)\,dt = \hat{x}_1^2/2.$$

Für andere Realisierungen erhalten wir jeweils $\widetilde{x_i(t)} = 0$, $\widetilde{x_i^2(t)} = \hat{x}_i^2/2$.
Bei diesem Zufallsprozess sind die quadratischen Zeitmittelwerte von den jeweiligen Realisierungsfunktionen abhängig. Eine Übereinstimmung der zeitlichen Mittelwerte mit den Erwartungswerten $E[X(t)] = E[\hat{X}]\cos(\omega_0 t)$ und $E[X^2(t)] = E[\hat{X}^2]\cos^2(\omega_0 t)$ ist nicht vorhanden.

2.3.2 Erklärung der Begriffe stationär und ergodisch

2.3.2.1 Stationäre Zufallssignale

Ein Zufallssignal wird stationär (im strengen Sinne) genannt, wenn die statistischen Eigenschaften der Zufallsgröße $X(t_0)$ mit denen der Zufallsgröße $X(t_0+\tau)$ für beliebige Werte von t_0 und τ identisch sind.

Dies bedeutet zunächst, daß die 1. Wahrscheinlichkeitsdichte zeitunabhängig ist, für alle Zeiten t (bzw. t_0) gilt

$$p_{X(t)} = p(x,t) = p(x)\,. \tag{2.46}$$

Aus Gl. 2.46 folgt unmittelbar, daß bei stationären Zufallsprozessen der Erwartungswert

$$E[X(t)] = \int_{-\infty}^{\infty} x\, p(x)\, dx = E[X]$$

und das 2. Moment

$$E[X^2(t)] = \int_{-\infty}^{\infty} x^2\, p(x)\, dx = E[X^2]$$

konstante, nicht von der Zeit abhängige, Werte sind.

Aus der oben angegebenen Definition der Stationarität ergibt sich bei der zweidimensionalen Dichte der Zufallsgrößen $X(t_1)=X(t)$, $X(t_2)=X(t+\tau)$ (also $t_1=t$, $t_2=t+\tau$):

$$p_{X(t),X(t+\tau)}(x_1,x_2) = p(x_1,x_2,t,\tau) = p(x_1,x_2,\tau)\,. \tag{2.47}$$

Auch hier verschwindet die Zeitabhängigkeit, lediglich der Abstand $\tau=t_2-t_1$ zwischen den beiden Betrachtungszeitpunkten spielt noch eine Rolle. Eine zeitliche Verschiebung der Zeitpunkte t_1 und t_2 hat dann keine Auswirkung auf die zweidimensionale Dichtefunktion, wenn nur der Abstand τ zwischen den Zeitpunkten gleich bleibt.

Mit Gl. 2.47 kann der Erwartungswert $E[X(t_1)X(t_2)]$ berechnet werden. Mit $t_1=t$, $t_2=t+\tau$ erhält man

$$E[X(t_1)X(t_2)] = R_{XX}(t,t+\tau) = \int_{-\infty}^{\infty}\int_{-\infty}^{\infty} x_1 x_2\, p(x_1,x_2,\tau)\, dx_1\, dx_2 = R_{XX}(\tau)\,. \tag{2.48}$$

Dies bedeutet, daß die Autokorrelationsfunktion nur noch vom Abstand der Betrachtungszeitpunkte abhängt. Die Autokorrelationsfunktion ist nur noch eine Funktion der Variablen τ.

Die Abstandsvariable $\tau = t_2-t_1$ kann bei gleichen geometrischen Abstand

$|t_2-t_1|$ sowohl positiv $(t_2 > t_1)$ sein, als auch negativ $(t_2 < t_1)$. Aus diesem Grunde gilt

$$R_{XX}(\tau) = R_{XX}(-\tau) = R_{XX}(|t_2-t_1|),$$

die Autokorrelationsfunktion ist eine gerade Funktion.

Schließlich erwähnen wir noch, daß auch die höherdimensionalen Dichtefunktionen zeitunabhängig werden. Mit $t_1=t$, $t_2=t+\tau_1$, $t_3=t+\tau_2$ gilt z.B. für die dreidimensionale Dichte

$$p_{X(t),X(t+\tau_1),X(t+\tau_2)}(x_1,x_2,x_3) = p(x_1,x_2,x_3,\tau_1,\tau_2). \qquad (2.49)$$

Auch hier tritt bei einer Zeitverschiebung keine Veränderung auf, falls die Abstände τ_1, τ_2 zwischen den Betrachtungszeitpunkten gleich groß bleiben.

Neben der zu Anfang dieses Abschnittes angegebenen Definition der Stationarität (Stationarität im strengen Sinne) gibt es noch den Begriff der Stationarität im weiten Sinne. **Stationär im weiten Sinne** sind solche Zufallsprozesse, bei denen die beiden ersten Momente einschließlich der Autokorrelationsfunktion zeitunabhängig sind. Signale, die im strengen Sinne stationär sind, sind dies selbstverständlich auch im weiten Sinne. Wir werden uns in der Regel mit der Stationarität im weiten Sinn zufrieden geben.

Beispiele

Es soll untersucht werden, ob die im Abschnitt 2.1.2 besprochenen drei Zufallssignale stationär sind.

1. Zufallssignal nach Abschnitt 2.1.2.1, Realisierungen nach Bild 2.1. Hier sind $E[X(t)] = 3{,}5$, $E[X^2(t)] = 15{,}167$ zeitunabhängig. Die Autokorrelationsfunktion ist nach Gl. 2.8

$$R_{XX}(t_1,t_2) = R_{XX}(\mu T,\nu T) = \begin{cases} 12{,}25 \text{ für } t_1 \neq t_2 & (\mu \neq \nu) \\ 15{,}167 \text{ für } t_1 = t_2 & (\mu = \nu) \end{cases}.$$

Setzen wir $t_1=\mu T$, $t_2=\nu T = (\mu+m)T$, so wird

$$R_{XX}(\mu T,(\mu+m)T) = \begin{cases} 12{,}25 \text{ für } m \neq 0 \\ 15{,}167 \text{ für } m = 0 \end{cases} = R_{XX}(mT) = R_{XX}(\tau)\,, \ (\tau=mT).$$

Die Autokorrelationsfunktion ist nicht von der Zeit $t=\mu T$ abhängig, sondern nur vom Abstand $\tau=mT$ zwischen den Beobachtungszeitpunkten.

Ergebnis: Das Zufallssignal vom Abschnitt 2.1.2.1 ist (mindestens im weiten Sinne) stationär.

2. Zufallssignal nach Abschnitt 2.1.2.2, Realisierungen nach Bild 2.2. Hier

sind ebenfalls die beiden ersten Momente $E[X(t)]=0$, $E[X^2(t)]=1$ zeitunabhängig. Die Autokorrelationsfunktion (Gl. 2.10) ist allerdings nicht nur vom Abstand $\tau=t_2-t_1$ abhängig, sondern auch noch davon, ob beide Zeitpunkte in gleichen oder in verschiedenen Rasterbereichen liegen.
Ergebnis: Das Zufallssignal vom Abschnitt 2.1.2.2 ist nicht stationär.

3. Zufallssignal nach Abschnitt 2.1.2.3, Realisierungen nach Bild 2.3. Mittelwert und 2. Moment sind zeitabhängig (Gln. 2.13, 2.14).
Ergebnis: Das Zufallssignal vom Abschnitt 2.1.2.3 ist nicht stationär.

2.3.2.2 Ergodische Zufallssignale

Die Stationarität eines Zufallssignales ist eine notwendige (keine hinreichende) Voraussetzung dafür, daß ein **ergodischer** Zufallsprozeß vorliegt. Ein Zufallsignal ist ergodisch (im weiten Sinne), wenn die (zeitunabhängigen) Erwartungswerte $E[X]$, $E[X^2]$ und die Autokorrelationsfunktion $R_{XX}(\tau)$ mit den zugehörenden zeitlichen Mittelwerten für eine beliebige Realisierungsfunktion x(t) des Zufallsprozesses übereinstimmen.

Dies bedeutet:

$$E[X] = \widetilde{x(t)} = \lim_{T\to\infty} \frac{1}{2T} \int_{-T}^{T} x(t)\,dt\,,\quad E[X^2] = \widetilde{x^2(t)} = \lim_{T\to\infty} \frac{1}{2T} \int_{-T}^{T} x^2(t)\,dt\,,$$

$$R_{XX}(\tau) = \widetilde{x(t)\,x(t+\tau)} = \lim_{T\to\infty} \frac{1}{2T} \int_{-T}^{T} x(t)x(t+\tau)\,dt\,. \tag{2.50}$$

Hinweis Gegenüber den Gln. 2.39 – 2.41 wird hier (wie in der Literatur oft üblich) die Zeitmittelung über einen zu t=0 symmetrischen Bereich der Breite 2T durchgeführt. Bei zeitdiskreten Signalen sind die Integrale durch entsprechende Summen zu ersetzen (siehe Gl. 2.42).

Die mathematischen Voraussetzungen für die Gültigkeit von Gl. 2.50 werden als sogen. Ergodentheorem formuliert. Mit einem Beweis des Ergodentheorems werden wir uns nur ganz kurz im Abschnitt 2.3.3 befassen.

Im Abschnitt 2.3.1 haben wir (ohne Erwähnung des Begriffes ergodisch) gezeigt, daß bei dem Zufallsprozeß vom Abschnitt 2.1.2.1 diese Bedingungen erfüllt sind. Dieser Zufallsprozeß ist demnach ergodisch. Die Zufallsprozesse aus den Abschnitten 2.1.2.2 und 2.1.2.3 sind beide nicht stationär und können somit auch nicht ergodisch sein. Im Abschnitt 2.3.4 werden wir weitere ergodische Zufallsprozesse kennenlernen.

Ergodische Zufallsprozesse sind in der Praxis sehr bedeutend, weil man bei ihnen aus einer einzigen Realisierung die wichtigsten Kenngrößen (meßtechnisch) ermitteln kann. Nur in seltenen Fällen wird man über alle oder eine sehr große Anzahl von Realisierungen eines Zufallssignales verfügen, um die gewünschten Kennwerte als Scharmittelwerte berechnen zu können. Selbstverständlich stellt die Eigenschaft der Ergodizität eine Idealisierung dar, denn die Theorie setzt u.a. das Vorhandensein der Realisierungen von $t=-\infty$ bis $t=\infty$ voraus (siehe Gl. 2.50). In der Praxis muß man sich natürlich auf einen endlichen Beobachtungszeitraum beschränken.

Ein besonderes Problem ist die Frage, ob ein Zufallssignal, von dem nur eine einzige Realisierungsfunktion vorliegt, stationär bzw. ergodisch ist. Die Theorie kann diese Frage nicht beantworten. So müßte man zur Überprüfung, ob z.B. der Mittelwert $E[X(t)]$ zeitunabhängig ist, zunächst für hinreichend viele Zeitpunkte den Scharmittelwert berechnen. Dies ist aber beim Vorhandensein einer einzigen Realisierung unmöglich. In vielen für die Praxis wichtigen Fällen kann jedoch durch Überlegungen über den "Entstehungsprozeß" auf die Übereinstimmung von Schar- und Zeitmittelwerten geschlossen werden. Man spricht hier von einer **Ergodenhypothese.**

Der folgende Abschnitt 2.3.3 befaßt sich in relativ kurzer Form mit einigen Fragen zum Beweis des Ergodentheorems. Die Durcharbeitung dieses Abschnittes ist keine unbedingt notwendige Voraussetung zum Verständnis des weiteren Stoffes.

2.3.3 Bemerkungen und Hinweise zum Beweis des Ergodentheorems

Wir setzen voraus, daß ein im strengen Sinne stationärer Zufallsprozeß $X(t)$ vorliegt, der zusätzlich zeit- und wertekontinuierlich sein soll. Dies bedeutet, daß die statistischen Eigenschaften der Zufallsgröße $X(t_0)$ unabhängig von t_0 sind.

Von dem Zufallssignal mögen N Realisierungen $x_i(t)$ vorliegen. Der zeitunabhängige Mittelwert kann zum Zeitpunkt t_0 als Scharmittelwert berechnet werden:

$$E[X] = \int_{-\infty}^{\infty} x\, p(x)\, dx \approx \frac{1}{N} \sum_{i=1}^{N} x_i(t_0)\,. \tag{2.51}$$

$E[X]$ nach Gl. 2.51 entspricht (bei hinreichend großem N) näherungsweise dem arithmetischen Mittelwert der Zufallsereignisse $x_i(t_0)$, die die Zufallsgröße $X(t_0)$ angenommen hat.

Da der Zufallsprozeß stationär ist, führt eine Mittelwertbildung gemäß Gl. 2.51 für beliebige Werte von t zum gleichen Ergebnis.

In einer 2. Überlegung nehmen wir an, daß nur **eine einzige** Realisierung, z.B. $x_1(t)$ in einem hinreichend großen Zeitraum T vorliegt. Der Zeitbereich $0 \le t \le T$ soll in N Intervalle der Breite Δt unterteilt werden. Dann können wir der Funktion $x_1(t)$ die N Funktionswerte

$$x_1(0),\ x_1(\Delta t),\ x_1(2\Delta t),\ \dots,\ x_1((N-1)\Delta t)$$

entnehmen. $x_1(0)$ kann als Zufallsereignis der (bei t=0 gültigen) Zufallsgröße X(0) aufgefaßt werden, $x_1(\Delta t)$ als Zufallsereignis der Zufallsgröße $X(\Delta t)$ usw..

Wir bilden nun den Mittelwert z_1 aus den N Funktionswerten $x_1(\nu\Delta t)$:

$$z_1 = \frac{1}{N} \sum_{\nu=0}^{N-1} x_1(\nu\Delta t)\,. \tag{2.52}$$

Nach Gl. 2.51 benötigt man N Zufallsereignisse der Zufallsgröße $X(t_0)$ zur (näherungsweisen) Ermittlung von E[X]. Da die Zufallsgröße $X(t_0)$ voraussetzungsgemäß die gleichen statistischen Eigenschaften aufweist, wie die Zufallsgrößen X(0), $X(\Delta t)$, $X(2\Delta t)$ usw., spielt es sicher keine Rolle, wenn bei einer Mittelwertbildung (Gl. 2.52) Zufallsereignisse von verschiedenen, aber statistisch gleichartigen, Zufallsgrößen verwendet werden. Dies heißt, Gl. 2.52 liefert für hinreichend große Werte N ebenfalls den Mittelwert

$$E[X] \approx z_1 = \frac{1}{N} \sum_{\nu=0}^{N-1} x_1(\nu\Delta t)\,.$$

Wir formen diesen Ausdruck etwas um:

$$E[X] \approx \frac{1}{N\Delta t} \sum_{\nu=0}^{N-1} x_1(\nu\Delta t)\,\Delta t$$

und diese Summe geht für $N \to \infty$, $\Delta t \to 0$ sowie $N \cdot \Delta t \to T$ in das Integral

$$E[X] \approx \frac{1}{T} \int_0^T x_1(t)\,dt \tag{2.53}$$

über. Für $T \to \infty$ folgt daraus schließlich die Aussage über die Identität von Schar- und Zeitmittelwert (Gl. 2.50).

Diese Aussagen haben mehr den Charakter einer Plausibilitätserklärung als den einer strengen mathematischen Beweisführung.

Wir wollen ein bisher nicht erwähntes Problem bei unserer Beweisführung herausgreifen. Mit den Zufallsgrößen $X(\nu\Delta t)$ definieren wir eine neue Zufallsgröße

$$Z = \frac{1}{N} X(0) + \frac{1}{N} X(\Delta t) + \frac{1}{N} X(2\Delta t) + \dots + \frac{1}{N} X((N-1)\Delta t) = \frac{1}{N} \sum_{\nu=0}^{N-1} X(\nu\Delta t)\,. \tag{2.54}$$

Wir stellen fest, daß z_1 nach Gl. 2.52 gerade ein mögliches Zufallsereignis von Z darstellt. Nach Gl. 1.95 (Abschnitt 1.4.1.2) erhält man den Erwartungswert von Z

$$E[Z] = \frac{1}{N} E[X(0) + X(\Delta t) + X(2\Delta t) + \dots + X((N-1)\Delta t)] = E[X],$$

denn alle Summanden von Gl. 2.54 haben voraussetzungsgemäß die gleichen Mittelwerte.

Die Streuung von Z kann nicht so einfach berechnet werden. Nur bei voneinander unabhängigen Zufallsgrößen $X(\nu\Delta t)$ würde

$$\sigma_Z^2 = \frac{1}{N}\sigma_X^2 \rightarrow 0 \text{ für } N \rightarrow \infty$$

gelten. Diese Voraussetzung ist aber i.a. nicht erfüllt (Beispiel für eine Ausnahme: Zufallsprozeß nach Abschnitt 2.1.2.1).

Hier liegt ein Schlüssel zur Beweisführung des Ergodentheorems. Nur dann, wenn $\sigma_Z=0$ für $N\rightarrow\infty$ wird, nimmt die Realisierung z_1 der Zufallsgröße Z (Gl. 2.52) exakt den Wert E[X] an (genauer: z_1 nimmt den Wert E[X] mit der Wahrscheinlichkeit 1 an). Die Bedingung $\sigma_Z=0$ ist ja gerade dann erfüllt, wenn alle möglichen Zufallsereignisse von Z den gleichen Wert annehmen. Auf genauere mathematische Voraussetzungen für die Gültigkeit des Ergodentheorems können wir hier nicht eingehen. Die hier durchgeführten Überlegungen bezogen sich übrigens nur auf die Gleichheit des Schar- und Zeitmittelwertes von E[X] und nicht etwa auf die Autokorrelationsfunktion.

Eine Möglichkeit zur Angabe von Bedingungen für die Gültigkeit des Ergodentheorems findet man unter Verwendung von im Abschnitt 2.2.3 abgeleiteten Ergebnissen.

Entsprechend Gl. 2.31 bilden wir das Integral

$$Z = \frac{1}{2T}\int_{-T}^{T} X(t)\,dt$$

über einen stationären Zufallsprozeß. Die Integration über z.B. die Realisierungsfunktion $x_1(t)$ des Zufallsprozesses liefert einen Wert

$$z_1 = \frac{1}{2T}\int_{-T}^{T} x_1(t)\,dt,$$

den die Zufallsgröße Z annehmen kann.

Mit Gl. 2.35 erhalten wir den Mittelwert

$$E[Z] = \frac{1}{2T}\int_{-T}^{T} E[X]\,dt = E[X]\,\frac{1}{2T}\int_{-T}^{T} dt = E[X],$$

der für beliebige Werte von T mit E[X] übereinstimmt.

Unter Verwendung von Gl. 2.36 wird die Streuung

$$\sigma_Z^2 = \frac{1}{4T^2} \int_{-T}^{T} \int_{-T}^{T} R_{XX}(t_1,t_2)\, dt_1\, dt_2 - (E[X])^2 . \tag{2.55}$$

$R_{XX}(t_1,t_2)$ ist die Autokorrelationsfunktion von $X(t)$, die nur von der Differenz $\tau = t_2 - t_1$ abhängt, d.h. $R_{XX}(t_1,t_2) = R_{XX}(\tau)$.

In [13] wird gezeigt, daß Gl. 2.55 folgendermaßen umgeformt werden kann:

$$\sigma_Z^2 = \frac{1}{T} \int_0^{2T} \left(1 - \frac{\tau}{2T}\right)\left(R_{XX}(\tau) - (E[X])^2\right) d\tau .$$

Wenn die Autokorrelationsfunktion die Bedingung

$$\lim_{T\to\infty} \frac{1}{T} \int_0^{2T} \left(1 - \frac{\tau}{2T}\right)\left(R_{XX}(\tau) - (E[X])^2\right) d\tau = 0 \tag{2.56}$$

erfüllt, verschwindet σ_Z im Falle $T\to\infty$. Bei $\sigma_Z = 0$ kann die Zufallsgröße Z nur noch den Wert E[X] annehmen. Dies bedeutet, daß auch der zeitliche Mittelwert z_1 (über die Realisierungsfunktion $x_1(t)$) mit E[X] übereinstimmt.

Ergebnis Falls die Autokorrelationsfunktion $R_{XX}(\tau)$ des Zufallssignales X(t) die Bedingung nach Gl. 2.56 erfüllt, liefert der zeitliche Mittelwert über eine beliebige Realisierung den Erwartungswert E[X].

In [13] wird auch eine Bedingung im Sinne von Gl. 2.56 angegeben, die erfüllt sein muß, damit die Autokorrelationsfunktion als Zeitmittelwert berechwerden kann. Da der Ausgangsprozeß hier das Zufallssignal $Y(t) = X(t)\,X(t+\tau)$ ist, müssen in diesem Fall Forderungen an die Autokorrelationsfunktion des Zufallsprozesses Y(t) gestellt werden.

Wie schon im Abschnitt 2.3.2 erwähnt wurde, kann man in der Praxis durch Überlegungen über den Entstehungsprozeß des Zufallssignales häufig auf die Identität von Schar- und Zeitmittelwerten schließen (Ergodenhypothese). Ein im mathematischen Sinne exakter Nachweis ist fast niemals möglich, weil i.a. nur einzelne Realisierungen des Zufallsprozesses zugänglich sind.

2.3.4 Beispiele ergodischer Zufallsprozesse

Der mathematische Nachweis der Ergodizität ist meist ziemlich aufwendig. Wir untersuchen in diesem Abschnitt zwei Zufallsprozesse , bei denen sich dieser Aufwand in Grenzen hält. Ein weiteres stationäres Zufallssignal haben wir schon im Abschnitt 2.3.2 kennengelernt, nämlich das zeit- und wertediskrete Signal vom Abschnitt 2.1.2.1 (Realisierungen nach Bild 2.1).

1. Φ sei eine im Bereich von $0 - 2\pi$ gleichverteilte Zufallsgröße. Die Wahrscheinlichkeitsdichte $p_\Phi(\varphi)$ ist im Bild 2.5 skizziert.

Es soll gezeigt werden, daß die Beziehung

$$X(t) = \cos(\omega_0 t + \Phi) \tag{2.57}$$

einen ergodischen Zufallsprozeß beschreibt.

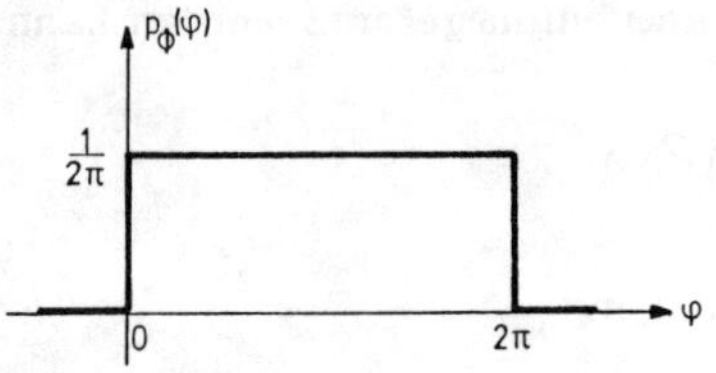

Bild 2.5 Wahrscheinlichkeitsdichte $p_\Phi(\varphi)$ des Winkels Φ bei dem Zufallssignal nach Gl. 2.57

Bei den Realisierungen von $X(t)$ handelt es sich um Cosinusschwingungen

$$x_i(t) = \cos(\omega_0 t + \varphi_i)$$

mit fester Frequenz und zufälligen Werten des Nullphasenwinkels.

Zum Beweis der Stationarität zeigen wir, daß $E[X(t)]$ und $E[X^2(t)]$ zeitunabhängig sind und $R_{XX}(t_1,t_2)$ nur eine Funktion der Differenz $\tau = t_2 - t_1$ ist. Ergodisch ist $X(t)$, wenn die zeitlichen Mittelwerte $\widetilde{x(t)}$ und $\widetilde{x(t)\,x(t+\tau)}$ mit $E[X]$ und $R_{XX}(\tau)$ übereinstimmen.

Wir formen $X(t)$ nach Gl. 2.57 um

$$X(t) = \cos(\omega_0 t)\cos\Phi - \sin(\omega_0 t)\sin\Phi \tag{2.58}$$

und erhalten (vgl. Gl. 1.96)

$$E[X(t)] = \cos(\omega_0 t)\,E[\cos\Phi] - \sin(\omega_0 t)\,E[\sin\Phi]\,.$$

Nach Gl. 1.68 und mit der Wahrscheinlichkeitsdichte $p_\Phi(\varphi)$ nach Bild 2.5 ermitteln wir die Erwartungswerte

$$E[\cos\Phi] = \int_{-\infty}^{\infty} \cos\varphi\; p_\Phi(\varphi)\,d\varphi = \frac{1}{2\pi}\int_0^{2\pi} \cos\varphi\,d\varphi = 0\,,$$

$$E[\sin\Phi] = \int_{-\infty}^{\infty} \sin\varphi\; p_\Phi(\varphi)\,d\varphi = \frac{1}{2\pi}\int_0^{2\pi} \sin\varphi\,d\varphi = 0\,.$$

Ergebnis: $E[X(t)] = 0$.

Dieses Ergebnis kann man sich plausibel machen, wenn man sich die Realisierungen $x_i(t) = \cos(\omega_0 t + \varphi_i)$ untereinander dargestellt denkt (so wie in den Bildern 2.1 bis 2.3). Die unterschiedlichen Nullphasenwinkel φ_i bewirken, daß der Scharmittelwert für alle Werte von t verschwindet.

Aus Gl. 2.58 erhalten wir

$$X^2(t) = \cos^2(\omega_0 t)\cos^2\Phi + \sin^2(\omega_0 t)\sin^2\Phi - 2\cos(\omega_0 t)\sin(\omega_0 t)\cos\Phi\sin\Phi$$

und

$$E[X^2(t)] = \cos^2(\omega_0 t)\, E[\cos^2\Phi] + \sin^2(\omega_0 t)\, E[\sin^2\Phi] -$$
$$- 2\cos(\omega_0 t)\sin(\omega_0 t)\, E[\cos\Phi \sin\Phi]\,.$$

Anwendung von Gl. 1.68 (mit elementaren Integrationsregeln)

$$E[\cos^2\Phi] = \int_{-\infty}^{\infty} \cos^2\varphi\; p_\Phi(\varphi)\, d\varphi = \frac{1}{2\pi}\int_0^{2\pi} \cos^2\varphi\, d\varphi = 1/2\,,$$

$$E[\sin^2\Phi] = \int_{-\infty}^{\infty} \sin^2\varphi\; p_\Phi(\varphi)\, d\varphi = \frac{1}{2\pi}\int_0^{2\pi} \sin^2\varphi\, d\varphi = 1/2\,,$$

$$E[\cos\Phi\, \sin\Phi] = \int_{-\infty}^{\infty} \cos\varphi\, \sin\varphi\; p_\Phi(\varphi)\, d\varphi = \frac{1}{2\pi}\int_0^{2\pi} \cos\varphi\, \sin\varphi\, d\varphi = 0\,.$$

Ergebnis:

$$E[X^2(t)] = \cos^2(\omega_0 t)\cdot\frac{1}{2} + \sin^2(\omega_0 t)\cdot\frac{1}{2} = \frac{1}{2}\left(\cos^2(\omega_0 t) + \sin^2(\omega_0 t)\right) = \frac{1}{2}\,.$$

Schließlich folgt aus Gl. 2.57

$$X(t)X(t+\tau) = \cos(\omega_0 t+\Phi)\cos(\omega_0(t+\tau)+\Phi) =$$
$$= \frac{1}{2}\cos(\omega_0\tau) + \frac{1}{2}\cos(2\omega_0 t+\omega_0\tau+2\Phi) =$$
$$= \frac{1}{2}\cos(\omega_0\tau) + \frac{1}{2}\cos(2\omega_0 t+\omega_0\tau)\cos(2\Phi) - \frac{1}{2}\sin(2\omega_0 t+\omega_0\tau)\sin(2\Phi),$$

$$E[X(t)\, X(t+\tau)] = R_{XX}(\tau) = \frac{1}{2}\cos(\omega_0\tau) + \frac{1}{2}\cos(2\omega_0 t+\omega_0\tau)\, E[\cos(2\Phi)] -$$
$$- \frac{1}{2}\sin(2\omega_0 t+\omega_0\tau)\, E[\sin(2\Phi)]\,.$$

Mit $E[\cos(2\Phi)]=0$, $E[\sin(2\Phi)]=0$ (Anwendung von Gl. 1.68, wie oben) wird

$$R_{XX}(\tau) = \frac{1}{2}\cos(\omega_0\tau)\,. \qquad (2.59)$$

Damit ist die Stationarität (im weiten Sinne) bewiesen.

Berechnung der Zeitmittelwerte nach den Gln. 2.39–2.41 für z.B. die Realisierung $x_1(t) = \cos(\omega_0 t+\varphi_1)$:

$$\widetilde{x_1(t)} = \lim_{T\to\infty} \frac{1}{T}\int_0^T x_1(t)\, dt = \lim_{T\to\infty} \frac{1}{T}\int_0^T \cos(\omega_0 t+\varphi_1)\, dt =$$
$$= \lim_{T\to\infty} \frac{1}{T}\frac{1}{\omega_0}\left(\sin(\omega_0 T+\varphi_1) - \sin\varphi_1\right) = 0\,.$$

Das Ergebnis $\widetilde{x_1(t)} = 0$ stimmt mit dem Erwartungswert $E[X] = 0$ überein.

$$\widetilde{x_1^2(t)} = \lim_{T\to\infty} \frac{1}{T} \int_0^T x_1^2(t)\,dt = \lim_{T\to\infty} \frac{1}{T} \int_0^T \cos^2(\omega_0 t+\varphi_1)\,dt.$$

Die Auswertung des Integrals ergibt nach elementarer Rechnung

$$\widetilde{x_1^2(t)} = \lim_{T\to\infty} \frac{1}{T}\frac{1}{\omega_0}\left(\frac{1}{2}\,\omega_0 T + \frac{1}{4}\sin(2\omega_0 T+2\varphi_1) - \frac{1}{4}\sin(2\varphi_1)\right) = \frac{1}{2}.$$

Auch hier liegt eine Übereinstimmung mit $E[X^2]=1/2$ vor.

$$\widetilde{x_1(t)x_1(t+\tau)} = \lim_{T\to\infty} \frac{1}{T} \int_0^T x_1(t)\,x_1(t+\tau)\,dt =$$

$$= \lim_{T\to\infty} \frac{1}{T} \int_0^T \cos(\omega_0 t+\varphi_1)\cos(\omega_0(t+\tau)+\varphi_1)\,dt =$$

$$= \lim_{T\to\infty} \frac{1}{T} \int_0^T \frac{1}{2}\cos(\omega_0\tau)\,dt + \lim_{T\to\infty} \frac{1}{T} \int_0^T \frac{1}{2}\cos(2\omega_0 t+\omega_0\tau+2\varphi_1)\,dt.$$

Das 2. Integral verschwindet und wir erhalten

$$\widetilde{x_1(t)x_1(t+\tau)} = \lim_{T\to\infty} \frac{1}{T} \int_0^T \frac{1}{2}\cos(\omega_0\tau)\,dt = \frac{1}{2}\cos(\omega_0\tau)\cdot\lim_{T\to\infty}\frac{1}{T}\int_0^T dt = \frac{1}{2}\cos(\omega_0\tau).$$

Auch dieser zeitliche Mittelwert stimmt mit der zugehörenden statistischen Kenngröße $R_{XX}(\tau) = 0{,}5\cos(\omega_0\tau)$ überein.

Damit ist bewiesen, daß der Zufallsprozeß nach Gl. 2.57 mit der im Bild 2.5 skizzierten Dichtefunktion der Zufallsgröße Φ ergodisch ist. Man spricht hier auch von einem periodischen Zufallssignal, da alle Realisierungen von $X(t)$ periodische Funktionen sind. Einen anderen periodischen Zufallsprozeß, der aber nicht ergodisch ist, haben wir im Abschnitt 2.1.2.3 kennengelernt.

2. Bei dem Zufallssignal, das nun untersucht werden soll, gehen wir von dem im Abschnitt 2.1.2.2 besprochenen Zufallsprozeß aus, von dem Realisierungen im Bild 2.2 dargestellt sind. Diese Realisierungsfunktionen werden hier mit $\tilde{x}_i(t)$ bezeichnet. Die Funktionen $\tilde{x}_i(t)$ sind innerhalb der "Rastebereiche" der Breite T konstant, Polaritätswechsel sind an den Stellen $t=\nu T$ möglich.

Wir definieren nun eine im Intervall $(0,T)$ gleichverteilte Zufallsgröße A, deren Dichtefunktion links im Bild 2.6 skizziert ist.

Der hier betrachtete Zufallsprozeß $X(t)$ soll die Realisierungsfunktionen

$$x_i(t) = \tilde{x}_i(t-a_i)$$

besitzen, wobei die a_i Werte sind, die die Zufallsgröße A angenommen hat. Aus einer Realisierungsfunktion des Zufallssignales im Abschnitt 2.1.2.2 (Bild 2.2) findet man eine Realisierungsfunktion des hier behandelten Zufallssignales durch eine Verschiebung (nach rechts) um den Wert a_i. Im Bild 2.6 ist rechts eine mögliche Realisierung x(t) dargestellt. Es handelt sich dabei übrigens um die oberste Funktion im Bild 2.2, die um a verschoben wurde.

Genau so wie im Abschnitt 2.1.2.2, finden wir bei diesem Zufallsprozeß $E[X(t)]=0$ und $E[X^2(t)]=1$. Die entsprechenden zeitlichen Mittelwerte über irgendeine Realisierungsfunktion (z.B. x(t) nach Bild 2.6) ergeben:

$$\widetilde{x(t)} = \lim_{T_i \to \infty} \frac{1}{T_i} \int_0^{T_i} x(t)\, dt = 0 ,$$

$$\widetilde{x^2(t)} = \lim_{T_i \to \infty} \frac{1}{T_i} \int_0^{T} x^2(t)\, dt = \lim_{T_i \to \infty} \frac{1}{T_i} \int_0^{T_i} dt = 1,$$

sie entsprechen den beiden ersten Momenten von X(t).

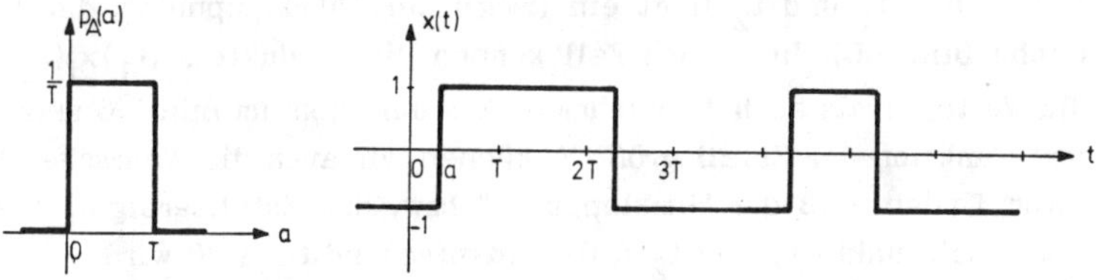

Bild 2.6 Dichte einer gleichverteilten Zufallsgröße A und eine Realisierung des Zufallsprozesses vom Beispiel 2

Hinweise

1. Die Integrationszeit bei der zeitlichen Mittelwertbildung wurde mit T_i bezeichnet, weil T hat bei diesem Signal eine spezielle Bedeutung hat (siehe Bild 2.6).

2. Auf einen formalen Beweis für $\widetilde{x(t)}=0$ wird verzichtet. Eine Realisierung x(t) nimmt (jeweils innerhalb von Bereichen der Breite T) die Werte −1 und 1 gleichwahrscheinlich an. Bei der Betrachtung eines hinreichend großen Zeitraumes T_i werden gleichviele positive wie negative Flächenanteile auftreten.

Schwieriger ist die Berechnung der Autokorrelationsfunktion $R_{XX}(t_1,t_2)$. Beim Vorhandensein von hinreichend vielen Realisierungen kann $R_{XX}(t_1,t_2)$ als Scharmittelwert berechnet werden:

$$R_{XX}(t_1,t_2) = E[X(t_1)X(t_2)] \approx \frac{1}{N}\sum_{i=1}^{N} x_i(t_1)x_i(t_2). \qquad (2.60)$$

In zwei Sonderfällen ist die Auswertung besonders einfach.

1. Im Fall $t_1=t_2$, dann gilt bei allen Realisierungen $x_i(t_1)x_i(t_2) = 1$. Wir finden dann $R_{XX}(t_1,t_1)=1$, dies ist auch der Wert des 2. Momentes.

2. Im Fall $t_2-t_1=\tau>T$ wird $R_{XX}(t_1,t_2)=0$. Grund: Wenn t_1 und t_2 weiter als T voneinander entfernt sind, gibt es zwischen ihnen mindestens einen "Umklappunkt", an dem eine Realisierungsfunktion $x_i(t)$ ihr Vorzeichen wechseln kann (siehe Bild 2.6 mit z.B. $t_1=0$, $t_2=1{,}1\,T$). Dies führt dazu, daß in der Summe nach Gl. 2.60 gleichviele Summanden $x_i(t_1)x_i(t_2)$ den Wert −1 und 1 annehmen. Entsprechend den Überlegungen beim Zufallssignal vom Abschnitt 2.1.2.2 kann man auch feststellen, daß die Zufallsgrößen $X(t_1)$ und $X(t_2)$ im Fall $t_2-t_1>T$ unkorreliert sind und kommt so zum gleichen Ergebnis.

Etwas schwieriger sind die Verhältnisse im Fall $0<t_2-t_1=\tau<T$. Ohne Einschränkung der Allgemeinheit können wir annehmen, daß beide Zeitpunkte im Intervall von 0 bis T liegen. Weiterhin soll bei den folgenden Überlegungen $t_2>t_1$ sein. Wir müssen nun zwei Fälle unterscheiden.

Fall 1 Zwischen t_1 und t_2 liegt ein (möglicher) "Umklappunkt", d.h. $t_1<a$, $t_2>a$ (siehe Bild 2.6). In diesem Fall können die Produkte $x_i(t_1)x_i(t_2)$ sowohl die Werte −1 als auch 1 annehmen. Aus der links im Bild 2.6 skizzierten Dichtefunktion der Zufallsgröße A können wir auch die Wahrscheinlichkeit dafür finden, daß der "Umklappunkt" bzw. das Zufallsereignis a zwischen zwei Zeitpunkte t_1 und t_2 fällt. Entsprechend Gl. 1.20 wird:

$$P(t_1<A<t_2) = \int_{t_1}^{t_2} p_A(a)\,da = \frac{1}{T}(t_2-t_1) = \frac{\tau}{T}.$$

Dies bedeutet, daß der hier beschriebene Fall 1 bei etwa

$$N_1 \approx N\cdot\tau/T$$

von insgesamt N Realisierungen eintritt.

Fall 2 Zwischen t_1 und t_2 liegt kein "Umklappunkt", d.h. $t_1<a$, $t_2<a$ oder $t_1>a$, $t_2>a$. Nun gilt stets $x_i(t_1)\,x_i(t_2) = 1$. Dieser Fall tritt bei etwa

$$N_2 \approx N-N_1 = N(1-\tau/T)$$

der N Realisierungen auf.

Die Summe nach Gl. 2.60 kann jetzt in zwei Teilsummen gemäß der besprochen zwei Fälle aufgeteilt werden. Wir nehmen an (oder ordnen so um), daß die ersten N_1 Summanden zum Fall 1 gehören und die restlichen zum Fall 2:

$$R_{XX}(t_1,t_2) \approx \frac{1}{N}\sum_{i=1}^{N_1} x_i(t_1)x_i(t_2) + \frac{1}{N}\sum_{i=N_1+1}^{N} x_i(t_1)x_i(t_2).$$

Die 1. Teilsumme verschwindet (für hinreichend große N), weil die Summanden gleichwahrscheinlich die Werte −1 und 1 annehmen. Bei der 2. Teilsumme haben alle Summanden den Wert 1:

$$R_{XX}(t_1,t_2) \approx \frac{1}{N}(N-N_1) = \frac{N_2}{N}.$$

Mit $N_2=N(1-\tau/T)$ erhalten wir die Autokorrelationsfunktion

$$R_{XX}(t_1,t_2) = 1-\tau/T\ ,\ 0<\tau=t_2-t_1<T.$$

Bei der Ableitung wurde vorausgesetzt, daß $t_2>t_1$ ist. Der Fall $t_2<t_1$ bedeutet lediglich eine Umbenennung der beiden Zeitpunkte. Ersetzt man $\tau=t_2-t_1$ durch $|\tau|$, den Abstand zwischen beiden Zeitpunkten, so gilt das Ergebnis auch im Fall $t_2<t_1$.

Zusammenfassung der Ergebnisse:

$$R_{XX}(t_1,t_2) = \begin{cases} 0 \text{ für } |\tau|>T \\ 1-|\tau|/T \text{ für } |\tau|<T \end{cases} = R_{XX}(\tau),\ \tau=t_2-t_1. \tag{2.61}$$

Diese Autokorrelationsfunktion ist im Bild 2.7 skizziert. Sie ist lediglich eine Funktion des Abstandes zwischen den Betrachtungszeitpunkten, wie es bei einem stationären Signal gefordert wird.

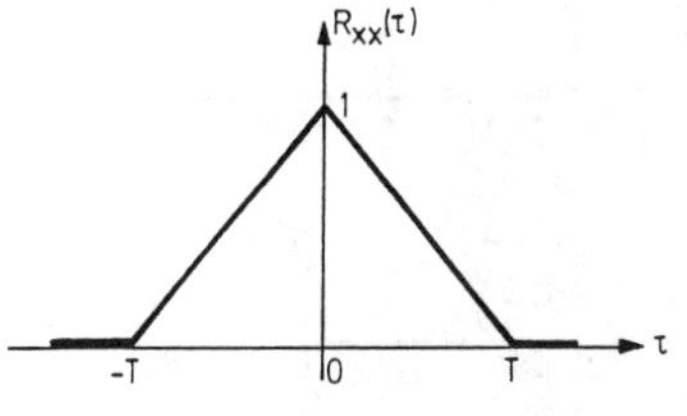

Bild 2.7 Autokorrelationsfunktion des Zufallsprozesses vom Beispiel 2

Um nachzuweisen, daß ein ergodisches Zufallssignal vorliegt, muß noch gezeigt werden, daß die Autokorrelationsfunktion nach Gl. 2.61 auch als zeitlicher Mittelwert bei einer beliebigen Realisierung berechnet werden kann:

$$R_{XX}(\tau) = \lim_{T_i\to\infty} \frac{1}{T_i}\int_0^{T_i} x_i(t)\, x_i(t+\tau)\, dt.$$

Im oberen Teil von Bild 2.8 ist eine Realisierungsfunktion x(t) skizziert und ebenfalls die um τ verschobene Funktion $x(t+\tau)$. Um das Problem nicht unnötig zu verkomplizieren, wurde eine Realisierung mit a=0 ausgewählt. Weiterhin liegt τ im Bereich $0 < \tau < T$. Unten im Bild 2.8 ist das Produkt

$z(t) = x(t)x(t+\tau)$ dargestellt. Man erkennt, daß innerhalb jedes Rasterbereiches der Breite T ein Teilbereich $T-\tau$ existiert, innerhalb dessen $x(t)$ und $x(t+\tau)$ die gleichen Werte aufweisen. Das Produkt $z(t)$ ergibt in diesen Teilbereichen daher stets den Wert 1. In den restlichen Zeitbereichen hat die Funktion $z(t)$ gleichwahrscheinlich positive und negative Werte. In jedem Abschnitt der Breite T gibt es damit eine stets positive Fläche der Größe $T-\tau$ (schraffiert im Bild 2.8) und eine weitere, die positiv oder negativ sein kann. Bei der Flächenberechnung über eine hinreichend große Zeit $N \cdot T$ addieren sich die stets positiven Anteile $T-\tau$, während sich die übrigen im Mittel aufheben:

$$\int_0^{NT} z(t)\,dt \approx N(T-\tau) .$$

Mit diesem Ergebnis und mit $T_i = NT$ wird

$$\widetilde{x_1(t)x_1(t+\tau)} = \frac{1}{NT} \int_0^{NT} x(t)\,x(t+\tau)\,dt = \frac{1}{NT} N(T-\tau) = 1 - \frac{\tau}{T} = R_{XX}(\tau) .$$

Damit wurde (für eine spezielle Realisierung und für $\tau < T$) die Übereinstimmung des zeitlichen Mittelwertes $\widetilde{x(x)x(t+\tau)}$ mit der Autokorrelationsfunktion nachgewiesen. Das hier untersuchte Zufallssignal ist ergodisch.

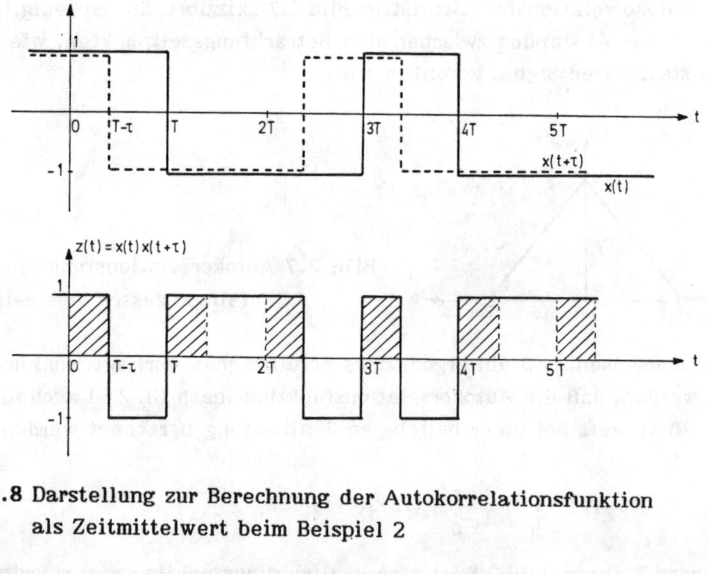

Bild 2.8 Darstellung zur Berechnung der Autokorrelationsfunktion als Zeitmittelwert beim Beispiel 2

Wir wollen abschließend noch auf eine Besonderheit des hier untersuchten Zufallsprozesses hinweisen. Im Abschnitt 2.2.1 wurde ausgeführt, daß ein Zufallsprozeß stetig ist, wenn $R_{XX}(t_1,t_2)$ eine an der Stelle $t_1 = t_2 = t$ stetige

Funktion ist. Mit $\tau=t_2-t_1$ bedeutet dies bei einem stationären Zufallssignal, daß $R_{XX}(\tau)$ bei $\tau=0$ stetig sein muß. Im vorliegenden Fall ($R_{XX}(\tau)$ nach Bild 2.7) trifft dies zu, $R_{XX}(\tau)$ ist bei $\tau=0$ stetig und somit haben wir es mit einem stetigen Zufallsprozeß zu tun.

Diese Aussage ruft zuerst Verwunderung hervor, sind doch die Realsierungsfunktionen $x_i(t)$ keinesfalls stetig (siehe Bild 2.6). Der scheinbare Widerspruch liegt in der Definition der Stetigkeit bei Zufallssignalen nach Gl. 2.18, die keine Aussage über die Stetigkeit einzelner Realisierungen macht. Warum dieser Zufallsprozeß, trotz Sprungstellen bei den Realisierungsfunktionen, im Sinne von Gl. 2.18 stetig ist, läßt sich folgendermaßen plausibel machen. Wir betrachten z.B. die im Bild 2.6 skizzierte Funktion x(t). Diese hat mit jeweils der Wahrscheinlichkeit 1/2 zu den Zeitpunkten a, T+a, 2T+a usw. Sprungstellen. Fragt man nun aber nach der Wahrscheinlichkeit dafür, daß x(t) an einer genau festgelegten Stelle t_0 unstetig ist, so ist diese Wahrscheinlichkeit Null. Grund: Die stetige Zufallsgröße A (Dichte nach Bild 2.6) kann unendlich viele Werte im Bereich $0<a<T$ annehmen. Daraus folgt, daß die Funktion x(t) bei einem genau festgelegten Zeitpunkt t_0 "fast sicher" stetig ist, da die Sprungstelle bei t_0 nur mit einer Wahrscheinlichkeit 0 auftreten kann.

2.3.5 Bemerkungen zur Erzeugung ergodischer Zufallssignale

In der Praxis benötigt man für vielerlei Aufgaben ergodische Zufallssignale mit bekannten statistischen Eigenschaften.

Rauschgeneratoren erzeugen Realisierungsfunktionen von i.a. normalverteilten ergodischen Zufallssignalen. Durch Zusatzgeräte (Filter) lassen sich die statistischen Eigenschaften den jeweiligen Anforderungen anpassen.

Analog arbeitende Rauschgeneratoren verwenden als Rauschquellen meist (stromlose) Widerstände (siehe z.B. [14]). Schließt man an einen stromlosen Widerstand ein sehr empfindliches Spannungsmeßgerät an, so stellt man fest, daß an den Widerstandsklemmen eine regellose Spannung auftritt, die proportional mit der Temperatur zunimmt (siehe Beispiel 2 im Abschnitt 4.3.1). Physikalisch erklärt sich dies aus den temperaturbedingten Brown'schen Bewegungen freier Ladungsträger im Widerstandsmaterial. Diese Rauschspannung wird verstärkt, man kann begründen, daß es sich bei ihr um die Realisierung eines normalverteilten ergodischen Zufallsprozesses handelt [2].

In neuerer Zeit gewinnen Rauschgeneratoren an Bedeutung, die das Rauschsignal digital erzeugen. Mit Hilfe eines Programmes (oder einer speziellen digitalen Schaltung) lassen sich Zufallszahlen erzeugen, aus denen Realisierungsfunktionen von Zufallssignalen mit vorgeschriebenen Eigenschaften gewonnen werden können. Solche Rauschgeneratoren haben gegenüber den analog arbeitenden den Vorteil, daß die gleiche Realisierungsfunktion beliebig oft reproduziert werden kann.

3 Die Kennzeichnung stationärer Zufallsprozesse durch Korrelationsfunktionen

3.1 Vorbemerkungen und Voraussetzungen

In diesem Abschnitt setzen wir stationäre und ergodische Zufallsprozesse voraus. Dies bedeutet, daß der Mittelwert E[X] und das 2. Moment $E[X^2]$ zeitunabhängig sind. Die Autokorrelationsfunktion

$$R_{XX}(t,t+\tau) = E[X(t)X(t+\tau)] = R_{XX}(\tau)$$

ist ebenfalls zeitunabhängig und lediglich eine Funktion der Abstandsvariablen τ.

Von größter Bedeutung für die Praxis ist, daß Mittelwert und Autokorrelationsfunktion beim Vorhandensein von nur einer einzigen Realisierung x(t) des Zufallsprozesses durch Zeitmittelung bestimmt werden können:

$$E[X] = \lim_{T\to\infty} \frac{1}{2T} \int_{-T}^{T} x(t)\,dt\,, \tag{3.1}$$

$$R_{XX}(\tau) = E[X(t)X(t+\tau)] = \lim_{T\to\infty} \frac{1}{2T} \int_{-T}^{T} x(t)x(t+\tau)\,dt\,. \tag{3.2}$$

Aus Gl. 3.2 findet man mit $\tau=0$ das 2. Moment

$$E[X^2] = \lim_{T\to\infty} \frac{1}{2T} \int_{-T}^{T} x^2(t)\,dt.$$

Die entsprechenden Beziehungen für zeitdiskrete Signale lauten

$$E[X] = \lim_{N\to\infty} \frac{1}{2N+1} \sum_{n=-N}^{N} x(n)\,,\quad R_{XX}(m) = \lim_{N\to\infty} \frac{1}{2N+1} \sum_{n=-N}^{N} x(n)\,x(n+m) \tag{3.3}$$

mit $\tau=mT$, wenn $x(n)=x(nT)$ gilt.

Die im folgenden für zeitkontinuierliche Signale abgeleiteten Ergebnisse gelten (sinngemäß) auch bei diskreten Zufallssignalen.

Bei den im Abschnitt 2 durchgeführten Überlegungen war es meist erforderlich, sprachlich streng zwischen einem Zufallssignal oder Zufallsprozeß und den Realisierungsfunktionen $x_i(t)$ des Zufallssignales zu unterscheiden. Diese sprachliche Unterscheidung ist nicht mehr so wichtig, wenn ergodische Zufallsprozesse vorliegen, da dann die uns interessierenden Kennwerte (Gln. 3.1, 3.2) aus einer einzigen Realisierung ermittelbar sind. Bei ergodischen

Zufallsprozessen sprechen wir manchmal vereinfacht von einem zufälligen Signal x(t), wenn genauer von einer Realisierung x(t) des Zufallsprozesses X(t) gesprochen werden müßte.

Bei Kenntnis von E[X] und der Funktion $R_{XX}(\tau)$ kann der Korrelationskoeffizient $r(\tau)$, zwischen um τ auseinanderliegenden, Zufallsgrößen X(t) und $X(t+\tau)$ berechnet werden, Aus Gl. 2.1 erhält man (mit $t_1=t, t_2=t+\tau$, $\sigma_X^2 = E[X^2]-(E[X])^2 = R_{XX}(0)-(E[X])^2$:

$$r(\tau) = \frac{R_{XX}(\tau) - (E[X])^2}{R_{XX}(0) - (E[X])^2} . \tag{3.4}$$

Hinweis Im Abschnitt 3.2.1 wird gezeigt, daß i.a. $(E[X])^2 = R_{XX}(\infty)$ gilt. Dann ist der Korrelationskoeffizient ausschließlich durch Werte der Autokorrelationsfunktion festgelegt.

Bei dem im Abschnitt 2.1.2.3 behandelten Beispiel wurde gezeigt, daß **normalverteilte** Zufallssignale vollständig durch den Mittelwert und die Autokorrelationsfunktion beschrieben werden. Diese Aussage gilt selbstverständlich auch für ergodische normalverteilte Zufallsprozesse. Die (zeitunabhängige) Dichte $p_X(x)$ wird durch den Mittelwert E[X] und die Streuung $\sigma_X^2 = R_{XX}(0)-(E[X])^2$ festgelegt:

$$p(x) = \frac{1}{\sqrt{2\pi}\,\sigma_X} e^{-(x-E[X])^2/(2\sigma_x^2)} .$$

Zur Festlegung der zweidimensionalen Dichtefunktion $p(x_1,x_2,\tau)$ für die Zufallsgrößen X(t) und $X(t+\tau)$ benötigt man zusätzlich den Korrelationskoeffizienten $r(\tau)$. Schließlich kann die dreidimensionale Dichte $p(x_1,x_2,x_3,\tau_1,\tau_2)$ der Zufallsgrößen X(t), $X(t+\tau_1)$, $X(t+\tau_2)$ angegeben werden, wenn neben Mittelwert und Streuung die drei Korrelationskoeffizienten $r(\tau_1)$, $r(\tau_2)$, $r(\tau_1-\tau_2)$ vorliegen. Explizite Formelausdrücke für diese (und alle höherdimensionalen) Dichte(n) findet man durch Einsetzen der entsprechenden Werte in Gl. 1.109.

3.2 Eigenschaften von Autokorrelationsfunktionen

3.2.1 Zusammenstellung von elementaren Eigenschaften

1. "gerade Funktion"

$$R_{XX}(\tau) = R_{XX}(-\tau) , \tag{3.5}$$

die Autokorrelationsfunktion ist eine gerade Funktion.

Diese Aussage wurde bereits im Abschnitt 2.3.2.1 für stationäre Zufallsprozesse begründet. Im Falle ergodischer Zufallssignale ist ein einfacher Beweis mit Hilfe von Gl. 3.2 möglich:
Nach Gl. 3.2 wird

$$R_{XX}(-\tau) = \lim_{T\to\infty} \frac{1}{2T} \int_{-T}^{T} x(t)x(t-\tau)\,dt\,.$$

In diesem Integral führen wir die Substitution $u=t-\tau$ durch und erhalten (mit $t=u+\tau$ und $dt=du$):

$$R_{XX}(-\tau) = \lim_{T\to\infty} \frac{1}{2T} \int_{-T-\tau}^{T-\tau} x(u+\tau)\,x(u)\,du = \lim_{T\to\infty} \frac{1}{2T} \int_{-T}^{T} x(u)\,x(u+\tau)\,du\,.$$

Dieses (rechte) Integral unterscheidet sich von dem nach Gl. 3.2 nur durch die unterschiedliche Bezeichnung der Integrationsvariablen, also gilt $R_{XX}(-\tau) = R_{XX}(\tau)$.

Hinweis Die vorgenommenen Änderungen der Integrationsgrenzen $-T-\tau \to -T$ und $T-\tau \to T$ sind zulässig, weil der Grenzfall $T\to\infty$ durchzuführen ist.

2. "mittlere Leistung"
Mit $\tau=0$ erhält man aus Gl. 3.2

$$E[X^2] = R_{XX}(0). \tag{3.6}$$

Das 2. Moment $E[X^2]$ wird häufig auch **mittlere Leistung** des Signales genannt. Grund: In der Elektrotechnik handelt es sich bei Signalen $x(t)$ physikalisch meistens um Ströme oder um Spannungen. Tritt $x(t)$ an einem Widerstand R auf (der Strom $x(t)$ fließt durch R oder die Spannung $x(t)$ liegt an R), so ist $R\,x^2(t)$ oder $x^2(t)/R$ die in R verbrauchte Augenblicksleistung. Meist interessiert die im zeitlichen Mittel verbrauchte Leistung $\widetilde{x^2(t)}\cdot R$ oder $\widetilde{x^2(t)}/R$ mit

$$\widetilde{x^2(t)} = \lim_{T\to\infty} \frac{1}{T} \int_{0}^{T} x^2(t)\,dt\,.$$

Bei den hier vorausgesetzten ergodischen Zufallssignalen entspricht dieser zeitliche Mittelwert dem 2. Moment $\widetilde{x^2(t)} = E[X^2] = R_{XX}(0)$. Die eigentliche mittlere Leistung ist somit proportional zu $R_{XX}(0)$, wobei der Proportionalitätsfaktor von der physikalischen Bedeutung von $x(t)$ abhängt. Machmal wird $R_{XX}(0)$ auch als mittlere Leistung an einem Widerstand $R=1$ bezeichnet. Diese Aussage beschränkt allerdings den Begriff der mittleren Leistung in unnötiger Weise auf Ströme und Spannungen. Schließlich soll nochmals daran erinnert werden, daß wir durchweg normiert, also ohne Berücksichtigung von Dimensionen, rechnen.

3. "absolutes Maximum"
Die Autokorrelationsfunktion hat bei $\tau=0$ ein absolutes Maximum, d.h.

$$R_{XX}(0) \geq |R_{XX}(\tau)| . \tag{3.7}$$

Zum Beweis betrachten wir den Erwartungswert der Zufallsgröße(n)

$$Z = (X(t) \pm X(t+\tau))^2.$$

Z kann, gleichgültig, ob das "+" oder das "−" Zeichen gilt, keine negativen Werte annehmen, daher ist auch

$$E[Z] = E[(X(t) \pm X(t+\tau))^2] \geq 0 .$$

Wir erhalten dann

$$E[Z]=E[X^2(t)+X^2(t+\tau)\pm 2X(t)X(t+\tau)]=E[X^2(t)]+E[X^2(t+\tau]\pm 2E[X(t)X(t+\tau)]\geq 0.$$

Mit $E[X^2(t)] = E[X^2(t+\tau)] = R_{XX}(0)$ und $E[X(t)X(t+\tau)] = R_{XX}(\tau)$ ergibt sich die Ungleichung

$$R_{XX}(0) \pm R_{XX}(\tau) \geq 0$$

und damit ist Gl. 3.7 bewiesen.

4. "Mittelwert"
I.a. kann man voraussetzen, daß Zufallsgrößen $X(t)$ und $X(t+\tau)$ im Fall $\tau\to\infty$ unabhängig voneinander werden. Anders ausgedrückt, sehr weit auseinanderliegende Werte des Zufallssignales sind voneinander unabhängig. Dies bedeutet, daß der Korrelationskoeffizient für $\tau\to\infty$ verschwindet.

Setzt man in Gl. 3.4 $r(\infty)=0$, so folgt daraus die wichtige Beziehung

$$R_{XX}(\infty) = (E[X])^2 . \tag{3.8}$$

Der Mittelwert $E[X]$ des Zufallssignales ist durch die Autokorrelationsfunktion bis auf sein Vorzeichen festgelegt:

$$E[X] = \pm\sqrt{R_{XX}(\infty)} .$$

Mit den Gln. 3.6 und 3.8 kann man die Streuung σ_X^2 durch Werte der Autokorrelationsfunktion berechnen

$$\sigma_X^2 = R_{XX}(0) - R_{XX}(\infty) . \tag{3.9}$$

Der Korrelationskoeffizient nach Gl. 3.4 kann ebenfalls allein aus Werten der Autokorrelationsfunktion ermittelt werden:

$$r(\tau) = \frac{R_{XX}(\tau)-R_{XX}(\infty)}{R_{XX}(0)-R_{XX}(\infty)}. \tag{3.10}$$

Hinweis Gl. 3.8 und somit auch die Gln. 3.9, 3.10 gelten nicht bei periodischen (ergodischen) Zufallsprozessen. Periodische Zufallsprozesse sind dadurch erklärt, daß die Realisierungsfunktionen periodische Funktionen mit jeweils der gleichen Periode sind. Ein Beispiel für einen solchen Zufalllsprozeß haben wir im 1. Beispiel des Abschnittes 2.3.4 kennengelernt. Der Leser kann leicht nachkontrolieren, daß dort der Korrelationskoeffizient für $\tau\to\infty$ nicht verschwindet.

Bei Zufallssignalen mit verschwindendem Mittelwert $E[X]=0$ vereinfachen sich die angegebenen Beziehungen. Mit $R_{XX}(\infty)=0$ wird

$$r(\tau) = R_{XX}(\tau)/R_{XX}(0)\ .$$

Physikalisch kann der Mittelwert als Gleichanteil des Signales interpretiert werden, der technisch leicht eliminierbar ist.

Ist $X(t)$ ein Zufallssignal mit dem Mittelwert $E[X]$ und der Autokorrelationsfunktion $R_{XX}(\tau)$, so hat der Zufallsprozeß

$$\tilde{X}(t)=X(t)-E[X]$$

den Mittelwert $E[\tilde{X}]=0$ und die Autokorrelationsfunktion

$$R_{\tilde{X}\tilde{X}}(\tau) = R_{XX}(\tau) - R_{XX}(\infty)\ .$$

Beweise

a) $E[\tilde{X}(t)] = E[X(t)] - E[X] = 0,$

b) $$R_{\tilde{X}\tilde{X}}(\tau) = E[\tilde{X}(t)\,\tilde{X}(t+\tau)] = E[(X(t)-E[X])(E[X(t+\tau)]-E[X])] =$$
$$= E[X(t)X(t+\tau)] - E[X]\,E[X(t+\tau)] - E[X]\,E[X(t)] + (E[X])^2 =$$
$$= R_{XX}(\tau) - (E[X])^2 = R_{XX}(\tau) - R_{XX}(\infty)\ .$$

Umgekehrt erhält man aus einem Zufallssignal $X(t)$ mit verschwindendem Mittelwert $E[X(t)]=0$ ein Signal $\tilde{X}(t)$ mit z.B. dem Mittelwert m, indem man zu dem Zufallssignal m addiert

$$\tilde{X}(t) = X(t) + m.$$

Dann wird $E[\tilde{X}] = m$ und $R_{\tilde{X}\tilde{X}}(\tau) = R_{XX}(\tau) + m^2$.

5. "Korrelationsdauer"

Die Korrelationsdauer τ_0 eines Zufallsprozesses mit verschwindendem Mittelwert ist folgendermaßen definiert (vgl z.B. [22]):

$$\tau_0 = \frac{1}{R_{XX}(0)} \int_{-\infty}^{\infty} R_{XX}(\tau)\,d\tau\ . \tag{3.11}$$

Dies bedeutet, daß die Fläche unter $R_{XX}(\tau)$ der Rechteckfläche $\tau_0 \cdot R_{XX}(0)$

entspricht. Die Korrelationsdauer oder Kohärenzzeit kann als einfaches Maß für die "Breite" einer Autokorrelationsfunktion verstanden werden.

3.2.2 Weitere Eigenschaften von Autokorrelationsfunktionen

Neben den wichtigsten, im Abschnitt 3.2.1 zusammengestellten, Eigenschaften von Autokorrelationsfunktionen, gibt es einige weitere, die hier genannt werden sollen. Auf diese Eigenschaften werden wir nur in Einzelfällen zurückgreifen, der Leser kann daher diesen Abschnitt bei der ersten Durcharbeitung überspringen.

1. "Stetigkeit"
Aus der im Abbschnitt 2.2.1 (Gl. 2.20) angegebenen Stetigkeitsbedingung für Zufallssignale erhält man bei stationären Zufallsprozessen folgende Bedingung:

Ein stationäres Zufallssignal ist (im Mittel) stetig, wenn die Autokorrelationsfunktion $R_{XX}(\tau)$ bei $\tau=0$ stetig ist.

Diese Bedingung wurde schon beim 2. Beispiel des Abschnittes 2.3.4 angewandt. Weiterhin wird mitgeteilt, daß eine bei $\tau=0$ stetige Autokorrelationsfunktion für alle anderen Werte von τ ebenfalls stetig ist (siehe [13]).

2. "Differentiation"
Ist $R_{XX}(\tau)$ die Autokorrelationsfunktion eines Zufallsprozesses $X(t)$, so berechnet sich die Autokorrelationsfunktion der Ableitung $X'(t)$ zu

$$R_{X'X'}(\tau) = -\frac{d^2 R_{XX}(\tau)}{d\tau^2} . \qquad (3.12)$$

Zum Beweis kann man von Gl. 2.23 ausgehen, wenn man beachtet, daß bei stationären Zufallssignalen $R_{XX}(t_1,t_2) = R_{XX}(t_2-t_1)$ mit $\tau = t_2-t_1$ ist. Zum Beweis kann man aber auch von Gl. 3.2 ausgehen. Differenziert man $R_{XX}(\tau)$ nach Gl. 3.2, so wird

$$\frac{d R_{XX}(\tau)}{d\tau} = \frac{d}{d\tau}\Big(\lim_{T\to\infty} \frac{1}{2T} \int_{-T}^{T} x(t)\, x(t+\tau)\, dt \Big) = \lim_{T\to\infty} \frac{1}{2T} \int_{-T}^{T} x(t)\, x'(t+\tau)\, dt .$$

Die Substitution $u=t+\tau$ ($t=u-\tau$, $du=dt$) führt zu dem Ausdruck

$$\frac{d R_{XX}(\tau)}{d\tau} = \lim_{T\to\infty} \frac{1}{2T} \int_{-T}^{T} x(u-\tau)\, x'(u)\, du .$$

Nochmalige Differentiation nach τ:

$$\frac{d^2 R_{XX}(\tau)}{d\tau^2} = - \lim_{T\to\infty} \frac{1}{2T} \int_{-T}^{T} x'(u-\tau)\, x'(u)\, du = -R_{X'X'}(-\tau) = R_{X'X'}(\tau)\,,$$

damit ist Gl. 3.12 bewiesen.

Hinweise

1. Es ist vorausgesetzt, daß die zweimal vorgenommene Vertauschung der Reihenfolge von Differentiation und Grenzwertbildung bzw. von Differentiation und Integration erlaubt ist.
2. Bei dem Integral für $R'_{XX}(\tau)$ lauten die Integrationsgrenzen eigentlich $-T-\tau$ und $T-\tau$. Sie können aber durch $-T$ und T ersetzt werden, weil der Grenzfall $T\to\infty$ betrachtet wird.
3. Es ist vorauszusetzen, daß die betrachtete Realisierungsfunktion x(t) differenzierbar ist. Nach der Definition der Ableitung im Abschnitt 2.2.2 (Differentiation im Mittel) ist dies keine notwendige Voraussetzung für die Existenz von X'(t).

3. "Positiv definit"

Eine Funktion kann nur dann Autokorrelatonsfunktion eines stationären Zufallsprozesses sein, wenn sie positiv definit ist.

Dies bedeutet folgendes: Es werden n (n beliebig) Zahlen τ_i, sowie n Faktoren a_i festgelegt, die auch komplex sein dürfen. Dann ist eine Funktion eine Autokorrelationsfunktion, wenn

$$\sum_{i=1}^{n} \sum_{j=1}^{n} R_{XX}(\tau_i - \tau_j)\, a_i a_j^* \geq 0 \tag{3.13}$$

gilt (vgl. z.B. [13]).

Wir prüfen diese Bedingungen im Fall n=1 und n=2 nach.

n=1: In der Summe nach Gl. 3.13 gibt es nur einen Summmanden

$$R_{XX}(0)\, a_1 a_1^* = R_{XX}(0)\, |a_1|^2 \geq 0\,.$$

Dies liefert die bekannte Eigenschaft $R_{XX}(0) \geq 0$, denn es gilt $R_{XX}(0) = E[X^2]$.

n=2: Gl. 3.13 enthält 4 Summanden

$$R_{XX}(0) a_1 a_1^* + R_{XX}(\tau_1-\tau_2) a_1 a_2^* + R_{XX}(\tau_2-\tau_1) a_2 a_1^* + R_{XX}(0) a_2 a_2^* \geq 0\,.$$

Mit $R_{XX}(\tau_1-\tau_2) = R_{XX}(\tau_2-\tau_1)$ folgt daraus:

$$R_{XX}(0)\, |a_1|^2 + R_{XX}(\tau_1-\tau_2)\, (a_1 a_2^* + a_2 a_1^*) + R_{XX}(0)\, |a_2|^2 \geq 0\,.$$

Die Sonderfälle $a_1 = a_2$ und $a_1 = -a_2$ führen zu den Beziehungen $R_{XX}(0) + R_{XX}(\tau_1-\tau_2) \geq 0$ und $R_{XX}(0) - R_{XX}(\tau_1-\tau_2) \geq 0$, oder zusammengefaßt zu der schon bekannten Ungleichung $R_{XX}(0) \geq |R_{XX}(\tau_1-\tau_2)|$ (siehe Gl. 3.7).

Der Nachweis, daß eine Funktion positiv definit ist, ist mit Gl. 3.13 meist nur schwer durchzuführen. Im Abschnitt 4 wird die Fourier-Transformierte $S_{XX}(\omega)$ der Autokorrelationsfunktion eingeführt, die spektrale Leistungsdichte heißt. Dort wird gezeigt, daß $S_{XX}(\omega)$ eine reelle Funktion ist, die keine negativen Werte annehmen kann ($S_{XX}(\omega) \geq 0$). Aus der Theorie der Fourier-Transformation ist bekannt, daß die Bedingung $S_{XX}(\omega) \geq 0$ genau dann erfüllt ist, wenn die zugehörende Funktion im "Zeitbereich" (hier $R_{XX}(\tau)$) positiv definit ist, also Gl. 3.13 erfüllt. Damit eröffnet sich ein meist bequemerer Weg zur Kontrolle, ob eine Funktion Autokorrelationsfunkion sein kann. Man berechnet die Fourier-Transformierte dieser Funktion, sie muß reell sein und darf für keinen Wert von ω negativ werden.

3.2.3. Beispiele für Autokorrelationsfunktionen

1. $$R_{XX}(\tau)=\sigma^2 e^{-k|\tau|}, \quad k>0 \tag{3.14}$$

sei die Autokorrelationsfunktion eines normalverteilten ergodischen Zufallssignales. Mit den Werten $\sigma^2=0{,}04$ und $k=2$ ist $R_{XX}(\tau)$ im Bild 3.1 skizziert.

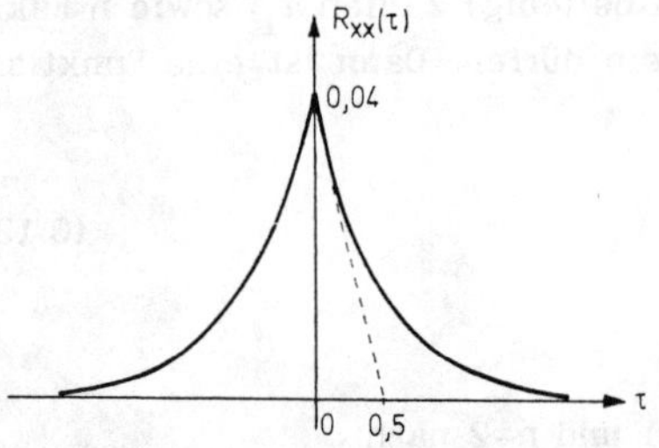

Bild 3.1 Autokorrelationsfunktion nach Gl. 3.14 ($\sigma^2=0{,}04$, $k=2$)

Man kann schnell nachprüfen, daß die im Abschnitt 3.2.1 aufgezählten Bedingungen für diese Funktion erfüllt sind.

Die mittlere Leistung des Zufallssignales hat den Wert

$$R_{XX}(0) = E[X^2] = \sigma^2 \ (=0{,}04).$$

Aus $R_{XX}(\infty)=0$ folgt nach Gl. 3.8, daß das Zufallssignal mittelwertfrei ist, d.h. $E[X]=0$. Nach Gl. 3.9 hat das Signal eine Streuung

$$\sigma_X^2 = R_{XX}(0)-R_{XX}(\infty) = R_{XX}(0) = \sigma^2 \ (=0{,}04).$$

Mit diesen Ergebnissen kann man die (erste) Wahrscheinlichkeitsdichte des (normalverteilten) Signales angeben, im Fall $\sigma_X^2=0{,}04$ wird

$$p(x) = \frac{1}{\sqrt{2\pi\ 0{,}04}}\ e^{-x^2/(2\cdot 0{,}04)} .$$

Diese Dichtefunktion ist im linken Teil von Bild 3.2 dargestellt.

Man kann nun die Frage beantworten, mit welcher Wahrscheinlichkeit Funktionswerte einer Realisierung x(t) in einem vorgegebenen Intervall liegen. Nach Gl. 1.20 ist dazu das folgende Integral zu lösen:

$$P(a < X(t) \le b) = \int_a^b p(x)\,dx .$$

Wir wählen z.B. $a=E[X]-2\sigma=-0{,}4$ und $b=E[X]+2\sigma=0{,}4$, dann liegt der sogen. "2σ-Bereich" vor (vgl. Beispiel 3 im Abschnitt 1.3.2). In diesem 2σ-Bereich liegt die Zufallsgröße mit einer Wahrscheinlichkeit von 0,9544.

Zur Veranschaulichung dieser Aussage ist rechts im Bild 3.2 eine Realisierungsfunktion x(t) dargestellt, die zu dem hier betrachteten Zufallssigsignal gehören soll. Die Funktionswerte von x(t) liegen mit einer Wahrscheinlichkeit von 0,9544 innerhalb des Bereiches −0,4 ... 0,4.

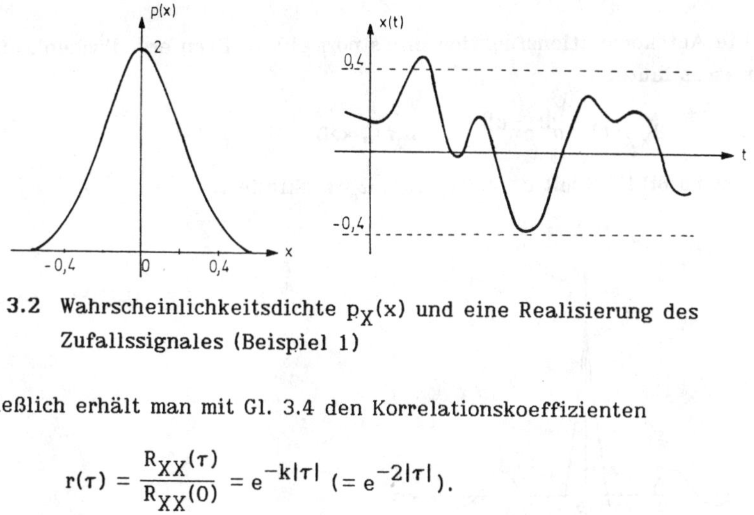

Bild 3.2 Wahrscheinlichkeitsdichte $p_X(x)$ und eine Realisierung des Zufallssignales (Beispiel 1)

Schließlich erhält man mit Gl. 3.4 den Korrelationskoeffizienten

$$r(\tau) = \frac{R_{XX}(\tau)}{R_{XX}(0)} = e^{-k|\tau|} \quad (= e^{-2|\tau|}).$$

Im Fall $\tau=0$ ist $r(0)=1$, für $\tau\to\infty$ wird $r(\infty)=0$, denn (unendlich) weit auseinanderliegende Werte des Zufallsprozesses sind unabhängig voneinander.

Mit den vorliegenden Kenngrößen ($E[X]=0$, $\sigma_X^2=\sigma^2$ und $r(\tau)=e^{-k|\tau|}$) können auch die höherdimensionalen Dichtefunktionen des normalverteilten Zufallsprozesses angegeben werden (siehe Abschnitt 1.4.3). Mit Hilfe der zweidimensionalen Dichtefunktion $p(x_1,x_2,\tau)$ kann man z.B. die Wahrscheinlichkeit

$$P(a_1 < X(t) \le b_1, a_2 < X(t+\tau) \le b_2) = \int_{a_1}^{b_1} \int_{a_2}^{b_2} p(x_1, x_2, \tau)\, dx_1\, dx_2$$

berechnen (siehe Abschnitt 1.2.2.1). Dies ist die Wahrscheinlichkeit dafür, daß die Realisierungsfunktion x(t) zu einem Zeitpunkt t Werte innerhalb eines Bereiches $a_1 \dots b_1$ annehmen kann und gleichzeitig zum Zeitpunkt $t+\tau$ Werte aus dem Bereich $a_2 \dots b_2$.

Mit Hilfe der dreidimensionalen Dichte lassen sich 3 Zeitpunkte in die Untersuchung einbeziehen usw.. Entsprechende Überlegungen wurden übrigens bereits bei dem im Abschnitt 2.1.2.3 besprochenen Beispiel angestellt.

Zusätzlicher Hinweis
Zufallssignale mit einer Autokorrelationsfunktion nach Gl. 3.14 sind sogen. Markoff'sche Zufallsprozesse (vgl. z.B. [19]). Markoffprozesse werden durch ihre zweidimensionalen Wahrscheinlichkeitsdichten vollständig beschrieben. Alle höherdimensionalen Dichtefunktionen lassen sich durch die zweidimensionale Dichte ausdrücken. Diese Aussage ist nicht auf normalverteilte Markoffprozesse beschränkt.

2. Die Autokorrelationsfunktion eines normalverteilten ergodischen Zufallsprozesses lautet

$$R_{XX}(\tau) = \sigma^2 e^{-k|\tau|} \cos(\omega_0 \tau)\,,\ k>0\,, \tag{3.15}$$

sie ist im Bild 3.3 mit $\sigma^2=0{,}04$, $k=1$, $\omega_o=\pi$ skizziert.

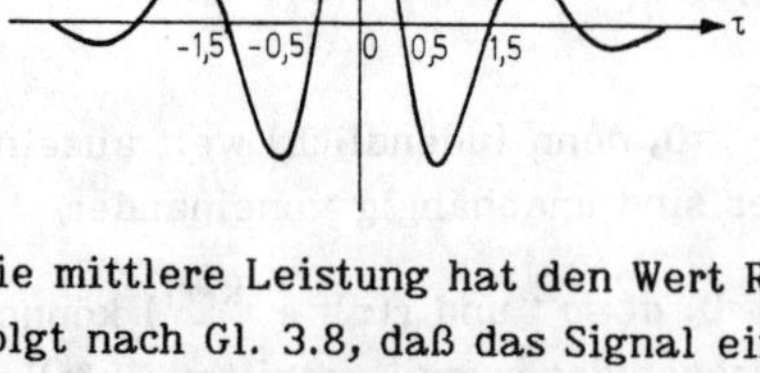

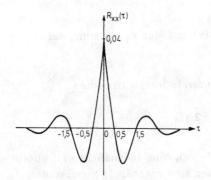

Bild 3.3 Autokorrelationsfunktion nach Gl. 3.15 (Beispiel 2)

Die mittlere Leistung hat den Wert $R_{XX}(0)=E[X^2]=\sigma^2=0{,}04$. Aus $R_{XX}(\infty)=0$ folgt nach Gl. 3.8, daß das Signal einen verschwindenden Mittelwert hat. Da auch die Streuung $\sigma_X^2=\sigma^2=0{,}04$ den gleichen Wert wie beim vorhergehenden Beispiel aufweist, hat das hier untersuchte Signal auch die gleiche (erste) Wahrscheinlichkeitsdichte

$$p(x) = \frac{1}{\sqrt{2\pi\, 0{,}04}}\, e^{-x^2/(2\cdot 0{,}04)}\,.$$

Die Signalwerte von $x(t)$ liegen also ebenfalls mit einer Wahrscheinlichkeit von 0,9544 im Bereich −0,4 ... 0,4 (2σ−Bereich). Insofern ist Bild 3.2 auch eine Darstellung für dieses Beispiel.

Unterschiede ergeben sich beim Korrelationskoeffizienten und damit bei den höherdimensionalen Dichtefunktionen. Nach Gl. 3.4 wird (mit $k=1$, $\omega_o=\pi$)

$$r(\tau) = \frac{R_{XX}(\tau)}{R_{XX}(0)} = e^{-|\tau|}\cos(\pi\tau)\,.$$

Selbstverständlich ist $r(0)=1$ und $r(\infty)=0$. Es gibt hier aber auch Abstandswerte τ, bei denen negative Korrelationskoeffizienten auftreten. Für z.B. $\tau=1$ wird $r(1)=-e^{-1}\approx-0{,}368$.

Welche Erkenntnisse über den Signalverlauf ergeben sich aus einem solchen Ergebnis? Aus dem Abschnitt 1.4.2 wissen wir, daß der Korrelationskoeffizient ein Maß für die Abhängigkeit zwischen zwei Zufallsgrößen ist. Positive Werte von r bedeuten eine "gleichsinnige" Abhängigkeit, negative eine "gegenläufige". Im Fall $\tau=0$ sind die beiden Zufallsgrößen $X_1=X(t)$, $X_2=X(t+\tau)$ identisch, dies bedeutet $r=1$. Der negative Korrelationskoeffizient $r=-0{,}368$ bei $\tau=1$ bedeutet eine (gewisse) gegensinnige Abhängigkeit der Zufallsgrößen X_1 und X_2. Dies heißt, daß Funktionswerte der Realisierungsfunktionen $x_i(t)$ bei um $\tau=1$ auseinanderliegenden Zeitpunkten "häufiger" unterschiedliche Vorzeichen aufweisen müssen.

Diese Aussage wird noch verständlicher, wenn der Korrelationskoeffizient als Scharmittel ausgedrückt wird. Entsprechend den im Abschnitt 2.1.2 durchgeführten Überlegungen (siehe z.B. Gl. 2.9) erhalten wir im vorliegenden Fall

$$r(\tau) = \frac{R_{XX}(\tau)}{R_{XX}(0)} \approx \frac{1}{R_{XX}(0)}\,\frac{1}{N}\sum_{i=1}^{N} x_i(t)\,x_i(t+\tau)\,.$$

Negative Werte von $r(\tau)$ sind nur möglich, wenn in dieser Summe "gehäuft" unterschiedliche Vorzeichen bei den um τ auseinanderliegenden Funktionswerten auftreten.

3. Die Autokorrelationsfunktion eines normalverteilten ergodischen Zufallssignales sei

$$R_{XX}(\tau) = k\,\frac{\sin(\omega_g\tau)}{\pi\tau}\,,\ k>0, \qquad (3.16)$$

sie ist im Bild 3.4 skizziert.

Ausgehend von dieser Autokorrelationsfunktion wird im folgenden Abschnitt der Begriff "weißes Rauschen" eingeführt. Auf die physikalische Bedeutung der in Gl. 3.16 auftretenden Frequenz ω_g bzw. f_g können wir erst im Abschnitt 4.3.1 im Zusammenhang mit der dann eingeführten spektralen Leistungsdichte eingehen.

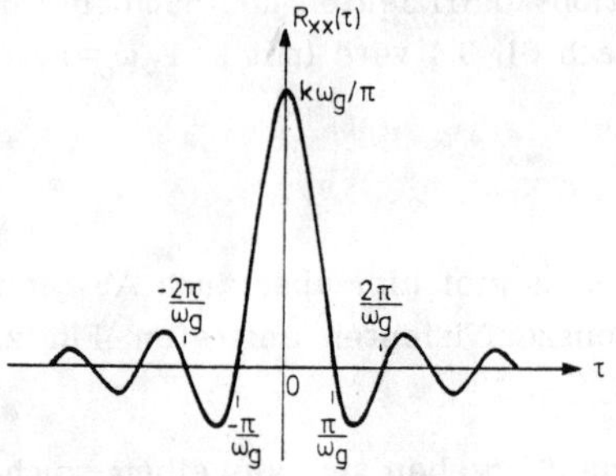

Bild 3.4 Autokorrelationsfunktion nach Gl. 3.16 (Beispiel 3)

Das zugrunde liegende Signal ist wiederum mittelwertfrei ($R_{XX}(\infty)=0$). Die mittlere Leistung beträgt

$$R_{XX}(0) = k\omega_g/\pi = k2f_g = \sigma_X^2,$$

sie nimmt proportional mit f_g zu.

Hinweis Bei $\tau=0$ liegt ein unbestimmter Ausdruck der Form "0/0" vor, der z.B. mit der Regel von Bernoulli–L'Hospital ausgewertet werden kann. Andere Möglichkeit: $\sin(\omega_g\tau)\approx\omega_g\tau$ für $\tau\to 0$.

Bei diesem Beispiel wollen wir auf die physikalische Bedeutung des Begriffes "mittlere Leistung" bei Zufallssignalen zurückkommen. Wir nehmen an, daß x(t) ein Strom sein soll, der durch einen Widerstand R fließt. Weiterhin ist ein sinusförmiger (nicht zufälliger) Strom $i(t) = \hat{i}\cos(\omega t+\varphi)$ gegeben. Die Amplitude des Stromes i(t) soll so festgelegt werden, daß i(t) im Widerstand R die gleiche mittlere Leistung wie der zufällig verlaufende Strom x(t) erzeugt.

Der zufällige Strom führt zur Augenblicksleistung $R\,x^2(t)$ und zur mittleren Leistung $R\,E[X^2] = R\,R_{XX}(0) = R k 2 f_g$. Der Strom i(t) führt zur Augenblicksleistung $R\,i^2(t)$, die mittlere Leistung ist $R\,I_{eff}^2 = R\,\hat{i}^2/2$ ($I_{eff}=1/2\,\sqrt{2}\,\hat{i}$!). Durch Gleichsetzen der mittleren Leistungen erhalten wir

$$\hat{i} = \sqrt{k4f_g} \text{ bzw. } I_{eff} = \sqrt{k2f_g} = \sigma_X = \frac{1}{2}\sqrt{2}\,\hat{i}.$$

Der Strom i(t) kann nur Werte im Bereich von $-\hat{i} \dots \hat{i}$ annehmen. x(t) kann, wenn auch mit sehr kleinen Wahrscheinlichkeiten, beliebig groß werden. Z.B.

liegen die Werte von x(t) mit einer Wahrscheinlichkeit von 0,997 im 3σ-Bereich. Dies ist hier der Bereich von $-3I_{eff} \dots 3I_{eff}$ bzw. der von $-3\sqrt{k2f_g} \dots 3\sqrt{k2f_g}$.

3.2.4 Die Autokorrelationsfunktion bei weißem Rauschen

Ausgangspunkt ist die im Bild 3.4 skizzierte Autokorrelationsfunktion nach Gl. 3.16. Erhöht man den in $R_{XX}(\tau)$ auftretenden Wert von ω_g, so nimmt der Abstand $\Delta\tau=\pi/\omega_g$ zwischen den Nullstellen von $R_{XX}(\tau)$ ab, während gleichzeitig der Wert $R_{XX}(0)=k\omega_g/\pi$ zunimmt. Uns interessiert, wie sich $R_{XX}(\tau)$ im Grenzfall $\omega_g \to \infty$ verhält. Man kann zeigen, daß

$$\lim_{\omega_o \to \infty} k \frac{\sin(\omega_g t)}{\pi \tau} = k\,\delta(\tau)$$

wird (siehe Anhang). Dies bedeutet, daß die Autokorrelationsfunktion nach Gl. 3.16 für $\omega_g \to \infty$ in einen Dirac-Impuls übergeht. Im Bild 3.5 ist dieser Übergang schematisch dargestellt.

Hinweis

Der Dirac-Impuls wird häufig als Grenzfall eines Rechteckimpulses der Breite ϵ und der Höhe $1/\epsilon$ für $\epsilon \to 0$ eingeführt. Vgl. hierzu die Ausführungen im Anhang.

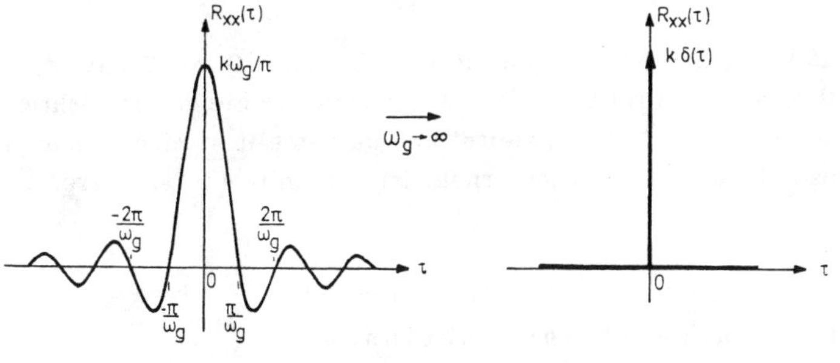

Bild 3.5 Übergang der links im Bild dargestellten Autokorrelationsfunktion in $R_{XX}(\tau)=k\,\delta(\tau)$ (weißes Rauschen)

Wenn die Autokorrelationsfunktion eines (normalverteilten) Zufallsprozesses die Form

$$R_{XX}(\tau) = k\,\delta(\tau),\ k>0, \tag{3.17}$$

aufweist, dann spricht man von (normalverteilten) **weißem Rauschen.**

Zunächst stellt man fest, daß weißes Rauschen ein mittelwertfreies Zufallssignal ist, denn es gilt $R_{XX}(\infty)=0$. Gedankliche Schwierigkeiten ergeben sich bei der Betrachtung der mittleren Leistung des Rauschsignales. Diese ist unendlich groß, denn aus $R_{XX}(0)=k\,\omega_g/\pi$ nach Gl. 3.16 folgt $R_{XX}(0)\rightarrow\infty$ für $\omega_g\rightarrow\infty$. Mathematisch nicht ganz korrekt kommt man zum gleichen Ergebnis, wenn man in Gl. 3.17 $\tau=0$ einsetzt und dann formal $R_{XX}(0)=k\,\delta(0)=\infty$ erhält. Wenn von einem mittelwertfreien normalverteilten Zufallssignal die Rede ist, dann hat die 1. Wahrscheinlichkeitsdichte die Form

$$p(x) = \frac{1}{\sqrt{2\pi}\,\sigma}\, e^{-x^2/(2\sigma^2)}$$

mit $\sigma^2=E[X^2]=R_{XX}(0)$. Es ist klar, daß die Dichtefunktion nur für endliche Werte der Streuung definiert ist, bei weißem Rauschen mit $\sigma^2=R_{XX}(0)\rightarrow\infty$ verliert sie ihren Sinn.

Offenbar kann es eine Autokorrelationsfunktion gemäß Gl. 3.17 in Wirklichkeit nicht geben. Wir müssen den Zufallsprozeß "weißes Rauschen" als Grenzfall eines mathematisch sinnvollen Zufallsprozesses mit z.B. der Autokorrelationsfunktion nach Gl. 3.16 mit einem sehr großen Wert von ω_g auffassen. Wenn wir über diese gedanklichen Schwierigkeiten hinwegsehen, stellen wir fest, daß der Korrelationskoeffizient $r(\tau)=R_{XX}(\tau)/R_{XX}(0)$ bei weißem Rauschen für alle Werte $\tau\neq0$ verschwindet. Das heißt, daß die Zufallsgrößen $X(t)$ und $X(t+\tau)$ bei weißem Rauschen stets voneinander unabhängig sind, der Abstand τ kann noch so klein werden ($\tau=0$ ausgeschlossen). In diesem Sinne handelt es sich bei weißem Rauschen um ein besonders "regelloses" Zufallssignal.

Die Zulassung der Autokorrelationsfunktion nach Gl. 3.17 hat im wesentlichen theoretische Gründe, weil dadurch viele für die Praxis wichtige Ergebnisse besonders einfach abgeleitet und dargestellt werden können. Wir werden uns mit weißem Rauschen erneut im Abschnitt 4.3.1 befassen.

3.3 Kreuzkorrelationsfunktionen

3.3.1 Definition und Eigenschaften

$X(t)$ und $Y(t)$ sollen zwei (i.a. unterschiedliche) Zufallsprozesse sein. Dann ist

$$r_{XY}(t_1,t_2) = \frac{E[X(t_1)Y(t_2)] - E[X(t_1)]\,E[Y(t_2)]}{\sigma_{X(t_1)}\,\sigma_{Y(t_2)}} \qquad (3.18)$$

der Korrelationskoeffizient zwischen den Zufallsgrößen $X(t_1)$ und $Y(t_2)$. Man nennt den in Gl. 3.18 auftretenden Erwartungswert $E[X(t_1)Y(t_2)]$ **Kreuzkorrelationsfunktion**

$$R_{XY}(t_1,t_2) = E[X(t_1)Y(t_2)]. \tag{3.19}$$

Mit $t_1=t$, $t_2=t+\tau$ erhält man daraus

$$R_{XY}(t,t+\tau) = E[X(t)Y(t+\tau)]. \tag{3.20}$$

Bei ergodischen Zufallsprozessen $X(t)$ und $Y(t)$ hängt die Kreuzkorrelationsfunktion nicht mehr von t, sondern nur noch von τ ab. Die Berechnung ist dann, ebenso wie bei den bei den Autokorrelationsfunktionen $R_{XX}(\tau)$ und $R_{YY}(\tau)$, als Zeitmittelwert möglich:

$$R_{XY}(\tau) = \lim_{T\to\infty} \frac{1}{2T} \int_{-T}^{T} x(t)y(t+\tau)\,dt. \tag{3.21}$$

Die entsprechende Beziehung für zeitdiskrete Zufallssignale lautet

$$R_{XY}(m) = \lim_{N\to\infty} \frac{1}{2N+1} \sum_{n=-N}^{N} x(n)\,y(n+m) \tag{3.22}$$

mit $\tau=mT$, wenn $x(n)=x(nT)$, $y(n+m)=y((n+m)T)$ gilt.

Die im folgenden für kontinuierliche Signale abgeleiteten Ergebnisse können sinngemäß auch für zeitdiskrete Zufallsprozesse übernommen werden.

Man erkennt, daß die Kreuzkorrelationsfunktion im Sonderfall $Y(t)=X(t)$ in die Autokorrelationsfunktion $R_{XX}(\tau)$ übergeht. Wir wollen nun die Kreuzkorrelationsfunktion bei negativen Werten für τ untersuchen. Aus Gl. 3.21 findet man

$$R_{XY}(-\tau) = \lim_{T\to\infty} \frac{1}{2T} \int_{-T}^{T} x(t)y(t-\tau)\,dt.$$

Substitution $u=t-\tau$ ($t=u+\tau$, $dt=du$):

$$R_{XY}(-\tau) = \lim_{T\to\infty} \frac{1}{2T} \int_{-T-\tau}^{T-\tau} x(u+\tau)y(u)\,du.$$

Da der Grenzfall $T\to\infty$ betrachtet wird, kann man die Integrationsgrenzen in $-T$ und T abändern, wird gleichzeitig die Integrationsvariable u wieder in t umbenannt, so erhält man

$$R_{XY}(-\tau) = \lim_{T\to\infty} \frac{1}{2T} \int_{-T}^{T} y(t)x(t+\tau)\,dt. \tag{3.23}$$

Wir vergleichen die rechten Seiten der Gln. 3.21 und 3.23 und stellen fest, daß bei Gl. 3.21 y(t) um τ verschoben ist und bei Gl. 3.23 x(t).

Das Integral nach Gl. 3.23 wird häufig als Kreuzkorrelationsfunktion

$$R_{YX}(\tau) = \lim_{T\to\infty} \frac{1}{2T} \int_{-T}^{T} y(t)x(t+\tau)\,dt \tag{3.24}$$

bezeichnet und dann gelten die Eigenschaften

$$R_{XY}(-\tau) = R_{YX}(\tau)\,,\; R_{XY}(\tau) = R_{YX}(-\tau). \tag{3.25}$$

Hinweise

1. Der 1. Index bei $R_{XY}(\tau)$ und $R_{YX}(\tau)$ bezieht sich auf die jeweils nicht verschobene Zeitfunktion.
2. Im Falle gleicher Zufallsprozesse X(t)=Y(t) geht Gl. 3.25 in die früher angegebene Beziehung $R_{XX}(\tau)=R_{XX}(-\tau)$ über (Gl. 3.5).

Vom Standpunkt der Theorie aus gesehen, ist es eigentlich unnötig für die Kreuzkorrelationsfunktion einen zweiten Ausdruck $R_{YX}(\tau)$ zu verwenden. Schließlich kann man $R_{YX}(\tau)$ unmittelbar durch $R_{XY}(\tau)$ ausdrücken (GL. 3.25). Einen Grund für die Zweckmäßigkeit der Einführung von (scheinbar) zwei Kreuzkorrelationsfunktionen, werden wir im Abschnitt 3.4.1 bei der Besprechung von Meßverfahren (Korrelatoren) kennenlernen.

Bei stationären Zufallsprozessen X(t) und Y(t) erhalten wir aus Gl. 3.18 den Korrelationskoeffizienten zwischen X(t) und Y(t+τ):

$$r_{XY}(\tau) = \frac{R_{XY}(\tau) - E[X]\,E[Y]}{\sigma_X\,\sigma_Y}\,. \tag{3.26}$$

Ist mindestens einer der beiden Zufallsprozesse mittelwertfrei, so wird

$$r_{XY}(\tau) = \frac{R_{XY}(\tau)}{\sigma_X \sigma_Y}$$

und aus $R_{XY}(\tau)=0$ folgt dann auch $r_{XY}(\tau)=0$.

Es sei daran erinnert (vgl. Abschnitt 1.4.2), daß $r_{XY}=0$ nicht unbedingt bedeutet, daß die zugehörenden Zufallsgrößen unabhängig voneinander sind. Bei normalverteilten Zufallsgrößen trifft dies allerdings zu. Umgekehrt gilt die Aussage, daß der Korrelationskoeffizient $r_{XY}(\tau)$ zwischen zwei voneinander unabhängigen Zufallsprozessen für alle Werte τ verschwindet.

Schließlich geben wir noch zwei Ungleichungen für Kreuzkorrelationsfunktionen an:

$$R_{XY}(\tau) \le \frac{1}{2}\left(R_{XX}(0) + R_{YY}(0)\right), \; R_{XY}(\tau) \le \sqrt{R_{XX}(0)R_{YY}(0)}\,. \qquad (3.27)$$

Die Werte der Kreuzkorrelationsfunktion sind nach Gl. 3.27 (rechte Form) durch das geometrische Mittel der Autokorrelationsfunktionen der beiden Zufallsprozesse $X(t)$ und $Y(t)$, jeweils bei $\tau=0$, beschränkt. Da bekanntlich das arithmetrische Mittel (linke Form von Gl. 3.27) niemals kleiner als das geometrische Mittel sein kann, bedeutet die rechte Form von Gl. 3.27 eine strengere Abschätzung.

Zum Beweis dieser Gleichung führen wir eine Zufallsgröße

$$Z = \left(X(t) + k\,Y(t+\tau)\right)^2$$

ein, wobei k eine beliebige reelle Zahl ist. Die Zufallsgröße Z kann niemals negative Werte annehmen, daher gilt auch $E[Z]\ge 0$, d.h.

$$E[Z] = E[X^2(t) + 2k\,X(t)Y(t+\tau) + k^2 Y^2(t+\tau)] =$$

$$= E[X^2(t)] + 2k\,E[X(t)Y(t+\tau)] + k^2\,E[Y^2(t+\tau)] \ge 0\,.$$

Mit $E[X^2(t)]=R_{XX}(0)$, $E[X(t)Y(t+\tau)]=R_{XY}(\tau)$ und $E[Y^2(t+\tau)]=R_{YY}(0)$ folgt daraus

$$R_{XX}(0) + 2k\,R_{XY}(\tau) + k^2\,R_{YY}(0) \ge 0\,. \qquad (3.28)$$

Diese Ungleichung muß für beliebige (reelle) Werte von k gelten. Der Leser kann selbst leicht nachprüfen, daß der Fall k=1 bzw. k=−1 zum Beweis der linken Form von Gl. 3.27 führt.

Wir betrachten nun den noch zulässigen Sonderfall von Gl. 3.28:

$$R_{XX}(0) + 2k\,R_{XY}(\tau) + k^2\,R_{YY}(0) = 0\,. \qquad (3.29)$$

Division dieser Gleichung durch $R_{YY}(0)$

$$\frac{R_{XX}(0)}{R_{YY}(0)} + 2k\,\frac{R_{XY}(\tau)}{R_{YY}(0)} + k^2 = 0\,.$$

Diese quadratische Gleichung führt zu den Lösungen

$$k_{1,2} = -\frac{R_{XY}(\tau)}{R_{YY}(0)} \pm \sqrt{\frac{R_{XY}^2(\tau)}{R_{YY}^2(0)} - \frac{R_{XX}(0)}{R_{YY}(0)}}\,. \qquad (3.30)$$

Voraussetzungsgemäß soll es sich bei k um eine beliebige reelle Zahl handeln. Wenn wir dafür sorgen, daß die Gl. 3.30 keine reelle Lösung liefert, so bedeutet dies, daß der Ausdruck nach Gl. 3.29 nicht Null werden kann und damit die Ungleichung 3.28 erfüllt ist. Um diesen Fall zu erreichen, fordern wir, daß die sogen. Diskriminante

$$D = \frac{R_{XY}^2(\tau)}{R_{YY}^2(0)} - \frac{R_{XX}(0)}{R_{YY}(0)} \leq 0$$

wird, dann gibt es keine reellen Lösungen. Aus $D \leq 0$ folgt

$$R_{XY}^2(\tau) - R_{XX}(0)R_{YY}(0) \leq 0$$

und daraus schließlich die Ungleichung nach Gl. 3.27 (rechte Form).

3.3.2 Beispiele für Kreuzkorrelationsfunktionen

1. Ein ergodisches Zufallssignal mit der Autokorrelationsfunktion

$$R_{XX}(\tau) = \sigma^2 e^{-k|\tau|}, \ k>0$$

ist das Eingangssignal für die in Bild 3.6 dargestellte Spannungsteilerschaltung. Im Bild 3.6 ist zusätzlich eine mögliche Realisierungsfunktion x(t) des Zufallssignales X(t) und das zugehörende Ausgangssignal y(t) angedeutet. Eine Skizze für $R_{XX}(\tau)$ zeigt Bild 3.1.

Zu berechnen sind die Autokorrelationsfunktion $R_{YY}(\tau)$ des hier ebenfalls ergodischen Zufallssignales Y(t) und die Kreuzkorrelationsfunktion $R_{XY}(\tau)$ zwischen den Zufallsprozessen X(t) und Y(t).

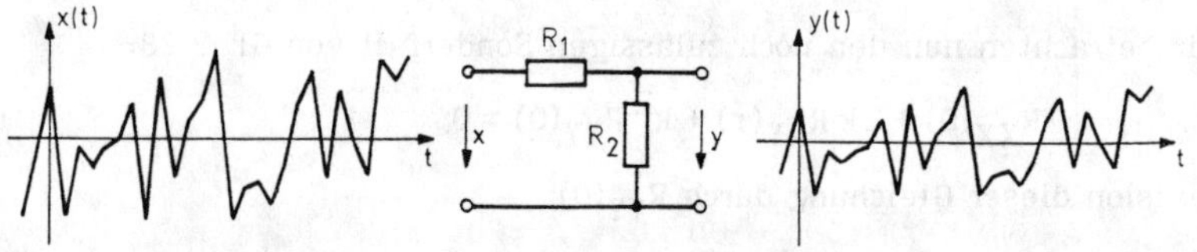

Bild 3.6 Spannungsteilerschaltung mit zufälligem Ein- und Ausgangssignal

Bei dem Netzwerk nach Bild 3.6 sind die Realisierungsfunktionen x(t) und y(t) der beiden Zufallsprozesse durch die Spannungsteilerregel verknüpft

$$y(t) = \frac{R_2}{R_1 + R_2} x(t).$$

Wir berechnen den zeitlichen Mittelwert der Funktion

$$y(t)y(t+\tau) = \left(\frac{R_2}{R_1+R_2}\right)^2 x(t)x(t+\tau)$$

und erhalten die Autokorrelationsfunktion

$$R_{YY}(\tau) = \widetilde{y(t)y(t+\tau)} = \lim_{T\to\infty} \frac{1}{2T} \int_{-T}^{T} y(t)y(t+\tau)\,dt =$$

$$= \left(\frac{R_2}{R_1+R_2}\right)^2 \lim_{T\to\infty} \frac{1}{2T} \int_{-T}^{T} x(t)\,x(t+\tau)\,dt = \left(\frac{R_2}{R_1+R_2}\right)^2 R_{XX}(\tau).$$

Ergebnis:

$$R_{YY}(\tau) = \left(\frac{R_2}{R_1+R_2}\right)^2 R_{XX}(\tau) = \left(\frac{R_2}{R_1+R_2}\right)^2 \sigma^2 e^{-k|\tau|}.$$

Ein- und Ausgangssignal sind beide mittelwertfrei ($R_{XX}(\infty)=0$, $R_{YY}(\infty)=0$). Die Streuung des Eingangssignales beträgt σ^2, die des Ausgangssignales

$$\sigma_Y^2 = R_{YY}(0) - R_{YY}(\infty) = \sigma^2 \left(\frac{R_2}{R_1+R_2}\right)^2.$$

Wenn man zusätzlich voraussetzt, daß X(t) (und damit auch Y(t) ein normalverteiltes Zufallssignal ist, dann können die Wahrscheinlichkeitsdichten des Ein- und Ausgangssignales angegeben werden (vgl. dazu insbesonders das 1. Beispiel im Abschnitt 3.2.3).

Zur Berechnung der Kreuzkorrelationsfunktion $R_{XY}(\tau)$ zwischen Ein- und Ausgangssignal bei dem Spannungsteiler wird der Zeitmittelwert der Funktion

$$x(t)y(t+\tau) = x(t)\frac{R_2}{R_1+R_2}\,x(t+\tau) = \frac{R_2}{R_1+R_2}\,x(t)\,x(t+\tau)$$

ermittelt:

$$R_{XY}(\tau) = \widetilde{x(t)y(t+\tau)} = \lim_{T\to\infty} \frac{1}{2T} \int_{-T}^{T} x(t)y(t+\tau)\,dt =$$

$$= \frac{R_2}{R_1+R_2} \lim_{T\to\infty} \frac{1}{2T} \int_{-T}^{T} x(t)\,x(t+\tau)\,dt = \frac{R_2}{R_1+R_2} R_{XX}(\tau).$$

Ergebnis:

$$R_{XY}(\tau) = \frac{R_2}{R_1+R_2} R_{XX}(\tau) = \frac{R_2}{R_1+R_2} \sigma^2 e^{-k|\tau|}.$$

Die Kreuzkorrelationsfunktion entspricht bei diesem sehr einfachen Beispiel (bis auf einen Faktor) der Autokorrelationsfunktion des Eingangssignales.

Den Korrelationskoeffizient zwischen dem Zufallssignal X(T) und Y(t+τ) erhält man mit Gl. 3.26

$$r_{XY}(\tau) = \frac{R_{XY}(\tau)}{\sigma_X \sigma_Y} = e^{-k|\tau|}.$$

Für $\tau=0$ erhalten wir natürlich $r_{XY}(0)=1$, denn es gilt $y(t)=x(t)R_2/(R_1+R_2)$ (lineare Abhängigkeit).

2. $R_{XX}(\tau)$ sei die Autokorrelationsfunktion eines ergodischen Zufallsprozesses X(t). Als Beispiel verwenden wir die links im Bild 3.7 skizzierte Autokorrelationsfunktion

$$R_{XX}(\tau) = \sigma^2 e^{-k\tau^2}, \; k>0 .$$

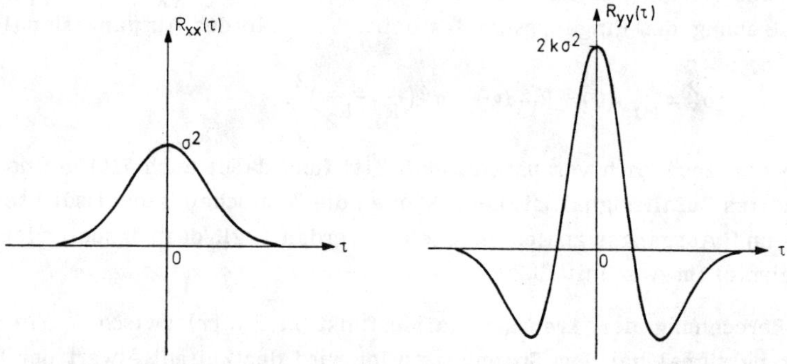

Bild 3.7 Autokorrelationsfunktion $R_{XX}(\tau)=\sigma^2 e^{-k\tau^2}$ (links) und die Autokorrelationsfunktion des abgeleiteten Signales $Y(t)=X'(t)$

Ein weiterer Zufallsprozeß Y(t) soll durch Differentiation aus X(t) entstehen, d.h. $Y(t)=X'(t)$. Gesucht sind die Autokorrelationsfunktion $R_{YY}(\tau)$ von Y(t) sowie die Kreuzkorrelationsfunktion $R_{XY}(\tau)$. Die technische Realisierung des Zufallsprozesses Y(t) kann zumindest näherungsweise mit differenzierenden Systemen (z.B. el. Netzwerken) erfolgen.

Hinweis Bei dieser Aufgabenstellung ist sicherzustellen, daß der Zufallsprozeß differenzierbar ist. Eine notwendige Bedingung dafür ist, daß die Autokorrelationsfunktion $R_{XX}(\tau)$ zweimal nach τ differenziert werden kann (vgl. Abschnitt 3.2.2, Gl. 3.12).

Zur Berechnung von $R_{YY}(\tau)$ verwenden wir die im Abschnitt 3.2.2 angegebene Gl. 3.12

$$R_{YY}(\tau) = R_{X'X'}(\tau) = -\frac{d^2 R_{XX}(\tau)}{d\tau^2}.$$

Im Fall $R_{XX}(\tau) = \sigma^2 e^{-k\tau^2}$ erhalten wir nach zweimaliger Differentiation

$$R_{YY}(\tau) = 2k\sigma^2 e^{-k\tau^2}(1-2k\tau^2) = R_{X'X'}(\tau).$$

Diese Autokorrelationsfunktion ist im rechten Teil von Bild 3.7 skizziert.

Zur Ermittlung von $R_{XY}(\tau) = R_{XX'}(\tau)$ können wir nicht auf eine bereits abgeleitete Gleichung zurückgreifen. Wir gehen von der Beziehung

$$R_{XX}(\tau) = \lim_{T\to\infty} \frac{1}{2T} \int_{-T}^{T} x(t)x(t+\tau)\,dt$$

aus und differenzieren diesen Ausdruck nach τ:

$$\frac{d\,R_{XX}(\tau)}{d\tau} = \frac{d}{d\tau}\left(\lim_{T\to\infty} \frac{1}{2T} \int_{-T}^{T} x(t)\,x(t+\tau)\,dt\right) = \lim_{T\to\infty} \frac{1}{2T} \int_{-T}^{T} x(t)\,x'(t+\tau)\,dt\,.$$

Offenbar ist die rechte Seite dieser Gleichung das gewünschte Ergebnis:

$$R_{XY}(\tau) = R_{XX'}(\tau) = \lim_{T\to\infty} \frac{1}{2T} \int_{-T}^{T} x(t)x'(t+\tau)\,dt = R'_{XX}(\tau).$$

Bei der gegebenen Autokorrelationsfunktion $R_{XX}(\tau) = \sigma^2 e^{-k\tau^2}$ wird

$$R_{XY}(\tau) = -2k\sigma^2 \tau\, e^{-k\tau^2}.$$

Hinweis Bei der Ableitung von $R_{XX'}(\tau)=R'_{XX}(\tau)$ wurden die Operationen Differentation und Grenzwertbildung bzw. Integration vertauscht. Die Zulässigkeit dieser Vertauschungen wird vorausgesetzt.

3.4 Die Messung von Korrelationsfunktionen

3.4.1 Echtzeitkorrelatoren

Ein Korrelator bezeichnet ein Meßgerät zur (unmittelbaren) Messung von Korrelationsfunktionen.

Bild 3.8 zeigt das Schema eines (analog arbeitenden) Korrelators. Er besteht im wesentlichen aus einem einstellbaren Verzögerungsglied, einem Multiplizierer und einem Mittelwertbildner. Das Verzögerungsglied erzeugt aus dem Signal y(t) ein um τ verschobenes Signal $y(t-\tau)$. Nach der Multiplikation mit x(t) liefert der Mittelwertbildner

$$\frac{1}{T_i} \int_{0}^{T_i} x(t)y(t-\tau)\,dt \approx R_{XY}(-\tau) = R_{YX}(\tau).$$

Der Leser kann leicht nachprüfen, daß eine Vertauschung der Signale x(t) und y(t) zum Meßergebnis $R_{YX}(-\tau) = R_{XY}(\tau)$ führt.

Legt man schließlich an beide Eingänge das gleiche Signal, z.B. x(t), so wird die Autokorrelationsfunktion

$$\frac{1}{T_i}\int_0^{T_i} x(t)x(t-\tau)\,dt \approx R_{XX}(-\tau) = R_{XX}(\tau)$$

gemessen. Bei der Einstellung $\tau=0$ findet man die mittlere Leistung.

Um genaue Meßergebnisse zu erreichen, muß die Integrationszeit hinreichend groß gewählt werden. Im Abschnitt 3.4.3 wird gezeigt, wie man den durch eine endliche Integrationszeit entstehenden Meßfehler prinzipiell berechnen kann.

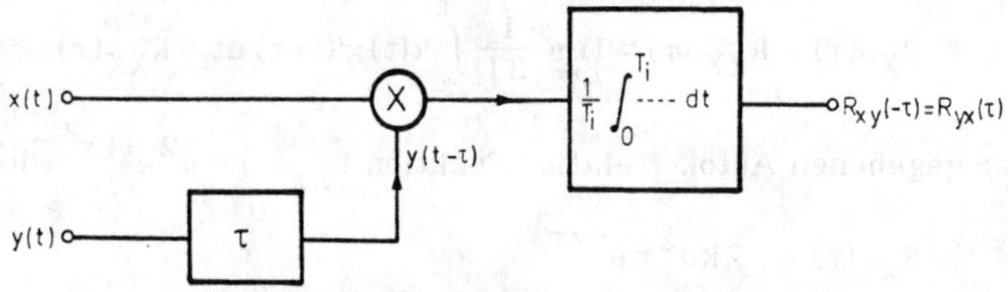

Bild 3.8 Funktionsschema eines Korrelators

Der Leser mag sich vielleicht zunächst gefragt haben, warum im Korrelator (Bild 3.8) mit $y(t-\tau)$ und nicht mit $y(t+\tau)$ gearbeitet wird. Dies ist aber physikalisch nicht möglich. Liegt zu einem bestimmten Zeitpunkt t ein Signalwert y(t) vor, so bedeutet $y(t+\tau)$ einen späteren Signalwert ($\tau>0$ vorausgesetzt). Dieser Wert $y(t+\tau)$ ist zumindest bei zufälligen Signalen nicht vorhersehbar. Der Signalwert $y(t-\tau)$ ist hingegen ein zurückliegender und zum Zeitpunkt t bekannter Wert. Bei der Messung der Autokorrelationsfunktion spielt dies keine Rolle, weil es sich hier um eine gerade Funktion handelt. Die Messung der Kreuzkorrelationsfunktion (für positive und negative Argumentwerte) muß in zwei Teilen erfolgen, wobei zur 2. Messung die Signale am Korrelatoreingang zu vertauschen sind. Hier zeigt sich die Zweckmäßigkeit der Einführung von zwei Kreuzkorrelationsfunktionen $R_{XY}(\tau)$ und $R_{YX}(\tau)$ (Gln. 3.21, 3.24), die nach Gl. 3.25 ineinander umgerechnet werden können.

Das im Bild 3.8 dargestellte Schema für einen Korrelator kann analog und digital realisiert werden.

Analoge Korrelatoren werden heute nur noch selten eingesetzt. Ein wesentliches Problem bei analogen Korrelatoren ist die Realisierung des einstellbaren Verzögerungsgliedes. Oft wird hier ein (Endlos-) Tonband eingesetzt, bei dem der Abstand zwischen Aufnahme- und Wiedergabekopf mechanisch verändert werden kann. Bei der Auswahl der Verzögerungseinrichtungen spielen natürlich die erforderlichen Verzögerungszeiten eine wichtige Rolle. Für sehr langsame Vorgänge (im Bereich von wenigen Hertz) gibt (gab) es sogar rein mechanisch arbeitende Geräte [18].

Hinweis Im Abschnitt 4 behandeln wir die Beschreibung von Zufallsprozessen im Frequenzbereich. Ein Zufallssignal, dessen Spektrum (genauer: spektrale Leistungsdichte) oberhalb einer Grenzfrequenz f_g verschwindet, kann (ebenso wie ein entsprechendes determiniertes Signal) vollständig durch seine Abtastwerte im Abstand $1/(2f_g)$ beschrieben werden. Der oben verwendete Ausdruck "langsamer Vorgang" bedeutet im Frequenzbereich eine niedrige Grenzfrequenz f_g.

Bei **digitalen Korrelatoren** werden die Signale durch Analog-Digitalwandler zunächst in zeit- und wertediskrete Signale $x(n\Delta t)$, $y(n\Delta t)$ (mit z.B. 7 oder 8 Bit Auflösung) umgewandelt. Diese AD-Wandlung bedeutet einen zusätzlichen Zeitverlust gegenüber einer analogen Realisierung. Erreichbar sind heute schon Abtastzeiten im Nanosekundenbereich, d.h. der Frequenzbereich der Zufallsprozesse kann bis in den Megahertzbereich gehen.

Die Ausgangsbeziehung zur Messung der Autokorrelationsfunktion lautet bei einem digitalen Korrelator

$$R_{XX}(-\tau) = R_{XX}(\tau) = R_{XX}(m\Delta\tau) \approx \frac{1}{N}\sum_{i=1}^{N} x(i\Delta t)\, x((i-m)\Delta t)\,.$$

Die Zeitverzögerungen $\tau = m\Delta t$ sind problemlos mit Schieberegistern durchführbar. Die anderen Rechenoperationen (Multiplikation und Addition) verursachen ebenfalls keine wesentlichen Schwierigkeiten. es ist aber zu beachten, daß die erforderlichen Rechenoperationen jeweils bis zu Eintreffen des folgenden Abtastwertes (also innerhalb Δt) erledigt sein müssen.

Um den Verlauf der gesamten Korrelationsfunktion zu erhalten, muß man die Messung punktweise für die gewünschten τ-Werte durchführen. Dies erfordert wegen der jeweils erforderlichen Integrationszeit T_i einen großen Zeitaufwand. Sogen. **Vielkanalkorrelatoren** messen gleichzeitig eine größere Zahl (z.B. 100) Punkte der Korrelationsfunktion. Auf speziellen Bauformen von Korrelatoren soll hier nicht eingegangen werden (vgl. dazu [1], [21]).

3.4.2 Numerische Korrelationsmessungen

Eine prinzipiell ebenfalls mögliche Methode zur Bestimmung von Korrelationsfunktionen besteht darin, daß man zunächst die interessierenden Signale während eines hinreichend langen Zeitraumes abspeichert. Anschließend können die Korrelationsfunktionen auf einem Digitalrechner berechnet werden. Bei nicht zu schnellen Vorgängen wird man die Werte sofort digital abspeichern. Bei sehr schnellen Vorgängen kann man die Signale analog auf Band aufnehmen und die AD-Wandlung später vornehmen. Dieses Verfahren wird man besonders dann einsetzen, wenn eine große Auflösung verlangt wird.

Die Abspeicherung eines Zufallssignales über einen großen Zeitraum erlaubt auch die einfache Ermittlung anderer statistischer Kenngrößen. Wir wollen als Beispiel die Messung der Verteilungsfunktion $F(x)=P(X\le x)$ kurz erläutern.

Bild 3.9 zeigt einen möglichen Verlauf einer Realisierungsfunktion $x(t)$ eines ergodischen Zufallsprozesses. Offenbar gibt es Zeitbereiche $\Delta t_1, \Delta t_2, \ldots$ (siehe Bild 3.9), in denen das Signal $x(t)$ unterhalb eines Wertes x_0 liegt. Die Summe dieser Zeitbereiche, bezogen auf die gesamte Beobachtungsdauer T, liefert einen Näherungswert der Verteilungsfunktion

$$F(x_0) = P(X \le x_0) \approx \frac{1}{T} \sum_i \Delta t_i$$

(vgl. z.B.[19]). Aus der auf diese Art ermittelten Verteilungsfunktion kann man schließlich durch Differenzieren die Dichte $p(x)$ berechnen.

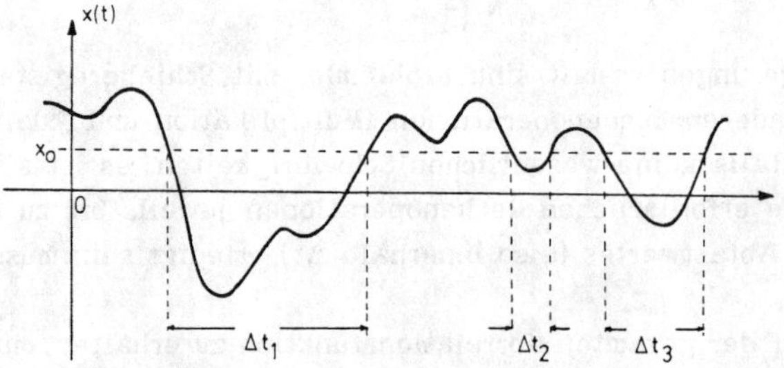

Bild 3.9 Zur Messung einer Verteilungsfunktion $F(x_0) = P(X \le x_0)$

3.4.3 Bemerkungen zur Wahl der Integrationsdauer bei der Messung von Korrelationsfunktionen

Zur Messung eines Punktes einer Autokorrelationsfunktion benötigt man eine Integrationszeit T_i ($T_i = N\Delta t$ bei digitaler Verarbeitung), die hinreichend groß sein muß. Wir wollen kurz andeuten, wie der durch die endliche Integrationszeit entstehende Meßfehler prinzipiell berechnet werden kann und welche Probleme dabei auftreten.

Zu diesem Zweck bilden wir (entsprechend GL. 2.3.1 im Abschnitt 2.2.3) das Integral

$$Z = \frac{1}{T_i} \int_0^{T_i} X(t) X(t-\tau)\, dt.$$

Nach Gl. 2.35 hat Z den Erwartungswert

$$E[Z] = \frac{1}{T_i} \int_0^{T_i} E[X(t) X(t-\tau)]\, dt = \frac{1}{T_i} \int_0^{T_i} R_{XX}(-\tau)\, dt = R_{XX}(-\tau).$$

Eine Messung (der Autokorrelationsfunktion) liefert einen Wert

$$z_1 = \frac{1}{T_i} \int_0^{T_i} x(t) x(t-\tau)\, dt \approx R_{XX}(-\tau).$$

z_1 kann als Zufallsereignis der Zufallsgröße Z aufgefaßt werden. Es bietet sich dann an, die Standardabweichung σ_Z der Zufallsgröße Z als Meßfehler zu definieren (vgl. hierzu auch die Überlegungen im Abschnitt 1.5.4). $\sigma_Z=0$ bedeutet, daß z_1 exakt mit dem Mittelwert $E[Z] = R_{XX}(-\tau)$ übereinstimmt. Das Ergodentheorem sagt aus, daß dies für $T_i \to \infty$ zu erwarten ist (vgl. Abschnitt 2.3.3).

Zur Ermittlung der Streuung $\sigma_Z^2 = E[Z^2]-(E[Z])^2$ berechnen wir

$$Z^2 = \frac{1}{T_i} \int_0^{T_i} X(t_1) X(t_1-\tau)\, dt_1 \cdot \frac{1}{T_i} \int_0^{T_i} X(t_2)\, X(t_2-\tau)\, dt_2 =$$

$$= \frac{1}{T_i^2} \int_0^{T_i} \int_0^{T_i} X(t_1) X(t_2) X(t_1-\tau) X(t_2-\tau)\, dt_1\, dt_2,$$

$$E[Z^2] = \frac{1}{T_i^2} \int_0^{T_i} \int_0^{T_i} E[X(t_1) X(t_2) X(t_1-\tau) X(t_2-\tau)]\, dt_1\, dt_2.$$

Der in diesem Integral auftretende Erwartungswert 4. Ordnung ist i.a. nicht verfügbar. Nur im Fall normalverteilter Zufallsprozesse wäre eine weitere Auswertung möglich. Bei normalverteilten Zufallsprozessen kann man nämlich Erwartungswerte beliebig hoher Ordnung durch die Momente 2. Ordnung (die Korrelationsfunktionen) ausdrücken. In [17] findet der Leser weitere Informationen hierzu. In der Praxis begnügt man sich i.a. mit einfachen Abschätzformeln für die Integrationsdauer T_i (vgl. z.B. [18]).

3.5 Korrelationsfunktionen periodischer Signale

3.5.1 Vorbemerkungen

Bei stationären ergodischen Zufallssignalen kann man Korrelationsfunktionen aus einzelnen Realisierungen als Zeitmittelwerte berechnen (vgl. Gln. 3.2, 3.21). Bevor man z.B. die Autokorrelationsfunktion nach der Beziehung

$$R_{XX}(\tau) = \widetilde{x(t)x(t+\tau)} = \lim_{T\to\infty} \frac{1}{2T} \int_{-T}^{T} x(t)x(t+\tau)\,dt$$

berechnet, oder mit einem Korrelator mißt, ist zu prüfen, ob x(t) die Realisierung eines ergodischen Zufallssignales ist (vgl. Abschnitt 2.3.2). Nur, wenn diese Voraussetzung zutrifft, liefert die Rechnung, oder die Messung, den gewünschten (statistischen) Erwartungswert $R_{XX}(\tau) = E[X(t)X(t+\tau)]$.

Es ist nun üblich, die Bezeichnung Korrelationsfunktion für zeitliche Mittelwerte $\widetilde{x(t)x(t+\tau)}$ bzw. $\widetilde{x(t)y(t+\tau)}$ auch dann noch zu verwenden, wenn es sich bei x(t) bzw. y(t) um periodische determinierte, also **nicht** um zufällige Signale handelt.

Hinweis Wie wir schon aus Abschnitt 2.3.4 (1.Beispiel) wissen, können auch Realisierungsfunktionen von ergodischen Zufallsprozessen periodische Funktionen sein.

Vom Standpunkt der Theorie ist dies eher zu bedauern, weil dadurch Mißverständnisse über die Aussagekraft berechneter oder gemessener Korrelationsfunktionen möglich sind. Andererseits setzt man in der Praxis oft auch Korrelatoren zur Messung bei nichtzufälligen periodischen Signalen ein und es ist sicher sinnvoll, das Meßergebnis des Korrelators auch hier Korrelationsfunktion zu nennen. Im Abschnitt 3.6 werden wir hierzu eine wichtige Anwendung kennenlernen.

3.5.2 Zusammenstellung einiger Ergebnisse

1. $$x(t) = A\cos(\omega_0 t+\varphi)\,, \tag{3.31}$$

$$R_{XX}(\tau) = \lim_{T\to\infty} \frac{1}{2T} \int_{-T}^{T} x(t)x(t+\tau)\,dt = \lim_{T\to\infty} \frac{A^2}{2T} \int_{-T}^{T} \cos(\omega_0 t+\varphi)\cos(\omega_0(t+\tau)+\varphi)\,dt\,.$$

Mit $\cos(\omega_0 t+\varphi)\cos(\omega_0 t+\varphi+\omega_0\tau) = \frac{1}{2}\cos(\omega_0\tau) + \frac{1}{2}\cos(2\omega_0 t+2\varphi+\omega_0\tau))$ erhalten wir

$$R_{XX}(\tau) = \lim_{T\to\infty} \frac{1}{2T}\frac{A^2}{2}\cos(\omega_0\tau)\int_{-T}^{T} dt + \lim_{T\to\infty}\frac{1}{2T}\frac{A^2}{2}\int_{-T}^{T}\cos(2\omega_0 t+2\varphi+\omega_0\tau)\,dt\,.$$

Der Leser kann leicht nachprüfen, daß das 2. Integral verschwindet, wir erhalten

$$R_{XX}(\tau) = \frac{A^2}{2}\cos(\omega_0\tau). \tag{3.32}$$

Man erkennt, daß die Autokorrelationsfunktion die gleiche Periode $2\pi/\omega_0$ wie das zugehörende Signal nach Gl. 3.31 aufweist. Der in x(t) enthaltene Nullphasenwinkel φ ist nicht in $R_{XX}(\tau)$ enthalten. Ein (eindeutiger) Rückschluß von der Autokorrelationsfunktion auf das der Berechnung (oder Messung) zugrundeliegende Signal ist also nicht möglich.

Wir beachten, daß

$$R_{XX}(0) = A^2/2 = X^2_{eff}$$

die mittlere Leistung von x(t) ergibt.

Hier, und ebenso bei der Eigenschaft $R_{XX}(\tau)=R_{XX}(-\tau)$, besteht übrigens kein Unterschied zu Eigenschaften von "eigentlichen" Autokorrelationsfunktionen ergodischer Zufallssignale.

2. $$x(t) = A_1\cos(\omega_1 t+\varphi_1),\; y(t) = A_2\cos(\omega_2 t+\varphi_2),\; \omega_1 \neq \omega_2. \tag{3.33}$$

Gesucht wird die Kreuzkorrelationsfunktion $R_{XY}(\tau) = \widetilde{x(t)\,y(t+\tau)}$.
Entsprechend Gl. 3.21 wird

$$R_{XY}(\tau) = \lim_{T\to\infty}\frac{1}{2T}\int_{-T}^{T} x(t)y(t+\tau)\,dt = \lim_{T\to\infty}\frac{A_1A_2}{2T}\int_{-T}^{T}\cos(\omega_1 t+\varphi_1)\cos(\omega_2(t+\tau)+\varphi_2)\,dt.$$

Mit $\cos(\omega_1 t+\varphi_1)\cos(\omega_2 t+\omega_2\tau+\varphi_2) = \frac{1}{2}\cos((\omega_2-\omega_1)t+\varphi_2-\varphi_1+\omega_2\tau) +$

$$+\frac{1}{2}\cos((\omega_2+\omega_1)t+\varphi_2+\varphi_1+\omega_2\tau)$$

und den Abkürzungen $\omega_a=\omega_2-\omega_1$, $\varphi_a=\varphi_2-\varphi_1$, $\omega_b=\omega_2+\omega_1$, $\varphi_b=\varphi_2+\varphi_1$ erhalten wir

$$R_{XY}(\tau) = \frac{A_1A_2}{2}\lim_{T\to\infty}\frac{1}{2T}\int_{-T}^{T}\cos(\omega_a t+\varphi_a+\omega_2\tau)\,dt\; +$$

$$+\frac{A_1A_2}{2}\lim_{T\to\infty}\frac{1}{2T}\int_{-T}^{T}\cos(\omega_b t+\varphi_b+\omega_2\tau)\,dt\,.$$

Beide Integrale verschwinden ($\omega_1 \neq \omega_2$ vorausgesetzt), es gilt

$$R_{XY}(\tau) = 0\,.$$

Ergebnis: Die Kreuzkorrelationsfunktion von zwei Cosinussignalen unterschiedlicher Frequenz ist Null.

3. $$x(t) = A_1 \cos(\omega_1 t+\varphi_1) + A_2 \cos(\omega_2 t+\varphi_2)\,,\ \omega_1 \neq \omega_2\,. \tag{3.34}$$

Zu berechnen ist die Autokorrelationsfunktion.
Wir erhalten

$$x(t)x(t+\tau) = A_1^2 \cos(\omega_1 t+\varphi_1)\cos(\omega_1(t+\tau)+\varphi_1)) + A_2^2 \cos(\omega_2 t+\varphi_2)\cos(\omega_2(t+\tau)+\varphi_2) +$$

$$+ A_1 A_2 \cos(\omega_1 t+\varphi_1)\cos(\omega_2(t+\tau)+\varphi_2) + A_1 A_2 \cos(\omega_2 t+\varphi_2)\cos(\omega_1(t+\tau)+\varphi_1)\,.$$

Die Mittelwertbildung führte bei den beiden ersten Summanden auf Ausdrücke wie bei Gl. 3.31, bei den beiden letzten Summanden auf solche wie bei der Berechnung der Kreuzkorrelationsfunktion bei Gl. 3.33. Der Leser findet daher leicht selbst das folgende Ergebnis:

$$R_{XX}(\tau) = \frac{A_1^2}{2}\cos(\omega_1\tau) + \frac{A_2^2}{2}\cos(\omega_2\tau),\ \omega_1 \neq \omega_2\,. \tag{3.35}$$

Dies bedeutet, daß die Autokorrelationsfunktionen der beiden Summanden von Gl. 3.34 addieren.

Im Fall $\tau=0$ erhält man wieder die mittlere Leistung

$$R_{XX}(0) = A_1^2/2 + A_2^2/2\,,$$

nämlich die Summe der quadrierten Effektivwerte beider Teilschwingungen.

4. x(t) sei eine periodische Funktion mit der Periode $T_X = 2\pi/\omega_o$. Man kann x(t) folgendermaßen in Form einer Fourier-Reihe darstellen:

$$x(t) = \frac{A_0}{2} + \sum_{\nu=1}^{\infty} A_\nu \cos(\nu\omega_0 t+\varphi_\nu)\,. \tag{3.36}$$

Darin sind

$$A_\nu = \sqrt{a_\nu^2 + b_\nu^2}\ ,\ \varphi_\nu = -\operatorname{Arctan}(b_\nu/a_\nu),\ \nu = 0,1,2,...$$

mit (3.37)

$$a_\nu = \frac{2}{T_X}\int_0^{T_X} x(t)\cos(\nu\omega_0 t)\,dt,\ b_\nu = \frac{2}{T_X}\int_0^{T_X} x(t)\sin(\nu\omega_0 t)\,dt\,.$$

Die Autokorrelationsfunktion von x(t) gemäß Gl. 3.36 lautet

$$R_{XX}(\tau) = \frac{A_0^2}{4} + \sum_{\nu=1}^{\infty} \frac{A_\nu^2}{2} \cos(\nu\omega_0\tau). \qquad (3.38)$$

Einen Beweis für diese Beziehung wollen wir nicht durchführen. Bei der Beweisführung wird man, ähnlich wie bei der Ableitung von Gl. 3.35 (x(t) nach Gl. 3.34) vorgehen, und die Summanden von $x(t)x(t+\tau)$ in solche mit gleichfrequenten Cosinusschwingungen und nicht gleichfrequenten Cosinusschwingungen sortieren. Die Mittelwertbildung führt dann zu Gl. 3.38.

Vergleicht man x(t) nach Gl. 3.36 und die zugehörende Autokorrelationsfunktion nach Gl. 3.38, so stellt man fest, daß $R_{XX}(\tau)$ ebenfalls eine periodische Funktion mit der Periode $T_x=2\pi/\omega_0$ ist. Die in Gl. 3.36 auftretenden Nullphasenwinkel φ_ν verschwinden allerdings bei der Mittelwertbildung, sie treten in $R_{XX}(\tau)$ nicht auf. Dies führt dazu, daß x(t) und $R_{XX}(\tau)$ zwar beide periodisch mit der gleichen Periode sind, ihr Verlauf aber sehr unterschiedlich sein kann.

Beispiel

Die Autokorrelationsfunktion der im Bild 3.10 skizzierten periodischen Funktion x(t) ist zu berechnen.

Die Fourier-Reihe dieser Funktion hat die Form

$$x(t) = \frac{4\hat{x}}{\pi}\left(\sin(\omega_0 t) + \frac{\sin(3\omega_0 t)}{3} + \frac{\sin(5\omega_0 t)}{5} + \dots\right)$$

mit $\omega_0=2\pi/T_X$ (Berechnung mit den Gln. 3.36, 3.37 oder Entnahme aus einer Tabelle).

Mit Hilfe der Beziehung $\sin(x) = \cos(x-\pi/2)$ findet man die der Gl. 3.36 entsprechende Form

$$x(t) = \frac{4\hat{x}}{\pi}\cos(\omega_0 t-\frac{\pi}{2}) + \frac{4\hat{x}}{3\pi}\cos(3\omega_0 t-\frac{\pi}{2}) + \frac{4\hat{x}}{5\pi}\cos(5\omega_0 t-\frac{\pi}{2}) + \dots . \qquad (3.39)$$

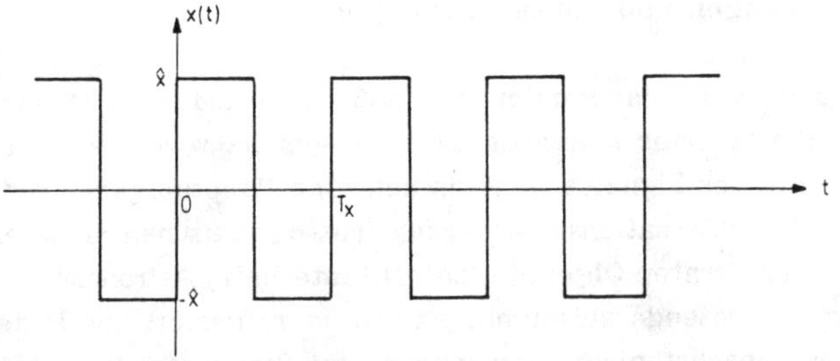

Bild 3.10 Periodisches Signal entsprechend Gl. 3.39

Nach Gl. 3.38 wird dann

$$R_{XX}(\tau)=\frac{8\hat{x}^2}{\pi^2}\left(\cos(\omega_0\tau)+\frac{1}{9}\cos(3\omega_0\tau)+\frac{1}{25}\cos(5\omega_0\tau)+\frac{1}{49}\cos(7\omega_0\tau)+\ldots\right). \quad (3.40)$$

Normalerweise ist man nun gezwungen, den Verlauf von $R_{XX}(\tau)$ punktweise zu berechnen. Im vorliegenden Fall ist es einfacher, da Tabellen für Fourier-Reihen eine Form gemäß Gl. 3.40 meistens enthalten. Es zeigt sich, daß hier $R_{XX}(\tau)$ den im Bild 3.11 skizzierten Verlauf aufweist. Man erkennt, daß $R_{XX}(\tau)$ die gleiche Periode wie x(t) besitzt, der Kurvenverlauf ist ein ganz anderer.

Ohne Schwierigkeiten kann man den Wert $R_{XX}(0) = \hat{x}^2$ nachprüfen. Aus Bild 3.10 findet man, daß $\overline{x^2(t)} = \hat{x}^2$ ist und damit muß auch $\overline{x^2(t)} = R_{XX}(0) = \hat{x}^2$ sein. Schließlich sei erwähnt, daß in diesem Fall die Berechnung von $R_{XX}(\tau)$ auch ohne den (Umweg) über die Fourier-Reihe möglich ist. Dazu würde man, für verschiedene Werte von τ, das Produkt $x(t)x(t+\tau)$ skizzieren und den Mittelwert dieser Funktion berechnen.

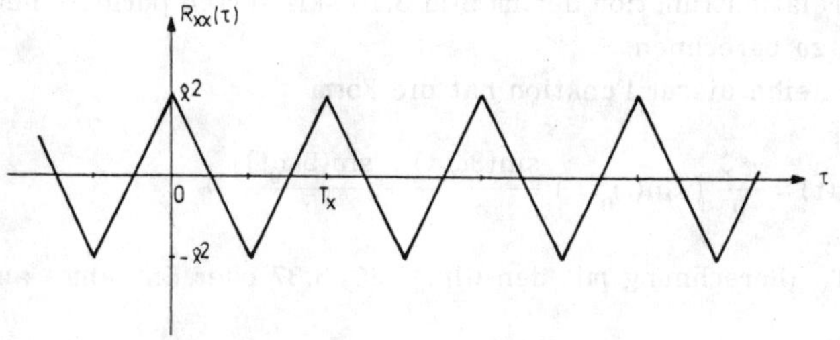

Bild 3.11 Autokorrelationsfunktion zum Signal nach Bild 3.10

3.6 Die Erkennung stark gestörter periodischer Signale

3.6.1 Vorbemerkungen und Voraussetzungen

In der Praxis tritt häufig das Problem auf, daß ein periodisches (Nutz-) Signal durch ein überlagertes Rauschsignal stark gestört wird. Beispielsweise ist das Erkennen eines Signales im Rauschen eine Hauptaufgabe in der Radartechnik. Bei der Informationsübertragung (mit periodischen Signalen) von und zu sehr weit entfernten Objekten (Satellitentechnik, Astronomie) ist das am Empfangsort auftretende Nutzsignal oft sehr stark gestört und in der empfangenen Form zunächst nicht verwendbar. Bei Diagnosemethoden in der Elektromedizin kommt es oft darauf an, durch "Körpergeräusche" stark gestörte periodische Signale einwandfrei zu erkennen.

Mit den in diesem Abschnitt besprochenen Methoden sind Probleme der geschilderten Art (unter gewissen Voraussetzungen) in zwei Stufen lösbar. Mit einer ersten Messung läßt sich feststellen, ob überhaupt ein periodischer Signalanteil vorliegt und wie groß ggf. dessen Periodendauer ist. Eine sich anschließende 2. Messung liefert die genaue Form des periodischen Signalanteiles.

Voraussetzung für das hier besprochene Verfahren ist die **additive** Überlagerung eines periodischen Signales x(t) (Periode T_x) mit einem ergodischen Störsignal n(t). Als Modell können wir die Anordnung nach Bild 3.12 ansehen. Die Nachrichtenquelle liefert das Signal x(t). Auf dem Übertragungskanal wird das von einer Störquelle herkommende zufällige Signal n(t) überlagert. Am Empfänger tritt die Summe

$$y(t) = x(t) + n(t) \tag{3.41}$$

auf. Das Störsignal soll (kann) dabei so stark sein, daß ein "optisches" Erkennen des periodischen Anteils in y(t) unmöglich ist.

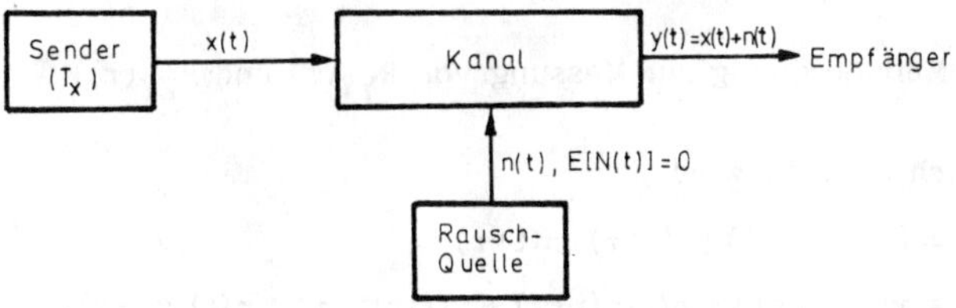

Bild 3.12 Schema für die Übertragung eines (periodischen) Signales über einen gestörten Kanal

Wie erwähnt, setzen wir voraus, daß das Störsignal ergodisch ist. Ein mathematischer Nachweis der Ergodizität setzt genaue (und in der Regel nicht vorhandene) Kenntnisse über den Entstehungsprozeß des Zufallssignales voraus. In der Praxis kann man aber oft durch einfache Überlegungen über den physikalischen Entstehungsprozeß des Störsignales auf dessen Ergodizität schließen (Ergodenhypothese).

Schließlich wird noch verlangt, daß das Störsignal **mittelwertfrei** sein soll, also E[N(t)]=0. Diese Voraussetzung kann in der Praxis leicht realisiert werden, indem der Gleichanteil des empfangenen Signales eliminiert wird. Im übrigen kann man die später abgeleiteten Ergebnisse auch für den Fall E[N(t)]$\neq$0 modifizieren.

3.6.2 Die Ermittlung der Periodendauer

Als Empfangsgerät für das Signal y(t) nach Gl. 3.41 wird ein Korrelator verwendet. Zunächst wird die Autokorrelationsfunktion

$$R_{YY}(\tau) = \overline{y(t)y(t+\tau)} = \lim_{T_i \to \infty} \frac{1}{T_i} \int_0^{T_i} y(t)y(t+\tau)\, dt \qquad (3.42)$$

(in der Praxis natürlich mit endlicher Integrationszeit T_i) gemessen. Dies ist auch im BIld 3.13 dargestellt, $R_{YY}(\tau)$ wird bei der oberen Stellung des Umschalters gemessen.

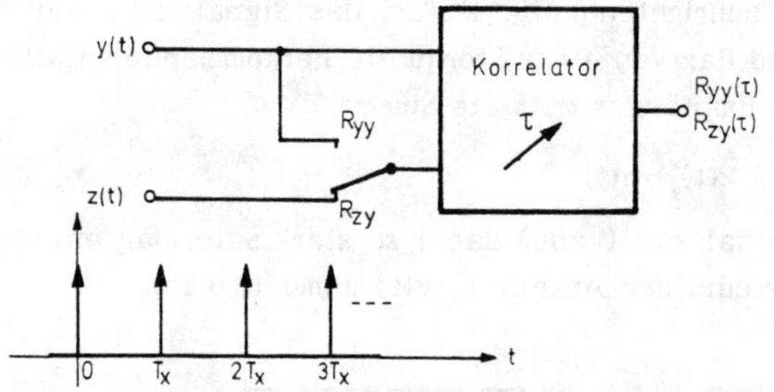

Bild 3.13 Meßanordnung zur Messung von $R_{YY}(\tau)$ und $R_{ZY}(\tau)$

Mit y(t) nach Gl. 3.41 wird

$$y(t)y(t+\tau) = \big(x(t)+n(t)\big)\cdot\big(x(t+\tau)+n(t+\tau)\big) =$$

$$= x(t)x(t+\tau) + n(t)n(t+\tau) + x(t)n(t+\tau) + n(t)x(t+\tau)\,.$$

Setzen wir diesen Ausdruck in Gl. 3.42 ein, so erhalten wir

$$R_{YY}(\tau) = \overline{x(t)\,x(t+\tau)} + \overline{n(t)\,n(t+\tau)} + \overline{x(t)\,n(t+\tau)} + \overline{n(t)\,x(t+\tau)}\,. \qquad (3.43)$$

Die beiden ersten Summanden sind die Autokorrelationsfunktionen $R_{XX}(\tau)$ und $R_{NN}(\tau)$ des periodischen Signales x(t) und des Störsignales n(t). $R_{XX}(\tau)$ ist die periodische Autokorrelationsfunktion eines periodischen Signales und hat somit die gleiche Periodendauer T_x wie das Signal x(t). Die Autokorrelationsfunktion $R_{NN}(\tau)$ des Störsignales hat die Eigenschaft $R_{NN}(\tau) \to 0$ für $\tau \to \infty$, denn das Störsignal ist mittelwertfrei.

Hinweis Es gibt ergodische Zufallssignale mit periodischen Realisierungsfunktionen (vgl. Beispiel 1 vom Abschnitt 2.3.4) deren Autokorrelationsfunktionen periodisch sind und bei denen die Beziehung $R_{NN}(\infty) = \big(E[N(t)]\big)^2$ nicht gilt. Wir setzen voraus, daß das Störsignal nicht zur "Sonderklasse" dieser ergodischen Zufallsprozesse gehört.

Die beiden letzten Summanden von Gl. 3.43 können als Kreuzkorrelationsfunktionen $R_{XN}(\tau)$ und $R_{NX}(\tau)$ interpretiert werden. Wir beweisen jetzt, daß diese beiden letzten Summanden verschwinden, so daß

$$R_{YY}(\tau) = \overline{x(t)\,x(t+\tau)} + \overline{n(t)\,n(t+\tau)} = R_{XX}(\tau) + R_{NN}(\tau) \qquad (3.44)$$

wird.

Zunächst eine Plausibiltätserklärung zu dieser Aussage $\overline{x(t)\,n(t+\tau)} = 0$ bzw. $\overline{n(t)x(t+\tau)} = 0$.

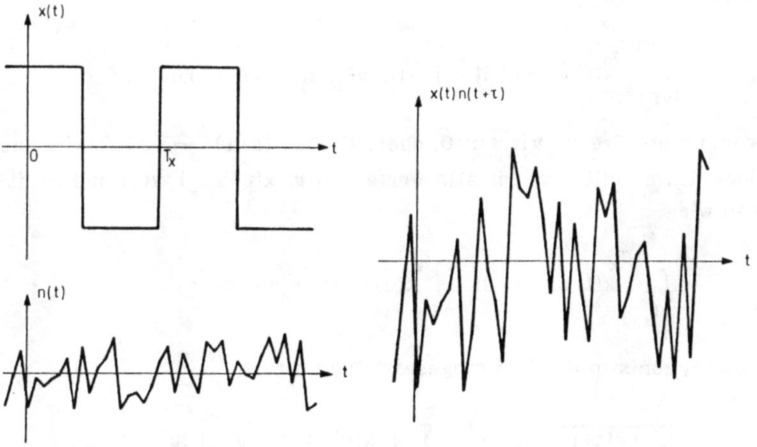

Bild 3.14 Darstellung zur Plausibilitätserklärung für die Aussage $\overline{x(t)n(t+\tau)} = 0$

Im linken Teil von Bild 3.14 ist ein periodisches Signal x(t) und ein mittelwertfreies Signal n(t) skizziert. Rechts ist das Produkt $z(t)=x(t)n(t+\tau)$ dargestellt, wobei der Einfachheit halber $\tau=0$ gesetzt worden ist. Es erscheint plausibel, daß der zeitliche Mittelwert

$$\overline{z(t)} = \overline{x(t)\,n(t+\tau)} \approx \frac{1}{T_i}\int_0^{T_i} z(t)\;dt$$

(für hinreichend große Werte T_i) verschwindet, da sich positive und negative Flächenanteile unter z(t) gegeneinander kompensieren.

Formal kann man den Beweis folgendermaßen führen. Mit $T_i = N\,T_X$, also bei einer Integration über N Perioden wird

$$\widetilde{x(t)\,n(t+\tau)} = \lim_{N\to\infty} \frac{1}{NT_x}\int_0^{NT_x} x(t)\,n(t+\tau)\,dt =$$

$$= \lim_{N\to\infty} \frac{1}{NT_x}\left(\int_0^{T_x} x(t)\,n(t+\tau)\,dt + \int_{T_x}^{2T_x} x(t)\,n(t+\tau)\,dt + \ldots + \int_{(N-1)T_x}^{NT_x} x(t)\,n(t+\tau)\,dt\right) =$$

$$= \lim_{N\to\infty} \frac{1}{NT_x}\sum_{\nu=0}^{N-1}\int_{\nu T_x}^{(\nu+1)T_x} x(t)\,n(t+\tau)\,dt. \qquad (3.45)$$

Bei den Integralen in der Summe führen wir die Substitution $u=t-\nu T_x$ durch und erhalten

$$\int_{\nu T_x}^{(\nu+1)T_x} x(t)\,n(t+\tau)\,dt = \int_0^{T_x} x(u+\nu T_x)\,n(u+\nu T_x+\tau)\,du$$

($dt=du$, untere Grenze $\nu T_x \to u=0$, obere Grenze $(\nu+1)T_x \to u=T_x$). $x(t)$ hat die Periode T_x, es gilt also für alle Werte von ν: $x(u+\nu T_x)=x(u)$ und somit erhalten wir

$$\int_{\nu T_x}^{(\nu+1)T_x} x(t)\,n(t+\tau)\,dt = \int_0^{T_x} x(u)\,n(u+\nu T_x+\tau)\,du\,.$$

Dieses Ergebnis in Gl. 3.45 eingesetzt führt zu

$$\widetilde{x(t)\,n(t+\tau)} = \lim_{N\to\infty} \frac{1}{NT_x}\sum_{\nu=0}^{N-1}\int_0^{T_x} x(u)\,n(u+\tau+\nu T_x)\,du\,.$$

Vertauschung der Reihenfolge, Grenzwertbildung, Summation und Integration:

$$\widetilde{x(t)\,n(t+\tau)} = \frac{1}{T_x}\int_0^{T_x} x(u)\left(\lim_{N\to\infty}\frac{1}{N}\sum_{\nu=0}^{N-1} n(u+\tau+\nu T_x)\right)du\,. \qquad (3.46)$$

Die in diesem Integral auftretende Summe kann folgendermaßen verstanden werden. Von dem Signal $n(t)$ bzw. $n(u)$ werden im Abstand T_x "Proben" $n_\nu=n(u+\tau+\nu T_x)$ entnommen. Die Summe

$$\frac{1}{N}\sum_{\nu=0}^{N-1} n(u+\tau+\nu T_x)$$

liefert (für $N\to\infty$) den Mittelwert dieser "Proben", d.h. den Erwartungswert

$$E[N(t)] = \lim_{N\to\infty}\frac{1}{N}\sum_{\nu=0}^{N-1} n(u+\tau+\nu T_x) = 0\,, \qquad (3.47)$$

denn es wurde ein mittelwertfreies Störsignal vorausgesetzt.

Setzt man das Ergebnis nach Gl. 3.47 in Gl. 3.46 ein, so findet man

$$\widetilde{x(t)\, n(t+\tau)} = 0\,.$$

In ganz entsprechender Weise kann man nachweisen, daß der 4. Summand von Gl. 3.43 verschwindet, es gilt auch

$$\widetilde{n(t)\, x(t+\tau)} = 0\,.$$

Hinweise

1. Bei der Mittelwertbildung (Gl. 3.47) wird und kann nicht vorausgesetzt werden, daß die "Proben" $n(u+\tau+\nu T_x)$ voneinander unabhängig sind (vgl. z.B. die Beispiele 3 und 4 vom Abschnitt 1.4.1.2).
2. Im Abschnitt 3.3.1 wurde ausgeführt, daß die Kreuzkorrelationsfunktion von unabhängigen Zufallsprozessen verschwindet, wenn mindestens einer der Zufallsprozesse mittelwertfrei ist. Diese Aussage sollte aber nicht als Beweis für das vorne abgeleitete Ergebnis $R_{XN}(\tau)=\widetilde{x(t)n(t+\tau)}=0$ angewandt werden. Grund: x(t) wird als determiniertes Signal und nicht als Realisierungsfunktion eines ergodischen Zufallsprozesses aufgefaßt. Daher ist der Begriff der (statistischen) Abhängigkeit hier nicht ohne weiteres anwendbar.

Wir kommen nun zu der vorne angegebenen Gl. 3.44 zurück und stellen fest, daß der Korrelator als Meßergebnis die Summe der beiden Korrelationsfunktionen liefert

$$R_{YY}(\tau) = R_{XX}(\tau) + R_{NN}(\tau)\,.$$

$R_{XX}(\tau)$ ist eine periodische Funktion mit der Periode T_x, weiterhin wissen wir, daß $R_{NN}(\tau)$ für große Werte von τ verschwindet ($R_{NN}(\infty)=(E[N(t)])^2=0$). Damit gilt für hinreichend große Werte τ:

$$R_{YY}(\tau) \approx R_{XX}(\tau)\,,\ \tau \text{ groß.} \tag{3.48}$$

Ergebnis Bei der Messung der Autokorrelationsfunktion $R_{YY}(\tau)$ des Signales $y(t)=x(t)+n(t)$ erhält man für hinreichend große Werte des (Verzögerungs-) Parameters τ die Autokorrelationsfunktion $R_{XX}(\tau)$ des periodischen Signalanteiles x(t). Aus $R_{XX}(\tau)$ kann man die Periode T_x von x(t) entnehmen.

Geht die gemessene Autokorrelationsfunktion nicht in eine periodische Funktion über, so enthält das empfangene Signal keinen periodischen Anteil, sondern nur das Störsignal n(t). Selbstverständlich ist hierbei die erreichte Meßgenauigkeit zu beachten. Eine Messung mit einer größeren Auflösung könnte diese Aussage revidieren.

Die Messung von $R_{YY}(\tau)$ liefert die Information, ob ein periodischer Signalanteil vorhanden ist und dann dessen Periodendauer. Bei Problemen, bei denen man den genauen Signalverlauf von x(t) benötigt, ist eine weitere

Messung erforderlich, die im Abschnitt 3.6.3 behandelt wird.

Beispiel

Wir gehen von einem Nutzsignal

$$x(t) = A \sin(\omega_0 t)$$

und einem Rauschsignal mit der Autokorrelationsfunktion

$$R_{NN}(\tau) = \sigma^2 e^{-0,3\omega_0|\tau|}$$

aus. Die mittlere Signalleistung soll 20% der mittleren Rauschleistung betragen. Gesucht ist der Verlauf der Autokorrelationsfunktion $R_{YY}(\tau)$ des empfangenen Signales

$$y(t) = x(t) + n(t).$$

Das periodische Signal hat die Form $x(t) = A\cos(\omega_0 t+\varphi)$ und damit die Autokorrelationsfunktion (Gln. 3.31, 3.32)

$$R_{XX}(\tau) = \frac{A^2}{2} \cos(\omega_0 t)\,.$$

Mittlere Leistung von x(t): $P_x = R_{XX}(0) = A^2/2$.

Mittlere Leistung des Rauschsignales: $P_N = R_{NN}(0) = \sigma^2$.

Mit $P_x = 0{,}2\,P_N$ (die mittlere Signalleistung soll 20% der mittleren Rauschleistung betragen) erhalten wir $A^2/2 = 0{,}2\sigma^2$ und mit Gl. 3.44

$$R_{YY}(\tau) = R_{XX}(\tau) + R_{NN}(\tau) = \frac{A^2}{2}\cos(\omega_0\tau) + \sigma^2 e^{-0,3\omega_0|\tau|} =$$

$$= \sigma^2 \left(0{,}2\cos(\omega_0\tau) + e^{-0,3\omega_0|\tau|}\right). \tag{3.49}$$

Im Bild 3.15 ist diese Autokorrelationsfunktion aufgetragen. Man erkennt, daß $R_{YY}(\tau)$ für Werte oberhalb etwa $2\pi/\omega_0$ in die periodische Funktion $R_{XX}(\tau)$ übergeht. Daraus kann auf die Anwesenheit eines periodischen Signalanteiles geschlossen werden, die Periode T_x von x(t) kann man leicht dem Bild entnehmen. Da $R_{XX}(\tau)$ eine gerade Funktion ist, geben die Maximalwerte von $R_{XX}(\tau)$ die mittlere Leistung $R_{XX}(0)$ von x(t) an. Bei der Funktion nach Bild 3.15 beträgt diese $R_{XX}(0) = 0{,}2\sigma^2$.

Aus der mittleren Leistung $R_{YY}(0) = R_{XX}(0) + R_{NN}(0)$ des Gesamtsignales findet man auch die mittlere Störleistung $R_{NN}(0) = R_{YY}(0) - R_{XX}(0) = \sigma^2$.

Die Messsung der Autokorrelationsfunktion $R_{YY}(\tau)$ kann bei "langsamen" Vorgängen sehr zeitaufwendig sein. Zur Bestimmung eines einzigen Meßpunktes wird eine hinreichend große Integrationszeit benötigt. Der Einsatz eines Vielkanalkorrelators (vgl. Abschnitt 3.4.1) bringt hier erhebliche Zeitvorteile, weil mit ihm gleichzeitig eine große Zahl von Meßpunkten ermittelt werden kann.

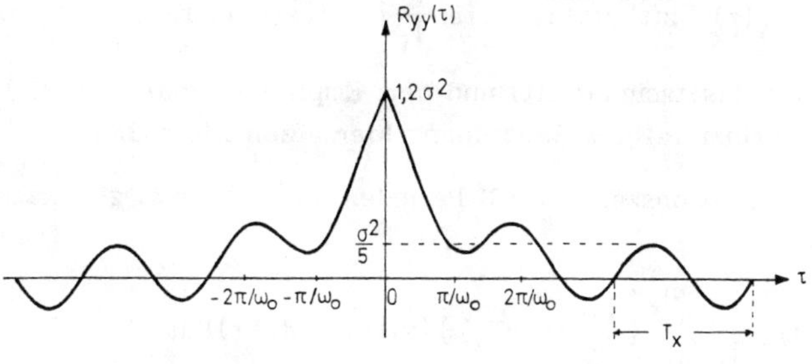

Bild 3.15 Autokorrelationsfunktion nach Gl. 3.49

3.6.3 Die Ermittlung der Signalform

Es wird angenommen, daß das empfangene Signal y(t) einen periodischen Anteil x(t) mit bekannter Periodendauer T_x enthält.

Für die durchzuführende Messung, die den Signalverlauf von x(t) liefern soll, benötigen wir das im Bild 3.16 skizzierte (für $t \geq 0$) periodische Signal

$$z(t) = \sum_{\nu=0}^{\infty} \delta(t-\nu T_x). \tag{3.50}$$

z(t) besteht aus einer Folge von Dirac-Impulsen, die jeweils im Abstand T_x auftreten. Der im Bild 3.16 dargestellte Zeitbereich der Dauer $N\,T_x$ soll der für die später durchzuführende Korrelationsmessung notwendigen Integrationszeit T_i entsprechen.

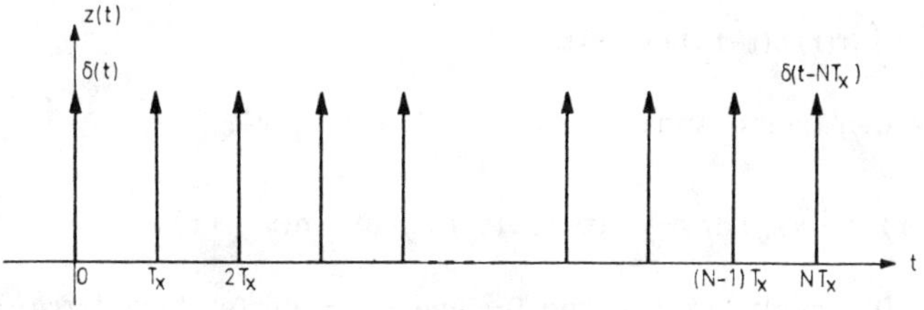

Bild 3.16 Periodisches Signal nach Gl. 3.50

Es ist klar, daß man in der Praxis die Dirac-Impulse durch möglichst schmale Impulse endlicher Höhe ersetzen muß. Für die Rechnung bietet aber die idealisierte Form nach Gl. 3.50 Vorteile.

Durch die nun durchzuführende Messung wird die Kreuzkorrelationsfunktion

$$R_{ZY}(\tau) = \widetilde{z(t)\, y(t+\tau)} = \lim_{T_i \to \infty} \frac{1}{T_i} \int_0^{T_i} z(t) y(t+\tau)\, dt \tag{3.51}$$

zwischen dem Zusatzsignal z(t) und dem Empfangssignal y(t)=x(t)+n(t) ermittelt. Die prinzipielle Meßanordnung hierzu zeigt Bild 3.13.

Mit einer Integrationszeit über N Perioden von x(t) bzw. z(t) nach Gl. 3.50 erhalten wir

$$R_{ZY}(\tau) = \lim_{N \to \infty} \frac{1}{N T_X} \int_{0-}^{NT_x-} \Big(\sum_{\nu=0}^{\infty} \delta(t-\nu T_X) \Big) \big(x(t+\tau) + n(t+\tau) \big)\, dt.$$

Die Integrationsgrenzen gewährleisten, daß der bei t=0 in z(t) auftretende Dirac-Impuls in den Integrationsbereich fällt und der bei $t=NT_X$ auftretende gerade nicht mehr. Daher kann die obere Summationsgrenze bei z(t) auch in N−1 abgeändert werden. Wir finden dann

$$R_{ZY}(\tau) = \lim_{N \to \infty} \frac{1}{N T_X} \int_{0-}^{NT_x-} \sum_{\nu=0}^{N-1} \delta(t-\nu T_X)\, x(t+\tau)\, dt \, +$$

$$+ \lim_{N \to \infty} \frac{1}{N T_X} \int_{0-}^{NT_x-} \sum_{\nu=0}^{N-1} \delta(t-\nu T_X)\, n(t+\tau)\, dt = I_1 + I_2 . \tag{3.52}$$

Zunächst untersuchen wir das 2. Teilintegral von Gl. 3.52 und erhalten, wenn die Reihenfolge Integration-Summation vertauscht wird:

$$I_2 = \lim_{N \to \infty} \frac{1}{N T_X} \int_{0-}^{NT_x-} \sum_{\nu=0}^{N-1} \delta(t-\nu T_X)\, n(t+\tau)\, dt = \lim_{N \to \infty} \sum_{\nu=0}^{N-1} \int_{0-}^{NT_x-} n(t+\tau)\, \delta(t-\nu T_X)\, dt . \tag{3.53}$$

Das in der Summe auftretende Integral kann mit Hilfe der Ausblendeigenschaft des Dirac-Impulses

$$\int_{-\infty}^{\infty} f(t)\, \delta(t-t_0)\, dt = f(t_0)$$

gelöst werden (siehe Anhang). Man erhält mit $t_0 = \nu T_X$

$$\int_0^{NT_x-} n(t+\tau)\, \delta(t-\nu T_X)\, dt = \int_{-\infty}^{\infty} n(t+\tau)\, \delta(t-\nu T_X)\, dt = n(\nu T_X + \tau) .$$

Hinweis Die endlichen Grenzen 0− und NT_X- dürfen hier durch −∞ und ∞ ersetzt werden, da der Dirac-Impuls $\delta(t-\nu T_X)$ im ursprünglichen Integrationsbereich liegt.

Setzt man dieses Ergebnis in Gl. 3.53, so wird

$$I_2 = \frac{1}{T_X} \lim_{N \to \infty} \frac{1}{N} \sum_{\nu=0}^{N-1} n(\tau + \nu T_X). \tag{3.54}$$

Diese Summe entspricht, bis auf den Faktor $1/T_x$, dem Erwartungswert $E[N(t)]$ des Störsignales und mit $E[N(t)]=0$ (Voraussetzung!) wird

$$I_2 = \frac{1}{T_x} E[N(t)] = 0 \ . \tag{3.55}$$

Der 1. Summand von Gl. 3.52 unterscheidet sich vom zweiten nur dadurch, daß $x(t+\tau)$ an die Stelle von $n(t+\tau)$ tritt. Wir erhalten daher durch eine bis zu Gl. 3.54 völlig analoge Rechnung

$$I_1 = \frac{1}{T_x} \lim_{N \to \infty} \frac{1}{N} \sum_{\nu=0}^{N-1} x(\tau + \nu T_x) \ . \tag{3.56}$$

Die weitere Auswertung unterscheidet sich nun aber wesentlich von der bei I_2. $x(t)$ ist eine periodische Funktion mit der Periode T_x und dies bedeutet

$$x(\tau + \nu T_x) = x(\tau), \ \nu = 0, 1, 2, \dots \ .$$

Die Summe nach Gl. 3.56 hat also N gleiche Summanden $x(\tau)$, wir erhalten

$$I_1 = \frac{1}{T_x} \lim_{N \to \infty} \frac{1}{N} \sum_{\nu=0}^{N-1} x(\tau) = \frac{1}{T_x} \lim_{N \to \infty} \frac{1}{N} \cdot N \cdot x(\tau) = \frac{1}{T_x} \cdot x(\tau) \ . \tag{3.57}$$

Mit I_1 nach Gl. 3.57 und $I_2=0$ nach Gl. 3.55 wird gemäß Gl. 3.52

$$R_{ZY}(\tau) = \frac{1}{T_x} x(\tau) \ . \tag{3.58}$$

Damit ist die gestellte Aufgabe gelöst. Man findet $x(\tau)$ und damit auch $x(t)$, wenn die Kreuzkorrelationsfunktion $R_{ZY}(\tau)$ für hinreichend viele τ-Werte im Bereich einer Periode T_x gemessen wird. Zur Messung jedes einzelnen Punktes $R_{ZY}(\tau)$ benötigt man eine Integrationszeit T_i, die so groß sein muß, daß der zunächst bei $R_{ZY}(\tau)$ auftretende 2. Summand I_2 hinreichend klein wird.

Zusammenfassung

Das Auffinden eines periodischen Signalanteils in einem Rauschsignal erfolgt in zwei Schritten (siehe Meßanordnung nach Bild 3.13).
1. Aus der gemessenen Autokorrelationsfunktion $R_{YY}(\tau)$ des empfangenen Signales erkennt man, ob ein periodischer Anteil $x(t)$ vorhanden ist und auch dessen Periodendauer.
2. Mit Hilfe eines periodischen Hilfssignales $z(t)$ (siehe Bild 3.16) wird die Kreuzkorrelationsfunktion $R_{ZY}(\tau)$ gemessen. Aus dem Meßergebnis erhält man nach Gl. 3.58 $x(t) = T_x R_{ZY}(t)$.
Falls bekannt ist, daß (wenn überhaupt) nur ein Signal mit einer bekannten Periode T_x auftreten kann, kann auf die 1. Messung verzichtet werden.

Beispiel

Als Nutzsignal wählen wir das im Bild 3.10 skizzierte Signal. Die zugehörende Autokorrelationsfunktion $R_{XX}(\tau)$ wurde im Rahmen eines Beispiels im Abschnitt 3.5.2 berechnet, sie ist im Bild 3.11 dargestellt.

Die Messung der Autokorrelationsfunktion $R_{YY}(\tau)$ des empfangenen Signales $y(t) = x(t) + n(t)$ soll den im Bild 3.17 skizzierten Verlauf liefern. Für das Rauschsignal wurde eine Autokorrelationsfunktion der Form

$$R_{NN}(\tau) = \sigma^2 \cos(\omega_0 \tau)\, e^{-|\tau|}$$

angenommen. Der prinzipielle Verlauf einer solchen Autokorrelationsfunktion ist im Bild 3.3 skizziert.

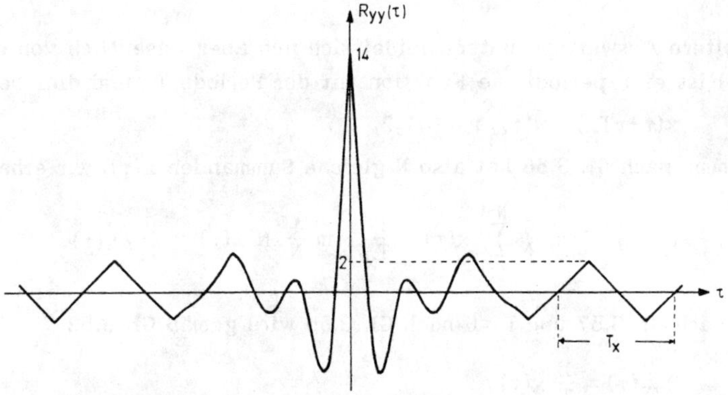

Bild 3.17 Autokorrelationsfunktion $R_{YY}(\tau)$

Das Meßergebnis zeigt, daß y(t) einen periodischen Signalanteil enthält. Wir können die Periodendauer T_x und auch die mittlere Leistung $R_{XX}(0)=2$ von x(t) aus der Meßkurve entnehmen. Im vorliegenden Fall beträgt die mittlere Rauschleistung $R_{NN}(0) = R_{YY}(0) - R_{XX}(0) = 12$.

Zur Ermittlung des Signalverlaufes muß die Kreuzkorrelationsfunktion $R_{ZY}(\tau)$ zwischen y(t) und dem Hilfssignal z(t) (siehe Bild 3.16) gemessen werden. Man würde hier die im Bild 3.18 skizzierte Kreuzkorrelationsfunktion messen.

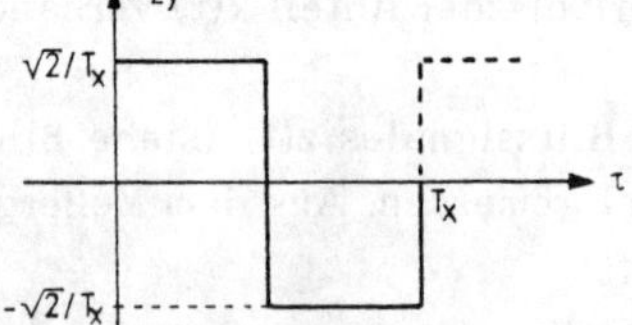

Bild 3.18 Zu erwartende Kreuzkorrelationsfunktion $R_{ZY}(\tau)$

4 Die Beschreibung von Zufallssignalen im Frequenzbereich

Zum Verständnis des Stoffes in diesem Abschnitt sind Grundkenntnisse über die Fourier-Transformation, etwa im Umfang des 2. Abschnittes von [12], erforderlich. Im Anhang sind die wichtigsten Beziehungen nochmals zusammengestellt.

4.1 Die spektrale Leistungsdichte

4.1.1 Die Definition als Fourier-Transformierte der Autokorrelationsfunktion

Wir setzen voraus, daß X(t) ein stationärer ergodischer Zufallsprozeß mit einer Autokorrelationsfunktion $R_{XX}(\tau)$ ist. Dann gilt folgende Definition: Die Fourier-Transformierte

$$S_{XX}(\omega) = \int_{-\infty}^{\infty} R_{XX}(\tau)\, e^{-j\omega\tau}\, d\tau \qquad (4.1)$$

der Autokorrelationsfunktion $R_{XX}(\tau)$ heißt **spektrale Leistungsdichte** oder kurz **Leistungsspektrum** von X(t).

Da $R_{XX}(\tau) = R_{XX}(-\tau)$ eine gerade Funktion ist (siehe Abschnitt 3.2.1), ist $S_{XX}(\omega)$ eine reelle und ebenfalls gerade Funktion:

$$S_{XX}(\omega) = S_{XX}(-\omega).$$

Bei bekannter spektraler Leistungsdichte findet man durch die Fourier-Rücktransformation (siehe Anhang) die Autokorrelationsfunktion

$$R_{XX}(\tau) = \frac{1}{2\pi} \int_{-\infty}^{\infty} S_{XX}(\omega)\, e^{j\omega\tau}\, d\omega\,. \qquad (4.2)$$

Hinweise

1. Die durch die Gln. 4.1, 4.2 angegebenen Beziehungen sind auch unter der Bezeichnung **Wiener-Chintchin-Theorem** bekannt.
2. Im Abschnitt 3.5 wurde ausgeführt, daß es üblich ist, die Bezeichnung Korrelationsfunktion auch für die entsprechenden zeitlichen Mittelwerte nichtzufälliger periodischer Funktionen zu verwenden. Die Fourier-Transformierten solcher Korrelationsfunktionen werden ebenfalls spektrale Leistungsdichten genannt.

Einen Grund für $S_{XX}(\omega)$ die Bezeichnung Leistungsdichte zu verwenden, erkennt man, wenn in Gl. 4.2 $\tau=0$ gesetzt wird:

$$R_{XX}(0) = \frac{1}{2\pi} \int_{-\infty}^{\infty} S_{XX}(\omega)\, d\omega\,. \qquad (4.3)$$

$R_{XX}(0) = E[X^2]$ ist die mittlere Leistung des zugrunde liegenden Zufallssignales, d.h.

$$R_{XX}(0) = E[X^2] = \lim_{T\to\infty} \frac{1}{2T} \int_{-T}^{T} x^2(t)\,dt = \frac{1}{2\pi} \int_{-\infty}^{\infty} S_{XX}(\omega)\,d\omega \,. \tag{4.4}$$

Setzt man im rechten Integral von Gl. 4.4 noch $\omega=2\pi f$ ($d\omega=2\pi df$, $S_{XX}(\omega) = S_{XX}(2\pi f) = S_{XX}(f)$), so findet man die oft angegebene Beziehung

$$E[X^2] = \int_{-\infty}^{\infty} S_{XX}(f)\,df \,. \tag{4.5}$$

Gl. 4.5 sagt aus, daß die Fläche unter der (über f aufgetragenen) spektralen Leistungsdichte der mittleren Leistung des Zufallssignales entspricht.

Beachtet man, daß $S_{XX}(f) = S_{XX}(-f)$ eine gerade Funktion ist, so erhält man (im Fall $E[X]=0$):

$$E[X^2] = 2\int_{0}^{\infty} S_{XX}(f)\,df \,. \tag{4.6}$$

und muß bei dieser Beziehung nur über positive Frequenzen integrieren.

Hinweis Gl. 4.6 ist nur gültig, wenn $S_{XX}(f)$ keinen Dirac-Impuls bei $f=0$ enthält. Dies bedeutet, daß das zugehörende Zufallssignal mittelwertfrei sein muß. Ein Beweis für diese Aussage folgt im Punkt 4 vom Abschnitt 4.2.

Beispiel

Gesucht wird die spektrale Leistungsdichte eines Zufallssignales mit der Autokorrelationsfunktion

$$R_{XX}(\tau) = \sigma^2 e^{-k|\tau|} , \; k>0 \,. \tag{4.7}$$

Diese Funktion ist im Bild 3.1 und nochmals links im Bild 4.1 skizziert. Zur Berechnung der spektralen Leistungsdichte nach Gl. 4.1 stellt man $R_{XX}(\tau)$ günstig wie folgt dar

$$R_{XX}(\tau) = \sigma^2 e^{-k|\tau|} = \begin{cases} \sigma^2 e^{k\tau} & \text{für } \tau<0 \\ \sigma^2 e^{-k\tau} & \text{für } \tau>0 \end{cases}$$

und erhält

$$S_{XX}(\omega) = \int_{-\infty}^{\infty} R_{XX}(\tau)\, e^{-j\omega\tau}\, d\tau = \int_{-\infty}^{0} \sigma^2 e^{k\tau} e^{-j\omega\tau}\, d\tau + \int_{0}^{\infty} \sigma^2 e^{-k\tau} e^{-j\omega\tau}\, d\tau \,.$$

Im 1. Teilintegral ist $\tau<0$, deshalb wird dort $R_{XX}(\tau) = \sigma^2 e^{k\tau}$ eingesetzt, im 2. Integral ist $\tau>0$ und $R_{XX}(\tau) = \sigma^2 e^{-k\tau}$.

Die weitere Auswertung führt zu

$$S_{XX}(\omega) = \sigma^2 \int_{-\infty}^{0} e^{\tau(k-j\omega)}\, d\tau + \sigma^2 \int_{0}^{\infty} e^{-\tau(k+j\omega)}\, d\tau =$$

$$= \frac{\sigma^2}{k-j\omega} e^{k\tau} e^{-j\omega\tau} \Big|_{-\infty}^{0} - \frac{\sigma^2}{k+j\omega} e^{-k\tau} e^{-j\omega\tau} \Big|_{0}^{\infty} = \frac{\sigma^2}{k-j\omega} + \frac{\sigma^2}{k+j\omega} = \frac{2k\sigma}{k^2+\omega^2}.$$

Die spektrale Leistungsdichte lautet also in diesem Fall

$$S_{XX}(\omega) = \frac{2k\sigma^2}{k^2+\omega^2}, \tag{4.8}$$

sie ist im rechten Teil von Bild 4.1 skizziert.

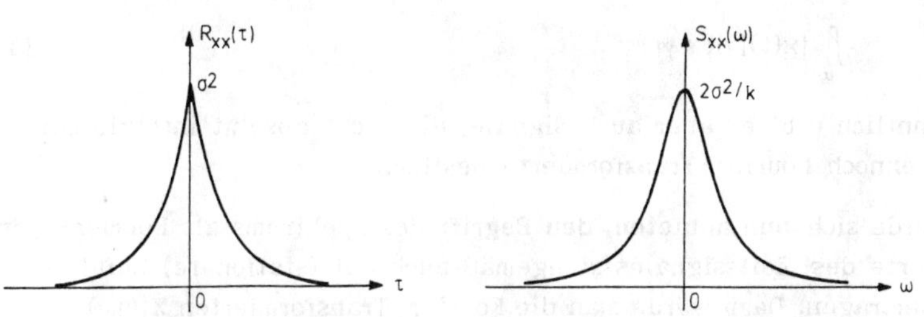

Bild 4.1 Autokorrelationsfunktion nach Gl. 4.7 und zugehörende spektrale Leistungsdichte nach Gl. 4.8

Nach Gl. 4.5 entspricht die Fläche unter der spektralen Leistungsdichte der mittleren Leistung, also

$$E[X^2] = \int_{-\infty}^{\infty} \frac{2k\sigma^2}{k^2+(2\pi f)^2}\, df .$$

Wir brauchen das Integral natürlich nicht auswerten, da wir ja die zugehörende Autokorrelationsfunktion kennen und daraus $E[X^2] = R_{XX}(0) = \sigma^2$ finden.

Zunächst ist es zweckmäßig die spektrale Leistungsdichte auf eine andere Art, nämlich als Zeitmittelwert, einzuführen. Wir werden dabei weitere Eigenschaften der spektralen Leistungsdichte finden und auch Informationen über die physikalische Bedeutung der spektralen Leistungsdichte erhalten.

4.1.2 Die Definition der spektralen Leistungsdichte als Zeitmittelwert

Als Spektrum eines Signales x(t) bezeichnet man üblicherweise dessen Fourier-Transformierte

$$X(j\omega) = \int_{-\infty}^{\infty} x(t)\, e^{-j\omega t}\, dt\,. \tag{4.9}$$

Hinweis Es ist üblich und auch zweckmäßig, die Fourier-Transformierte eines Signales mit dem zugehörenden Großbuchstaben zu bezeichnen. $X(j\omega)$ ist also das Spektrum von $x(t)$. Im Rahmen des hier behandelten Stoffes kann $x(t)$ eine Realisierungsfunktion eines Zufallsprozesses $X(t)$ sein. Der Leser möge im folgenden die sehr unterschiedliche Bedeutung von $X(t)$ und $X(j\omega)$ beachten.

Nicht alle Signale $x(t)$ besitzen eine Fourier-Transformierte. Eine hinreichende Bedingung für die Existenz von $X(j\omega)$ ist die absolute Integrierbarkeit von $x(t)$, d.h.

$$\int_{-\infty}^{\infty} |x(t)|\, dt < \infty\,. \tag{4.10}$$

Bekanntlich gibt es aber auch Signale, die nicht absolut integrierbar sind, und dennoch Fourier-Transformierte besitzen.

Es würde sich nun anbieten, den Begriff des Spektrums als Fourier-Transformierte des Zeitssignales sinngemäß auch auf (stationäre) Zufallssignale zu übertragen. Dazu würde man die Fourier-Transformierten $X_i(j\omega)$ der Realisierungen $x_i(t)$ des Zufallssignales $X(t)$ berechnen. Von praktischer Bedeutung wäre das so gefundene Spektrum sicher nur dann, wenn es, wie die Autokorrelationsfunktion, aus einer beliebigen Realisierung des Zufallsprozesses ermittelt werden könnte. Es wird sich zeigen, daß diese Vorgehensweise nicht zum Ziel führt. Ein Spektrum im oben beschriebenen Sinne existiert für Zufallssignale i.a. nicht.

Für die weiteren Überlegungen gehen wir von einer Realisierung $x(t)$ eines Zufallssignales aus. Im Bild 4.2 ist eine solche Funktion skizziert. Wir können nicht voraussetzen, daß $x(t)$ absolut integrierbar ist und wissen daher nicht sicher, ob zu $x(t)$ eine Fourier-Transformierte $X(j\omega)$ existiert. Aus diesem Grunde wird eine absolut integrierbare Hilfsfunktion

$$x_T(t) = \begin{cases} x(t) \text{ für } |t| < T \\ 0 \text{ für } |t| > T \end{cases} \tag{4.11}$$

eingeführt (siehe Bild 4.2). $x_T(t)$ stimmt in einem zu $t=0$ symmetrischen Bereich der Breite $2T$ mit $x(t)$ überein, außerhalb dieses Intervalles verschwindet $x_T(t)$. Offenbar gilt

$$x(t) = \lim_{T\to\infty} x_T(t). \tag{4.12}$$

Wie erwähnt, und auch unmittelbar einsichtig, ist $x_T(t)$ absolut integrierbar (siehe Gl. 4.10), daher existiert die Fourier-Transformierte

$$X_T(j\omega) = \int_{-\infty}^{\infty} x_T(t)\, e^{-j\omega t}\, dt = \int_{-T}^{T} x(t)\, e^{-j\omega t}\, dt. \tag{4.13}$$

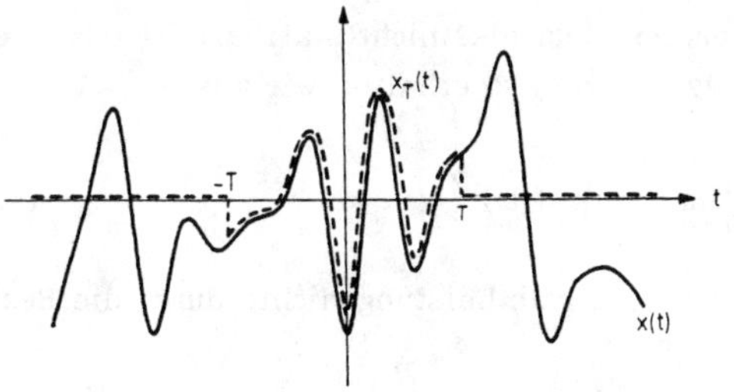

Bild 4.2 Definition des Signales $x_T(t)$

Die mittlere Leistung des ergodischen Zufallssignales entspricht der Fläche unter der spektralen Leistungsdichte (Gln. 4.4, 4.5) und andererseits auch dem Mittelwert $\widetilde{x^2(t)}$ über eine Realsisierungsfunktion:

$$E[X] = \frac{1}{2\pi} \int_{-\infty}^{\infty} S_{XX}(\omega)\, d\omega = \lim_{T\to\infty} \frac{1}{2T} \int_{-T}^{T} x^2(t)\, dt = \lim_{T\to\infty} \frac{1}{2T} \int_{-\infty}^{\infty} x_T^2(t)\, dt = \widetilde{x^2(t)}\,. \tag{4.14}$$

Zur weiteren Auswertung greifen wir auf das sogen. Parseval'sche Theorem zürück (vgl. z.B. [12]). Dieses lautet

$$\int_{-\infty}^{\infty} f^2(t)\, dt = \frac{1}{2\pi} \int_{-\infty}^{\infty} |F(j\omega)|^2 d\omega \tag{4.15}$$

und sagt aus, daß die Fläche unter dem Quadrat der rellen Funktion f(t), bis auf den Faktor $1/(2\pi)$, mit der Fläche unter $|F(j\omega)|^2$ identisch ist. Dabei ist $F(j\omega)$ die Fourier-Transformierte von f(t).

Mit der Fourier-Transformierten $X_T(j\omega)$ nach Gl. 4.13 von $x_T(t)$ lautet das Parseval'sche Theorem

$$\int_{-\infty}^{\infty} x_T^2(t)\, dt = \frac{1}{2\pi} \int_{-\infty}^{\infty} |X_T(j\omega)|^2\, d\omega\,.$$

Setzen wir dieses Ergebnis in Gl. 4.14 ein, so folgt

$$E[X] = \frac{1}{2\pi} \int_{-\infty}^{\infty} S_{XX}(\omega)\, d\omega = \lim_{T\to\infty} \frac{1}{2T} \left(\frac{1}{2\pi} \int_{-\infty}^{\infty} |X_T(j\omega)|^2\, d\omega\right),$$

bzw.

$$\int_{-\infty}^{\infty} S_{XX}(\omega)\, d\omega = \lim_{T\to\infty} \frac{1}{2T} \int_{-\infty}^{\infty} |X_T(j\omega)|^2 d\omega\,. \tag{4.16}$$

Mit dieser Gleichung ist ein Zusammenhang zwischen der spektralen Leistungsdichte und dem Spektrum $X_T(j\omega)$ der durch Gl. 4.11 definierten Funktion $x_T(t)$ hergestellt worden.

Bei einigen bisher durchgeführten Ableitungen haben wir die Reihenfolge von Grenzwertbildung und Integration vertauscht und dabei stillschweigend vorausgesetzt, daß die hierfür notwendigen Bedingungen erfüllt waren. Mit Gl. 4.16 liegt nun ein Fall vor, bei dem dies nicht statthaft ist (siehe z.B. [11]). Wenn wir dies zunächst ignorieren, so erhalten wir aus Gl. 4.16

$$\int_{-\infty}^{\infty} S_{XX}(\omega)\, d\omega \overset{?}{=} \int_{-\infty}^{\infty} \lim_{T\to\infty} \frac{1}{2T} |X_T(j\omega)|^2 d\omega . \tag{4.17}$$

Dann würde es sich anbieten, die spektrale Leistungsdichte durch die Beziehung

$$S_{XX}(\omega) \overset{?}{=} \lim_{T\to\infty} \frac{1}{2T} |X_T(j\omega)|^2 \tag{4.18}$$

festzulegen.

Hinweis Die Definition nach Gl. 4.18 würde sich übrigens nicht zwangsläufig aus der Gültigkeit von Gl. 4.17 ergeben. Daraus, daß die Flächen unter zwei Funktionen gleich groß sind, kann nicht auf die Identität dieser Funktionen geschlossen werden.

Wie schon erwähnt, ist die Vertauschung der Reihenfolge von Grenzwertbildung und Integration bei Gl. 4.16 nicht statthaft und damit kann $S_{XX}(\omega)$ nicht in der Art von Gl. 4.18 erklärt werden. Der Grund dafür, daß Gl. 4.18 nicht richtig sein kann, liegt darin, daß der Grenzwert auf der rechten Seite von Gl. 4.18 i.a. für verschiedene Realisierungen des gleichen Zufallsprozesses zu unterschiedlichen Ergebnissen führt.

Betrachtet man also N verschiedene Realisierungsfunktionen $x_i(t)$ eines ergodischen Zufallsprozesses X(t) mit den nach Gl. 4.13 zugeordneten Fourier-Transformierten $X_{iT}(j\omega)$, so führen i.a. die Grenzwerte

$$\lim_{T\to\infty} \frac{1}{2T} |X_{1T}(j\omega)|^2, \lim_{T\to\infty} \frac{1}{2T} |X_{2T}(j\omega)|^2, \lim_{T\to\infty} \frac{1}{2T} |X_{3T}(j\omega)|^2 \ldots$$

zu ggf. sehr unterschiedlichen (zufälligen) Ergebnissen. Faßt man diese, für jeweils feste Werte des Frequenzparameters ω, als Zufallsereignisse einer Zufallsgröße Z auf, so ist der Erwartungswert die spektrale Leistungsdichte

$$E[Z] = \lim_{N\to\infty} \frac{1}{N} \sum_{i=1}^{N} \left(\lim_{T\to\infty} \frac{1}{2T} |X_{iT}(j\omega)|^2 \right) = S_{XX}(\omega) . \tag{4.19}$$

Auf den Beweis dieser Gleichung soll hier verzichtet werden. In [13], [17] wird als (hinreichende) Voraussetzung für die Gültigkeit von Gl. 4.19 die Bedingung

$$\int_{-\infty}^{\infty} |\tau\, R_{XX}(\tau)|\, d\tau < \infty \qquad (4.20)$$

genannt. Dies bedeutet, daß die Autokorrelationsfunktion $R_{XX}(\tau)$ des Zufallsprozesses für große Werte von τ schneller als $1/\tau$ abnehmen muß.

In [17] wird gezeigt, daß bei den besonders wichtigen normalverteilten Zufallsprozessen die Standardabweichung der vorne erklärten Zufallsvariablen Z mindestens so groß wie der Wert der spektralen Leistungsdichte $S_{XX}(\omega)$ bei dem betreffenden ω-Wert ist, also $\sigma_Z \geq S_{XX}(\omega)$. Dies bedeutet, daß Gl. 4.18 für die wichtige Klasse der normalverteilten Zufallsprozesse auf keinen Fall anwendbar ist.

Für Anwendungen in der Praxis ist die Definition der spektralen Leistungsdichte nach Gl. 4.19 nicht so wichtig. Eine auf dieser Gleichung basierende Meßmethode für $S_{XX}(\omega)$ würde die Durchführung einer großen Zahl zeitaufwendiger Einzelmessungen mit anschließender Mittelwertbildung verlangen.

Aus Gl. 4.19 ist eine weitere Eigenschaft der spektralen Leistungsdichte zu erkennen. $S_{XX}(\omega)$ ist der Erwartungswert einer Zufallsgröße Z, die keine negativen Werte annehmen kann und daraus folgt

$$S_{XX}(\omega) \geq 0. \qquad (4.21)$$

Die spektrale Leistungsdichte ist damit eine reelle und gerade Funktion (siehe Abschnitt 4.1.1), die keine negativen Werte annehmen kann.

Wir können nun auch einsehen, warum der üblicherweise verwendete Begriff des Spektrums, nämlich die Fourier-Transformierte des zugehörenden Zeitsignales, zur Beschreibung von (stationären) Zufallssignalen im Frequenzbereich nicht verwendet werden kann. Aus der Gültigkeit von Gl. 4.19 folgt, daß i.a. die Grenzwerte

$$\lim_{T\to\infty} \frac{|X_{iT}(j\omega)|^2}{2T} \qquad (4.22)$$

existieren müssen, denn sonst könnte die Mittelwertbildung nicht $S_{XX}(\omega)$ ergeben. Formal würde $X_{iT}(j\omega)$ für $T\to\infty$ in das Spektrum $X_i(j\omega)$ der Realisierungsfunktion $x_i(t)$ übergehen (vgl. Gln. 4.12, 4.13). Aus Gl. 4.22 erkennt man, daß der Ausdruck $|X_{iT}(j\omega)|^2$ für $T\to\infty$ unendlich groß werden muß, denn nur dann kann die Division durch 2T einen endlichen Wert des Quotienten $|X_{iT}(j\omega)|^2/(2T)$ zur Folge haben. Wenn man trotzdem vom Spektrum eines (stationären) Zufallssignales spricht, meint man damit die spektrale Leistungsdichte, also die Fourier-Transformierte der Autokorrelationsfunktion.

Einige Aussagen, die sich aus den Spektren determinierter Signale ergeben, gelten sinngemäß auch für Zufallssignale. Ein mit der Frequenz f_g bandbegrenztes determiniertes Signal $x(t)$ liegt dann vor, wenn sein Spektrum die Eigenschaft

$$X(j\omega)=0 \text{ für } |\omega|\geq 2\pi f_g$$

aufweist. Ein Zufallssignal ist mit der Frequenz f_g bandbegrenzt, wenn die spektrale Leistungsdichte die Bedingung erfüllt:

$$S_{XX}(\omega)=0 \text{ für } |\omega|\geq 2\pi f_g.$$

Zur Verdeutlichung dieser Aussage betrachten wir die Funktionen $x_{iT}(t)$, die nach Gl. 4.11 aus den Realisierungen des Zufallsprozesses $x_i(t)$ entstehen. Sind diese Signale $x_{iT}(t)$ mit der Frequenz f_g bandbegrenzt, so gilt

$$X_{iT}(j\omega)=0 \text{ für } |\omega|\geq 2\pi f_g$$

und nach Gl. 4.19 folgt die entsprechende Aussage für die spektrale Leistungsdichte.

Hinweis Zeitbegrenzte Signale besitzen eigentlich stets ein "nichtbegrenztes" Spektrum (vgl. z.B. [20]). Die Aussage, daß $x_{iT}(t)$ mit f_g bandbegrenzt sein soll, ist so zu verstehen, daß die Funktion $X_{iT}(j\omega)$ oberhalb der Frequenz f_g vernachlässigbar klein ist.

4.2 Zusammenstellung von Eigenschaften der spektralen Leistungsdichte und einige Folgerungen

Die im Abschnitt 4.1 abgeleiteten Eigenschaften der spektralen Leistungsdichte werden zusammengestellt und z.T. nochmals kurz erläutert. Es folgen danach einige weitere Aussagen, die mit der spektralen Leitungsdichte zusammenhängen.

Im Abschnitt 4.1.1 wurde die spektrale Leistungsdichte als Fourier-Transformierte der Autokorrelationsfunktion definiert. D.h.

$$S_{XX}(\omega) = \int_{-\infty}^{\infty} R_{XX}(\tau)\, e^{-j\omega\tau}\, d\tau\,,\quad R_{XX}(\tau) = \frac{1}{2\pi}\int_{-\infty}^{\infty} S_{XX}(\omega)\, e^{j\omega\tau}\, d\omega\,. \tag{4.23}$$

Diese Beziehungen sind auch unter dem Namen Wiener-Chintchin-Theorem bekannt.

Neben dieser Definition wurde im Abschnitt 4.1.2 die Beziehung

$$S_{XX}(\omega) = \lim_{N\to\infty} \frac{1}{N} \sum_{i=1}^{N} \left(\lim_{T\to\infty} \frac{1}{2T} |X_{iT}(j\omega)|^2\right) \tag{4.24}$$

abgeleitet. Darin ist $X_{iT}(j\omega)$ die Fourier-Transformierte einer auf den Zeitbereich von −T bis T beschränkten Realisierungsfunktion $x_i(t)$ des Zufallsprozesses (siehe Bild 4.2).

Aus diesen Definitionsgleichungen leiten sich folgende Eigenschaften der spektralen Leistungsdichte ab:

1. "gerade reelle Funktion"
Die spektrale Leistungsdichte ist eine reelle und gerade Funktion

$$S_{XX}(\omega) = S_{XX}(-\omega). \qquad (4.25)$$

Grund: Nach Gl. 4.23 ist $S_{XX}(\omega)$ die Fourier-Transformierte von $R_{XX}(\tau)$. Es gilt $R_{XX}(\tau)=R_{XX}(-\tau)$ und gerade Funktionen besitzen reelle und (in ω) gerade Fourier-Transformierte (vgl. z.B. [12]).

2. "keine negativen Werte"
Die spektrale Leistungsdichte kann keine negativen Werte annehmen:

$$S_{XX}(\omega) \geq 0. \qquad (4.26)$$

Grund: Nach Gl. 4.24 ist $S_{XX}(\omega)$ der Erwartungswert von Zufallsereignissen, die keine negativen Werte annehmen können.

Hinweis
Im Abschnitt 3.2.2 wurde ausgeführt, daß eine Funktion nur dann Autokorrekorrelationsfunktion eines stationären Zufallsprozesses sein kann, wenn sie positiv definit ist (Gl. 3.13). Es läßt sich zeigen (vgl. z.B. [15]), daß die Fourier-Transformierten positiv definiter Funktionen reell sind und keine negativen Werte annehmen können. Zur Prüfung, ob eine gegebene Funktion die Eigenschaften einer Autokorrelationsfunktion aufweist, kann man daher die Fourier-Transformierte dieser Funktion berechnen. Diese Fourier-Transformierte muß dann die Eigenschaften der spektralen Leistungsdichte aufaufweisen. Dieser "Umweg" zur Prüfung, ob die gegebene Funktion positiv definit ist, ist oft leichter durchzuführen, als die unmittelbare Anwendung von Gl. 3.13.

3. "Mittlere Leistung"
Die Fläche unter $S_{XX}(\omega)$ entspricht bis auf den Faktor $1/(2\pi)$ der mittleren Signalleistung. Die Fläche unter der über der Frequenz f aufgetragenen Leistungsdichte ergibt direkt die mittlere Signalleistung:

$$P = E[X^2] = \frac{1}{2\pi} \int_{-\infty}^{\infty} S_{XX}(\omega)\, d\omega = \int_{-\infty}^{\infty} S_{XX}(f)\, df. \qquad (4.27)$$

Grund: In Gl. 4.23 (rechte Beziehung) wird $\tau=0$ gesetzt und beachtet, daß $R_{XX}(0) = E[X^2]$ ist. Die rechte Beziehung von Gl. 4.27 erhält man durch die Substitution $\omega=2\pi f$.

4. "Mittlere Leistung bei Vermeidung negativer Frequenzen"

$S_{XX}(f) = S_{XX}(-f)$ ist eine gerade Funktion, daher ist die Fläche unter $S_{XX}(f)$ von $f=-\infty$ bis $f=0$ gleich der von $f=0$ bis $f=\infty$. Damit folgt aus Gl. 4.27 unter der Bedingung $E[X]=0$:

$$P = E[X^2] = 2\int_0^\infty S_{XX}(f)\,df = \frac{1}{\pi}\int_0^\infty S_{XX}(\omega)\,d\omega\,. \tag{4.28}$$

Diese Beziehung hat gegenüber Gl. 4.27 den Vorteil, daß nur positive Frequenzen betrachtet werden müssen.

Aus physikalischen Gründen wird das Auftreten von negativen Frequenzen als unschön empfunden und es stellt sich die Frage, warum die spektrale Leistungsdichte nicht so definiert wird, daß sie generell für negative Frequenzen verschwindet. Der Grund ist der, daß viele mathematische Beziehungen und Aussagen einfacher formulierbar sind, wenn negative Frequenzen zugelassen werden. So könnte man z.B. im anderen Falle $S_{XX}(\omega)$ nicht mehr ohne weiteres als Fourier-Transformierte von $R_{XX}(\tau)$ bezeichnen. In der (Elektro-) Technik benutzt man häufig Begriffe, die zwar zu einer einfacheren Berechnung physikalischer Vorgänge führen, die aber selbst physikalisch nicht gemessen werden können. Ein Beispiel hierzu ist übrigens auch die komplexe Rechnung, wo komplexe (physikalisch unmögliche) Ströme und Spannungen eingeführt werden.

Voraussetzung für die Gültigkeit von Gl. 4.28 ist, daß in $S_{XX}(f)$ kein Dirac-Impuls bei $f=0$ auftritt und diese Voraussetzung ist im Fall $E[X]=0$ erfüllt.

Beweis

Mit $R_{XX}(\infty) = (E[X])^2$ können wir die Autokorrelationsfunktion in der Form

$$R_{XX}(\tau) = (E[X])^2 + R_{\tilde{X}\tilde{X}}(\tau)$$

darstellen, wobei $R_{\tilde{X}\tilde{X}}(\infty)=0$ ist (vgl. auch Punkt 4 im Abschnitt 3.2.1). Die Fourier-Transformation von $R_{XX}(\tau)$ führt zur spektralen Leistungsdichte

$$S_{XX}(\omega) = (E[X])^2\, 2\pi\delta(\omega) + S_{\tilde{X}\tilde{X}}(\omega)\,.$$

Im Falle $E[X]=0$ verschwindet der Dirac-Impuls bei $S_{XX}(\omega)$

5. "Mittlere Leistung in einem Frequenzbereich, Messung von $S_{XX}(\omega)$"

Der Anteil der mittleren Leistung eines Zufallssignales in einem Frequenzbereich von f_1 bis f_2 beträgt

$$P_{f_1 f_2} = 2\int_{f_1}^{f_2} S_{XX}(f)\,df = \frac{1}{\pi}\int_{\omega_1}^{\omega_2} S_{XX}(\omega)\,d\omega\,. \tag{4.29}$$

Grund: Vgl. hierzu die Ausführungen am Schluß von Abschnitt 4.1.2.

Zur Messung von $P_{f_1f_2}$ gemäß Gl. 4.29 schaltet man vor das Meßgerät (für quadratische Mittelwerte bzw. Effektivwerte) einen möglichst steilen Bandpaß, dessen Durchlaßbereich von f_1 bis f_2 reicht. Dies bedingt eine "Sperrung" aller Frequenzanteile außerhalb des interessierenden Frequenzbereiches. Eine genauere Begründung dieser Aussage erfolgt im Abschnitt 5.1.3.

Gl. 4.29 ist die Grundlage für eine Meßmethode zur unmittelbaren Bestimmung der spektralen Leistungsdichte. Vor das Meßgerät wird ein durchstimmbarer Bandpaß mit einer möglichst kleinen Bandbreite Δf geschaltet. Das Meßergebnis $P_{f_1f_2} \approx 2S_{XX}(f)\Delta f$ ist proportional zur spektralen Leistungsdichte bei der eingestellten Bandpaßfrequenz. Eine andere Messung der Leistungsdichte führt über die Messung der Autokorrelationsfunktion und anschließender Fourier-Transformation.

6. "Spektrale Leistungsdichte für abgeleitete Signale"
Ist $S_{XX}(\omega)$ die spektrale Leistungsdichte eines Zufallssignales $X(t)$, so hat das Zufallssignal $X'(t)$, also das differenzierte Zufallssignal, die spektrale Leistungsdichte

$$S_{X'X'}(\omega) = \omega^2 S_{XX}(\omega) . \tag{4.30}$$

Grund: Ist $F(\omega)$ die Fourier-Transformierte einer Funktion $f(t)$, so hat die zweifach abgeleitete Zeitfunktion $f''(t)$ die Fourier-Transformierte $(j\omega)^2 F(j\omega) = -\omega^2 F(j\omega)$ (vgl. z.B. [12]). Nach Gl. 3.12 gilt

$$R_{X'X'}(\tau) = \frac{-d^2 R_{XX}(\tau)}{d\tau^2}$$

Die Anwendung der genannten Differentiationsregel im Frequenzbereich führt zu Gl. 4.30. Bei der Anwendung von Gl. 4.30 ist natürlich darauf zu achten, daß der zugrunde liegende Zufallsprozeß differenzierbar ist (vgl. dazu die Abschnitte 2.2.2 und 3.2.2).

Gl. 4.30 ist selbstverständlich erweiterbar. Die spektrale Leistungsdichte von $X''(t)$ lautet $S_{X''X''}(\omega) = \omega^4 S_{XX}(\omega)$ usw..

7. "Produkt von Korrelationsdauer und Bandbreite"
Die Bandbreite eines Zufallssignales kann folgendermaßen definiert werden

$$B = \frac{1}{S_{XX}(0)} \int_{-\infty}^{\infty} S_{XX}(\omega)\, d\omega . \tag{4.31}$$

Dies bedeutet, daß die Fläche unter $S_{XX}(\omega)$ durch eine Rechteckfläche mit der Höhe $S_{XX}(0)$ und der Breite B (von $\omega=-B/2$ bis $\omega=B/2$) ersetzt wird. Mit der nach Gl. 3.11 erklärten Korrelationsdauer

$$\tau_0 = \frac{1}{R_{XX}(0)} \int_{-\infty}^{\infty} R_{XX}(\tau)\, d\tau$$

ergibt das Produkt

$$B\tau_0 = 2\pi, \tag{4.32}$$

also einen konstanten Wert.

Beweis Aus Gl. 4.23 erhält man

$$S_{XX}(0) = \int_{-\infty}^{\infty} R_{XX}(\tau)\, d\tau, \; 2\pi R_{XX}(0) = \int_{-\infty}^{\infty} S_{XX}(\omega)\, d\omega,$$

damit wird

$$\tau_0 = \frac{S_{XX}(0)}{R_{XX}(0)}, \; B = 2\pi \frac{R_{XX}(0)}{S_{XX}(0)}$$

und schließlich $\tau_0 B = 2\pi$.

Zur Gl. 4.32 gibt es eine entsprechende Beziehung für determinierte Signale, die Fourier-Transformierte besitzen. Diese sogen. Unschärfebeziehung sagt aus, daß das Produkt aus Impuls- und Bandbreite konstant ist (vgl. [12]). Es soll erwähnt werden, daß es außer der hier verwendeten Definition für die Korrelationsdauer und die Bandbreite auch andere Festlegungen gibt (vgl. z.B. [20]). Die prinzipielle Aussage von Gl. 4.32 bleibt auch bei anderen Festlegungen erhalten. Lediglich der Wert des (konstanten) Produktes $\tau_0 B$ ändert sich.

8. "Abtasttheorem für Zufallssignale"

X(t) sei ein mit der Frequenz f_g bandbegrenztes Zufallssignal, d.h.

$$S_{XX}(\omega) = 0 \text{ für } |\omega| > 2\pi f_g .$$

Dann kann X(t) durch seine "Abtastwerte" im Abstand $\pi/\omega_g = 1/(2f_g)$ eindeutig dargestellt werden, es gilt

$$X(t) = \sum_{\nu=-\infty}^{\infty} X\left(\nu \frac{\pi}{\omega_g}\right) \frac{\sin(\omega_g t - \nu\pi)}{\omega_g t - \nu\pi} . \tag{4.33}$$

Hinweis Gl. 4.33 entspricht formal dem Abtasttheorem für bandbegrenzte determinierte Signale (vgl. z.B. [12]). Es sollte aber beachtet werden, daß die in Gl. 4.33 auftretenden Ausdrücke $X(\nu\pi/\omega_g)$ Zufallsgrößen sind. Das Abtasttheorem ist in gleicher Weise für einzelne Realisierungsfunktionen des (bandbegrenzten) Zufallsprozesses anwendbar. D.h. die Realisierungsfunktionen sind ebenfalls durch ihre Abtastwerte im Abstand $1/(2f_g)$ festgelegt.

4.3 Beispiele für spektrale Leistungsdichten

4.3.1 Die spektrale Leistungsdichte bei weißem Rauschen

Im Abschnitt 3.2.4 wurde der Begriff "weißes Rauschen" eingeführt. Die Autokorrelationsfunktion von weißem Rauschen lautet (siehe Gl. 3.17):

$$R_{XX}(\tau) = k\delta(\tau),\ k>0.$$

Die Fourier-Transformierte führt zur spektralen Leistungsdichte

$$S_{XX}(\omega) = k\ ,\ k>0\ . \qquad (4.34)$$

Autokorrelationsfunktion und spektrale Leistungsdichte von weißem Rauschen sind im Bild 4.3 skizziert.

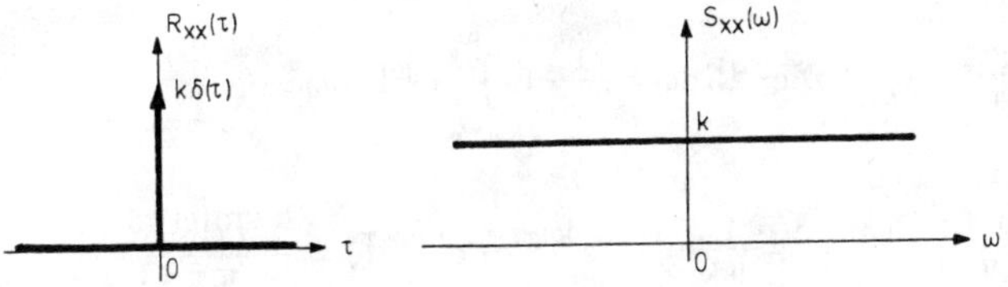

Bild 4.3 Autokorrelationsfunktion und spektrale Leistungsdichte bei weißem Rauschen

Der Name weißes Rauschen lehnt sich an den aus der Optik bekannten Begriff des weißen Lichtes an. In diesem Sinne spricht man manchmal auch von "farbigen Rauschen" um auszudrücken, daß keine konstante Leistungsdichte vorliegt.

Weißes Rauschen hat eine unendlich große mittlere Leistung. Dies ist unmittelbar aus Bild 4.3 erkennbar, denn die Fläche unter $S_{XX}(\omega)$ ist unendlich groß (vgl. Gl. 4.27). Weißes Rauschen ist ein Modell für ein Rauschsignal, das in einem sehr breiten Frequenzbereich eine konstante spektrale Leistungsdichte aufweist.

Ein an praktischen Gegebenheiten oft besser angepaßtes Modell ist das sogen. "bandbegrenzte weiße Rauschen" mit der rechts im Bild 4.4 skizzierten Leistungsdichte

$$S_{XX}(\omega) = \begin{cases} k \text{ für } |\omega|<\omega_g \\ 0 \text{ für } |\omega|>\omega_g \end{cases},\ k>0\ . \qquad (4.35)$$

Bandbegrenztes weißes Rauschen enthält keine Frequenzanteile oberhalb einer Grenzfrequenz f_g.

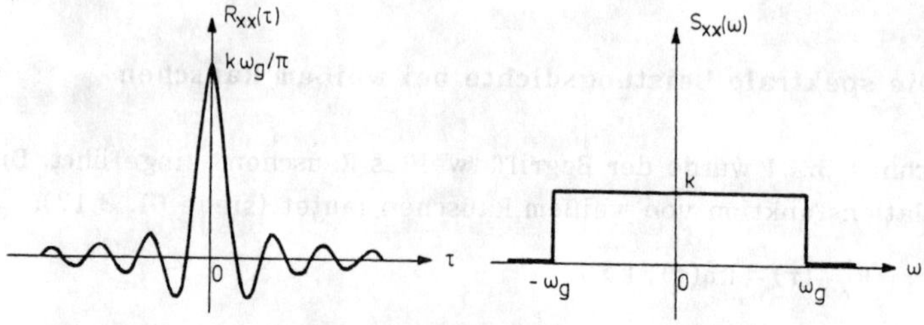

Bild 4.4 Autokorrelationsfunktion und spektrale Leistungsdichte bei bandbegrenztem weißem Rauschen

Mit Gl. 4.23 findet man die Autokorrelationsfunktion von bandbegrenztem weißem Rauschen:

$$R_{XX}(\tau) = \frac{1}{2\pi}\int_{-\infty}^{\infty} S_{XX}(\omega)\, e^{j\omega\tau}\, d\omega = \frac{1}{2\pi}\, k \int_{-\omega_g}^{\omega_g} e^{j\omega\tau}\, d\omega =$$

$$= \frac{1}{2\pi}\,\frac{1}{jt}\, e^{j\omega\tau}\Big|_{-\omega_g}^{\omega_g} = \frac{1}{\pi t}\,\frac{1}{2j}\,(e^{j\omega_g\tau} - e^{-j\omega_g\tau}) = \frac{k\sin(\omega_g\tau)}{\pi\tau}. \qquad (4.36)$$

Diese, in Bild 3.4 und nochmals links in Bild 4.4 skizzierte Autokorrelationsfunktion wurde bereits im 3. Beispiel des Abschnittes 3.2.3 (Gl. 3.16) behandelt.

Im Fall $\omega_g \to \infty$ geht die Leistungsdichte von bandbegrenztem weißen Rauschen in die von weißem Rauschen über. Im Abschnitt 3.2.4 wurde ausgeführt, daß $R_{XX}(\tau)$ nach Gl. 4.36 für $\omega_g \to \infty$ in $R_{XX}(\tau) = k\,\delta(\tau)$, also die Autokorrelationsfunktion von weißem Rauschen übergeht.

Wird bandbegrenztes weißes Rauschen als Eingangssignal für ein System mit Tiefpaßcharakter verwendet, so wirkt es genau wie weißes Rauschen, wenn ω_g nur hinreichend größer als die Grenzfrequenz des tiefpaßartigen Systems ist. In solchen Fällen rechnet man mit weißem Rauschen als Eingangssignal, wenn dies zu einfacheren mathematischen Ausdrücken und Lösungsverfahren führt. Eine genauere Begründung für diese Aussage folgt im Beispiel 2 vom Abschnitt 5.1.3.3.

Beispiel 1

Handelsübliche Rauschgeneratoren liefern i.a. bandbegrenztes weißes Rauschen, d.h. (normalverteilte) Zufallssignale mit einer Leistungsdichte nach Gl. 4.35. Beispiel für die Angabe auf einem solchen Gerät (siehe [6]): Leistungsdichte $1\cdot 10^{-3}\,V^2 s$ von −4500 Hz bis 4500 Hz, Mittelwert ≤ 20 mV.

Die mittlere Leistung beträgt bei einem solchen Gerät

$$E[X^2] = \int_{-\infty}^{\infty} S_{XX}(f)\, df = \int_{-4500}^{4500} 10^{-3}\, df = 9\,V^2.$$

Messen kann man sie mit einem für Effektivwertmessungen geeigneten Spannungsmesser, der in diesem Fall $U_{eff} = 3\,V$ anzeigen würde. Der Mittelwert ist in diesem Fall vernachlässigbar klein, d.h. $E[X] \approx 0$.

Beispiel 2

Sogen. thermisches Rauschen der freien Elektronen in Leitern führt zu einer Rauschspannung, die an den Klemmen eines (stromlosen) Widerstands gemessen werden kann.

Für den "rauschenden" Widerstand kann man die im Bild 4.5 angegebenen Ersatzschaltungen verwenden (vgl. z.B. [2], [14]). Die in der Mitte von Bild 4.5 skizzierte Ersatzschaltung besteht aus der Reihenschaltung eines nichtrauschenden Widerstandes mit einer Spannungsquelle. U(t) ist ein stationärer, normalverteilter Zufallsprozeß mit der spektralen Leistungsdichte

$$S_{UU}(\omega) = 2kRT. \tag{4.37}$$

Es handelt sich also um weißes Rauschen. Dabei ist $k = 1{,}38\,10^{-23}\ VAsK^{-1}$ die Bolzmann'sche Konstante und T die absolute Temperatur.

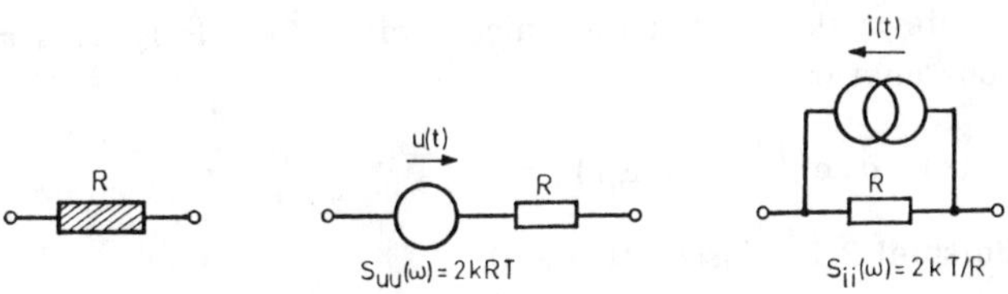

Bild 4.5 Ersatzspannungsquelle und Ersatzstromquelle eines "rauschenden" Widerstandes

Die Schaltung kann (bzg. ihrer Klemmen) in die rechts im Bild 4.5 skizzierte Schaltung mit einer Stromquelle umgerechnet werden. Die spektrale Leistungsdichte des Stromes lautet

$$S_{II}(\omega) = \frac{1}{R} 2kT = 2kGT. \tag{4.38}$$

Beweis

Beide Schaltungen werden (an den Klemmen) unbelastet betrachtet.
Klemmenspannung bei mittlerer Schaltung: U(t),
Klemmenspannung bei rechter Schaltung: R I(t).
Beide Schaltungen sollen (bzgl. ihres Klemmenverhaltens) äquivalent sein, daher wird U(t) = R I(t). Dann erhalten wir weiter

$I(t) = U(t)/R$, $R_{II}(\tau) = E[I(t)I(t+\tau)] = E[U(t)U(t+\tau)]/R^2 = R_{UU}(\tau)/R^2$ und
$S_{II}(\omega) = S_{UU}(\omega)/R^2 = 2kT/R$.

Zahlenwertbeispiel

Gegeben sei ein Widerstand von $R=10^7$ Ohm bei $T=300$ K. Wir denken uns eine Meßanordnung mit der die Rauschspannung an dem Widerstand gemessen werden kann und nehmen an, daß das Meßgerät Frequenzen bis zu 1 MHz mißt. D.h. Frequenzanteile oberhalb von 1 MHz werden unterdrückt. Das Meßgerät würde den Effektivwert

$$U_{eff} = \sqrt{\widetilde{u^2(t)}}$$

anzeigen. Dabei ist

$$\widetilde{u^2(t)} = \int_{-f_g}^{f_g} S_{UU}(f)\,df = \int_{-10^{-6}}^{10^6} 2kRT\,df = 4f_g kRT = 1{,}656\,10^{-7}\,V^2.$$

Das Meßgerät also würde eine Effektivspannung von $U_{eff} = \sqrt{1{,}656\,10^{-7} V^2} \approx$ 0,41 mV anzeigen.

4.3.2 Weitere Beispiele

1. Gesucht ist die spektrale Leistungsdichte eines Zufallssignales mit der Autokorrelationsfunktion

$$R_{XX}(\tau) = \sigma^2 e^{-k|\tau|} \cos(\omega_0 \tau)\,,\ \tau > 0 \qquad (4.39)$$

(siehe auch Beispiel 2 im Abschnitt 3.2.3).

$R_{XX}(\tau)$ ist links im Bild 4.6 und auch im Bild 3.3 mit den Werten $\sigma^2 = 0{,}04$, $k=1$, $\omega_0 = \pi$ skizziert.

Durch Berechnung mit Gl. 4.23 oder unter Verwendung einer Korrespondenztabelle für die Fourier-Transformation (Anhang) erhält man die Leistungsdichte

$$S_{XX}(\omega) = 2k\sigma^2 \frac{\omega^2 + k^2 + \omega_0^2}{\omega^4 + 2\omega^2(k^2 - \omega_0^2) + (k^2 + \omega_0^2)^2}\,. \qquad (4.40)$$

$S_{XX}(\omega)$ ist im rechten Teil von Bild 4.6 skizziert.

Aus $S_{XX}(\omega)$ findet man nach Gl. 4.27 die mittlere Leistung

$$E[X^2] = \frac{1}{2\pi} \int_{-\infty}^{\infty} S_{XX}(\omega)\,d\omega\,.$$

Im vorliegenden Fall kann man auf die Berechnung dieses Integrals verzichten, denn es gilt $E[X^2] = R_{XX}(0) = \sigma^2$ (vgl. Gl. 4.39).

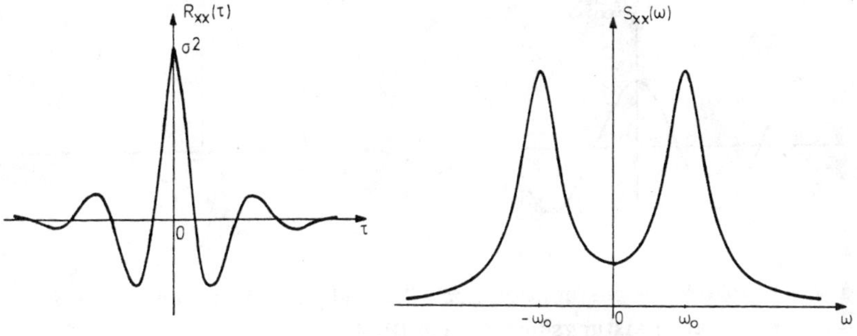

Bild 4.6 Autokorrelationsfunktion nach Gl. 4.39 und prinzipieller Verlauf der zugehörenden spektralen Leistungsdichte (Gl. 4.40)

2. Gesucht wird die spektrale Leistungsdichte des im 1. Beispiel von Abschnitt 2.3.4 untersuchten ergodischen Zufallssignales

$$X(t) = \cos(\omega_0 t + \Phi) .$$

Φ ist dabei eine im Intervall $(0, 2\pi)$ gleichverteilte Zufallsgröße. Nach Gl. 2.59 ist

$$R_{XX}(\tau) = \frac{1}{2}\cos(\omega_0\tau) \tag{4.41}$$

und mit Hilfe einer Korrespondenztabelle (Anhang) erhalten wir

$$S_{XX}(\omega) = \frac{\pi}{2}\,\delta(\omega+\omega_0) + \frac{\pi}{2}\,\delta(\omega-\omega_0) . \tag{4.42}$$

$R_{XX}(\tau)$ und $S_{XX}(\omega)$ sind im Bild 4.7 dargestellt.

Aus Gl. 4.42 und auch aus der Skizze von $S_{XX}(\omega)$ erkennt man, daß die mittlere Leistung des Zufallssignales alleine bei der Frequenz ω_0 (und $-\omega_0$) "konzentriert" auftritt. Diese Aussage ist plausibel, denn die Realisierungsfunktionen von $X(t)$ sind Cosinusschwingungen $x_i(t) = \cos(\omega_0 t + \varphi_i)$ mit der Kreisfrequenz ω_0.

Ausgehend von der Schreibweise

$$x_i(t) = \cos(\omega_0 t + \varphi_i) = \frac{1}{2}\, e^{j\varphi_i}\, e^{j\omega_0 t} + \frac{1}{2}\, e^{-j\varphi}\, e^{-j\omega_0 t}$$

ist die folgende Interpretation möglich:

$x_i(t)$ besteht aus zwei Signalanteilen. Der 1. Summand ist eine (komplexe) Schwingung mit der Kreisfrequenz ω_0. Der 2. Summand kann als eine (komplexe) Schwingung mit der Kreisfrequenz $-\omega_0$ aufgefaßt werden und erklärt den bei $-\omega_0$ auftretenden Dirac-Impuls bei $S_{XX}(\omega)$.

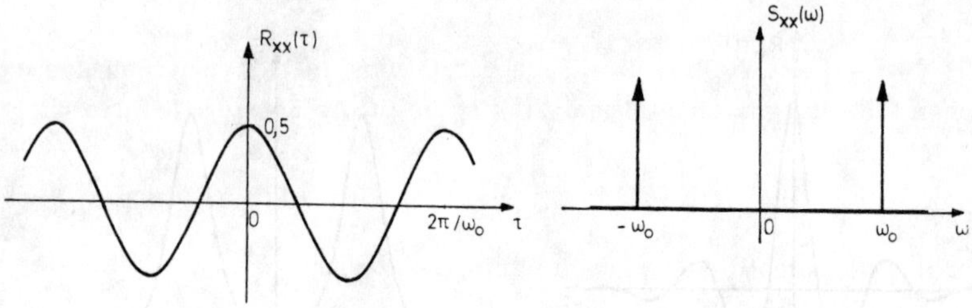

Bild 4.7 Autokorrelationsfunktion nach Gl. 4.41 und die zugehörende spektrale Leistungsdichte nach Gl. 4.42

3. Gesucht ist die spektrale Leistungsdichte des im 2. Beispiel von Abschnitt 2.3.4 beschriebenen Zufallssignales.

Bild 2.6 zeigt eine Realisierung, Bild 2.7 die Autokorrelationsfunktion des Zufallssignales. Nach Gl. 2.61 war

$$R_{XX}(\tau) = \begin{cases} 0 \text{ für } |\tau| > T \\ 1 - |\tau|/T \text{ für } |\tau| < T \end{cases} . \tag{4.43}$$

Die Fourier-Transformierte von $R_{XX}(\tau)$ führt zur spektralen Leistungsdichte (siehe Korrespondenzentabelle im Anhang)

$$R_{XX}(\tau) = \frac{4 \sin^2(\omega T/2)}{T\omega^2} . \tag{4.44}$$

$R_{XX}(\tau)$ und $S_{XX}(\omega)$ sind im Bild 4.8 aufgetragen.

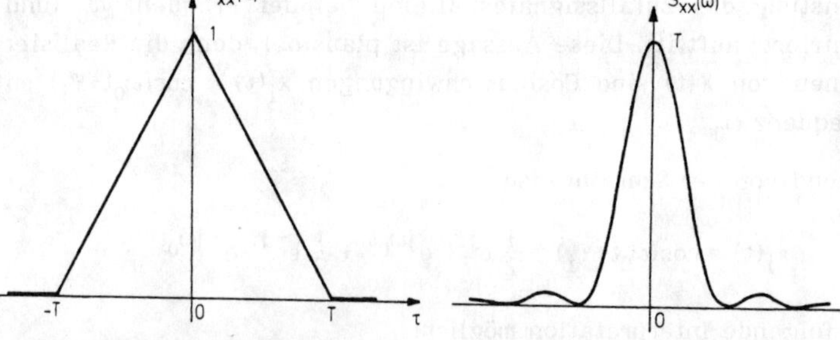

Bild 4.8 Autokorrelationsfunktion nach Gl. 4.43 und die zugehörende spektrale Leistungsdichte nach Gl. 4.44

4.4 Die Kreuzleistungsdichte

Ist $R_{XY}(\tau) = E[X(t)Y(t+\tau)]$ die Kreuzkorrelationsfunktion zwischen den ergodischen Zufallssignalen X(t) und Y(t), so heißt die Fourier-Transformierte

$$S_{XY}(\omega) = \int_{-\infty}^{\infty} R_{XY}(\tau)\, e^{-j\omega\tau}\, d\tau \tag{4.45}$$

Kreuzleistungsdichte oder Kreuzleistungsspektrum.

Nach der Rücktransformationsformel der Fourier-Transformation gilt umgekehrt

$$R_{XY}(\tau) = \frac{1}{2\pi} \int_{-\infty}^{\infty} S_{XY}(\omega)\, e^{j\omega\tau}\, d\omega\,. \tag{4.46}$$

Die Definition des Kreuzleistungsspektrums als Fourier-Transformierte der Kreuzkorrelationsfunktion ist analog zur Definition der spektralen Leistungsdichte als Fourier-Transformierte der Autokorrelationsfunktion (Gln. 4.1, 4.2). Eine besonders wichtige physikalische Bedeutung kommt der Kreuzleistungsdichte im Gegensatz zur spektralen Leistungsdichte i.a. nicht zu. Die Kreuzleistungsdichte spielt bei der Berechnung von Systemreaktionen auf Zufallssignale eine wichtige Rolle. Wir werden sie im Abschnitt 5.2 anwenden.

Im Abschnitt 3.3.1 wurde neben $R_{XY}(\tau) = E[X(t)Y(t+\tau)]$ eine weitere Kreuzkorrelationsfunktion $R_{YX}(\tau) = E[Y(t)X(t+\tau)]$ eingeführt. Daher gibt es auch eine Kreuzleistungsdichte $S_{YX}(\omega)$ als Fourier-Transformierte von $R_{YX}(\tau)$. Aus der im Abschnitt 3.3.1 angegebenen Gl. 3.25

$$R_{XY}(-\tau) = R_{YX}(\tau)$$

leitet sich die Beziehung ab:

$$S_{YX}(\omega) = S_{XY}(-\omega) = S^*_{XY}(\omega)\,. \tag{4.47}$$

Beweis Aus Gl. 4.45 wird für negative ω-Werte

$$S_{XY}(-\omega) = \int_{-\infty}^{\infty} R_{XY}(\tau)\, e^{j\omega\tau}\, d\tau\,.$$

Mit der Substitution $u=-\tau$ $(d\tau=-du)$ folgt

$$S_{XY}(-\omega) = -\int_{\infty}^{-\infty} R_{XY}(-u)\, e^{-j\omega u}\, du = \int_{-\infty}^{\infty} R_{XY}(-u)\, e^{-j\omega u}\, du\,.$$

Setzt man $R_{XY}(-u) = R_{YX}(u)$, so wird

$$S_{XY}(-\omega) = \int_{-\infty}^{\infty} R_{YX}(u)\, e^{-j\omega u}\, du = S_{YX}(\omega)\,,$$

denn dies ist die Fourier-Transformierte von $R_{YX}(\omega)$.

4.5 Die Beschreibung von zeitdiskreten Zufallssignalen im Frequenzbereich

Tastet man ein Zufallssignal X(t) im Abstand T ab, so entsteht ein zeitdiskreter Zufallsprozeß X(n)=X(nT). Natürlich ist die Abtastung eines zeitkontinuierlichen Zufallsprozesses nicht die einzige Entstehungsmöglichkeit eines zeitdiskreten Zufallssignales. So können z.B. von einem Rechner hintereinander erzeugte Zufallszahlen als Werte der Realisierung eines zeitdiskrekreten Signales aufgefaßt werden. Im Abschnitt 2.1.2.1 wurde gezeigt, wie ein zeitdiskretes Zufallssignal durch Würfelexperimente erzeugt werden kann.

Bei zeitdiskreten ergodischen Zufallsprozessen berechnet man die Autokorrelationsfunktion nach Gl. 2.42:

$$R_{XX}(m) = \lim_{N\to\infty} \frac{1}{N} \sum_{n=0}^{N-1} x(n)x(n+m)\,,$$

oder bei symmetrischen Summationsgrenzen

$$R_{XX}(m) = \lim_{N\to\infty} \frac{1}{2N+1} \sum_{n=-N}^{N} x(n)x(n+m)\,. \tag{4.48}$$

Ist x(n) durch Abtastung einer Funktion x(t) entstanden, also x(n)=x(nT), so entspricht der Wert m der "Verschiebungszeit" τ=mT, d.h. $R_{XX}(m)=R_{XX}(mT)$.

$R_{XX}(mT)$ kann man sich ebenfalls durch Abtastung einer zeitkontinuierlichen Autokorrelationsfunktion $R_{XX}(\tau)$ entstanden denken. Wir definieren mit den Abtastwerten $R_{XX}(mT)$ eine Funktion

$$\tilde{R}_{XX}(\tau) = \sum_{m=-\infty}^{\infty} R_{XX}(mT)\,\delta(\tau-mT)\,. \tag{4.49}$$

Bild 4.9 zeigt eine Darstellung für diese Funktion im Fall $R_{XX}(\tau)=\sigma^2 e^{-k|\tau|}$. $\tilde{R}_{XX}(\tau)$ besteht aus einer Folge von Dirac-Impulsen zu den Zeitpunkten 0, ±T, ±2T, usw.. Diese Dirac-Impulse sind mit Faktoren multipliziert, deren Werte der Autokorrelationsfunktion an den entsprechenden Stellen entsprechen. Um dies deutlich zu machen, wurde bei der Darstellung im Bild 4.9 die Höhe der die Dirac-Impulse symbolisierenden Pfeile proportional zu der Größe der Vorfaktoren gemacht.

Die Fourier-Transformierte von $\tilde{R}_{XX}(\tau)$

$$\tilde{S}_{XX}(\omega) = \sum_{m=-\infty}^{\infty} R_{XX}(mT)\, e^{-j\omega mT} \tag{4.50}$$

kann als spektrale Leistungsdichte bei zeitdiskreten Zufallsprozessen interpretiert werden.

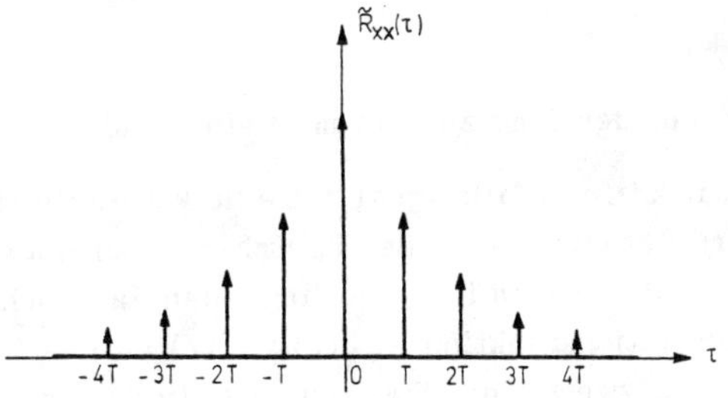

Bild 4.9 $\tilde{R}_{XX}(\tau)$ nach Gl. 4.49 als Hilfsfunktion zur Definition der spektralen Leistungsdichte bei zeitdiskreten Signalen

Hinweise

1. Bei der Berechnung der Fourier-Transformierten von $R_{XX}(\tau)$ sind die Korrespondenzen $\delta(\tau) ○\!\!- 1$ und $\delta(\tau - mT) ○\!\!- e^{-jm\omega T}$ (Zeitverschiebungssatz) zu beachten.

2. Setzt man in Gl. 4.50 $e^{j\omega T} = z$, so erhält man die zweiseitige z-Transformierte der Folge $R_{XX}(mT)$:

$$S_{XX}(z) = \sum_{m=-\infty}^{\infty} R_{XX}(mT)\, z^{-m}, \quad z = e^{j\omega T}. \tag{4.51}$$

Damit kann die spektrale Leistungsdichte für zeitdiskrete Zufallssignale auch als (zweiseitige) z-Transformierte der Wertefolge $R_{XX}(mT)$ für $z = e^{j\omega T}$ aufgefaßt werden. Der Zusammenhang zwischen den Gln. 4.50 und 4.51 lautet

$$\tilde{S}_{XX}(\omega) = S_{XX}(z = e^{j\omega T}). \tag{4.52}$$

Beispiel 1

Es wird ein zeitdikretes Zufallssignal mir der Autokorrelationsfunktion

$$R_{XX}(mT) = \begin{cases} k \text{ für } m=0 \\ 0 \text{ für } m \neq 0 \end{cases} = k\,\delta(n). \tag{4.53}$$

betrachtet. Ein Zufallssignal mit einer solchen Autokorrelationsfunktion kann z.B. dadurch erzeugt werden, daß zu den Zeitpunkten mT $(m = 0, \pm 1, \pm 2 \ldots)$ voneinander unabhängige Zufallszahlen erzeugt werden.

Mittelwert dieser Zufallszahlen: $E[X] = 0$, denn die Autokorrelationsfunktion hat für $m = \infty$ den Wert 0 (vgl. Gl. 3.8).

Streuung dieser Zufallszahlen: $\sigma_X^2 = k$, denn es gilt $\sigma_X^2 = R_{XX}(0) - R_{XX}(\infty) = k$ (vgl. Gl. 3.6).

Ein Zufallssignal dieser Art wurde im Abschnitt 2.1.2.1 behandelt, dort entsprachen die Signalwerte den Augenzahlen bei Würfelexperimenten.

Mit $R_{XX}(mT)$ nach Gl. 4.53 folgt aus Gl. 4.50

$$\tilde{S}_{XX}(\omega) = k, \tag{4.54}$$

in der Summe liefert nur der Summand bei m=0 einen Beitrag.

Das vorliegende zeitdiskrete Zufallssignal hat eine konstante spektrale Leistungsdichte und wird deshalb als weißes Rauschen bezeichnet. Es muß jedoch beachtet werden, daß $R_{XX}(mT)$ im vorliegenden Fall nicht durch "Abtastung" der Autokorrelationsfunktion $R_{XX}(\tau) = k\,\delta(\tau)$ entstanden sein kann. Grund: $\delta(t)$ kann als Grenzwert einer Funktion $\Delta(t)$ (vgl. Bild 1.9) aufgefaßt werden und es gilt $\Delta(t)\to\infty$ für $\epsilon\to 0$ und $t\to 0$.

Beispiel 2

Die Autokorrelationsfunktion eines zeitdiskreten Zufallssignales lautet

$$R_{XX}(mT) = \sigma^2 e^{-k|m|T},\ k>0. \tag{4.55}$$

Die Werte $R_{XX}(mT)$ entsprechen den im Abstand T abgetasteten Werten der zeitkontinuierlichen Autokorrelationsfunktion (siehe Bild 4.1):

$$R_{XX}(\tau) = \sigma^2 e^{-k|\tau|},\ k>0. \tag{4.56}$$

Mit $R_{XX}(mT)$ nach Gl. 4.55 erhalten wir die spektrale Leistungsdichte (Gl. 4.50):

$$\tilde{S}_{XX}(\omega) = \sum_{m=-\infty}^{\infty} \sigma^2 e^{-k|m|T}\, e^{-j\omega mT}. \tag{4.57}$$

Auswertung

Mit $R_{XX}(mT) = \sigma^2 e^{-kmT}$ für $m\geq 0$ und $R_{XX}(mT) = \sigma^2 e^{kmT}$ für $m<0$ wird

$$\tilde{S}_{XX}(\omega) = \sigma^2 \sum_{m=0}^{\infty} e^{-mT(k+j\omega)} + \sigma^2 \sum_{m=-\infty}^{-1} e^{mT(k-j\omega)} = S_1 + S_2. \tag{4.58}$$

<u>1. Teilsumme:</u>

$$S_1 = \sigma^2 \sum_{m=0}^{\infty} (e^{-T(k+j\omega)})^m = \sigma^2 (1 + e^{-T(k+j\omega)} + (e^{-T(k+j\omega)})^2 + \dots).$$

S_1 ist die Summe einer (unendlichen) geometrischen Reihe der Form

$$S_1 = \sigma^2 (1 + q + q^2 + q^3 + \dots),\ q = e^{-T(k+j\omega)}.$$

Da $|q| = e^{-kT} < 1$ ist (k>0 war vorausgesetzt), konvergiert diese, es wird

$$S_1 = \sigma^2 \frac{1}{1-q}$$

und wir erhalten

$$S_1 = \frac{\sigma^2}{1-e^{-T(k+j\omega)}} = \frac{\sigma^2}{1-e^{-kT}e^{-j\omega T}} = \frac{\sigma^2 e^{kT}}{e^{kT}-e^{-j\omega T}}. \tag{4.59}$$

2. Teilsumme:

Mit n=−m erhalten wir

$$S_2 = \sigma^2 \sum_{m=-\infty}^{-1} e^{mT(k-j\omega)} = \sigma^2 \sum_{n=\infty}^{1} e^{-nT(k-j\omega)} = \sigma^2 \sum_{n=1}^{\infty} e^{-nT(k-j\omega)} =$$

$$= \sigma^2 \sum_{n=1}^{\infty} (e^{-T(k-j\omega)})^n = \sigma^2 (e^{-T(k-j\omega)} + (e^{-T(k-j\omega)})^2 + (e^{-T(k-j\omega)})^3 + \ldots).$$

Dieser Ausdruck hat, bis auf den Summanden mit n=0, die gleiche Form wie die Summe S_1, daher gilt

$$S_2 = \frac{\sigma^2}{1-e^{-T(k-j\omega)}} - \sigma^2 = \frac{\sigma^2 e^{kT}}{e^{kT}-e^{j\omega T}} - \sigma^2. \tag{4.60}$$

Mit S_1 und S_2 nach den Gln. 4.59, 4.60 wird

$$\tilde{S}_{XX}(\omega) = \sigma^2 \left(\frac{e^{kT}}{e^{kT}-e^{-j\omega T}} + \frac{e^{kT}}{e^{kT}-e^{j\omega T}} - 1 \right).$$

Elementare Umformung führt schließlich zu der spektralen Leistungsdichte

$$\tilde{S}_{XX}(\omega) = \frac{\sigma^2 (e^{2kT}-1)}{e^{2kT}-2e^{kT}\cos(\omega T)+1}. \tag{4.61}$$

Wir wollen $\tilde{S}_{XX}(\omega)$ im Falle sehr kleiner Abtastwerte untersuchen. Dann gilt $\cos(\omega T) \approx 1-(\omega T)^2/2$ (Abbruch der Taylorreihe nach dem 2. Glied) und aus Gl. 4.61 wird zunächst

$$\tilde{S}_{XX}(\omega) \approx \frac{\sigma^2 (e^{2kT}-1)}{e^{2kT}-2e^{kT}+1+e^{kT}T^2\omega^2} = \frac{\sigma^2 (e^{2kT}-1)}{(e^{kT}-1)^2+e^{kT}T^2\omega^2}.$$

Mit $e^{kT} \approx 1+kT$, $e^{2kT} \approx 1+2kT$ wird $e^{2kt}-1 \approx 2kT$ und $(e^{kT}-1)^2 \approx k^2T^2$, dann wird

$$\tilde{S}_{XX}(\omega) \approx \frac{2\sigma^2 k/T}{k^2+e^{kT}\omega^2} \approx \frac{1}{T} \frac{2\sigma^2 k}{k^2+\omega^2}. \tag{4.62}$$

Dieser Ausdruck stimmt, bis auf den Faktor 1/T, weitgehend mit der spektralen Leistungsdichte (vgl. Gl. 4.8, Bild 4.1)

$$S_{XX}(\omega) = \frac{2k\sigma^2}{k^2+\omega^2}$$

des Zufallsprozesses mit der Autokorrelationsfunktion nach Gl. 4.56 überein. Dies ist plausibel, weil $R_{XX}(mT)$ nach Gl. 4.55 für sehr kleine Werte von T die Autokorrelationsfunktion $R_{XX}(\tau)$ nach Gl. 4.56 gut "annähert".

5 Lineare Systeme mit zufälligen Eingangssignalen

Wir setzen in diesem Abschnitt lineare und zeitinvariante Systeme voraus. Ist x(t) das Eingangssignal für ein solches System, so kann die Systemreaktion mit dem Faltungsintegral (Duhamel-Integral) berechnet werden:

$$y(t) = \int_{-\infty}^{\infty} x(\tau)\, g(t-\tau)\, d\tau = \int_{-\infty}^{\infty} x(\tau)\, g(t-\tau)\, d\tau\,. \qquad (5.1)$$

g(t) ist die Impulsantwort des Systems, d.h. die Systemreaktion auf das Eingangssignal $x(t)=\delta(t)$.

Falls x(t) eine Fourier-Transformierte $X(j\omega)$ besitzt, kann die Berechnung der Systemreaktion auch über den Frequenzbereich erfolgen:

$$Y(j\omega) = G(j\omega)X(j\omega)\,. \qquad (5.2)$$

$G(j\omega)$ ist die Übertragungsfunktion des Systems und $Y(j\omega)$ die Fourier-Transformierte des Ausgangssignales y(t).

Wir setzen in diesem Abschnitt generell voraus, daß die Eingangssignale für die Systeme **stationäre** ergodische Zufallssignale sind. Daraus folgt, daß die Systemreaktionen im **eingeschwungenen Zustand** ebenfalls stationär werden.

Viele für kontinuierliche Systeme abgeleitete Ergebnisse lassen sich sinngemäß auf zeitdiskrete Systeme und Signale übertragen. An einigen Stellen in diesem Abschnitt werden aber auch für zeitdiskrete Systeme Ergebnisse gesondert abgeleitet.

5.1 Die statistischen Eigenschaften von Systemreaktionen bei zufälligen Eingangssignalen

5.1.1 Vorbemerkungen

$x_i(t)$ soll die Realisierung eines stationären Zufallssignales X(t) sein. $x_i(t)$ wird **bei t=0** an den Eingang eines linearen zeitinvarianten Systems mit leeren Energiespeichern angelegt. Die Systemreaktion auf dieses Eingangssignal lautet (Gl. 5.1 mit x(t)=0 für t< 0)

$$y_i(t) = \int_0^{\infty} x_i(\tau)\, g(t-\tau)\, d\tau \text{ für } t\geq 0\,. \qquad (5.3)$$

Hinweis: Etwas korrekter wäre es, ein Eingangssignal

$$\tilde{x}_i(t) = s(t)\,x_i(t) = \begin{cases} x_i(t) \text{ für } t>0 \\ 0 \text{ für } t<0 \end{cases}$$

zu definieren. Setzt man $\tilde{x}_i(t)$ in Gl. 5.1 ein, so ergibt sich Gl. 5.3 auf formalem Wege, wobei der Zusatz, daß die Energiespeicher des Systems bei t=0 leer sein sollen, entbehrlich wird.

Für die weitere Rechnung ist es etwas zweckmäßiger das Faltungsintegral in seiner 2. Form (rechte Seite von Gl. 5.1) zu verwenden.

Wird das Signal $x_i(t)$ bei t=0 an den Systemeingang angelegt, so gilt statt Gl. 5.3 für $t \geq 0$:

$$y_i(t) = \int_{-\infty}^{t} x_i(t-\tau)\,g(\tau)\,d\tau\,. \tag{5.4}$$

Bei kausalen Systemen ist g(t)=0 für t<0, dann wird

$$y_i(t) = \int_{0-}^{t} x(t-\tau)\,g(\tau)\,d\tau\,,\ t\geq 0\,. \tag{5.5}$$

Die Angabe "0–" an der unteren Grenze ist nur erforderlich, wenn die Impulsantwort einen Dirac-Impuls bei t=0 aufweist.

$y_i(t)$ kann als eine Realisierung des Ausgangszufallsprozesses Y(t) aufgefaßt werden. Im Sinne der Ausführungen von Abschnitt 2.2.3 können wir auch schreiben

$$Y(t) = \int_{-\infty}^{t} X(t-\tau)\,g(\tau)\,d\tau\,,\ t\geq 0\,. \tag{5.6}$$

Im Abschnitt 2.2.3 wurde ausgeführt, daß Integrale über normalverteilte Zufallsprozesse zu normalverteilten Zufallsgrößen führen. Mit dieser Aussage folgt aus Gl. 5.6, daß normalverteilte Eingangssignale X(t) normalverteilte Systemreaktionen Y(t) hervorrufen.

Normalverteilte Zufallsprozesse sind durch ihren Erwartungswert und ihre Autokorrelationsfunktion vollständig beschreibbar (vgl. Abschnitt 3.1). In solchen Fällen ist also nur die Berechnung dieser Kenngrößen für das Ausgangssignal erforderlich.

Bei nicht normalverteilten Signalen sind die Verhältnisse sehr viel komplizierter (vgl. hierzu die Ausführungen im Abschnitt 2.2.3). Daher begnügt man sich häufig auch bei nicht normalverteilten Signalen mit der Autokorrelationsfunktion als Kenngröße für die Signaleigenschaften von Y(t).

Y(t) ist kein stationäres Zufallssignal. Erst nach genügend langer Zeit $(t\to\infty)$, nachdem die Übergangsvorgänge abgeklungen sind, wird Y(t) ebenfalls (wie

X(t)) stationär. Leser, die sich nur für den einfacheren Fall des eingeschwungenen Zustandes interessieren, können den Abschnitt 5.1.2 überspringen.

5.1.2 Mittelwert und Autokorrelationsfunktion der Systemreaktionen beim Einschwingvorgang

Mit Y(t) nach Gl. 5.6 wird der Mittelwert

$$E[Y(t)] = E[\int_{-\infty}^{t} X(t-\tau)\, g(\tau)\, d\tau]\, ,\ t \geq 0\, . \tag{5.7}$$

Die Vertauschung der Reihenfolge Mittelwertbildung und Integration führt (mit dem konstanten Mittelwert $E[X(t-\tau)] = E[X(t)] = E[X]$) zu

$$E[Y(t)] = \int_{-\infty}^{t} E[X]\, g(\tau)\, d\tau = E[X] \int_{-\infty}^{t} g(\tau)\, d\tau\, . \tag{5.8}$$

Das in Gl. 5.8 auftretende Integral entspricht der Sprungantwort h(t) des Systems, d.h. der Systemreaktion auf das Eingangssignal x(t)=s(t) (siehe Anhang). Damit gilt auch

$$E[Y(t)] = E[X] \cdot h(t)\, . \tag{5.9}$$

Für $t \to \infty$ (eingeschwungener Zustand) erhält man den konstanten Mittelwert

$$E[Y(t)] = E[X] \cdot \int_{-\infty}^{\infty} g(\tau)\, d\tau = E[X] \cdot h(\infty)\, . \tag{5.10}$$

Hinweis Die bei der Ableitung von Gl. 5.8 vorgenommene Vertauschung von Mittelwertbildung und Integration entspricht der Vertauschung der Integrationsreihenfolge bei einem Doppelintegral. Mit der (zeitunabhängigen) Wahrscheinlichkeitsdichte $p_X(x)$ der Zufallsgröße X (=X(t)) wird entsprechend Gl. 1.68

$$E[Y(t)] = \int_{x=-\infty}^{\infty} \left(\int_{\tau=-\infty}^{t} x(t-\tau)\, g(\tau)\, d\tau \right) p_X(x)\, dx\, .$$

Vertauschung der Integrationsreihenfolge

$$E[Y(t)] = \int_{\tau=-\infty}^{t} \left(\int_{x=-\infty}^{\infty} x(t-\tau)\, p_X(x)\, dx \right) g(\tau)\, d\tau\, .$$

Mit

$$\int_{-\infty}^{\infty} x(t-\tau)\, p_X(x)\, dx = \int_{-\infty}^{\infty} x\, p_X(x)\, dx = E[X]$$

erhält man schließlich Gl. 5.8. Im folgenden werden wir stets voraussetzen, daß das Vertauschen der Reihenfolge Mittelwertbildung und Integration erlaubt ist.

Wir berechnen nun die Autokorrelationsfunktion des Ausgangssignales Y(t). Mit Gl. 5.6 erhalten wir für $t=t_1$ und $t=t_2$ mit den Integrationsvariablen τ_1 und τ_2:

$$Y(t_1) = \int_{-\infty}^{t_1} X(t_1-\tau_1)\, g(\tau_1)\, d\tau_1, \; Y(t_2) = \int_{-\infty}^{t_2} X(t_2-\tau_2)\, g(\tau_2)\, d\tau_2$$

und dann das Produkt

$$Y(t_1)Y(t_2) = \int_{-\infty}^{t_1}\int_{-\infty}^{t_2} X(t_1-\tau_1)X(t_2-\tau_2)\, g(\tau_1)g(\tau_2)\, d\tau_1 d\tau_2, \; t_1\geq 0, t_2\geq 0 .$$

Der Mittelwert dieses Produktes ist die gesuchte Autokorrelationsfunktion:

$$R_{YY}(t_1,t_2) = E[Y(t_1)Y(t_2)] = E[\int_{-\infty}^{t_1}\int_{-\infty}^{t_2} X(t_1-\tau_1)X(t_2-\tau_2)\, g(\tau_1)g(\tau_2)\, d\tau_1 d\tau_2].$$

Vertauscht man die Reihenfolge von Mittelwertbildung und Integration, so folgt

$$R_{YY}(t_1,t_2) = \int_{-\infty}^{t_1}\int_{-\infty}^{t_2} E[X(t_1-\tau_1)X(t_2-\tau_2)]\, g(\tau_1)g(\tau_2)\, d\tau_1 d\tau_2 .$$

Der in dieser Gleichung auftretende Erwartungswert kann durch die Autokorrelationsfunktion des (stationären) Eingangssignales ausgedrückt werden. Mit $t_a=t_1-\tau_1$, $t_b=t_2-\tau_2$ findet man

$$E[X(t_1-\tau_1)X(t_2-\tau_2)] = E[X(t_a)X(t_b)] = R_{XX}(t_b-t_a) = R_{XX}(t_2-t_1+\tau_1-\tau_2)$$

und damit wird

$$R_{YY}(t_1,t_2) = \int_{-\infty}^{t_1}\int_{-\infty}^{t_2} R_{XX}(t_2-t_1+\tau_1-\tau_2)\, g(\tau_1)g(\tau_2)\, d\tau_1 d\tau_2, \; t_1\geq 0, \; t_2\geq 0.$$

Setzt man schließlich noch $t_1=t$ und $t_2=t+\tau$, so folgt

$$R_{YY}(t,\tau) = \int_{-\infty}^{t}\int_{-\infty}^{t+\tau} R_{XX}(\tau+\tau_1-\tau_2)\, g(\tau_1)g(\tau_2)\, d\tau_1 d\tau_2, \; t\geq 0, \; \tau\geq -t. \tag{5.11}$$

Hinweis Statt der eigentlich korrekten Schreibweise $R_{YY}(t,t+\tau)$ verwenden wir im folgenden die kürzere Form $R_{YY}(t,\tau)$.

Im Fall $t\to\infty$ geht $R_{YY}(t,\tau)$ in die nur noch von τ abhängige Autokorrelationsfunktion

$$R_{YY}(\tau) = \int_{-\infty}^{\infty}\int_{-\infty}^{\infty} R_{XX}(\tau+\tau_1-\tau_2)\, g(\tau_1)\, g(\tau_2)\, d\tau_1\, d\tau_2 \tag{5.12}$$

des dann stationären Zufallsprozesses Y(t) über.

Beispiel

Gegeben ist die RC–Schaltung nach Bild 5.1, bei der das bei t=0 angelegte Eingangssignal und das zugehörende Ausgangssignal schematisch dargestellt ist

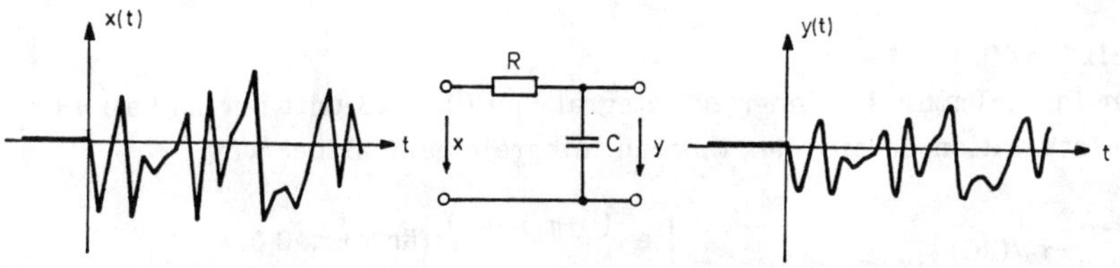

Bild 5.1 Schematische Darstellung der Systemreaktion auf ein bei t=0 angelegtes Zufallssignal

Die Autokorrelationsfunktion des Eingangssignales sei

$$R_{XX}(\tau)=k\delta(\tau),\ k>0,$$

es handelt sich also um weißes Rauschen.

Die Impulsantwort der Schaltung lautet (siehe Anhang)

$$g(t) = s(t)\,\frac{1}{RC}\,e^{-t/(RC)} = \begin{cases} 0 \text{ für } t<0 \\ \frac{1}{RC}\,e^{-t/(RC)} \text{ für } t>0 \end{cases}.$$

Aus $R_{XX}(\infty)=0$ folgt E[X]=0 und damit wird auch E[Y]=0 (Gl. 5.8).

Mit der oben angegebenen Autokorrelationsfunktion und Impulsantwort erhalten wir nach Gl. 5.11

$$R_{YY}(t,\tau) = \int_0^t \int_0^{t+\tau} k\delta(\tau+\tau_1-\tau_2)\,\frac{1}{RC}\,e^{-\tau_1/(RC)}\,\frac{1}{RC}\,e^{-\tau_2/(RC)}\,d\tau_1\,d\tau_2 =$$

$$= \frac{k}{R^2C^2}\int_0^t e^{-\tau_1/(RC)}\left(\int_0^{t+\tau} e^{-\tau_2/(RC)}\,\delta(\tau+\tau_1-\tau_2)\,d\tau_2\right)d\tau_1. \tag{5.13}$$

Bei der Lösung des "inneren" Integrals sind zwei Fälle zu unterscheiden.

Fall 1 $\tau\geq 0$:

In diesem Fall tritt der Dirac–Impuls stets innerhalb des Integrationsbereiches (von τ_2=0– bis τ_2=t+τ+0) auf. Nach der Ausblendeigenschaft des Di–

rac–Impulses (siehe Anhang) wird

$$\int_{0-}^{t+\tau} e^{-\tau_2/(RC)}\,\delta(\tau+\tau_1-\tau_2)\,d\tau_2 = e^{-(\tau+\tau_1)/(RC)}, \quad \tau\geq 0.$$

Setzt man dieses Ergebnis in Gl. 5.13 ein, so wird für $\tau\geq 0$:

$$R_{YY}(t,\tau) = \frac{k}{R^2C^2}\int_0^t e^{-\tau_1/(RC)}\,e^{-(\tau_1+\tau)/(RC)}\,d\tau_1 =$$

$$= \frac{k}{R^2C^2}\,e^{-\tau/(RC)}\int_0^t e^{-2\tau_1/(RC)}\,d\tau_1 = \frac{k}{2RC}\,e^{-\tau/(RC)}\left(1-e^{-2t/(RC)}\right).$$

Fall 2 $\tau<0$:

Der Dirac–Impuls im "inneren" Integral von Gl. 5.13 tritt nur im Fall $\tau+\tau_1>0$ im Integrationsbereich des inneren Integrales auf. Daher wird

$$\int_0^{t+\tau} e^{-\tau_2/(RC)}\,\delta(\tau+\tau_1-\tau_2)\,d\tau_2 = \begin{cases} e^{-(\tau+\tau_1)/(RC)} & \text{für } \tau+\tau_1>0 \\ 0 \text{ für } \tau+\tau_1<0 & \end{cases}.$$

Um die Bedingung $\tau+\tau_1>0$ einzuhalten, wird in dem äußeren Integral nach Gl. 5.13 von $\tau_1=-\tau$ an integriert, d.h.

$$R_{YY}(t,\tau) = \frac{k}{R^2C^2}\int_{-\tau}^t e^{-\tau_1/(RC)}\,e^{-(\tau_1+\tau)/(RC)}\,d\tau_1 =$$

$$= \frac{k}{2RC}\,e^{-\tau/(RC)}\left(e^{2\tau/(RC)} - e^{-2t/(RC)}\right).$$

<u>Gesamtergebnis:</u>

$$R_{YY}(t,\tau) = \begin{cases} \frac{k}{2RC}\,e^{-\tau/(RC)}\left(1-e^{-2t/(RC)}\right) \text{ für } \tau\geq 0,\ t>0 \\ \frac{k}{2RC}\,e^{-\tau/(RC)}\left(e^{2\tau/(RC)}-e^{-2t/(RC)}\right) \text{ für } \tau<0,\ \tau>-t \end{cases}. \tag{5.14}$$

Für $t\to\infty$ erhalten wir aus Gl. 5.14

$$\lim_{t\to\infty} R_{YY}(t,\tau) = R_{YY}(\tau) = \begin{cases} \frac{k}{2RC}\,e^{-\tau/(RC)} & \text{für } \tau\geq 0 \\ \frac{k}{2RC}\,e^{\tau/(RC)} & \text{für } \tau<0 \end{cases} = \frac{k}{2RC}\,e^{-|\tau|/(RC)} \tag{5.15}$$

und dies ist die Autokorrelationsfunktion eines stationären Zufallssignales.

Aus Gl. 5.14 findet man für $\tau=0$ des 2. Moment des Zufallsprozesses

$$E[Y^2(t)] = \frac{k}{2RC}\left(1-e^{-2t/(RC)}\right), \tag{5.16}$$

es geht im eingeschwungenen Zustand in den Wert $k/(2RC)$ über.

Bei normalverteiltem Y(t) sind nun auch die Wahrscheinlichkeitsdichten p(y,t), $p(y_1,y_2,t_1,t_2)$ usw. bekannt, mit denen der Zufallsprozeß vollständig beschrieben werden kann.

5.1.3 Die statistischen Kennwerte von Systemreaktionen im eingeschwungenen Zustand

5.1.3.1 Mittelwert und Autokorrelationsfunktion

x(t) sei die Realisierungsfunktion eines ergodischen Zufallsprozesses X(t). Das Signal x(t) soll das (bei t=−∞ angelegte) Eingangssignal eines linearen Systems sein. Dann wird nach Gl. 5.1

$$y(t) = \int_{-\infty}^{\infty} x(t-\tau)\, g(\tau)\, d\tau\,. \tag{5.17}$$

Die Integration bis $\tau=\infty$ bedeutet, daß das Signal x(t) von t=−∞ an am Systemeingang anliegt und damit y(t) die eingeschwungene Systemreaktion darstellt. Es soll noch erwähnt werden, daß bei kausalen Systemen die untere Integrationsgrenze durch 0 (bzw. 0−) ersetzt werden kann. Grund: Bei kausalen Systemen ist g(t)=0 für t<0. Die Angabe "0−" bei der unteren Integrationsgrenze ist erforderlich, wenn g(t) bei t=0 einen Dirac-Impuls enthält.

y(t) nach Gl. 5.17 ist die Realisierung eines stationären Zufallssignales Y(t). Erwartungswert und Autokorrelationsfunktion der Systemreaktion können somit als zeitliche Mittelwerte bestimmt werden.

Entsprechend Gl. 3.1 wird

$$E[Y] = \lim_{T\to\infty} \frac{1}{2T} \int_{-T}^{T} y(t)\, dt\,.$$

Mit y(t) nach Gl. 5.17 folgt daraus

$$E[Y] = \lim_{T\to\infty} \frac{1}{2T} \int_{t=-T}^{T} \int_{\tau=-\infty}^{\infty} x(t-\tau)\, g(\tau)\, d\tau\, dt\,.$$

Hier und auch bei allen weiteren Ableitungen setzen wir die Zulässigkeit des Vertauschens von Integrationsreihenfolgen und der Reihenfolge Integration und Grenzwertbildung voraus. Dann wird

$$E[Y] = \int_{-\infty}^{\infty} \Big(\lim_{T\to\infty} \frac{1}{2T} \int_{-T}^{T} x(t-\tau)\, dt\Big)\, g(\tau)\, d\tau\,.$$

Mit der Substitution $u=t-\tau$ ergibt das "innere" Integral

$$\lim_{T\to\infty}\frac{1}{2T}\int_{-T}^{T} x(t-\tau)\,dt = \lim_{T\to\infty}\frac{1}{2T}\int_{-T}^{T} x(u)\,du = E[X]\,.$$

Hinweis Eigentlich ist von $u=-T-\tau$ bis zu $u=T-\tau$ zu integrieren. Für $T\to\infty$ erhält man jedoch die oben angegebenen Integrationsgrenzen.

Mit diesem Ergebnis finden wir schließlich den Erwartungswert

$$E[Y] = E[X]\cdot\int_{-\infty}^{\infty} g(\tau)\,d\tau\,. \tag{5.18}$$

Gl. 5.18 ist der Sonderfall der im Abschnitt 5.1.2 abgeleiteten Gl. 5.8 für $t\to\infty$. Offenbar führt ein mittelwertfreies Eingangssignal zu einem ebenfalls mittelwertfreiem Ausgangssignal.

Wir berechnen nun die Autokorrelationsfunktion $R_{YY}(\tau)$ von $Y(t)$. Nach Gl. 5.17 erhalten wir mit den Integrationsvariablen τ_1 und τ_2

$$y(t) = \int_{-\infty}^{\infty} x(t-\tau_1)\,g(\tau_1)\,d\tau_1\,,\quad y(t+\tau) = \int_{-\infty}^{\infty} x(t+\tau-\tau_2)\,g(\tau_2)\,d\tau_2\,.$$

Aus den beiden Gleichungen erhalten wir das Produkt

$$y(t)y(t+\tau) = \int_{-\infty}^{\infty}\int_{-\infty}^{\infty} x(t-\tau_1)x(t+\tau-\tau_2)\,g(\tau_1)g(\tau_2)\,d\tau_1 d\tau_2\,.$$

Setzt man diesen Ausdruck in die Beziehung

$$R_{YY}(\tau) = \lim_{T\to\infty}\frac{1}{2T}\int_{-T}^{T} y(t)\,y(t+\tau)\,dt$$

ein, so folgt

$$R_{YY}(\tau) = \lim_{T\to\infty}\frac{1}{2T}\int_{t=-T}^{T}\int_{\tau_1=-\infty}^{\infty}\int_{\tau_2=-\infty}^{\infty} x(t-\tau_1)x(t+\tau-\tau_2)\,g(\tau_1)g(\tau_2)\,d\tau_1 d\tau_2\,dt\,.$$

Vertauschung der Reihenfolge der Integration und der Grenzwertbildung:

$$R_{YY}(\tau) = \int_{-\infty}^{\infty}\int_{-\infty}^{\infty}\Big(\lim_{T\to\infty}\frac{1}{2T}\int_{t=-T}^{T} x(t-\tau_1)x(t+\tau-\tau_2)\,dt\Big)\,g(\tau_1)g(\tau_2)\,d\tau_1 d\tau_2\,.$$

Das "innere" Integral ergibt mit der Substitution $u=t-\tau_1$ ($t=u+\tau_1$, $dt=du$):

$$\lim_{T\to\infty}\frac{1}{2T}\int_{-T}^{T} x(t-\tau_1)x(t+\tau-\tau_2)\,dt = \lim_{T\to\infty}\frac{1}{2T}\int_{-T}^{T} x(u)x(u+\tau+\tau_1-\tau_2)\,du = R_{XX}(\tau+\tau_1-\tau_2).$$

Hinweise

1. Ersetzt man in Gl. 3.2 τ durch $\tau+\tau_1-\tau_2$ und nennt man die Integrationsvariable u statt t, so erhält man das Ergebnis $R_{XX}(\tau+\tau_1-\tau_2)$.

2. Eigentlich ist von $u=-T-\tau_1$ bis $u=T-\tau_1$ zu integrieren. Für $T\to\infty$ erhält man aber die oben angegebenen Integrationsgrenzen.

Setzt man das für das "innere" Integral ermittelte Ergebnis in den Ausdruck für $R_{YY}(\tau)$ ein, so wird

$$R_{YY}(\tau) = \int_{-\infty}^{\infty} \int_{-\infty}^{\infty} R_{XX}(\tau+\tau_1-\tau_2)\, g(\tau_1) g(\tau_2)\, d\tau_1 d\tau_2 . \qquad (5.19)$$

Gl. 5.19 ist der Sonderfall der im Abschnitt 5.1.2 abgeleiteten Gl. 5.11 für $t\to\infty$.

Mit Gl. 5.19 ist es möglich, die Autokorrelationsfunktion des Ausgangssignales eines linearen Systems zu berechnen, wenn die Autokorrelationsfunktion des Eingangssignales und die Impulsantwort des Systems gegeben sind. Die praktische Berechnung von $R_{YY}(\tau)$ mit Gl. 5.19 ist allerdings in den meisten Fällen recht mühsam und aufwendig. Eine oft viel einfacher durchzuführende Berechnungsmethode führt über den Zusammenhang zwischen den spektralen Leistungsdichten $S_{XX}(\omega)$ und $S_{YY}(\omega)$ des Ein- und Ausgangssignales.

5.1.3.2 Die Zusammenhänge im Frequenzbereich

Die spektrale Leistungsdichte $S_{YY}(\omega)$ ist die Fourier-Transformierte der Autokorrelationsfunktion (Gl. 4.1)

$$S_{YY}(\omega) = \int_{-\infty}^{\infty} R_{YY}(\tau)\, e^{-j\omega\tau}\, d\tau .$$

Setzt man für $R_{YY}(\tau)$ den nach Gl. 5.19 ermittelten Ausdruck ein, so wird

$$S_{YY}(\omega) = \int_{\tau=-\infty}^{\infty} \int_{\tau_1=-\infty}^{\infty} \int_{\tau_2=-\infty}^{\infty} R_{XX}(\tau+\tau_1-\tau_2)\, g(\tau_1) g(\tau_2)\, e^{-j\omega\tau}\, d\tau_1 d\tau_2\, d\tau .$$

Vertauschung der Integrationsreihenfolge:

$$S_{YY}(\omega)=\int_{\tau_1=-\infty}^{\infty} g(\tau_1)\, e^{j\omega\tau_1} \int_{\tau_2=-\infty}^{\infty} g(\tau_2)\, e^{-j\omega\tau_2} \Big(\int_{\tau=-\infty}^{\infty} R_{XX}(\tau+\tau_1-\tau_2)\, e^{-j\omega(\tau+\tau_1-\tau_2)}\, d\tau \Big) d\tau_2 d\tau_2 . \qquad (5.20)$$

Man prüft leicht nach, daß die zusätzlich eingeführten Faktorem $e^{j\omega\tau_1}$ und $e^{-j\omega\tau_2}$ zusammen mit $e^{-j\omega(\tau+\tau_1-\tau_2)}$ das vorgeschriebene Produkt $e^{-j\omega\tau}$ ergeben.

Wir befassen uns zunächst mit dem durch Klammern optisch abgegrenzten inneren Integral

$$I = \int_{-\infty}^{\infty} R_{XX}(\tau+\tau_1-\tau_2)\, e^{-j\omega(\tau+\tau_1-\tau_2)}\, d\tau .$$

Substitution $u=\tau+\tau_1-\tau_2$ ($du=d\tau$, untere Grenze $\tau\to-\infty \to u=-\infty$, obere Grenze $\tau\to\infty \to u=\infty$):

$$I = \int_{-\infty}^{\infty} R_{XX}(u)\, e^{-j\omega u}\, du = S_{XX}(\omega) .$$

Das Integral unterscheidet sich nur in der Bezeichnung der Integrationsvariablen von der Definitionsgleichung 4.1 für die spektrale Leistungsdichte. Man erhält aus Gl. 5.20

$$S_{YY}(\omega) = \int_{\tau_1=-\infty}^{\infty} g(\tau_1)\, e^{j\omega\tau_1} \int_{\tau_2=-\infty}^{\infty} g(\tau_2)\, e^{-j\omega\tau_2}\, S_{XX}(\omega)\, d\tau_1 d\tau_2 =$$

$$= S_{XX}(\omega) \int_{-\infty}^{\infty} g(\tau_1)\, e^{j\omega\tau_1}\, d\tau_1 \int_{-\infty}^{\infty} g(\tau_2)\, e^{-j\omega\tau_2}\, d\tau_2 .$$

Das ganz rechts stehende Integral ergibt die Übertragungsfunktion

$$G(j\omega) = \int_{-\infty}^{\infty} g(t)\, e^{-j\omega t}\, dt = \int_{-\infty}^{\infty} g(\tau_2)\, e^{-j\omega\tau_2}\, d\tau_2 .$$

Das 1. Integral unterscheidet sich von dem 2. nur im Vorzeichen von ω, es ergibt also $G(-j\omega) = G^*(j\omega)$. Wir erhalten damit die wichtige Beziehung

$$S_{YY}(\omega) = G(j\omega) G(-j\omega)\, S_{XX}(\omega) = |G(j\omega)|^2\, S_{XX}(\omega), \qquad (5.21)$$

die die spektralen Leistungsdichten von Ein- und Ausgangssignalen bei linearen Systemen miteinander in Verbindung setzt.

Gl. 5.21 ersetzt (mit gewissen Einschränkungen) die aus der Systemtheorie bekannte Beziehung $Y(j\omega) = G(j\omega)\, X(j\omega)$ im Falle zufälliger Eingangssignale. Man erkennt aus Gl. 5.21, daß $S_{YY}(\omega)$ und damit auch die Autokorrelationsfunktion $R_{YY}(\tau)$ nur durch den Betrag der Übertragungsfunktion beeinflußt wird, die Phase wirkt sich nicht aus. Dies bedeutet, daß Systeme mit gleichem Dämpfungs-, aber verschiedenem Phasenverlauf gleiche Autokorrelationsfunktionen der Systemreaktionen aufweisen.

Ist die Autokorrelationsfunktion $R_{YY}(\tau)$ des Ausgangssignales eines linearen Systems im eingeschwungenen Zustand zu berechnen, so kann dies außer nach Gl. 5.19 auch folgendermaßen erfolgen:

Ausgehend von $R_{XX}(\tau)$ ermittelt man zunächst die spektrale Leistungsdichte

$S_{XX}(\omega)$ des Eingangssignales. Anschließend berechnet man nach Gl. 5.21 $S_{YY}(\omega)$ und bestimmt durch Fourier-Rücktransformation schließlich $R_{YY}(\tau)$. Diese Zusammenhänge sind in Bild 5.2 nochmals zusammengestellt.

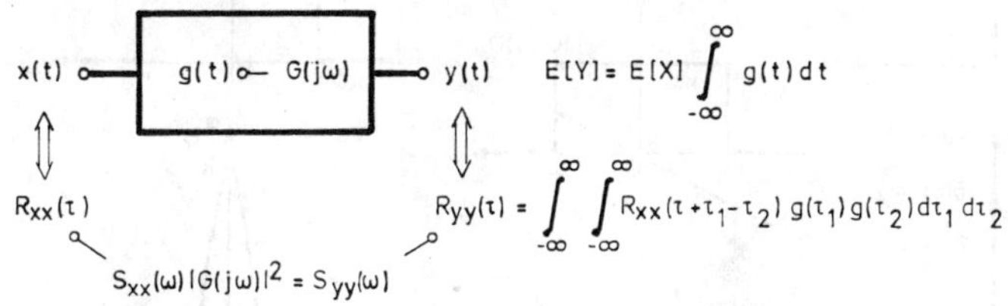

Bild 5.2 Zusammenhänge zwischen Autokorrelationsfunktionen und spektralen Leistungsdichten bei linearen Systemen

5.1.3.3 <u>Beispiele</u>

1. Im Bild 5.3 (Mitte) ist die Übertragungsfunktion (Betrag und Phase) eines idealen Tiefpasses dargestellt. Das Eingangssignal für den Tiefpaß sei weißes Rauschen, also $R_{XX}(\tau)=k\delta(\tau)$ bzw. $S_{XX}(\omega)=k$ (Bild 5.3). Gesucht wird die Autokorrelationsfunktion des Ausgangssignales.

Nach Gl. 5.21 finden wir im vorliegenden Fall

$$S_{YY}(\omega) = S_{XX}(\omega)\,|G(j\omega)|^2 = \begin{cases} k \text{ für } |\omega|<\omega_g \\ 0 \text{ für } |\omega|>\omega_g \end{cases}, \; k>0\,.$$

Bei dem Ausgangssignal handelt es sich offenbar um bandbegrenztes weißes Rauschen (siehe Abschnitt 4.3.1). Die Fourier-Rücktransformierte von $S_{YY}(\omega)$ lautet (Rechnung siehe Abschnitt 4.3.1, Gl. 4.36)

$$R_{YY}(\tau) = \frac{1}{2\pi}\int_{-\infty}^{\infty} S_{YY}(\omega)\, e^{j\omega\tau}\, d\tau = \frac{k\sin(\omega_g\tau)}{\pi\,\tau}\,.$$

$S_{YY}(\omega)$ und $R_{YY}(\tau)$ sind ebenfalls im Bild 5.3 skizziert.

Wir stellen fest, daß sich der Phasenverlauf des Systems nicht auf die Autokorrelationsfunktion des Ausgangssignales auswirkt. Weiterhin ist festzustellen, daß auch bandbegrenztes weißes Rauschen am Tiefpaßeingang zum gleichen Ergebnis führt, wenn die Grenzfrequenz des Rauschsignales mindestens so groß wie die des Tiefpasses ist. Zu diesem Punkt und sich daraus ergebenden Folgerungen sei auf die entsprechenden Ausführungen beim 2. Beispiel hingewiesen.

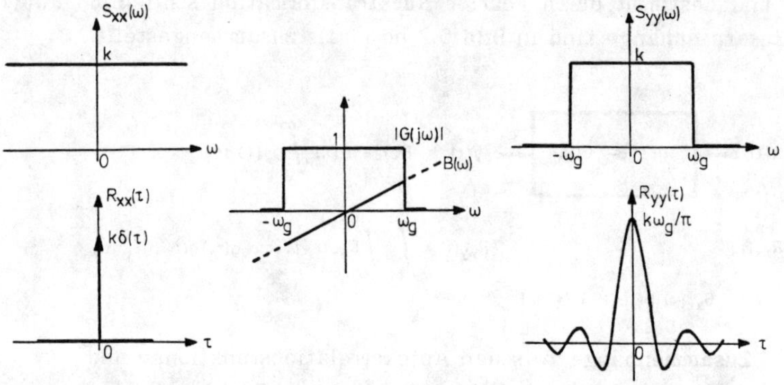

Bild 5.3 Idealer Tiefpaß mit weißem Rauschen als Eingangssignal

2. Die Autokorrelationsfunktion des Eingangssignales einer RC-Schaltung (Bild 5.4) sei $R_{XX}(\tau)=\delta(\tau)$, d.h. weißes Rauschen. Gesucht wird die Autokorrelationsfunktion des Ausgangssignales im eingeschwungenen Zustand.

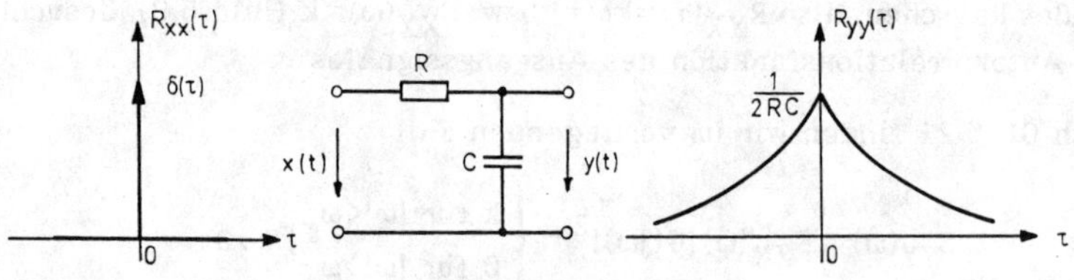

Bild 5.4 RC-Tiefpaß mit weißem Rauschen als Eingangssignal

Mit der spektralen Leistungsdichte $S_{XX}(\omega)=1$ (Gl. 4.34) und der Übertragungsfunktion

$$G(j\omega) = \frac{1}{1+j\omega RC}$$

erhalten wir nach Gl. 5.21 die spektrale Leistungsdichte

$$S_{YY}(\omega) = S_{XX}(\omega)\,|G(j\omega)|^2 = \left|\frac{1}{1+j\omega RC}\right|^2 = \frac{1}{1+\omega^2R^2C^2}\,,$$

$$S_{YY}(\omega) = \frac{1}{R^2C^2}\,\frac{1}{1/(R^2C^2)+\omega^2}\,. \tag{5.22}$$

Zur Rücktransformation entnehmen wir einer Tabelle (Anhang) die Korrespondenz

$$\frac{1}{2a}\,e^{-a|\tau|} \;\circ\!-\; \frac{1}{a^2+\omega^2}\,,\ a>0\,.$$

Mit $a=1/(RC)$ und unter Berücksichtigung des zusätzlichen Faktors $1/(R^2C^2)$ erhält man

$$R_{YY}(\tau) = \frac{1}{R^2C^2}\,\frac{1}{2}\,RC\,e^{-|\tau|/(RC)} = \frac{1}{2RC}\,e^{-|\tau|/(RC)}. \tag{5.23}$$

Dieses Ergebnis wurde schon im Beispiel des Abschnittes 5.1.2 als Sonderfall für den eingeschwungenen Zustand ermittelt (Gl. 5.15). $R_{YY}(\tau)$ ist im rechten Teil von Bild 5.4 dargestellt.

Bei diesem Beispiel soll auf die Frage eingegangen werden, ob und inwieweit das Rechnen mit weißem Rauschen als Eingangssignal zu physikalich sinnvollen Ergebnissen führt.

Ein an praktische Gegebenheiten besser angepaßtes Modell ist das bandbegrenzte weiße Rauschen (Abschnitt 4.3.1). Im Bild 4.4 (und auch Bild 5.3) ist die spektrale Leistungsdichte von bandbegrenztem weißem Rauschen dargestellt, sie unterscheidet sich im Frequenzbereich $|\omega|<\omega_g$ nicht von der weissen Rauschens. Bandbegrenztes weißes Rauschen hat eine endliche mittlere Leistung.

Wir ändern nun die Aufgabenstellung bei diesem Beispiel und wählen als Eingangssignal bandbegrenztes weißes Rauschen mit z.B. der Grenzfrequenz $\omega_g=3/(RC)$. Entsprechend den Gln. 4.35, 4.36 lauten dann Autokorrelationsfunktion und spektrale Leistungsdichte des Eingangssignales:

$$R_{XX}(\tau) = \frac{\sin(3\tau/(RC))}{\pi\,\tau}, \quad S_{XX}(\omega) = \begin{cases} 1 \text{ für } |\omega|<3/(RC) \\ 0 \text{ für } |\omega|>3/(RC) \end{cases}. \tag{5.24}$$

Der Verlauf dieser beiden Funktionen ist im Bild 4.4 skizzierte ($\omega_g=3/(RC)$). Im Bild 5.5 sind $S_{XX}(\omega)$ nach Gl. 5.24 und der quadrierte Betrag der Übertragungsfunktion

$$|G(j\omega)|^2 = \frac{1}{1+\omega^2R^2C^2}$$

dargestellt. Bei $\omega = 3/(RC)$, der höchsten in $S_{XX}(\omega)$ auftretenden Frequenz, beträgt $|G(j\omega)|^2=0{,}1$, also noch 10% des Maximalwertes. Bildet man das Produkt der beiden Funktionen $|G(j\omega)|^2 S_{XX}(\omega)=S_{YY}(\omega)$, so erhält man im wesentlichen das gleiche Ergebnis wie bei weißem Rauschen als Eingangssignal. Eine noch bessere Übereinstimmung ergibt sich, wenn die Grenzfrequenz des Eingangssignales erhöht wird, z.B. auf den Wert $4/(RC)$.

Die Übereinstimmung der Ergebnisse bei weißem Rauschen und bei bandbegrenztem weißen Rauschen kann man sich auch folgendermaßen plausibel machen. Die vorliegende RC-Schaltung ist eine Tiefpaßschaltung, die hohe Frequenzanteile des Eingangssignales unterdrückt. Daher wirken sich hohe Frequenzanteile des Eingangssignales sowieso nicht auf das Ausgangssignal aus. Wichtig ist nur der Frequenzbereich des Eingangssignales, der in den "Durchlaßbereich" der Tiefpaßschaltung fällt. Diese Überlegungen gelten sinngemäß für alle Systeme, die sich (für hohe Frequenzen) tiefpaßartig verhalten, bei denen also $G(j\omega)\to 0$ füt $\omega\to\infty$ gilt.

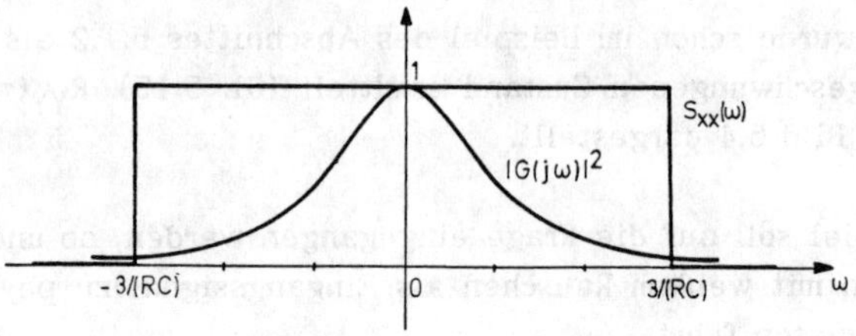

Bild 5.5 Darstellung von $S_{XX}(\omega)$ und $|G(j\omega)|^2$ für die Schaltung nach Bild 5.4

3. Die Autokorrelationsfunktion für das Eingangssignal der im 2. Beispiel betrachteten RC-Schaltung (Bild 5.4) sei

$$R_{XX}(\tau) = \sigma^2 e^{-k|\tau|} \quad \text{mit } k=1/(RC).$$

Gesucht wird die Autokorrelationsfunktion des Ausgangssignales.

Aus einer Korrespondenzentabelle für die Fourier-Transformation, oder nach Gl. 4.8 wird (mit k=1/(RC))

$$S_{XX}(\omega) = \frac{2\sigma^2}{RC}\,\frac{1}{1/(R^2C^2)+\omega^2}\,.$$

Mit Gl. 5.21 folgt

$$S_{YY}(\omega) = S_{XX}(\omega)\,|G(j\omega)|^2 = \frac{2\sigma^2}{R^3C^3}\,\frac{1}{(1/(R^2C^2)+\omega^2)^2}\,. \tag{5.25}$$

Mit Hilfe der entsprechenden Korrespondenz aus der Tabelle im Anhang wird

$$R_{YY}(\tau) = \frac{1}{2}\sigma^2\left(1+\frac{|\tau|}{RC}\right)e^{-|\tau|/(RC)}\,. \tag{5.26}$$

Diese Autokorrelationsfunktion ist im Bild 5.6 skizziert.

Da $R_{XX}(\infty) = 0$ ist, liegt ein mittelwertfreies Eingangssignal vor, nach Gl. 5.18 ist dann auch $E[Y]=0$. Zum gleichen Ergebnis kommt man mit Gl. 5.26: $R_{YY}(\infty)=0$.

Die mittlere Leistung des Eingangssignales beträgt $R_{XX}(0)=\sigma^2$, die des Ausgangssignales $R_{YY}(0)=0{,}5\,\sigma^2$. Wenn das Eingangssignal, und somit auch das Ausgangssignal, normalverteilt ist, können die Wahrscheinlichkeitsdichten $p_X(x)$, $p_Y(y)$ und auch die höherdimensionalen angegebenen werden.

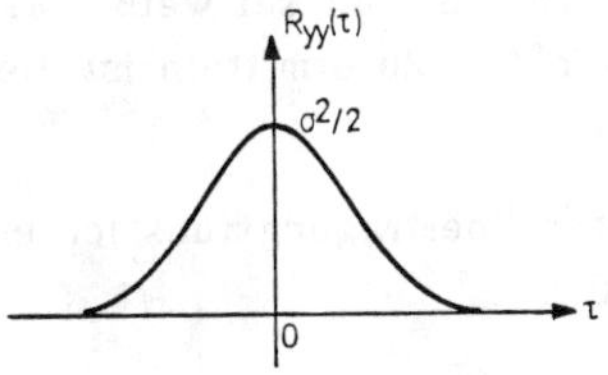

Bild 5.6 Autokorrelationsfunktion nach Gl. 5.26

Bei dem vorliegenden Beispiel bietet es sich an, den Begriff des **Formfilters** einzuführen. Ein Formfilter hat die Aufgabe, aus weißem Rauschen ein Signal mit einer vorgeschriebenen Autokorrelationsfunktion zu erzeugen. In der Praxis tritt diese Aufgabe z.B. auf, wenn ein Rauschgenerator mit (bandbegrenztem) weißen Rauschen zur Erzeugung eines Zufallsprozesses mit einer vorgeschriebenen Autokorrelationsfunktion verwendet werden soll.

Unsere Aufgabe soll lauten, die Übertragungsfunktion eines Filters (Formfilters) zu ermitteln, das aus weißem Rauschen am Eingang ein Ausgangssignal mit der Autokorrelationsfunktion nach Gl. 5.26 erzeugt.

x(t) sei das Eingangssignal des Formfilters mit der Autokorrelationsfunktion $R_{XX}(\tau)=k\delta(\tau)$ bzw. der spektralen Leistungsdichte $S_{XX}(\omega)=k$. Die Übertragungsfunktion des Formfilters sei $G_F(j\omega)$.

Dann gilt gemäß Gl. 5.21

$$S_{YY}(\omega) = S_{XX}(\omega)\,|G_F(j\omega)|^2 = k\,|G_F(j\omega)|^2\,. \tag{5.27}$$

Mit der vorne angegebenen spektralen Leistungsdichte (Gl. 5.25) wird

$$S_{YY}(\omega) = \frac{2\sigma^2}{R^3C^3}\,\frac{1}{(1/(R^2C^2)+\omega^2)^2} = k\,|G_F(j\omega)|^2\,.$$

Im Abschnitt 5.4 wird etwas ausführlicher gezeigt, wie man aus einer solchen Beziehung die Übertragungsfunktion $G_F(j\omega)$ des Formfilters ermitteln kann. Im vorliegenden Fall formen wir $S_{YY}(\omega)$ folgendermaßen um:

$$S_{YY}(\omega) = 2RC\sigma^2\cdot\frac{1}{R^2C^2}\,\frac{1}{1/(R^2C^2)+\omega^2}\cdot\frac{1}{R^2C^2}\,\frac{1}{1/(R^2C^2)+\omega^2} = k\cdot|G_{F_1}(j\omega)|^2\cdot|G_{F_2}(j\omega)|^2.$$

Lösung: $k = 2RC\sigma^2$, also $R_{XX}(\tau) = 2RC\sigma^2\delta(\tau)$ und

$$G_{F_1}(j\omega) = G_{F_2}(j\omega) = \frac{1}{R\,C}\,\frac{1}{1/(RC)+j\omega}\,. \tag{5.28}$$

$G_{F_1}(j\omega)$ und $G_{F_2}(j\omega)$ sind Übertragungsfunktionen von RC-Schaltungen (Bild 5.4). Das Formfilter kann hier durch eine rückwirkungsfreie Kettenschaltung von zwei RC-Schaltungen realisiert werden.

4. Gegeben sei ein idealer Bandpaß, von dem der Betrag der Übertragungsfunktion im Bild 5.7 skizziert ist. Das Eingangssignal sei weißes Rauschen mit der Autokorrelationsfunktion $R_{XX}(\tau) = k\,\delta(\tau)$. Zu ermitteln ist die Autokorrelationsfunktion des Ausgangssignales.

Mit $S_{XX}(\omega)=k$ und der im Bild 5.7 skizzierten Übertragungsfunktion erhalten wir nach Gl. 5.21 die spektrale Leistungsdichte

$$S_{YY}(\omega) = \begin{cases} k \text{ für } \omega_1<|\omega|<\omega_2 \\ 0 \text{ sonst} \end{cases}, \; k>0\,. \tag{5.29}$$

$S_{YY}(\omega)$ ist im rechten Teil von Bild 5.7 skizziert.

Die Rücktransformation führt zu

$$R_{YY}(\tau) = \frac{1}{2\pi}\int_{-\infty}^{\infty} S_{YY}(\omega)\, e^{j\omega\tau}\, d\omega = \frac{1}{2\pi}\int_{-\omega_2}^{-\omega_1} k\, e^{j\omega\tau}\, d\omega + \frac{1}{2\pi}\int_{\omega_1}^{\omega_2} k\, e^{j\omega\tau}\, d\omega\,.$$

Diese beiden Integrale sind leicht lösbar und nach elementarer Zwischenrechnung erhalten wir

$$R_{YY}(\tau) = \frac{k}{\pi\tau}\left(\sin(\omega_2\tau) - \sin(\omega_1\tau)\right) = \frac{2k}{\pi\tau}\cos\!\left(\frac{1}{2}(\omega_1+\omega_2)\tau\right)\cdot \sin\!\left(\frac{1}{2}(\omega_2-\omega_1)\tau\right).$$

Mit der Mittenfrequenz $\omega_0 = 0{,}5\,(\omega_1 + \omega_2)$ des Bandpasses und der Bandbreite $B = \omega_2 - \omega_1$ wird schließlich

$$R_{YY}(\tau) = \frac{2k}{\pi\tau}\sin(0{,}5\,B\tau)\cdot\cos(\omega_0\tau)\,. \tag{5.30}$$

Diese Autokorrelationsfunktion ist ebenfalls im Bild 5.7 dargestellt.

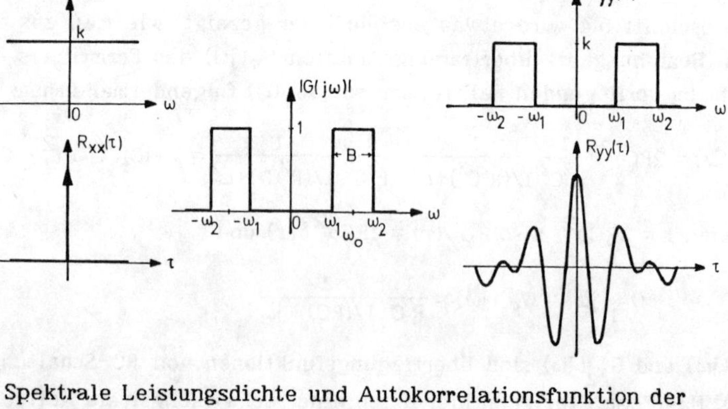

Bild 5.7 Spektrale Leistungsdichte und Autokorrelationsfunktion der Bandpaßreaktion bei weißem Rauschen am Eingang

5. Gegeben sei ein schmalbandiger Bandpaß mit der Mittenfrequenz ω_0 ($|G(j\omega)|$ nach Bild 5.7).

Das Eingangssignal für den Bandpaß lautet

$$x(t) = A \sin(\omega_0 t) + n(t),$$

einem periodischen Signalanteil ist ein stationäres Rauschsignal n(t) überlagert. Die Autokorrelationsfunktion des Rauschsignales hat die Form

$$R_{NN}(\tau) = \sigma^2 e^{-0,3\omega_0|\tau|}.$$

Die mittlere Leistung des Rauschsignales soll den 5-fachen Wert der mittleren Leistung des periodischen Signalanteiles haben. Ein Signal dieser Art wurde im Beispiel des Abschnittes 3.6.2 betrachtet. Dort ging es um das Problem der Erkennung stark gestörter periodischer Signale mit Hilfe von Korrelationsmessungen.

Die Autokorrelationsfunktion $R_{XX}(\tau)$ kann (unter Beachtung der dort etwas anderen Bezeichnungen) vom Abschnitt 3.6.2 (Gl. 3.49) übernommen werden:

$$R_{XX}(\tau) = 0{,}2\sigma^2 \cos(\omega_0\tau) + \sigma^2 e^{-0,3\omega_0|\tau|} = R_{XX}^{(1)}(\tau) + R_{XX}^{(2)}(\tau). \qquad (5.31)$$

$R_{XX}^{(1)}(\tau) = 0{,}2\sigma^2\cos(\omega_0\tau)$ ist die zum periodischen Signalanteil gehörende Autokorrelationsfunktion und $R_{XX}^{(2)}(\tau) = \sigma^2 e^{-0,3\omega_0|\tau|}$ die zu n(t) gehörende. Das Verhältnis $R_{XX}^{(1)}(0)/R_{XX}^{(2)}(0) = 0{,}2$ sagt aus, daß die mittlere Leistung des periodischen Signales 20% der des Rauschsignales beträgt ("Signal-Rauschabstand").

Mit den Korrespondenzen

$$\cos(\omega_0\tau) \circ\!\!- \pi\,\delta(\omega-\omega_0) + \pi\,\delta(\omega+\omega_0), \quad \sigma^2 e^{-k|\tau|} \circ\!\!- \frac{2k\sigma^2}{k^2+\omega^2}, \; k>0$$

erhalten wir die spektrale Leistungsdichte des Eingangssignales

$$S_{XX}(\omega) = 0{,}2\pi\sigma^2\,\delta(\omega-\omega_0) + 0{,}2\pi\sigma^2\,\delta(\omega+\omega_0) + \frac{0{,}6\,\omega_0\sigma^2}{(0{,}3\omega_0)^2+\omega^2}. \qquad (5.32)$$

Diese ist zur Berechnung von $S_{YY}(\omega)$ mit $|G(j\omega)|^2$ (siehe Bild 5.7) zu multiplizieren. Dabei ist zu beachten, daß die Kreisfrequenz ω_0 des periodischen Signalanteiles mit der Mittenfrequenz des Bandpasses übereinstimmt. Wir nehmen auch an, daß die Bandbreite B des Bandpasses so schmal ist, daß der letzte Summand von $S_{XX}(\omega)$ nach Gl. 5.32 innerhalb des Durchlaßbereiches nahezu konstant ist und durch seinen Wert bei ω_0 ersetzt werden kann. Dann erhalten wir

$$S_{YY}(\omega) = S_{XX}(\omega)\,|G(j\omega)|^2 = 0{,}2\pi\sigma^2\,\delta(\omega-\omega_0) + 0{,}2\pi\sigma^2\,\delta(\omega+\omega_0) + \begin{cases} 0{,}6\sigma^2/(1{,}09\omega_0) \approx 0{,}55\sigma^2/\omega_0 & \text{für } \omega_1<|\omega|<\omega_2 \\ 0 & \text{sonst} \end{cases}. \quad (5.33)$$

$S_{YY}(\omega)$ ist im Bild 5.8 dargestellt.

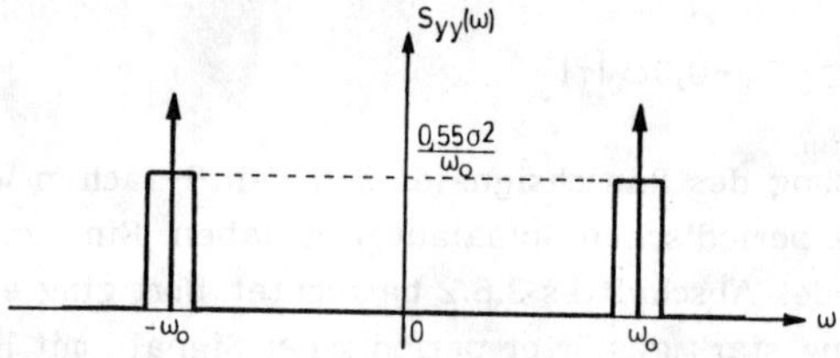

Bild 5.8 $S_{YY}(\omega)$ nach Gl. 5.33

Die Fourier–Rücktransformation der Summanden mit den Dirac–Impulsen ergibt $0{,}2\,\sigma^2\cos(\omega_0\tau)$ (vgl. die oben angegebene Korrespondenz). Der letzte Summand von Gl. 5.33 hat die gleiche Form wie Gl. 5.29 mit der Fourier-Rücktransformierten entsprechend Gl. 5.30 ($k=0{,}55\sigma^2/\omega_0$). Dann erhalten wir

$$R_{YY}(\tau) = 0{,}2\sigma^2\cos(\omega_0\tau) + \frac{1{,}1\sigma^2}{\pi\omega_0\tau}\sin(0{,}5\,B\tau)\cos(\omega_0\tau) = R_{YY}^{(1)}(\tau) + R_{YY}^{(2)}(\tau). \quad (5.34)$$

So wie bei Gl. 5.31, entspricht der 1. Summand $R_{YY}^{(1)}(\tau)$ der Autokorrelationsfunktion des periodischen Signalanteiles in y(t) und $R_{YY}^{(2)}(\tau)$ ist die Autokorrelationsfunktion des Rauschanteiles.
Mit $R_{YY}^{(1)}(0) = 0{,}2\sigma^2$ und $R_{YY}^{(2)}(0) = 1{,}1\,\sigma^2 B/(2\pi\omega_0)$ erhalten wir am Ausgang des Bandpasses ein Signal–Rauschverhältnis

$$R_{YY}^{(1)}(0)/R_{YY}^{(2)}(0) \approx 1{,}14\,\omega_0/B.$$

Während am Eingang des Bandpasses das Signal–Rauschverhältnis den (ungünstigen) Wert 0,2 hat, sind die Verhältnisse am Ausgang des Bandpasses viel günstiger. Bei einem "schmalbandigen" Bandpaß mit z.B. $\omega_0/B = 5$ hat dann das Signal–Rauschverhältnis den Wert 5,5. Am Bandpaßausgang liegt ein weitgehend ungestörtes periodisches Signal vor.

Diese Aussage ist plausibel. Die Fläche unter der spektralen Leistungsdichte entspricht der mittleren Signalleistung. Der Bandpaß reduziert die Fläche unter der Leistungsdichte des Rauschsignales ganz erheblich. Die Fläche unter der zum periodischen Signalanteil gehörenden Leistungsdichte wird hingegen nicht verändert.

Im Abschnitt 3.6 wurde gezeigt, wie ein mit starkem Rauschen überlagertes periodisches Signal mit Hilfe von Korrelationsmessungen erkannt werden kann. Wenn das periodische Signal nur aus einer einzigen Sinusschwingung mit bekannter Frequenz besteht, kann diese Aufgabe offenbar auch mit einem Bandpaß gelöst werden.

6. Gegeben ist die im Bild 5.9 skizzierte CR-Schaltung. Das Eingangssignal sei weißes Rauschen ($R_{XX}(\tau)=k\,\delta(\tau)$). Gesucht wird die Autokorrelationsfunktion des Ausgangssignales.

Mit $S_{XX}(\omega)=k$ und

$$G(j\omega)=\frac{j\omega}{1/(RC)+j\omega}$$

erhalten wir nach Gl. 5.21

$$S_{YY}(\omega)=\frac{k\,\omega^2}{1/(R^2C^2)+\omega^2}=k\frac{(1/(R^2C^2)+\omega^2)-1/(R^2C^2)}{1/(R^2C^2)+\omega^2}=k-\frac{k}{R^2C^2}\,\frac{1}{1/(R^2C^2)+\omega^2}\,. \quad (5.35)$$

Diese Funktion ist im rechten Teil von Bild 5.9 dargestellt. Die Fourier-Rücktransformation liefert die Autokorrelationsfunktion

$$R_{YY}(\tau)=k\,\delta(\tau)-\frac{2k}{RC}\,e^{-|\tau|/(RC)}\,. \quad (5.36)$$

Bei der vorliegenden Schaltung handelt es sich um einen Hochpaß. Das Ausgangssignal hat (ebenso wie das Eingangssignal) eine unendlich große mittlere Leistung.

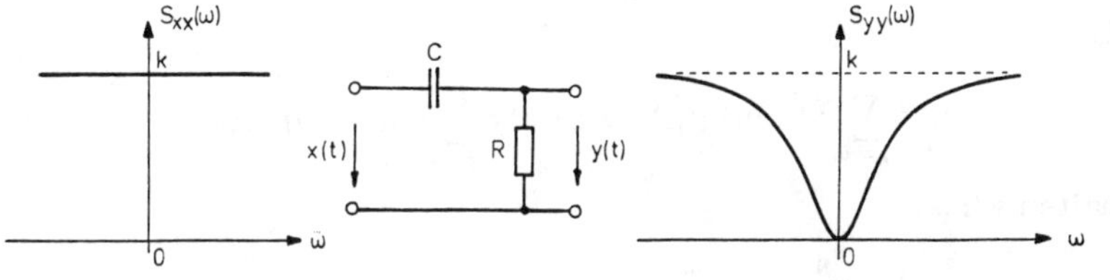

Bild 5.9 Spektrale Leistungsdichte der Reaktion eines CR-Hochpasses bei weißem Rauschen am Eingang

5.1.3.4 Zeitdiskrete Systeme mit zufälligen Eingangssignalen

Die im Abschnitt 5.1.3.1 für zeitkontinuierliche Signale und Systeme angegebenen Ergebnisse können in ganz ähnlicher Weise für zeitdiskrete Systeme und Signale abgeleitet werden.

x(n) sei eine Realisierung eines stationären ergodischen Zufallsprozesses X(n). x(n) soll das (bei $t=-\infty$ angelegte) Eingangssignal eines linearen zeitdiskreten Systems mit der Impulsantwort g(n) sein. Dann lautet die Systemreaktion (siehe Anhang)

$$y(n) = \sum_{\nu=-\infty}^{\infty} x(n-\nu) g(\nu) . \tag{5.37}$$

y(n) kann als Realisierung eines ergodischen Zufallsprozesses Y(n) aufgefaßt werden. Der Mittelwert dieses Ausgangssignales berechnet sich nach Gl. 3.3

$$E[Y] = \lim_{N\to\infty} \frac{1}{2N+1} \sum_{n=-N}^{N} y(n) .$$

Setzt man y(n) nach Gl. 5.37 ein, so wird

$$E[Y] = \lim_{N\to\infty} \frac{1}{2N+1} \sum_{n=-N}^{N} \sum_{\nu=-\infty}^{\infty} x(n-\nu)\, g(\nu) =$$

$$= \sum_{\nu=-\infty}^{\infty} \Big(\lim_{N\to\infty} \frac{1}{2N+1} \sum_{n=-N}^{N} x(n-\nu) \Big)\, g(\nu) = \sum_{\nu=-\infty}^{\infty} E[X]\, g(\nu) ,$$

also

$$E[Y] = E[X] \sum_{\nu=-\infty}^{\infty} g(\nu) . \tag{5.38}$$

Die Autokorrelationsfunktion des Ausgangssignales lautet (Gl. 3.3)

$$R_{YY}(m) = \lim_{N\to\infty} \frac{1}{2N+1} \sum_{n=-N}^{N} y(n) y(n+m) .$$

Mit

$$y(n) = \sum_{\mu=-\infty}^{\infty} x(n-\mu) g(\mu) , \quad y(n+m) = \sum_{\nu=-\infty}^{\infty} x(n+m-\nu)\, g(\nu)$$

erhalten wir

$$R_{YY}(m) = \lim_{N\to\infty} \frac{1}{2N+1} \sum_{n=-N}^{N} \sum_{\mu=-\infty}^{\infty} \sum_{\nu=-\infty}^{\infty} x(n-\mu) x(n+m-\nu)\, g(\mu) g(\nu) =$$

$$= \sum_{\mu=-\infty}^{\infty} \sum_{\nu=-\infty}^{\infty} \Big(\lim_{N\to\infty} \frac{1}{2N+1} \sum_{n=-N}^{N} x(n-\mu) x(n+m-\nu) \Big)\, g(\mu) g(\nu) .$$

Die innere (durch Klammern abgegrenzte) Summe ergibt $R_{XX}(m+\mu-\nu)$ und damit wird

$$R_{YY}(m) = \sum_{\mu=-\infty}^{\infty} \sum_{\nu=-\infty}^{\infty} R_{XX}(m+\mu-\nu)\, g(\mu) g(\nu) . \tag{5.39}$$

Die Gln. 5.38, 5.39 sind den entsprechenden Beziehungen 5.18, 5.19 bei zeitkontinuierlichen Systemen sehr ähnlich.

Hinweise:

1. Ersetzt man in Gl. 5.38 die obere Summationsgrenze $\nu=\infty$ durch ν=n, so erhält man den Erwartungswert E[Y(n)] beim Einschwingvorgang, wenn das Eingangssignal bei t=0 angelegt wurde (vgl. hierzu Gl. 5.8).
2. Ersetzt man in Gl. 5.39 die obere Summationsgrenze durch μ=n und durch ν=n+m, so erhält man die Autokorrelationsfunktion $R_{YY}(n,m)$ beim Einschwingvorgang, wenn das Eingangssignal bei t=0 angelegt wurde (vgl. hierzu Gl. 5.11).

Ohne Beweis wird schließlich die Beziehung

$$S_{YY}(z) = S_{XX}(z)\,|G(z)|^2 \text{ mit } z = e^{j\omega T} \tag{5.40}$$

angegeben. Diese Gleichung entspricht Gl. 5.21 für zeitkontinuierliche Systeme. Sie stellt einen Zusammenhang zwischen den spektralen Leistungsdichten von Ein- und Ausgangssignal bei zeitdiskreten Systemen dar. Die spektrale Leistungsdichte zeitdiskreter Signale wurde im Abschnitt 4.5 (Gl. 4.51) eingeführt. G(z) ist die Übertragungsfunktion des als kausal vorausgesetzten zeitdiskreten Systems (siehe Anhang):

$$G(z) = \sum_{n=0}^{\infty} g(n)\, z^{-n}\,.$$

Beispiel

Gegeben ist ein zeitdiskretes System mit der im Bild 5.10 skizzierten Impulsantwort

$$g(n) = \begin{cases} 0 \text{ für } n<0 \\ e^{-knT} \text{ für } n\geq 0 \end{cases} = s(n)\, e^{-knT}\,,\ k>0. \tag{5.41}$$

Das Eingangssignal hat die Autokorrelationsfunktion

$$R_{XX}(m) = \begin{cases} 1 \text{ für } m=0 \\ 0 \text{ für } m\neq 0 \end{cases} \tag{5.42}$$

(zeitdiskretes weißes Rauschen). Gesucht sind Mittelwert und Autokorrelationsfunktion des Ausgangsprozesses.

Aus $R_{XX}(\infty)=0$ folgt E[X]=0 und damit wird nach Gl. 5.38 auch E[Y]=0. Wir berechnen $R_{YY}(m)$ zunächst nach Gl. 5.39 und erhalten mit g(n)=0 für n<0:

$$R_{YY}(m) = \sum_{\mu=0}^{\infty}\sum_{\nu=0}^{\infty} R_{XX}(m+\mu-\nu)\, e^{-k\mu T}\, e^{-k\nu T}\,. \tag{5.43}$$

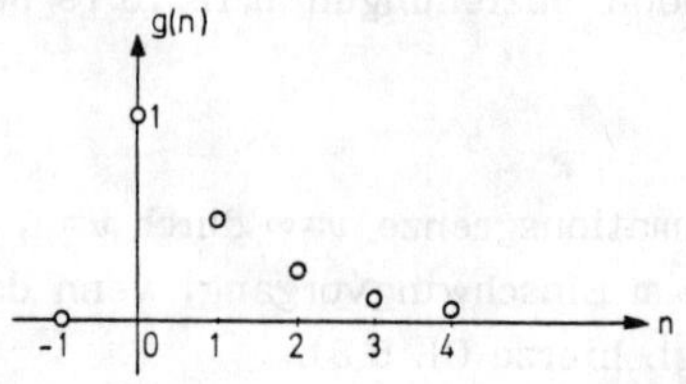

Bild 5.10 Impulsantwort eines zeitdiskreten Systems

Zur Auswertung von Gl. 5.43 unterscheiden wir die Fälle m≥0 und m<0.

Fall m≥0

Die Doppelsumme nach Gl. 5.43 wird folgendermaßen ausgewertet

$$R_{YY}(m) = \sum_{\mu=0}^{\infty} e^{-k\mu T} \left(\sum_{\nu=0}^{\infty} R_{XX}(m+\mu-\nu)\, e^{-k\nu T} \right).$$

Die "innere" Summe enthält nur einen einzigen nicht verschwindenden Summanden, nämlich den bei $\nu=m+\mu$. Setzt man $\nu=m+\mu$, so wird $R_{XX}(m+\mu-\nu) = R_{XX}(0) = 1$, bei allen anderen Werten von ν ist $R_{XX}(m+\mu-\nu) = 0$. Damit wird

$$R_{YY}(m) = \sum_{\mu=0}^{\infty} e^{-k\mu T}\, e^{-k(m+\mu)T} = e^{-kmT} \sum_{\mu=0}^{\infty} e^{-2k\mu T}.$$

Mit

$$\sum_{\mu=0}^{\infty} e^{-2k\mu T} = \sum_{\mu=0}^{\infty} (e^{-2kT})^{\mu} = \frac{1}{1-e^{-2kT}}$$

(Summe einer unendlichen geometrischen Reihe) wird schließlich

$$R_{YY}(m) = \frac{1}{1-e^{-2kT}}\, e^{-kmT} \quad \text{für } m \geq 0 .$$

Fall m<0

Bei der Doppelsumme nach Gl. 5.43 vertauschen wir die Reihenfolge gegenüber dem Fall m≥0 und erhalten

$$R_{YY}(m) = \sum_{\nu=0}^{\infty} e^{-k\nu T} \left(\sum_{\mu=0}^{\infty} R_{XX}(m+\mu-\nu)\, e^{-k\mu T} \right).$$

Die "innere" Summe enthält nur den Summanden, bei dem $m+\mu-\nu=0$ wird, also ist $\mu=\nu-m$ zu setzen. Durch die Vertauschung der Summationsreihenfolge gegenüber dem Fall mit m≥0 wird verhindert, daß die Bedingung $m+\mu-\nu=0$ bei negativen Werten von μ erreicht wird ($\mu=\nu-m>0$ für $m<0$). Damit wird

$$R_{YY}(m) = \sum_{\nu=0}^{\infty} e^{-k\nu T}\, e^{-k(\nu-m)T} = e^{kmT} \sum_{\nu=0}^{\infty} e^{-2k\nu T}.$$

Die ganz rechts stehende Summe ist wiederum die Summe einer unendlichen (fallenden) Reihe, d.h.

$$R_{YY}(m) = \frac{1}{1-e^{-2kT}} e^{kmT} \text{ für } m<0 .$$

Fassen wir die Ergebnisse zusammen, so wird

$$R_{YY}(m) = \frac{1}{1-e^{-2kT}} e^{-k|m|T} = \frac{e^{2kT}}{e^{2kT}-1} e^{-k|m|T} . \tag{5.44}$$

Wir wollen die Autokorrelationsfunktion $R_{YY}(m)$ auch unter Anwendung von Gl. 5.40 berechnen. Nach Gl. 4.51 wird

$$S_{XX}(z) = \sum_{m=-\infty}^{\infty} R_{XX}(m) z^{-m}, \; z = e^{j\omega T} .$$

Mit $R_{XX}(m)$ nach Gl. 5.42 erhalten wir

$$S_{XX}(z) = 1 = \tilde{S}_{XX}(\omega) .$$

Nur der Summand mit m=0 liefert einen Beitrag zu der Summe (vgl. auch Beispiel 1 im Abschnitt 4.5). Die Übertragungsfunktion des Systems mit der Impulsantwort nach Gl. 5.41 lautet

$$G(z) = \frac{z}{z-e^{-kT}}$$

Damit wird nach Gl. 5.40 mit $z=e^{j\omega T}$

$$S_{YY}(z) = \left| \frac{z}{z-e^{-kT}} \right|^2_{z=e^{j\omega T}} = \left| \frac{e^{j\omega T}}{e^{j\omega T}-e^{-kT}} \right|^2 =$$

$$= \frac{1}{|\cos(\omega T)-e^{-kT}+j\sin(\omega T)|^2} = \frac{1}{(\cos(\omega T)-e^{-kT})^2+\sin^2(\omega T)} =$$

$$= \frac{1}{e^{-2kT}-2\cos(\omega T)e^{-kT}+1} = \tilde{S}_{YY}(\omega) . \tag{5.45}$$

Zur Ermittlung der Autokorrelationsfunktion greifen wir auf das Ergebnis von Beispiel 2 im Abschnitt 4.5 zurück. Zunächst erweitern wir $S_{YY}(\omega)$ nach Gl. 5.45 mit e^{2kT} und erhalten

$$\tilde{S}_{YY}(\omega) = \frac{e^{2kT}}{e^{2kT}-2\cos(\omega T)e^{kT}+1} = \frac{e^{2kT}}{e^{2kT}-1} \cdot \frac{e^{2kT}-1}{e^{2kT}-2\cos(\omega T)e^{kT}+1} .$$

Diese Beziehung stimmt - bis auf den Faktor $e^{2kT}/(e^{2kT}-1)$ - mit $\tilde{S}_{XX}(\omega)$ nach Gl. 4.61 überein, wenn dort $\sigma^2=1$ gesetzt wird. Zu $\tilde{S}_{XX}(\omega)$ nach Gl. 4.61

gehört $R_{XX}(m)$ nach Gl. 4.55 und daher erhalten wir hier

$$R_{YY}(m) = \frac{e^{2kT}}{e^{2kT}-1}\, e^{-k|m|T}$$

Dieses Ergebnis stimmt mit $R_{YY}(m)$ nach Gl. 5.44 überein.

Hinweis

Bei der Rücktransformation der spektralen Leistungsdichte konnten wir hier auf ein bereits bekanntes Ergebnis zurückgreifen. Ein von solch glücklichen Umständen unabhängiges Verfahren zur Ermittlung von $R_{YY}(m)$ ist folgendes:

1. In $\tilde{S}_{YY}(\omega)$ nach Gl. 4.45 ersetzt man $\cos(\omega t) = 0{,}5\, e^{j\omega T} + 0{,}5\, e^{-j\omega T}$ und erhält zunächst

$$\tilde{S}_{YY}(\omega) = \frac{1}{e^{-2kT} - e^{-kT}(e^{j\omega T} + e^{-j\omega T}) + 1}\,.$$

Mit $e^{j\omega T} = z$ folgt daraus

$$S_{YY}(z) = \frac{1}{e^{-2kT} - e^{-kT}(z + z^{-1}) + 1} = \frac{z}{-e^{-kT} + (1 + e^{-2kT})z - e^{-kT} z^2}\,.$$

Im Abschnitt 4.5 wurde ausgeführt, daß die spektrale Leistungsdichte zeitdiskreter Zufallssignale als zweiseitige z-Transformierte der Autokorrelationsfunktion aufgefaßt werden kann. Die Rücktransformation von $S_{YY}(z)$ kann z.B. mit Hilfe einer Tabelle für die zweiseitige z-Transformation erfolgen.

5.2. Kreuzkorrelationsfunktionen und Kreuzleistungsdichten zwischen Ein- und Ausgangssignalen

5.2.1 Die Kreuzkorrelationsfunktion während des Einschwingvorganges

Der Vollständigkeit halber wird in diesem Abschnitt die Kreuzkorrelationsfunktion auch für den Einschwingvorgang abgeleitet. Leser, die sich nur für die einfacheren Ergebnisse im eingeschwungenen Zustand interessieren, können diesen Abschnitt überspringen.

Wir nehmen (ebenso wie bei den Berechnungen im Abschnitt 5.1.2) an, daß bei t=0 an den Eingang des Systems ein stationäres Zufallssignal angelegt wird. Nach Gl. 5.6 lautet das Ausgangs-Zufallssignal für $t \geq 0$:

$$Y(t) = \int_{-\infty}^{t} X(t-\tau')\, g(\tau')\, d\tau'.$$

Wir berechnen zunächst das Produkt

$$X(t_1)Y(t_2) = \int_{-\infty}^{t_2} X(t_1)X(t_2-\tau')\,g(\tau')\,d\tau', \; t_1\geq 0, \; t_2\geq 0$$

und erhalten die Kreuzkorrelationsfunktion

$$R_{XY}(t_1,t_2) = E[X(t_1)Y(t_2)] = E[\int_{-\infty}^{t_2} X(t_1)X(t_2-\tau')\,g(\tau')\,d\tau'].$$

Vertauschung der Reihenfolge von Mittelwertbildung und Integration

$$R_{XY}(t_1,t_2) = \int_{-\infty}^{t_2} E[X(t_1)X(t_2-\tau')]\,g(\tau')\,d\tau'.$$

Mit $E[X(t_1)X(t_2-\tau')] = R_{XX}(t_2-t_1-\tau')$ wird

$$R_{XY}(t_1,t_2) = \int_{-\infty}^{t_2} R_{XX}(t_2-t_1-\tau')\,g(\tau')\,d\tau', \; t_1\geq 0, \; t_2\geq 0 .$$

Schließlich setzen wir noch t_1=t, t_2=t+τ und erhalten

$$R_{XY}(t,\tau) = \int_{-\infty}^{t+\tau} R_{XX}(\tau-\tau')\,g(\tau')\,d\tau', \; t\geq 0, \; \tau\geq -t . \tag{5.46}$$

Für $t\to\infty$ geht $R_{XY}(t,\tau)$ in die nur noch von τ abhängige Kreuzkorrelationsfunktion über:

$$R_{XY}(\tau) = \int_{-\infty}^{\infty} R_{XX}(\tau-\tau')\,g(\tau')\,d\tau' . \tag{5.47}$$

5.2.2 Die Kreuzkorrelationsfunktion im eingeschwungenen Zustand

Die Kreuzkorrelationsfunktion $R_{XY}(\tau)$ zwischen dem Ein- und Ausgangssignal eines linearen System soll berechnet werden. Hier betrachten wir nur den eingeschwungenen Zustand bei dem das Ausgangssignal ebenfalls ergodisch ist. Eine Meßanordnung zur Messung von$R_{XY}(\tau)$ ist im Bild 5.11 dargestellt.

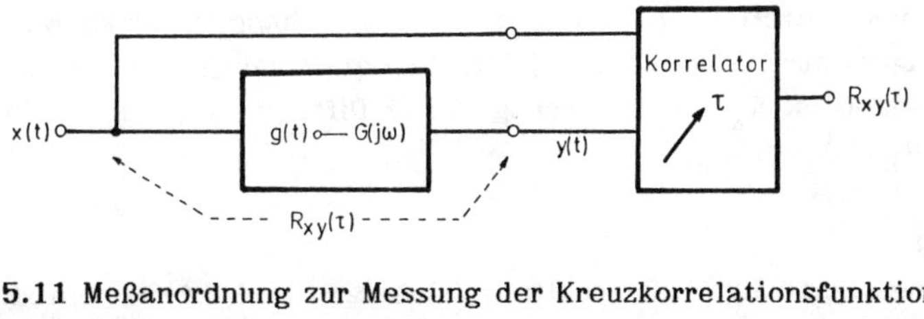

Bild 5.11 Meßanordnung zur Messung der Kreuzkorrelationsfunktion zwischen Ein- und Ausgangssignal eines Systems

Nach Gl. 3.21 gilt

$$R_{XY}(\tau) = \lim_{T\to\infty} \frac{1}{2T} \int_{-T}^{T} x(t)\, y(t+\tau)\, dt\,.$$

Mit dem Faltungsintegral (Gl. 5.1) erhält man

$$y(t) = \int_{-\infty}^{\infty} g(\tau')\, x(t-\tau')\, d\tau' \quad \text{bzw.} \quad y(t+\tau) = \int_{-\infty}^{\infty} g(\tau')\, x(t+\tau-\tau')\, d\tau'.$$

Setzt man den Ausdruck für $y(t+\tau)$ in die Beziehung für $R_{XY}(\tau)$ ein, so folgt

$$R_{XY}(\tau) = \lim_{T\to\infty} \frac{1}{2T} \int_{-T}^{T} \int_{-\infty}^{\infty} g(\tau')\, x(t)\, x(t+\tau-\tau')\, d\tau'\, dt\,.$$

Vertauschung der Reihenfolge der Integrale und Grenzwertbildung

$$R_{XY}(\tau) = \int_{-\infty}^{\infty} g(\tau') \left(\lim_{T\to\infty} \frac{1}{2T} \int_{-T}^{T} x(t)\, x(t+\tau-\tau')\, dt \right) d\tau'\,.$$

Das "innere" Integral ergibt $R_{XY}(\tau-\tau')$ und wir erhalten schließlich

$$R_{XY}(\tau) = \int_{-\infty}^{\infty} R_{XX}(\tau-\tau')\, g(\tau')\, d\tau'\,. \tag{5.48}$$

Gl. 5.48 läßt sich in interessanter Weise interpretieren. Ersetzt man den Parameter τ durch t, so wird

$$R_{XY}(t) = \int_{-\infty}^{\infty} R_{XX}(t-\tau')\, g(\tau')\, d\tau'. \tag{5.49}$$

Ist x(t) das Eingangssignal des Systems, so lautet nach Gl. 5.1 die Systemreaktion

$$y(t) = \int_{-\infty}^{\infty} x(t-\tau')\, g(\tau')\, d\tau'. \tag{5.50}$$

Ein Vergleich der Gln. 5.49, 5.50 zeigt folgendes: Wählt man als Eingangssignal eines linearen Systems die (nichtzufällige) Autokorrelationsfunktion $x(t)=R_{XX}(t)$, so reagiert das System mit $y(t)=R_{XY}(t)$, d.h. der Kreuzkorrelationsfunktion.

Wenn bei dem betreffenden System der Zusammenhang zwischen Ein- und Ausgangssignal durch eine (lineare) Differentialgleichung beschrieben werden kann, dann ist $R_{XY}(t)$ die Lösung dieser Differentialgleichung für die Störgröße $R_{XX}(t)$.

Beispiel 1

Das Eingangssignal einer RC-Schaltung (siehe z.B. Bild 5.4) ist ein stationäres Zufallssignal mit der Autokorrelationsfunktion

$$R_{XX}(\tau) = \sigma^2 e^{-k|\tau|}, \quad k>0 .$$

Zu berechnen ist die Kreuzkorrelationsfunktion $R_{XY}(\tau)$ zwischen Ein- und Ausgangssignal des Systems.

Die Impulsantwort des Systems lautet

$$g(t) = s(t) \frac{1}{RC} e^{-t/(RC)}$$

Dann erhalten wir mit Gl. 5.48

$$R_{XY}(\tau) = \int_0^\infty \frac{1}{RC} e^{-\tau'/(RC)} \sigma^2 e^{-k|\tau-\tau'|} d\tau'. \tag{5.51}$$

Bei der Auswertung unterscheiden wir die Fälle $\tau<0$ und $\tau>0$.

Fall $\tau<0$:

Dann ist $\tau-\tau'<0$, daher gilt $e^{-k|\tau-\tau'|} = e^{k(\tau-\tau')}$ für alle möglichen Werte der Integrationsvariablen. Somit folgt aus Gl. 5.51

$$R_{XY}(\tau) = \frac{\sigma^2}{RC} \int_0^\infty e^{-\tau'/(RC)} e^{k(\tau-\tau')} d\tau' = \frac{\sigma^2}{RC} e^{k\tau} \int_0^\infty e^{-\tau'(1/(RC)+k)} d\tau' =$$

$$= \frac{\sigma^2}{RC} e^{k\tau} \frac{-1}{1/(RC)+k} e^{-\tau'(1/(RC)+k)} \Big|_0^\infty = \frac{\sigma^2}{RC\,(1/(RC)+k)} e^{k\tau} .$$

Erweitert man diesen Ausdruck mit $1/(RC)-k$, so erhält man schließlich

$$R_{XY}(\tau) = \frac{RC\sigma^2}{1-k^2R^2C^2} \left(\frac{1}{RC} - k \right) e^{k\tau} \quad \text{für } \tau<0 . \tag{5.52}$$

Fall $\tau>0$:

Das Integral nach Gl. 5.51 wird folgendermaßen in zwei Teilintegrale aufgeteilt

$$R_{XY}(\tau) = \int_0^\tau \frac{1}{RC} e^{-\tau'/(RC)} \sigma^2 e^{-k|\tau-\tau'|} d\tau' + \int_\tau^\infty \frac{1}{RC} e^{-\tau'/(RC)} \sigma^2 e^{-k|\tau-\tau'|} d\tau'.$$

Im 1. Integral ist $\tau'\le\tau$, damit wird $e^{-k|\tau-\tau'|} = e^{-k(\tau-\tau')}$, im 2. Integral ist $\tau'\ge\tau$ und es gilt $e^{-k|\tau-\tau'|} = e^{k(\tau-\tau')}$. Wir erhalten

$$R_{XY}(\tau) = \frac{\sigma^2}{RC} \int_0^\tau e^{-\tau'/(RC)} e^{-k(\tau-\tau')} d\tau' + \frac{\sigma^2}{RC} \int_\tau^\infty e^{-\tau'/(RC)} e^{k(\tau-\tau')} d\tau' =$$

$$= \frac{\sigma^2}{RC} e^{-k\tau} \int_0^\tau e^{-\tau'(1/(RC)-k)} d\tau' + \frac{\sigma^2}{RC} e^{k\tau} \int_\tau^\infty e^{-\tau'(1/(RC)+k)} d\tau' .$$

Nach Auswertung der Integrale und elementaren Umformungen erhalten wir

$$R_{XY}(\tau) = \frac{RC\sigma^2}{1-k^2R^2C^2}\left(\left(\frac{1}{RC}+k\right)e^{-k\tau}-2k\,e^{-\tau/(RC)}\right) \text{ für } \tau>0\,. \quad (5.53)$$

Hinweis Bei den Gln. 5.52, 5.53 ist der Fall k=1/(RC) auszuschließen. Es entsteht dann ein unbestimmter Ausdruck der Form "0/0", der mit der Regel von Bernoulli–L'Hospital ausgewertet werden kann.

Auf die Darstellung der Kreuzkorrelationsfunktion (Gln. 5.52, 5.33) soll verzichtet werden. Der Leser kann leicht nachprüfen, daß die Kreuzkorrelationsfunktion eine Lösung der Differentialgleichung

$$RC\,y'(t) + y(t) = x(t)$$

des hier betrachteten Systems ist. Für x(t) muß die Autokorrelationsfunktion $R_{XX}(\tau)$ eingesetzt werden.

Beispiel 2

Das Eingangssignal eines Systems sei weißes Rauschen, d.h. $R_{XX}(\tau)=k\,\delta(\tau)$. Gesucht wird die Kreuzkorrelationsfunktion $R_{XY}(\tau)$.

Nach Gl. 5.48 erhält man

$$R_{XY}(\tau) = \int_{-\infty}^{\infty} g(\tau')\,k\,\delta(\tau-\tau')\,d\tau'.$$

Mit der Ausblendeigenschaft des Dirac–Impulses (siehe Anhang) ergibt sich

$$R_{XY}(\tau) = k\,g(\tau)\,. \quad (5.54)$$

Dies ist ein sehr bemerkenswertes Ergebnis. Die Kreuzkorrelationsfunktion entspricht (bis auf den Faktor k) der Impulsantwort des Systems, wenn das Eingangssignal weißes Rauschen ist. Gl. 5.54 ist die Grundlage für ein Meßverfahren zur Messung der Impulsantwort von Systemen, das im Abschnitt 5.2.4 behandelt wird.

5.2.3 Die Berechnung der Kreuzleistungsdichte

Die Kreuzleistungsdichte $S_{XY}(\omega)$ ist die Fourier–Transformierte der Kreuzkorrelationsfunktion:

$$S_{XY}(\omega) = \int_{-\infty}^{\infty} R_{XY}(\tau)\,e^{-j\omega\tau}\,d\tau\,.$$

Für $R_{XY}(\tau)$ setzen wir Ausdruck nach Gl. 5.48 ein und erhalten

$$S_{XY}(\omega) = \int_{\tau=-\infty}^{\infty} \int_{\tau'=-\infty}^{\infty} g(\tau')\, R_{XX}(\tau-\tau')\, e^{-j\omega\tau}\, d\tau' d\tau .$$

Vertauschung der Integrationsreihenfolge

$$S_{XY}(\omega) = \int_{\tau'=-\infty}^{\infty} g(\tau')\, e^{-j\omega\tau'} \Big(\int_{\tau=-\infty}^{\infty} R_{XX}(\tau-\tau')\, e^{-j\omega(\tau-\tau')}\, d\tau \Big) d\tau' . \qquad (5.55)$$

Bei dieser Gleichung sind zusätzliche Faktoren $e^{-j\omega\tau'}$ und $e^{j\omega\tau'}$ eingeführt worden, die zusammen das Produkt 1 ergeben. In dem "inneren" Integral wird die Substitution $u=\tau-\tau'$ durchgeführt, dann erhalten wir (unter Beachtung von Gl. 4.1):

$$\int_{-\infty}^{\infty} R_{XX}(\tau-\tau')\, e^{-j\omega(\tau-\tau')}\, d\tau' = \int_{-\infty}^{\infty} R_{XX}(u)\, e^{-j\omega u}\, du = S_{XX}(\omega).$$

Setzt man dieses Ergebnis in Gl. 5.55 ein, so wird

$$S_{XY}(\omega) = \int_{-\infty}^{\infty} g(\tau')\, e^{-j\omega\tau'} S_{XX}(\omega)\, d\tau' = S_{XX}(\omega) \int_{-\infty}^{\infty} g(\tau')\, e^{-j\omega\tau'} d\tau' = S_{XX}(\omega) G(j\omega),$$

denn das ganz rechts stehende Integral ergibt die Übertragungsfunktion des Systems.

<u>Ergebnis</u>:

$$S_{XY}(\omega) = S_{XX}(\omega)\, G(j\omega). \qquad (5.56)$$

Man erhält das Kreuzleistungsspektrum, indem man die spektrale Leistungsdichte des Eingangssignales mit der Übertragungsfunktion des Systems multipliziert.

Hinweis Gl. 5.56 kann auch auf andere Weise gewonnen werden. Nach Gl. 5.48 ist $R_{XY}(\tau)=g(t)*R_{XX}(\tau)$, wobei "*" das Faltungssymbol bedeutet (siehe z.B. [12], [20]). Eine Faltung im Zeitbereich entspricht aber der Multiplikation der zugehörenden Fourier-Transformierten im Frequenzbereich, d.h. $S_{XY}(\omega)=G(j\omega)\, S_{XX}(\omega)$.

Die Berechnung der Kreuzkorrelationsfunktion $R_{XY}(\tau)$ kann also auch auf dem "Umweg" über den Frequenzbereich erfolgen. $S_{XY}(\omega)$ ist dann zurückzutransformieren.

Im Bild 5.12 sind die ermittelten Ergebnisse nochmals schematisch zusammengestellt.

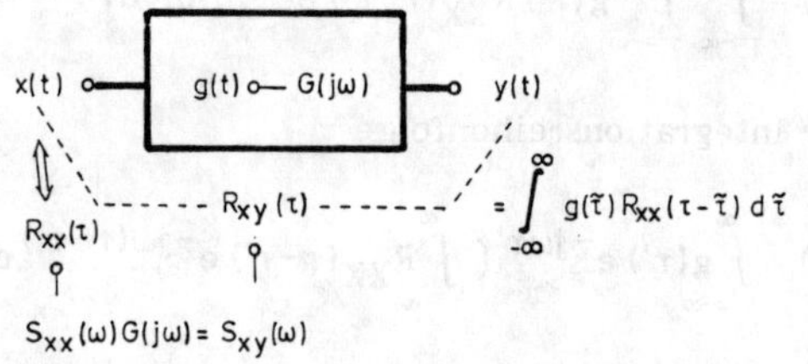

Bild 5.12 Die Berechnung von $R_{XY}(\tau)$ und $S_{XY}(\omega)$

Beispiel 1

Entsprechend der Aufgabenstellung beim Beispiel 1 aus dem Abschnitt 5.2.2 soll das Eingangssignal einer RC–Schaltung (siehe z.B. Bild 5.4) eine Autokorrelationsfunktion

$$R_{XX}(\tau) = \sigma^2 e^{-k|\tau|}, \; k>0$$

aufweisen. Die Kreuzkorrelationsfunktion $R_{XY}(\tau)$ soll unter Anwendung von Gl. 5.56 berechnet werden.

Die spektrale Leistungsdichte lautet im vorliegenden Fall

$$S_{XX}(\omega) = \frac{2k\sigma^2}{k^2+\omega^2}$$

und mit der Übertragungsfunktion

$$G(j\omega) = \frac{1}{1+j\omega RC}$$

folgt mit Gl. 5.56

$$S_{XY}(\omega) = \frac{2k\sigma^2}{(1+j\omega RC)(k^2+\omega^2)}. \qquad (5.57)$$

Zur Rücktransformation stellen wir $S_{XY}(\omega)$ in folgender Art dar

$$S_{XY}(\omega) = \frac{2k\sigma^2}{(1+j\omega RC)(k^2+\omega^2)} = \frac{A_1}{1+j\omega RC} + \frac{A_2+A_3 j\omega}{k^2+\omega^2}.$$

Die Koeffizienten A_1, A_2 und A_3 können z.B. durch Koeffizientenvergleich ermittelt werden, man findet

$$A_1 = -\frac{2k\sigma^2 R^2 C^2}{1-k^2R^2C^2}, \; A_2 = \frac{2k\sigma^2}{1-k^2R^2C^2}, \; A_3 = -\frac{2k\sigma^2 RC}{1-k^2R^2C^2}.$$

Einer Korrespondenzentabelle für die Fourier–Transformation kann man folgende Korrespondenzen entnehmen

$$\frac{A_1}{1+j\omega RC} \multimap s(\tau)\,\frac{A_1}{RC}\,e^{-\tau/(RC)}\,,\quad \frac{A_2}{k^2+\omega^2} \multimap \frac{A_2}{2k}\,e^{-k|\tau|}\,,$$

$$\frac{A_3 j\omega}{k^2+\omega^2} \multimap -\frac{A_3}{2}\,e^{-k|\tau|}\,\mathrm{sgn}(\tau) \text{ mit } \mathrm{sgn}(\tau) = \begin{cases} -1 \text{ für } \tau<0 \\ 1 \text{ für } \tau>0 \end{cases}.$$

Damit erhalten wir schließlich

$$R_{XY}(\tau) = s(\tau)\,\frac{A_1}{RC}\,e^{-\tau/(RC)} + \frac{A_2}{2k}\,e^{-k|\tau|} - \frac{A_3}{2}\,e^{-k|\tau|}\,\mathrm{sgn}(\tau) =$$

$$= \frac{-\sigma^2 RC}{1-k^2R^2C^2}\Big(s(\tau)2k\,e^{-\tau/(RC)} - \frac{1}{RC}\,e^{-k|\tau|} - k\,\mathrm{sgn}(\tau)\,e^{-k|\tau|}\Big). \qquad (5.58)$$

Daraus findet man für

<u>$\tau<0$:</u>

$$R_{XY}(\tau) = \frac{RC\sigma^2}{1-k^2R^2C^2}\Big(\frac{1}{RC} - k\Big)e^{k\tau}\,,$$

<u>$\tau>0$:</u>

$$R_{XY}(\tau) = \frac{RC\sigma^2}{1-k^2R^2C^2}\Big(\Big(\frac{1}{RC} + k\Big)e^{-k\tau} - 2k\,e^{-\tau/(RC)}\Big).$$

Diese Beziehungen stimmen mit den im Beispiel 1 vom Abschnitt 5.2.2 ermittelten Ergebnissen (Gln. 5.52, 5.53) überein.

Beispiel 2

Das Eingangssignal eines Systems sei weißes Rauschen, d.h.

$$R_{XX}(\tau) = k\,\delta(\tau),\ S_{XX}(\omega) = k\ ,\ k>0.$$

Gesucht wird $S_{XY}(\omega)$ und die Kreuzkorrelationsfunktion $R_{XY}(\tau)$.

Nach Gl. 5.56 erhalten wir in diesem Fall

$$S_{XY}(\omega) = k\,G(j\omega).$$

Die Kreuzkorrelationsfunktion entspricht (bis auf den Faktor k) der Übertragungsfunktion des betreffenden Systems. Da die Fourier-Rücktransformierte der Übertragungsfunktion die Impulsantwort ist, ergibt sich

$$R_{XY}(\tau) = k\,g(\tau).$$

Dieses Ergebnis wurde schon im 2. Beispiel vom Abschnitt 5.2.2 ermittelt.

5.2.4 Eine Meßmethode zur Messung der Impulsantwort

Das Eingangssignal eines linearen zeitinvarianten Systems sei weißes Rauschen, d.h.

$$S_{XX}(\omega) = k,\ k>0 .$$

Dann erhält man mit Gl. 5.56 die Kreuzleistungsdichte

$$S_{XY}(\omega) = k\, G(j\omega) \tag{5.59}$$

und nach Rücktransformation in den Zeitbereich

$$R_{XY}(\tau) = k\, g(\tau) . \tag{5.60}$$

Dieses Ergebnis wurde schon im 2. Beispiel von Abschnitt 5.2.3 gefunden. Die Kreuzkorrelationsfunktion zwischen Ein- und Ausgangssignal des Systems ist (bis auf einen Faktor) mit der Impulsantwort identisch, wenn am Systemeingang weißes Rauschen anliegt. Gl. 5.60 liefert eine Meßvorschrift zur Messung der Impulsantwort von linearen zeitinvarianten Systemen. Diese Meßvorschrift ist im Bild 5.13 dargestellt. Offenbar erscheint am Korrelatorausgang die Impulsantwort des Systems. Nach einer Fourier-Transformation, die auch gerätemäßig durchführbar ist, erhält man auch die Übertragungsfunktion $G(j\omega)$. Die Messung erfordert natürlich eine gewisse Zeit, da der Korrelator für jeden Meßwert von $R_{XY}(\tau)$ eine hinreichend lange Integrationszeit benötigt (vgl. Abschnitt 3.4.3)

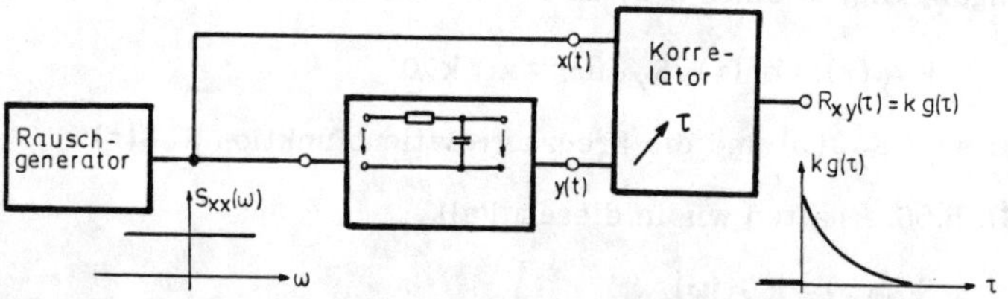

Bild 5.13 Darstellung einer Meßmethode zur Messung der Impulsantwort eines Systems

Rauschgeneratoren liefern eine konstante Leistungsdichte natürlich nur bis zu einer oberen Grenzfrequenz, d.h. bandbegrenztes weißes Rauschen. Dies führt jedoch zu keinen Meßfehlern, wenn dafür gesorgt wird, daß die Grenzfrequenz des Rauschgenerators hinreichend größer als die Grenzfrequenz des zu messenden Systems ist (vgl. hierzu die Ausführungen in Beispiel 2 von Abschnitt 5.1.3.3).

Es zeigt sich, daß das beschriebene Meßverfahren auch dann noch genaue

Meßergebnisse liefert, wenn auf den Systemausgang zufällige, vom Eingangssignal unabhängige Störungen einwirken.

Im Bild 5.14 sind zwei Möglichkeiten des Einwirkens eines Störsignales n(t) dargestellt. Bei der linken Anordnung überlagert sich das Störsignal n(t) dem Eingangssignal x(t) am Systemeingang. Bei der rechten Anordnung wirkt das Störsignal von einer anderen Stelle aus auf den Systemausgang. In diesem Fall wird die Impulsantwort vom "Störeingang" zum Systemausgang mit $g_n(t)$ bezeichnet.

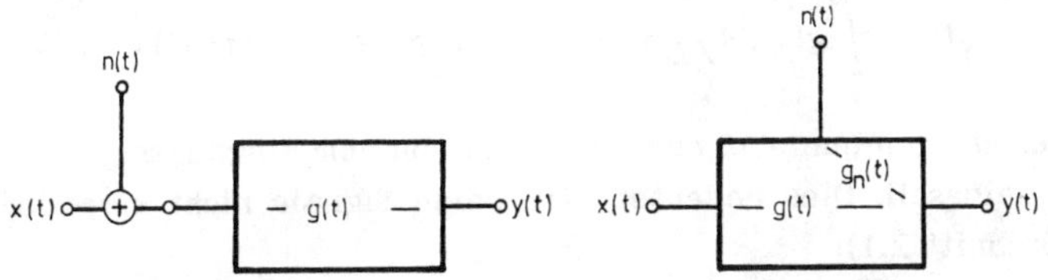

Bild 5.14 Möglichkeiten der Einwirkung eines Störsignales n(t) bei einem System

Bei der links im Bild 5.14 skizzierten Anordnung lautet die Systemreaktion

$$y(t) = \int_{-\infty}^{\infty} g(\tau')\left(x(t-\tau')+n(t-\tau')\right)d\tau' = \int_{-\infty}^{\infty} g(\tau')\,x(t-\tau')\,d\tau' + \int_{-\infty}^{\infty} g(\tau')\,n(t-\tau')\,d\tau',$$

denn am Systemeingang liegt das Signal x(t) + n(t). Bei der rechts im Bild 5.14 skizzierten Anordnung wird

$$y(t) = \int_{-\infty}^{\infty} g(\tau')\,x(t-\tau')\,d\tau' + \int_{-\infty}^{\infty} g_n(\tau')\,n(t-\tau')\,d\tau'. \qquad (5.61)$$

Man erkennt, daß Gl. 5.61 auch zur Beschreibung der linken Anordnung von Bild 5.14 geeignet ist, wenn der Fall $g_n(t)=g(t)$ zugelassen wird.

Entsprechend der Vorgehensweise im Abschnitt 5.2.2 wird nun die Kreuzkorrelationsfunktion $R_{XY}(\tau)$ berechnet. Aus Gl. 5.61 erhalten wir zunächst

$$y(t+\tau) = \int_{-\infty}^{\infty} g(\tau')\,x(t+\tau-\tau')\,d\tau' + \int_{-\infty}^{\infty} g_n(\tau')\,n(t+\tau-\tau')\,d\tau'.$$

Diesen Ausdruck setzen wir in die Definitionsgleichung für die Kreuzkorrelationsfunktion (Gl. 3.21) ein. Vertauscht man dabei noch die Reihenfolge der Integration und der Grenzwertbildung, so wird

$$R_{XY}(\tau) = \int_{-\infty}^{\infty} g(\tau')\Big(\lim_{T\to\infty} \frac{1}{2T}\int_{-T}^{T} x(t)\, x(t+\tau-\tau')\, dt\Big)\, d\tau' +$$

$$+ \int_{-\infty}^{\infty} g_n(\tau')\Big(\lim_{T\to\infty} \frac{1}{2T}\int_{-T}^{T} x(t)\, n(t+\tau-\tau')\, dt\Big)\, d\tau'.$$

Die "inneren" Integrale ergeben die Autokorrelationsfunktion $R_{XX}(\tau-\tau')$ bzw. die Kreuzkorrelationsfunktion $R_{XN}(\tau-\tau')$ zwischen dem Eingangs- und dem Störsignal. Dann erhält man

$$R_{XY}(\tau) = \int_{-\infty}^{\infty} g(\tau')\, R_{XX}(\tau-\tau')\, d\tau' + \int_{-\infty}^{\infty} g_n(\tau')\, R_{XN}(\tau-\tau')\, d\tau'. \qquad (5.62)$$

Wir berücksichtigen nun, daß das Störsignal von dem Eingangssignal x(t) unabhängig sein soll. Dies bedeutet, daß beide Signale nicht korreliert sind (siehe Abschnitt 2.1):

$$r_{XN} = \frac{R_{XN}(\tau) - E[X]\, E[N]}{\sigma_X\, \sigma_N} = 0,$$

d.h.

$$R_{XN}(\tau) = E[X]\, E[N].$$

Wir erhalten damit

$$R_{XY}(\tau) = \int_{-\infty}^{\infty} g(\tau')\, R_{XX}(\tau-\tau')\, d\tau' + E[X]\, E[N] \int_{-\infty}^{\infty} g(\tau')\, d\tau'. \qquad (5.63)$$

Der 2. Summand dieser Gleichung ergibt einen konstanten Wert.

Das Ergebnis vereinfacht sich noch, wenn das Eingangs- oder das Störsignal mittelwertfrei ist, dann wird

$$R_{XY}(\tau) = \int_{-\infty}^{\infty} g(\tau')\, R_{XX}(\tau-\tau')\, d\tau'. \qquad (5.64)$$

Abgesehen von einem ggf. zusätzlich auftretenden konstanten Summanden (Gl. 5.63), stimmt das hier gefundene Ergebnis mit dem im Abschnitt 5.2.2 abgeleiteten Ergebnis (Gl. 5.48) überein. Wir können feststellen, daß ein ggf. vorhandenes Störsignal keinen Einfluß auf das Meßergebnis bei der Anordnung nach Bild 5.13 hat.

Besonders bei starken Störungen ist die hier behandelte Meßmethode konventionellen Meßmethoden mit determinierten Signalen weit überlegen. Ein weiterer Vorteil ist, daß das System während der Meßzeit nicht unbedingt außer Betrieb gesetzt werden muß. Das eigentliche Betriebssignal hat bzgl. der Messung dann die Bedeutung eines Störsignales.

5.2.5 Die Kreuzkorrelationsfunktion bei zeitdiskreten Systemen

x(n) sei eine Realisierung eines stationären Zufallsprozesses X(n). Dieses Signal soll das (bei $t=-\infty$ angelegte) Eingangssignal eines zeitdiskreten Systems sein.

Die Systemreaktion lautet

$$y(n) = \sum_{\nu=-\infty}^{\infty} x(n-\nu)\, g(\nu)\,.$$

y(n) kann als Realisierung eines ebenfalls stationären Zufallsprozesses Y(n) aufgefaßt werden. Entsprechend Gl. 3.3 berechnet sich die Kreuzkorrelationsfunktion zu

$$R_{XY}(m) = \lim_{N\to\infty} \frac{1}{2N+1} \sum_{n=-N}^{N} x(n)\, y(n+m)\,.$$

Setzen wir

$$y(n+m) = \sum_{\nu=-\infty}^{\infty} x(n+m-\nu)\, g(\nu)$$

in diese Beziehung ein, so wird

$$R_{XY}(m) = \lim_{N\to\infty} \frac{1}{2N+1} \sum_{n=-N}^{N} \sum_{\nu=-\infty}^{\infty} x(n)\, x(n+m-\nu)\, g(\nu)\,.$$

Vertauschung der Reihenfolge der Summen sowie der Grenzwertbildung:

$$R_{XY}(m) = \sum_{\nu=-\infty}^{\infty} \Big(\lim_{N\to\infty} \frac{1}{2N+1} \sum_{n=-N}^{N} x(n)\, x(n+m-\nu) \Big)\, g(\nu)\,.$$

Ein Vergleich der "inneren" Summe mit Gl. 3.3 zeigt, daß diese $R_{XX}(m-\nu)$ ergibt und wir erhalten schließlich

$$R_{XY}(m) = \sum_{\nu=-\infty}^{\infty} R_{XX}(m-\nu)\, g(\nu)\,. \qquad (5.65)$$

Beispiel

Das Eingangssignal eines zeitdiskreten Systems sei (zeitdiskretes) weißes Rauschen mit der Autokorrelationsfunktion

$$R_{XX}(m) = k\,\delta(\tau) = \begin{cases} k & \text{für } m=0 \\ 0 & \text{für } m\neq 0 \end{cases}, \quad k>0\,.$$

Gesucht wird die Kreuzkorrelationsfunktion $R_{XY}(m)$.

Nach Gl. 5.65 wird

$$R_{XY}(m) = \sum_{\nu=-\infty}^{\infty} k\,\delta(m-\nu)\,g(\nu).$$

Diese Summe enthält nur einen einzigen Summanden, nämlich den bei $\nu = m$. In diesem Fall wird $\delta(m-\nu)=\delta(0)=1$, wir finden also

$$R_{XY}(m) = k\,g(m). \tag{5.66}$$

Dieses Ergebnis entspricht dem nach Gl. 5.54 abgeleiteten Ergebnis bei kontinuierlichen Systemen. Die Kreuzkorrelationsfunktion entspricht auch hier (bis auf einen Faktor) der Impulsantwort des Systems.

5.3 Eine Zusammenstellung von Ergebnissen

Im Bild 5.15 sind – neben den für determinierte Signale gültigen Beziehungen – die wichtigsten, im Abschnitt 5 abgeleiteten Ergebnisse zusammengestellt. Die Zusammenstellung beschränkt sich auf den Fall kontinuierlicher Signale und Systeme.

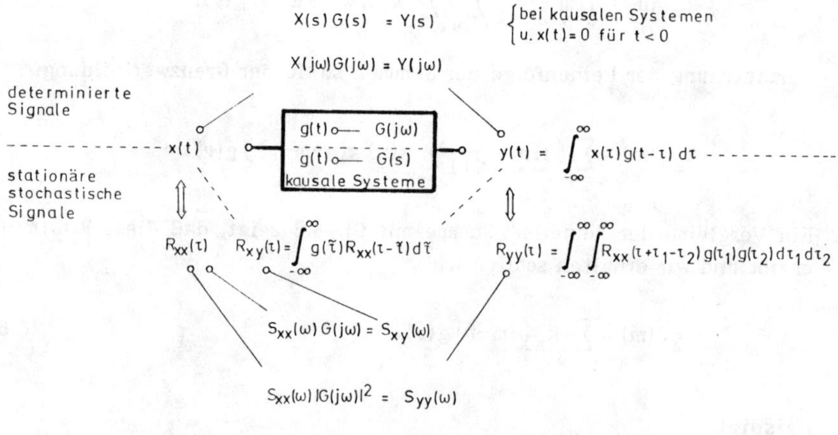

Bild 5.15 Zusammenstellung von Beziehungen zwischen Ein- und Ausgangssignalen bei linearen Systemen

Das System wird durch seine Impulsantwort g(t) bzw. seine Übertragungsfunktion $G(j\omega)$ beschrieben. $G(j\omega)$ kann als Fourier-Transformierte von g(t) aufgefaßt werden. Die Existenz der Fourier-Transformierten $G(j\omega)$ ist bei stabilen Systemen gewährleistet.

Wenn g(t)=0 für t< 0 ist (kausale Systeme), kann auch die Laplace-Transformierte G(s) von g(t) berechnet werden. Bei stabilen Systemen gilt dann $G(s=j\omega)=G(j\omega)$, d.h. G(s) entspricht bei $s=j\omega$ der Übertragungsfunktion des Systems.

Das Faltungsintegral (Bildmitte) kann ohne Einschränkung zur Berechnung von Systemreaktionen, sowohl bei determinierten Signalen wie auch bei zufälligen Signalen, angewandt werden.

Der obere Bildteil bezieht sich nur auf determinierte Signale. Falls zu dem (determinierten) Eingangssignal x(t) eine Fourier-Transformierte $X(j\omega)$ existiert, gibt es einen weiteren Weg zur Berechnung der Systemreaktion. Man ermittelt zunächst die Fourier-Transformierte $Y(j\omega)=X(j\omega)G(j\omega)$ der Systemreaktion und erhält y(t) durch Fourier-Rücktransformation.

Wenn das Eingangssignal kausal ist, d.h. x(t)=0 für t< 0 und eine Laplace-Transformierte X(s) existiert, kann bei kausalen Systemen die ebenfalls im Bild 5.15 angegebene Beziehung $Y(s)=X(s)G(s)$ zur Anwendung kommen. Es gibt Fälle, bei denen beide Berechnungsmethoden versagen. Beispiel: Die Reaktion eines idealen Tiefpasses auf das Eingangssignal $x(t)=s(t)e^t$ ist zu berechnen. Da ein idealer Tiefpaß ein nichtkausales System ist, existiert keine Laplace-Transformierte G(s). Zu dem angegebenen Signal x(t) existiert keine Fourier-Transformierte $X(j\omega)$. In diesem Fall muß die Berechnung der Systemreaktion mit dem Faltungsintegral erfolgen.

Der untere Bildteil von Bild 5.15 zeigt die bisher im Abschnitt 5 abgeleiteten Ergebnisse für stationäre Zufallssignale im eingeschwungenen Zustand. Das zufällige Eingangssignal wird durch die Autokorrelationsfunktion $R_{XX}(\tau)$ bzw. durch deren Fourier-Transformierte $S_{XX}(\omega)$, die spektrale Leistungsdichte, beschrieben. Ist die Übertragungsfunktion $G(j\omega)$ des Systems bekannt, so erhält man die spektrale Leistungsdichte des Ausgangssignales durch die einfache Beziehung $S_{YY}(\omega)=S_{XX}(\omega)\,|G(j\omega)|^2$. $R_{YY}(\tau)$ kann anschließend durch die Fourier-Rücktransformation aus $S_{YY}(\omega)$ ermittelt werden.

Bei Kenntnis der Impulsantwort des Systems kann $R_{YY}(\tau)$ auch unmittelbar durch das rechts im Bild angegebene Doppelintegral berechnet werden.

Im Abschnitt 5.1.1 wurde ausgeführt, daß lineare Systeme auf normalverteilte Eingangssignale mit ebenfalls normalverteilten Ausgangssignalen reagieren. Normalverteilte Signale werden vollständig (bis auf das Vorzeichen des Mittelwertes) durch die zugehörende Autokorrelationsfunktion beschrieben (Abschnitt 3.1).

Bei nicht normalverteilten Signalen sind die Verhältnisse viel komplizierter, häufig begnügt man sich auch hier mit den Autokorrelationsfunktionen zur Kennzeichnung der Zufallsprozesse.

Im Bild 5.15 ist schließlich noch die Kreuzkorrelationsfunktion $R_{XY}(\tau)$ zwischen Ein- und Ausgangssignal des Systems angegeben. Eine besonders einfache Beziehung erhält man im Frequenzbereich: $S_{XY}(\omega)=S_{XX}(\omega)G(j\omega)$.

5.4 Formfilter

Ein Formfilter hat die Aufgabe, die spektrale Leistungsdichte bzw. Autokorrelationsfunktion eines Zufallssignales in einer vorgeschriebenen Art zu verändern. Besonders häufig werden Formfilter zur Erzeugung spezieller Zufallssignale aus weißem Rauschen eingesetzt. Dieses Problem stellt sich z.B., wenn ein Rauschgenerator (mit weißem Rauschen) als Signalquelle für ein Zufallssignal mit einer vorgeschriebenen Autokorrelationsfunktion verwendet werden soll. Der Begriff des Formfilters wurde auch schon beim 3. Beispiel des Abschnittes 5.1.3.3 eingeführt.

In diesem Abschnitt wird in ganz kurzer Form gezeigt, wie man auf systematische Weise die Übertragungsfunktion eines Formfilters ermitteln kann. Verfahren zum Auffinden von Schaltungen von Formfiltern werden nicht besprochen, dies ist eine Aufgabe der Netzwerksynthese.

Wir setzen voraus, daß die spektralen Leistungsdichten $S_{XX}(\omega)$ und $S_{YY}(\omega)$ des Ein- und Ausgangssignales des zu entwerfenden Formfilters gebrochen rationale Funktionen sind. Falls dies nicht zutrifft, ist eine geeignete Approximation durchzuführen.

Nach Gl. 5.21 gilt

$$S_{YY}(\omega) = |G(j\omega)|^2 S_{XX}(\omega)$$

und aus dieser Gleichung muß die Übertragungsfunktion $G(j\omega)$ des Formfilters gewonnen werden. Nach den Voraussetzungen ist

$$|G(j\omega)|^2 = \frac{S_{YY}(\omega)}{S_{XX}(\omega)} \tag{5.67}$$

eine gebrochen rationale Funktion.

Mit $G(j\omega) = G(s=j\omega)$ ($G(s)$ ist die Laplace-Transformierte der Impulsantwort des Formfilters), kann Gl. 5.67 auch folgendermaßen geschrieben werden:

$$|G(j\omega)|^2 = G(j\omega)G(-j\omega) = \frac{S_{YY}(\omega)}{S_{XX}(\omega)}.$$

Mit $s=j\omega$ bzw. $\omega=s/j$ folgt

$$G(s)G(-s) = \frac{S_{YY}(s/j)}{S_{XX}(s/j)} = Q(s)\,. \tag{5.68}$$

Gl. 5.68 ist die Ausgangsbeziehung zur Ermittlung der Übertragungsfunktion $G(j\omega)$ des Formfilters.

Die Funktion Q(s) nach Gl. 5.68 hat folgende Eigenschaften:
1. Für $s=j\omega$ gilt $Q(j\omega)=|G(j\omega)|^2$.
2. Q(s) ist eine gebrochen rationale Funktion mit reellen Koeffizienten und enthält nur gerade Potenzen von s. Damit kann Q(s) als Quotient zweier gerader Polynome dargestellt werden.
Grund: $S_{XX}(\omega)$ und $S_{YY}(\omega)$ sind reelle, gerade und voraussetzungsgemäß gebrochen rationale Funktionen. Dies bedeutet, daß in $S_{XX}(\omega)$ und in $S_{YY}(\omega)$ nur gerade Potenzen von ω auftreten können.
3. Die Pole von Q(s) liegen auf der reellen Achse, oder sie treten als konjugiert komplexe Paare auf. Die Pole liegen symmetrisch zur $j\omega$-Achse, Pole auf der $j\omega$-Achse treten nicht auf.
Grund: Die Nullstellen von Polynomen mit reellen Koeffizienten sind reell oder sie kommen als konjugiert komplexe Paare vor (vgl. z.B. [12]). Weil das Nennerpolynom von Q(s) nur gerade Potenzen von s enthält, gibt es zu jeder Nullstelle s_∞ (Polstelle von Q(s)) eine weitere bei $-s_\infty$.
Dies führt zu den symmetrisch zur $j\omega$-Achse liegenden Polstellen. Pole auf der imaginären Achse sind aus Stabilitätsgründen unzulässig.
4. Die Eigenschaften der Nullstellen von Q(s) entsprechen denen für die Polstellen.
Ausnahme: Nullstellen auf der imaginären Achse sind möglich, sie treten dann allerdings als doppelte Nullstellen (bzw. mit gerader Vielfachheit) auf.
Grund: Das Zählerpolynom von Q(s) ist ebenfalls ein gerades Polynom.

Aus Q(s) kann man die Übertragungsfunktion G(s) folgendermaßen gewinnen: Das Pol-Nullstellenschema der Funktion Q(s)=G(s)G(-s) wird ermittelt. Pole und Nullstellen liegen symmetrisch zur imaginären und auch zur reellen Achse. Q(s) kann nur an den Stellen Pole (und Nullstellen) besitzen, an denen entweder G(s) oder G(-s) Pole (oder Nullstellen) hat. Aus Stabilitätsgründen müssen die Pole von G(s) in der linken s-Halbebene liegen. Die in der rechten s-Halbebene auftretenden Pole sind demnach die von G(-s). Damit findet man aus dem PN-Schema von Q(s) das PN-Schema von G(s), indem die in der linken s-Halbebene liegenden Pole übernommen werden und ebenso die Hälfte der Nullstellen von Q(s). Bezüglich der Zuordnung der Nullstellen zu G(s) gibt es keine Einschränkungen wie bei den Polen. Nullstellen dürfen auch in der rechten s-Halbebene liegen. Selbstverständlich ist auf eine symmetrische Zuordnung der Nullstellen zu G(s) und zu G(-s) zu achten und auch darauf, daß zu einer komplexen Nullstelle stets auch die dazu konjugiert komplexe gehört.

Zur weiteren Erläuterung sei auf die folgenden Beispiele verwiesen.

Aus dem so gewonnenen Pol–Nullstellen–Schema kann G(s) schließlich in Form einer gebrochen rationalen Funktion ermittelt werden. Die systematische Ermittlung einer (diese Übertragungsfunktion realisierende) Schaltung ist Aufgabe der Netzwerksynthese und kann hier nicht behandelt werden.

Beispiel 1
Gesucht wird ein Formfilter, das aus weißem Rauschen mit $S_{XX}(\omega)=4$ eine spektrale Leistungsdichte

$$S_{YY}(\omega) = \frac{(2-\omega^2)^2}{4+5\omega^2+\omega^4} \tag{5.69}$$

erzeugt. Nach Gl. 5.68 wird

$$Q(s) = \frac{S_{YY}(s/j)}{S_{XX}(s/j)} = \frac{1}{4}\,\frac{(2+s^2)^2}{4-5s^2+s^4}. \tag{5.70}$$

Das PN–Schema von Q(s) ist links im Bild 5.16 dargestellt.

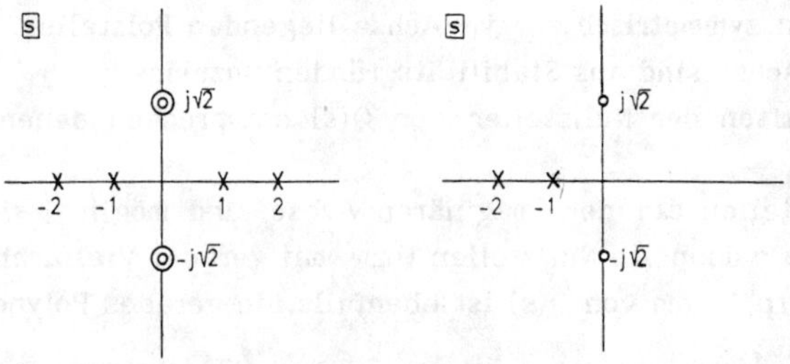

Bild 5.16 Pol–Nullstellenschema von Q(s) nach Gl. 5.70 und von G(s) nach Gl. 5.71

Aus $(2+s^2)^2=0$ findet man doppelte Nullstellen bei $s=j\sqrt{2}$ und bei $s=-j\sqrt{2}$. Aus $4-5s^2+s^4=0$ erhält man die Pole bei ±1, ±2. Rechts im Bild 5.16 ist das PN–Schema von G(s) skizziert. Es enthält die in der linken s–Halbebene liegenden Pole von Q(s) und einfache Nullstellen bei $\pm j\sqrt{2}$.

Aus diesem PN–Schema findet man

$$G(s) = K\,\frac{2+s^2}{(s+1)(s+2)} = K\,\frac{2+s^2}{2+3s+s^2}.$$

Zur Ermittlung des noch nicht festgelegten Faktors K berechnen wir (nach Gl. 5.70) $Q(0) = 0{,}25 = (G(0))^2$ und mit $G(0) = K$ wird $K = 1/2$.

Ergebnis:

$$G(s) = \frac{1}{2}\,\frac{2+s^2}{2+3s+s^2}\,. \tag{5.71}$$

Eine mögliche Schaltung für das Formfilter mit dieser Übertragungsfunktion ist im Bild 5.17 skizziert. Wir erhalten bei dieser Schaltung die Übertragungsfunktion

$$G(j\omega) = \frac{U_2}{E} = \frac{R_2}{R_1+R_2+\big(j\omega L/(j\omega C)\big)/\big(j\omega L+1/(j\omega C)\big)}\,.$$

Mit $s=j\omega$ folgt daraus schließlich

$$G(s) = \frac{R_2}{R_1+R_2}\,\frac{1/(LC)+s^2}{1/(LC)+s/\big(C(R_1+R_2)\big)+s^2}\,. \tag{5.72}$$

Koeffizientenvergleich mit G(s) nach Gl. 5.71:

$$\frac{R_2}{R_1+R_2} = \frac{1}{2},\ \frac{1}{LC} = 2,\ \frac{1}{C\,(R_1+R_2)} = 3.$$

Dies führt zu normierten Bauelementewerten: $R_1=R_2=1$, $C=1/6$, $L=3$.

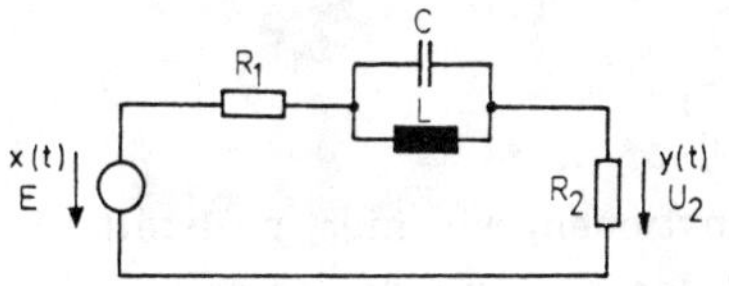

Bild 5.17 Realisierungsschaltung für das Formfilter (Beispiel 1)

Beispiel 2

Gesucht wird ein Formfilter, das aus weißem Rauschen mit $S_{XX}(\omega)=1$ eine spektrale Leistungsdichte

$$S_{YY}(\omega) = \frac{1}{1+\omega^6} \tag{5.73}$$

erzeugt. Mit Gl. 5.68 wird

$$Q(s) = \frac{S_{YY}(s/j)}{S_{XX}(s/j)} = \frac{1}{1-s^6} = G(s)G(-s). \tag{5.74}$$

Im linken Teil von Bild 5.18 ist das PN-Schema von Q(s) skizziert. Q(s) hat 6 Pole, die auf dem Einheitskreis liegen.

Hinweis zur Berechnung der Polstellen:

Die Pole treten bei $s_\infty = \sqrt[6]{1}$ auf. Mit $1 = e^{j\nu 2\pi}$ erhält man $s_{\infty_\nu} = \sqrt[6]{e^{j\nu 2\pi}} = e^{j\nu\pi/3}$ mit $\nu=0,1,2,\ldots,5$.

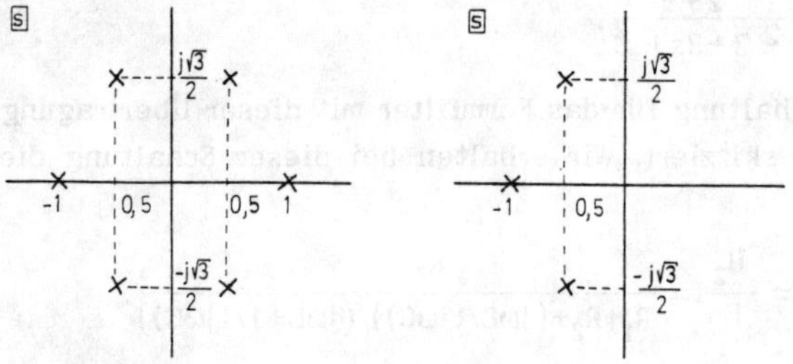

Bild 5.18 Pol–Nullstellenschema von Q(s) nach Gl. 5.74 und G(s) nach Gl. 5.75

Die in der linken s–Halbebene auftretenden Pole von Q(s) gehören zu G(s) (PN–Schema rechts im Bild 5.18). Wir erhalten

$$G(s) = K\frac{1}{(s+1)(s+0{,}5+j0{,}5\sqrt{3})(s+0{,}5-j0{,}5\sqrt{3})} = \frac{K}{1+2s+2s^2+s^3}.$$

Nach Gl. 5.74 gilt $Q(0)=1=(G(0))^2$ und mit $G(0)=K$ folgt $K=1$.
Ergebnis:

$$G(s) = \frac{1}{1+2s+2s^2+s^3}. \qquad (5.75)$$

Filter deren Übertragungsfunktionen, wie hier, nullstellenfrei sind, nennt man Polynomfilter. Polynomfilter können stets durch LC–Abzweigungen realisiert werden.

Im Bild 5.19 ist eine für den vorliegenden Fall geeignete Schaltung angegeben. Die Zahl der Energiespeicher entspricht dem Grad von G(s). Eine andere Realisierungsmöglichkeit besteht in der (rückwirkungsfreien) Hintereinanderschaltung eines Teilfilters 1. Ordnung und eines Teilfilters 2. Ordnung für das konjugiert komplexe Polpaar. Diese Realisierungsmöglichkeit der Hintereinanderschaltung von Teilfiltern niedrigerer Ordnung ist immer anwendbar.

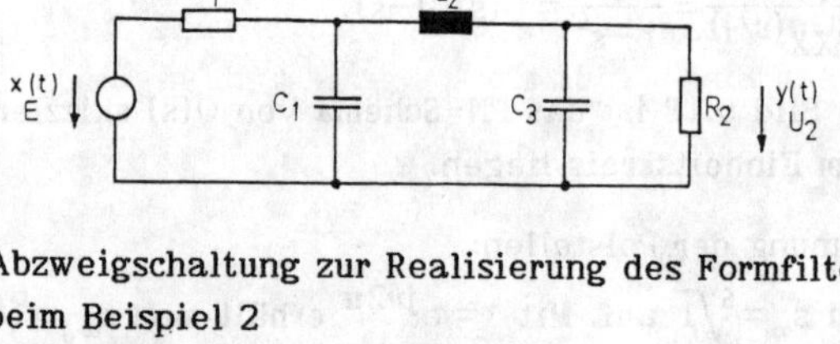

Bild 5.19 Abzweigschaltung zur Realisierung des Formfilters beim Beispiel 2

Beispiel 3

Mit einem Formfilter soll aus weißem Rauschen ($S_{XX}(\omega)=1$) eine spektrale Leistungsdichte

$$S_{YY}(\omega) = \frac{1/4+\omega^2}{1+\omega^2}$$

erzeugt werden. Nach Gl. 5.68 wird

$$Q(s) = \frac{S_{YY}(s/j)}{S_{XX}(s/j)} = \frac{1/4-s^2}{1-s^2} = G(s)G(-s).$$

Das PN-Schema von Q(s) ist links im Bild 5.20 skizziert

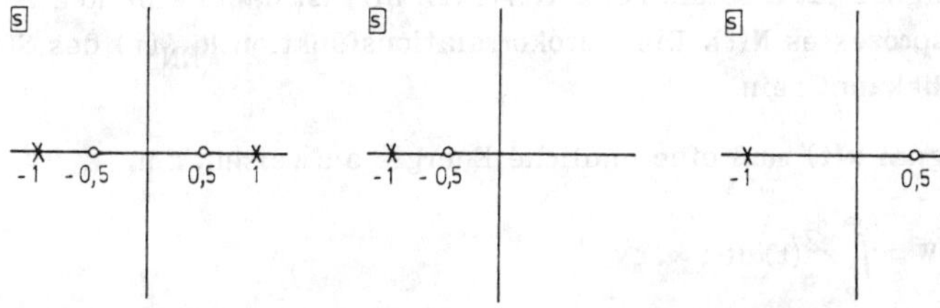

Bild 5.20 Pol-Nullstellenschema von Q(s) und zwei mögliche Pol-Nullstellenschemata für Übertragungsfunktionen (Beispiel 3)

Im vorliegenden Fall gibt es zwei Lösungen für G(s):

1. $G_1(s)=(s+0,5)/(s+1)$, PN-Schema nach Bild 5.20 - Mitte
2. $G_2(s)=(s-0,5)/(s+1)$, PN-Schema nach Bild 5.20 - rechts.

Im 1. Fall wurde G(s) die in der linken s-Halbebene liegende Nullstelle von Q(s) zugeordnet, im 2. Fall die rechts liegende Nullstelle von Q(s).

Die beiden Übertragungsfunktionen $G_1(j\omega)$ und $G_2(j\omega)$ unterscheiden sich nur im Verlauf der Phase, nicht aber in ihrem Betrags- bzw. Dämpfungsverlauf

$$|G_1(j\omega)| = |G_2(j\omega)| = \sqrt{\frac{\omega^2+1/4}{\omega^2+1}}\ .$$

Wie schon im Abschnitt 5.1.3.2 ausgeführt wurde, hat der Phasenverlauf eines Systems keinen Einfluß auf die spektrale Leistungsdichte bzw. Autokorrelationsfunktion der Systemreaktion.

5.5 Optimale Suchfilter

5.5.1 Die Aufgabenstellung

Bei zahlreichen Problemen ist es wichtig, das Eintreffen eines impulsförmigen (nichtperiodischen) Signales auf einem gestörten Kanal mit möglichst großer Sicherheit zu erkennen. Optimale Suchfilter werden eingesetzt, wenn es nicht auf die Wiederherstellung des empfangenen Impulses ankommt, sondern nur darauf, ob der Impuls eingetroffen ist oder nicht. Solche Probleme treten z.B. bei der Datenverarbeitung auf und ebenso bei der Radartechnik.

Es wird vorausgesetzt, daß ein Impuls x(t) (dessen Form bekannt sein soll) durch ein mittelwertfreies Störsignal N(t) additiv überlagert wird. Das empfangene Signal hat also die Form x(t)+n(t). n(t) ist dabei eine Realisierung des Zufallsprozesses N(t). Die Autokorrelationsfunktion $R_{NN}(\tau)$ des Störsignales soll bekannt sein.

Das Nutzsignal x(t) muß eine endliche Energie aufweisen, d.h.

$$W = \int_{-\infty}^{\infty} x^2(t)\,dt < \infty. \tag{5.76}$$

In einigen Fällen wird zusätzlich verlangt, daß x(t) ein Impuls endlicher Dauer sein muß.

Das empfangene Signal x(t)+n(t) ist das Eingangssignal eines linearen Systems mit zunächst noch unbekannten Eigenschaften (siehe Bild 5.21). Am Systemausgang tritt das Signal $y(t)+\tilde{n}(t)$ auf, dabei ist y(t) die Reaktion auf den Eingangsimpuls x(t), $\tilde{n}(t)$ ist die Systemreaktion auf n(t). $\tilde{n}(t)$ ist die Realisierung eines ebenfalls stationären Zufallsprozesses $\tilde{N}(t)$.

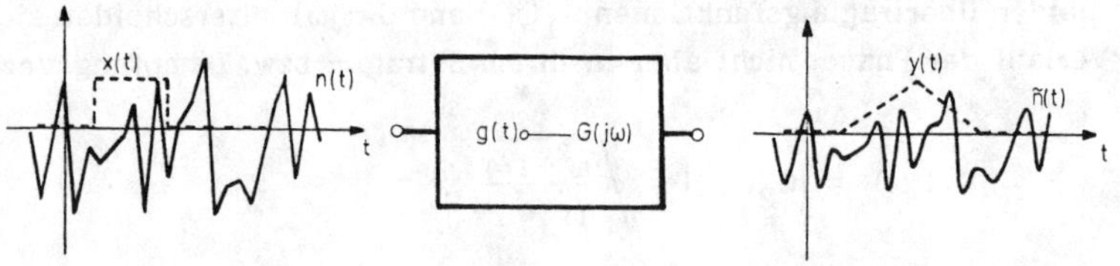

Bild 5.21 Optimales Suchfilter zum Erkennen eines durch ein Rauschsignal überlagerten Impulses

Die Aufgabenstellung besteht nun darin, ein Filter zu entwerfen, das den Impuls y(t) maximal aus dem Rauschsignal $\tilde{n}(t)$ "heraushebt", so daß sein Eintreffen möglichst sicher erkannt wird. Ein Filter, das diese Aufgabe löst, wird optimales Suchfilter (engl. matched filter) genannt. Natürlich ist es notwendig, den Begriff "y(t) maximal aus dem Rauschen hervorzuheben", zu präzisieren.

Wir verlangen, daß $|y(t)|$ zu einem Zeitpunkt t_0, also $|y(t_0)|$ besonders groß gegenüber der mittleren Leistung $E[\tilde{N}^2(t)]$ des überlagerten Rauschsignales wird, d.h.

$$\frac{|y(t_0)|}{E[\tilde{N}^2]} = \max.$$

Eine Forderung, $|y(t_0)|$ in Bezug auf den Wert $\tilde{n}(t_0)$ des Störsignales besonders groß zu machen, wäre nicht sinnvoll, da $\tilde{N}(t_0)$ eine Zufallsgröße ist.

Aus mathematischen Gründen (siehe Abschnitt 5.5.2) ist es sinnvoll, die oben angegebene Optimierungsbedingung durch folgende gleichwertige zu ersetzen:

$$\eta = \frac{|y(t_0)|^2}{W\, E[\tilde{N}^2]} = \max. \tag{5.77}$$

Die in Gl. 5.77 auftretende Konstante W, die der Energie des (bekannten) Eingangsimpulses x(t) entspricht (Gl. 5.76), ist ohne Einfluß auf die Aufgabenstellung. Wenn η nach Gl. 5.77 den größtmöglichen Wert annimmt, dann ist gleichzeitig auch der Quotient $|y(t_0)|/E[\tilde{N}^2]$ maximal.

Im Abschnitt 5.5.2 wird gezeigt, wie die Bedingung nach Gl. 5.77 erfüllt werden kann, wenn das Störsignal n(t) auf dem Kanal weißes Rauschen ist. Im Abschnitt 5.5.3 sehen wir, wie man aus dem für weißes Rauschen ermittelten Ergebnis die Lösung ohne diese Einschränkung findet.

5.5.2 Die Lösung bei weißem Rauschen

Wir setzen voraus, daß das Störsignal N(t) weißes Rauschen ist, d.h.

$$R_{NN}(\tau) = a\,\delta(\tau),\quad S_{NN}(\omega) = a,\quad a>0.$$

Entsprechend Gl. 5.21 erhalten wir die spektrale Leistungsdichte des zufälligen Ausgangssignales $\tilde{N}(t)$ (siehe Bild 5.21):

$$S_{\tilde{N}\tilde{N}}(\omega) = |G(j\omega)|^2\, S_{NN}(\omega) = a\,|G(j\omega)|^2.$$

Dabei ist $G(j\omega)$ die (noch unbekannte) Übertragungsfunktion des gesuchten optimalen Suchfilters.
Nach Gl. 4.4 erhält man aus $S_{\tilde{N}\tilde{N}}(\omega)$ die mittlere Leistung

$$E[\tilde{N}^2] = \frac{1}{2\pi}\int_{-\infty}^{\infty} S_{\tilde{N}\tilde{N}}(\omega)\,d\omega = \frac{a}{2\pi}\int_{-\infty}^{\infty} |G(j\omega)|^2\,d\omega. \tag{5.78}$$

Zur Berechnung der Systemreaktion y(t) auf den Eingangsimpuls x(t) gehen wir von der Beziehung

$$Y(j\omega) = X(j\omega)\,G(j\omega)$$

aus. Dabei ist

$$X(j\omega) = \int_{-\infty}^{\infty} x(t)\,e^{-j\omega t}\,dt$$

die Fourier–Transformierte des Eingangsimpulses. Die Fourier–Rücktransformation von Y(jω) liefert

$$y(t_0) = \frac{1}{2\pi} \int_{-\infty}^{\infty} Y(j\omega)\,e^{j\omega t_0}\,d\omega = \frac{1}{2\pi} \int_{-\infty}^{\infty} G(j\omega)\,X(j\omega)\,e^{j\omega t}\,d\omega\,. \tag{5.79}$$

Schließlich drücken wir die Energie W des Eingangsimpulses mit Hilfe des Parseval'schen Theorems (vgl. z.B. [20]) aus:

$$W = \int_{-\infty}^{\infty} x^2(t)\,dt = \frac{1}{2\pi} \int_{-\infty}^{\infty} |X(j\omega)|^2\,d\omega. \tag{5.80}$$

Setzt man in Gl. 5.77 die nach den Gln. 5.78, 5.79, 5.80 ermittelten Ausdrücke ein, so erhält man:

$$\eta a = \frac{\left| \int_{-\infty}^{\infty} G(j\omega)\,X(j\omega)\,e^{j\omega t_0}\,d\omega \right|^2}{\int_{-\infty}^{\infty} |X(j\omega)|^2\,d\omega \int_{-\infty}^{\infty} |G(j\omega)|^2\,d\omega} = \max. \tag{5.81}$$

In dieser Gleichung ist G(jω) die einzige unbekannte Funktion. G(jω) ist so zu wählen, daß der Quotient ηa seinen Maximalwert erreicht.

Diese Aufgabe kann im vorliegenden Fall mit Hilfe der folgenden Ungleichung von Cauchy-Schwarz (vgl. z.B. [4]) gelöst werden:

$$\frac{\left| \int_{-\infty}^{\infty} g(x)\,f(x)\,dx \right|^2}{\int_{-\infty}^{\infty} |g(x)|^2\,dx \int_{-\infty}^{\infty} |f(x)|^2\,dx} \le 1. \tag{5.82}$$

f(x) und g(x) können auch komplexe Funktionen sein. Das Gleichheitszeichen gilt im Fall

$$g(x) = K\,f^*(x)\,. \tag{5.83}$$

Ersetzt man g(x) durch G(jω) und f(x) durch $X(j\omega)\,e^{j\omega t_0}$ ($|f(x)|$ entspricht $|X(j\omega)\,e^{j\omega t_0}| = |X(j\omega)|$), so stimmt Gl. 5.81 mit der Beziehung 5.82 überein, wobei $\eta a \le 1$ ist. Der Maximalwert $\eta a = 1$ wird entsprechend Gl. 5.83 im Fall

$$G(j\omega) = K\,X^*(j\omega)\,e^{-j\omega t_0} \tag{5.84}$$

erreicht.

Damit ist ein wesentlicher Teil der Aufgabe gelöst, η wird maximal, nämlich

$$\eta_{max} = 1/a, \tag{5.85}$$

wenn das System eine Übertragungsfunktion nach Gl. 5.84 aufweist.

Mit $\eta_{max}=1/a$ (a entspricht der Höhe der spektralen Leistungsdichte des Rauschsignales am Systemeingang) erhält man aus Gl. 5.77 einen maximalen "Signal-Rauschabstand"

$$\tilde{\eta}_{opt} = \frac{|y(t_0)|^2}{E[\tilde{N}^2)]} = \frac{W}{a}. \tag{5.86}$$

Dieser hängt nur von der Energie, nicht aber von der Form des Eingangsimpulses x(t) ab.

Wir wollen jetzt noch die Impulsantwort des optimalen Suchfilters berechnen, d.h. die Fourier-Rücktransformierte von $G(j\omega)$.

$X(j\omega)$ ist die Fourier-Transformierte des Eingangsimpulses x(t):

$$X(j\omega) = \int_{-\infty}^{\infty} x(t)\, e^{-j\omega t}\, dt\,.$$

Ersetzt man ω durch $-\omega$, so erhält man daraus

$$X(-j\omega) = X^*(j\omega) = \int_{-\infty}^{\infty} x(t)\, e^{j\omega t}\, dt\,.$$

Durch die Substitution t=-t wird daraus

$$X^*(j\omega) = \int_{-\infty}^{\infty} x(-t)\, e^{-j\omega t}\, dt$$

und wir stellen durch Vergleich mit der darüber angegebenen Gleichung für $X(j\omega)$ fest, daß $X^*(j\omega)$ die Fourier-Transformierte von x(-t) ist, d.h.

$$x(-t) \circ\!\!- X^*(j\omega).$$

Nach dem Zeitverschiebungssatz der Fourier-Transformation gilt

$$f(t-t_0) \circ\!\!- F(j\omega)\, e^{-j\omega t_0},$$

wenn $F(j\omega)$ die Fourier-Transformierte von f(t) ist.

Mit diesem Zeitverschiebungssatz und der Korrespondenz $x(-t) \circ\!\!- X^*(j\omega)$ können wir $G(j\omega)$ nach Gl. 5.84 zurücktransformieren und erhalten

$$g(t) = K\, x(-(t-t_0)) = K\, x(t_0-t). \tag{5.87}$$

Gl. 5.87 ermöglicht das Auffinden der Impulsantwort des optimalen Suchfilters auf ganz besonders einfache Weise. Ist z.B. die links im Bild 5.22 skizzierte Impulsform x(t) gegeben, so findet man $x(t_0-t)$ bzw. g(t) dadurch, daß zunächst x(t) um t_0 nach rechts verschoben und dann "umgeklappt" wird (vgl. dazu die Konstruktion von $g(t-\tau)$ bei der Auswertung des Faltungsintegrales im Abschnitt 1.3.3 von [12]). t_0 ist der Zeitpunkt, an dem die Reaktion y(t) des Optimalfilters maximal groß wird. Da bei kausalen Systemen g(t)=0 für t<0 ist, muß t_0 mindestens so groß wie die Impulsbreite des Eingangsimpulses gewählt werden. Die Impulsbreite von x(t) muß endlich sein, sonst existiert kein kausales optimales Suchfilter.

Nach Gl. 5.87 ist die Impulsantwort nur bis auf einen Faktor K festgelegt. Die Multiplikation mit dem Faktor K führt zur K-fachen Systemreaktion. Dies bedeutet, daß $|y(t_0)|^2$ um den Faktor K^2 zunimmt. Ebenso multipliziert sich aber auch die mittlere Leistung des Rauschsignales $\tilde{N}(t)$ mit dem Faktor K^2. Durch den Faktor K wird sowohl das Nutzsignal, wie auch das Rauschsignal in gleicher Weise verstärkt.

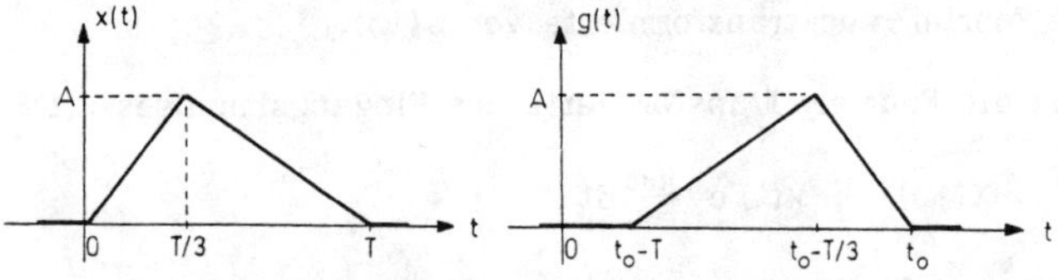

Bild 5.22 Konstruktion der Impulsantwort eines optimalen Suchfilters nach Gl. 5.87 (K=1)

Abschließend berechnen wir mit dem Faltungsintegral das Ausgangssignal y(t) des optimalen Suchfilters. Mit g(t) nach Gl. 5.87 erhalten wir

$$y(t) = \int_{-\infty}^{\infty} x(t-\tau)\, g(\tau)\, d\tau = K \int_{-\infty}^{\infty} x(t-\tau)\, x(t_0-\tau)\, d\tau\,.$$

Mit der Substitution $u=t-\tau$ folgt daraus

$$y(t) = K \int_{-\infty}^{\infty} x(u)\, x(u+(t_0-t))\, du\,. \tag{5.88}$$

Für $t=t_0$ erhalten wir den Maximalwert

$$y(t_0) = K \int_{-\infty}^{\infty} x^2(u)\, du = K\, W\,. \tag{5.89}$$

Der Maximalwert ist proportional zur Energie des Eingangsimpulses.

Hinweise

1. In der Literatur (vgl. z.B. [9]) wird manchmal auch für impulsförmige Signale mit endlicher Energie eine "Autokorrelationsfunktion"

$$R_{xx}(\tau) = \int_{-\infty}^{\infty} x(t)\, x(t+\tau)\, d\tau$$

definiert. Vergleicht man diese Funktion mit y(t) nach Gl. 5.88, so gilt

$$y(t) = K\, R_{xx}(t_0 - t).$$

Ausgehend von dieser Darstellung wird bisweilen die Bezeichnung Korrelationsfilter für optimale Suchfilter verwendet.

2. Mit dem Problem des Auffindens konkreter Schaltungen zur Realisierung von optimalen Suchfiltern befassen wir uns nicht. Dies ist Aufgabe der Netzwerksynthese.

Beispiel 1

Bei dem Rauschsignal soll es sich um normalverteiltes weißes Rauschen mit $R_{NN}(\tau)=2\delta(\tau)$ bzw. $S_{NN}(\omega)=2$ handeln. Der Impuls x(t), für den das optimale Suchfilter entworfen werden soll, ist im Bild 5.23 skizziert. Gesucht wird die Impulsantwort des optimalen Suchfilters und der Ausgangsimpuls y(t). Ferner sollen Impulsdauer und Impulshöhe von x(t) so festgelegt werden, daß das Eintreffen des (durch $\tilde{n}(t)$ gestörten) Impulses (am Systemausgang) mit einer Wahrscheinlichkeit von mindestens 0,997 erkannt wird.

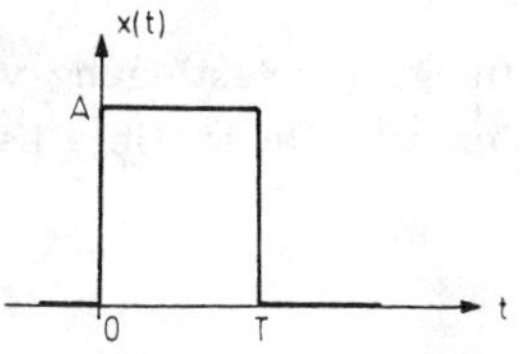

Bild 5.23 Impuls x(t) beim optimalen Suchfilter von Beispiel 1

Die Impulsantwort g(t) des optimalen Suchfilters ist für t_0=T im linken Teil von Bild 5.24 skizziert. Man erkennt daß $t_0 \geq T$ sein muß, damit ein kausales System entsteht.

Zur Berechnung von y(t) wollen wir nicht auf Gl. 5.88 zurückgreifen. Aus g(t) findet man unmittelbar die rechts im Bild 5.24 skizzierte Sprungantwort h(t) des Filters. Kontrolle: Die Ableitung von h(t) ergibt wieder die Impulsantwort g(t).

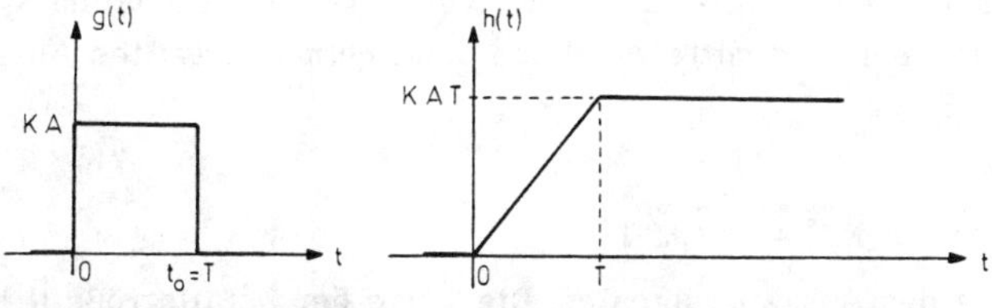

Bild 5.24 Impuls- und Sprungantwort des zu x(t) nach Bild 5.23 gehörenden optimalen Suchfilters (t_0=T)

Im vorliegenden Fall kann man den Eingangsimpuls (Bild 5.23) mit Hilfe der Sprungfunktion darstellen

$$x(t) = A\,s(t) - A\,s(t-T)$$

und dann lautet die Systemreaktion

$$y(t) = A\,h(t) - A\,h(t-T).$$

Im Bild 5.25 ist y(t) skizziert, man erkennt, daß bei t_0=T der Maximalwert auftritt:

$$y(t_0) = y(T) = KA^2T.$$

Hätten wir bei der Konstruktion von g(t) einen Wert t_0>T gewählt, so wäre der gleiche Wert $y(t_0)$ zu diesem späteren Zeitpunkt aufgetreten. Die Systemreaktion hätte sich lediglich etwas nach rechts verschoben.

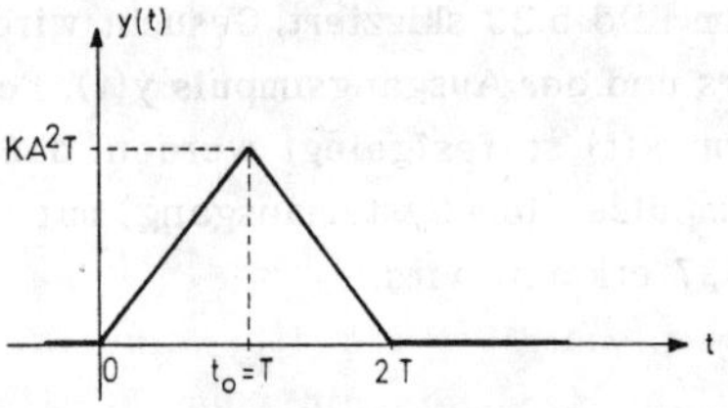

Bild 5.25 Reaktion y(t) des optimalen Suchfilters

Wir kommen zum letzten Teil der Aufgabenstellung, der Festlegung von Impulsdauer und Impulshöhe. Nach Gl. 5.86 finden wir die mittlere Leistung des Störsignales am Ausgang des Systems:

$$E[\tilde{N}^2] = |y(t_0)|^2 \frac{a}{W}.$$

Mit a=2, d.h. $S_{XX}(\omega)$=2 und

$$W = \int_{-\infty}^{\infty} x^2(t)\,dt = A^2T$$

erhält man

$$E[\tilde{N}^2] = 2K^2A^2T.$$

Das Zufallssignal $\tilde{N}(t)$ ist mittelwertfrei und normalverteilt.

Grund Das mittelwertfreie und normalverteilte Signal N(t) am Systemeingang hat ein ebenfalls mittelwertfreies und normalverteiltes Ausgangssignal $\tilde{N}(t)$ zur Folge.

Somit ist

$$\sigma^2 = E[\tilde{N}^2] = 2K^2A^2T$$

die Streuung des Ausgangssignales. Die Werte der Zufallsgröße $\tilde{N}$ liegen mit einer Wahrscheinlichkeit von 0,997 im Bereich (3σ-Bereich):

$$-3\sqrt{2K^2A^2T} < \tilde{N} < 3\sqrt{2K^2A^2T}\,.$$

Das Eintreffen des Impulses x(t) soll mit einer Wahrscheinlichkeit von mindestens 0,997 erkannt werden. Signalwerte (am Systemausgang) im Bereich von -3σ bis 3σ könnten Werte des Störsignales $\tilde{n}(t)$ sein. Fordert man jedoch, daß $y(t_0) > 6\sigma$ ist, so entsteht beim Eintreffen von x(t) in jedem Fall ein Signalwert $y(t_0)$ außerhalb dieses Bereiches. Im ungünstigsten Fall könnte $\tilde{n}(t_0)$ den Wert -3σ annehmen, aber auch dann wird noch $\tilde{n}(t_0)+y(t_0) > 3\sigma$.

Aus $y(t_0) > 6\sigma$ erhalten wir schließlich mit $y(t_0)=KA^2T$ und $\sigma=\sqrt{2A^2K^2T}$ die Bedingung

$$A^2T = W > 72.$$

Die Energie des Eingangssignales muß mindestens den Wert 72 haben, Impulsdauer und Impulshöhe sind gegeneinander austauschbar.

Beispiel 2

Wie beim Beispiel 1 soll der im Bild 5.23 skizzierte Impuls von weißem Rauschen mit $S_{nn}(\omega)=2$ überlagert sein.

Es soll untersucht werden, welche Verschlechterung eintritt, wenn statt eines optimalen Suchfilters (g(t) nach Bild 5.24), ein einfacher RC-Tiefpaß verwendet wird.

Im Bild 5.26 ist der RC-Tiefpaß mit der Reaktion

$$y(t) = \begin{cases} 0 \text{ für } t<0 \\ A(1-e^{-t/(RC)}) \text{ für } 0<t<T \\ A(1-e^{-T/(RC)})e^{-(t-T)/(RC)} \text{ für } t>T \end{cases}$$

auf x(t) nach Bild 5.23 skizziert.

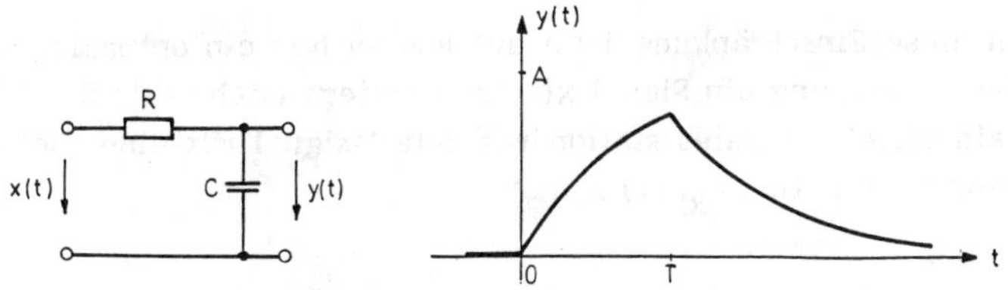

Bild 5.26 RC-Tiefpaß mit der Reaktion auf das Eingangssignal x(t) nach Bild 5.23

Aus Beispiel 2 vom Abschnitt 5.1.3.3 finden wir die Autokorrelationsfunktion (Gl. 5.23 unter Beachtung von $R_{NN}(\tau)=2\delta(\tau)$):

$$R_{\tilde{N}\tilde{N}}(\tau) = \frac{1}{RC} e^{-|\tau|/(RC)} .$$

Mit der Störleistung $E[\tilde{N}^2] = R_{\tilde{N}\tilde{N}}(0) = 1/(RC)$ und $y(T) = A(1-e^{-T/(RC)})$ ergibt sich ein Signal-Rauschabstand

$$\tilde{\eta}_{RC} = \frac{y^2(T)}{E[\tilde{N}^2]} = RCA^2(1-e^{-T/(RC)})^2 .$$

Wir beziehen diesen Signal-Rauschabstand auf den bei dem optimalen Suchfilter erreichbaren Wert (Gl. 5.86):

$$\tilde{\eta}_{opt} = \frac{W}{a} = \frac{1}{2} A^2 T$$

und erhalten

$$\frac{\tilde{\eta}_{RC}}{\tilde{\eta}_{opt}} = \frac{2RC}{T} (1-e^{-T/(RC)})^2 .$$

Dieser Quotient erreicht bei $T \approx 1{,}25\, RC$ seinen Maximalwert

$$\frac{\tilde{\eta}_{RC}}{\tilde{\eta}_{opt}} \approx 0{,}815 .$$

Im vorliegenden Fall erhält man also durch ein (richtig dimensioniertes) RC-Filter über 80% des durch ein optimales Suchfilter erreichbaren Signal-Rauschabstandes.

5.5.3 Die Lösung im allgemeinen Fall

Bei dem im Abschnitt 5.5.2 behandelten Problem wurde vorausgesetzt, daß das dem Impuls x(t) überlagerte Störsignal weißes Rauschen war. Nur unter dieser Voraussetzung sind die nach den Gln. 5.84, 5.87 angegebenen Lösungen für $G(j\omega)$ bzw. $g(t)$ gültig.

Wir geben diese Einschränkung jetzt auf und suchen ein optimales Suchfilter, an dessen Eingang ein Signal $x(t)+r(t)$ anliegt (siehe Bild 5.27). Dabei soll $r(t)$ ein mittelwertfreies stationäres Zufallssignal mit einer beliebigen Autokorrelationsfunktion $R_{RR}(\tau)$ sein.

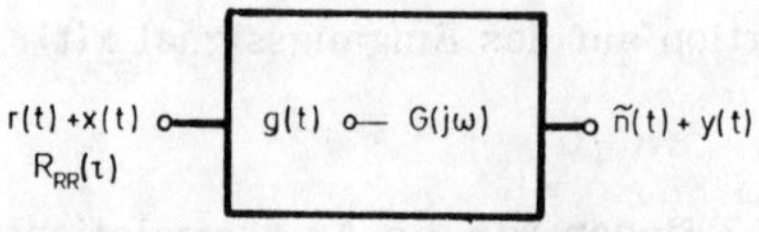

Bild 5.27 Optimales Suchfilter

Die Reaktion des Systems auf x(t) sei wieder y(t), die Reaktion auf r(t) soll $\tilde{n}(t)$ lauten.

Zur Vorbereitung der Lösung suchen wir zunächst ein Formfilter mit einer Übertragugsfunktion $G_F(j\omega)$, das die gegebene spektrale Leistungsdichte $S_{RR}(\omega)$ des Rauschsignales R(t) aus weißem Rauschen N(t) mit $S_{NN}(\omega)=a$ erzeugt (siehe Bild 5.28). Nach Gl. 5.21 wird

$$S_{RR}(\omega) = a\,|G_F(j\omega)|^2. \tag{5.90}$$

Im Abschnitt 5.4 wurde gezeigt, wie man aus einer solchen Beziehung die Übertragungsfunktion $G_F(j\omega)$ ermitteln kann. Nun "denken" wir uns dieses Formfilter rückwirkungsfrei vor das optimierende Filter geschaltet (siehe Bild 5.29).

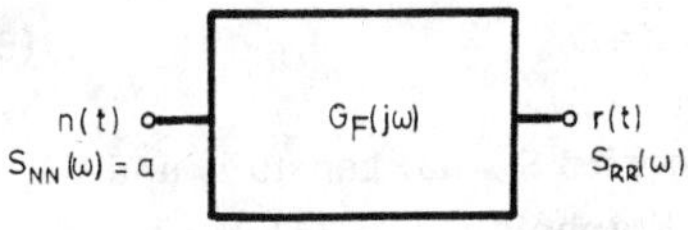

Bild 5.28 Formfilter zur Erzeugung $S_{RR}(\omega)$ bzw. $R_{RR}(\tau)$

Das im Bild 5.29 dargestellte Gesamtsystem hat die Übertragungsfunktion

$$G_{ges}(j\omega) = G_F(j\omega)G(j\omega). \tag{5.91}$$

Am Eingang des Gesamtsystems liegt ein Störsignal n(t) mit einer konstanten Leistungsdichte. Der Impuls $\tilde{x}(t)$ am Eingang des Gesamtsystems muß eine Form aufweisen, die durch das Formfilter zu dem vorgegebenen Impuls x(t) des optimalen Suchfilters verändert wird.

x(t) ist die Reaktion des Formfilters auf das Signal $\tilde{x}(t)$, daher gilt

$$X(j\omega) = G_F(j\omega)\tilde{X}(j\omega),$$

wenn $X(j\omega)$, $\tilde{X}(j\omega)$ die Fourier-Transformierten von x(t) und $\tilde{x}(t)$ sind. Wir erhalten daraus

$$\tilde{X}(j\omega) = X(j\omega)/G_F(j\omega) \tag{5.92}$$

und durch Fourier-Rücktransformation schließlich $\tilde{x}(t)$.

Ungeachtet der tatsächlichen physikalischen Gegebenheiten, können wir uns den mit dem Störsignal r(t) überlagerten Impuls x(t) (Bild 5.27) aus einem durch weißes Rauschen überlagerten Signal $\tilde{x}(t)$ entstanden denken.

Die im Bild 5.29 angedeutete Gesamtordnung mit der Übertragungsfunktion $G_{ges}(j\omega)$ erfüllt die Voraussetzungen für die Optimierung, wie sie im Abschnitt 5.5.2 durchgeführt wurde. Daher lautet die optimale Übertragungsfunktion der Gesamtanordnung (siehe Gl. 5.84):

$$G_{ges}(j\omega) = K\,\tilde{X}^*(j\omega)\,e^{-j\omega t_0}. \qquad (5.93)$$

Mit $\tilde{X}(j\omega)$ nach Gl. 5.92 wird

$$G_{ges}(j\omega) = K\,\frac{X^*(j\omega)}{G_F^*(j\omega)}\,e^{-j\omega t_0}. \qquad (5.94)$$

Aus Gl. 5.94 ermitteln wir schließlich die Übertragungsfunktion des optimalen Suchfilters mit dem Eingangssignal x(t) und erhalten mit den Gln. 5.91, 5.94

$$G(j\omega) = \frac{G_{ges}(j\omega)}{G_F(j\omega)} = K\,\frac{X^*(j\omega)}{G_F(j\omega)\,G_F^*(j\omega)}\,e^{-j\omega t_0},$$

und daraus ergibt sich mit Gl. 5.90

$$G(j\omega) = \tilde{K}\,\frac{X^*(j\omega)}{S_{RR}(\omega)}\,e^{-j\omega t_0} \qquad (\tilde{K} = Ka). \qquad (5.95)$$

Ist das Störsignal r(t) weißes Rauschen, so wird $S_{RR}(\omega)$ konstant und wir erhalten das im Abschnitt 5.5.2 gefundene Ergebnis (Gl. 5.84).

Mit der Energie

$$W = \int_{-\infty}^{\infty} \tilde{x}^2(t)\,dt$$

des Impulses am Eingang der Anordnung von Bild 5.29 kann man nach Gl. 5.86 den erreichbaren Signal–Rauschabstand berechnen.

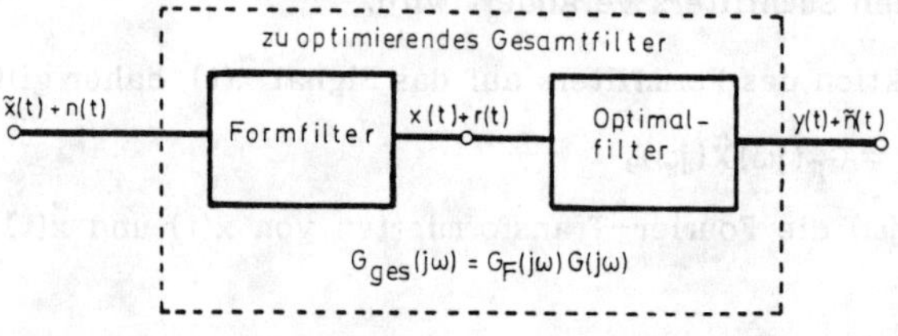

Bild 5.29 Anordnung zum Entwurf eines optimalen Suchfilters

Beispiel

Gesucht wird die Übertragungsfunktion eines optimalen Suchfilters für den im Bild 5.30 skizzierten Impuls

$$x(t) = \begin{cases} 0 \text{ für } t<0 \\ A(1-e^{-t}) \text{ für } 0<t<T \\ A(1-e^{-T})\,e^{-(t-T)} \text{ für } t>T \end{cases}$$

und für die ebenfalls im Bild 5.30 skizzierte Autokorrelationsfunktion

$$R_{RR}(\tau)=\frac{1}{2}\,e^{-|\tau|}.$$

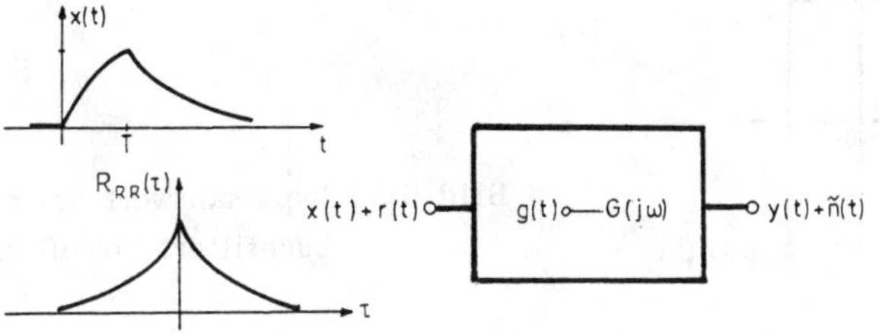

Bild 5.30 Entwurf eines optimalen Suchfilters

Fourier-Transformierte $X(j\omega)$ von $x(t)$:

$$X(j\omega)=\int_{-\infty}^{\infty} x(t)e^{-j\omega t}dt=\int_{0}^{T} A(1-e^{-t})e^{-j\omega t}dt+\int_{T}^{\infty} A(1-e^{-T})e^{-(t-T)}e^{-j\omega t_0}dt.$$

Die Auswertung der Integrale führt zu

$$X(j\omega)=\frac{A}{j\omega}(1-e^{-j\omega T})-\frac{A}{1+j\omega}(1-e^{-(1+j\omega)T})+\frac{A(1-e^{-T})}{1+j\omega}\,e^{-j\omega T}.$$

Spektrale Leistungsdichte des Störsignales: Nach den Gln. 4.7, 4.8 folgt

$$S_{RR}(\omega)=\frac{1}{1+\omega^2}=\frac{1}{(1+j\omega)(1-j\omega)}.$$

Mit diesen Ergebnissen erhalten wir nach Gl. 5.95 die Übertragungsfunktion des optimalen Suchfilters:

$$G(j\omega)=\tilde{K}A\left(\frac{1+\omega^2}{-j\omega}(1-e^{j\omega T})-(1+j\omega)(1-e^{-(1-j\omega)T})-(1+j\omega)(1-e^{-T})e^{j\omega T}\right)e^{-j\omega t_0}.$$

Nach elementarer Zwischenrechnung erhalten wir im Sonderfall $t_0=T$:

$$G(j\omega)=\tilde{K}A\,\frac{1-e^{-j\omega T}}{j\omega}+\tilde{K}A-\tilde{K}A\,e^{-j\omega T}. \tag{5.96}$$

Die Rücktransformation in den Zeitbereich führt zu der im Bild 5.31 skizzierten Impulsantwort

$$g(t)=\tilde{K}A\,(s(t)-s(t-T))+\tilde{K}A\,\delta(t)-\tilde{K}A\,\delta(t-T).$$

Hinweis Entsprechend der Anordnung nach Bild 5.29 ist in diesem Fall das Formfilter ein RC-Tiefpaß mit RC=1. Der Eingangsimpuls $\tilde{x}(t)$ ist ein Rechteckimpuls der Breite T und Höhe 1.

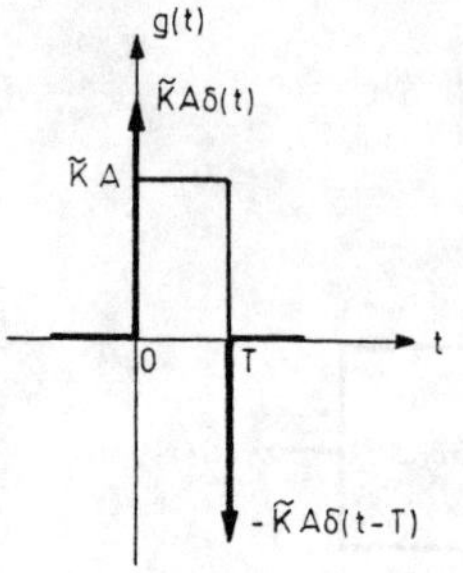

Bild 5.31 Impulsantwort des optimalen Suchfilters gemäß Bild 5.30

5.6 Bemerkungen zum Wiener'schen Optimalfilter

Ausgangspunkt ist ein zufälliges stationäres Empfangssignal

$$\tilde{X}(t) = X(t) + N(t). \tag{5.97}$$

Das stationäre Zufallssignal X(t) hat die Bedeutung eines Nutzsignales. N(t) ist ein ebenfalls stationäres Störsignal. X(t) und N(t) sollen beide mittelwertfrei und (hier) unkorreliert sein. Die Autokorrelationsfunktionen $R_{XX}(\tau)$ und $R_{NN}(\tau)$ sollen bekannt sein.

Für Probleme in der Praxis ist es sehr wichtig, das Nutzsignal von dem Störsignal zu trennen. Diese Signaltrennung soll mit Hilfe von Filterschaltungen möglichst optimal durchgeführt werden.

Falls sich die Spektren (genauer: spektrale Leistungsdichten) der beiden Signalanteile nicht, oder nur geringfügig überlappen (linker Teil von Bild 5.32), läßt sich diese Signaltrennung einfach durchführen. Es werden dann Filter eingesetzt, die den Frequenzbereich in geeigneter Weise in Durchlaß- und Sperrbereiche aufteilen und so das Störsignal N(t) eliminieren.

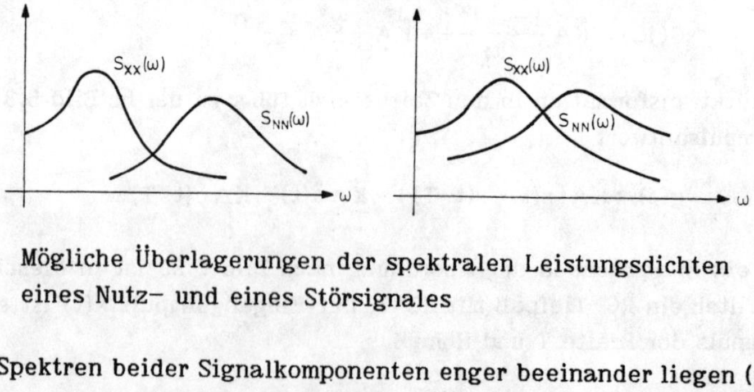

Bild 5.32 Mögliche Überlagerungen der spektralen Leistungsdichten eines Nutz- und eines Störsignales

Wenn die Spektren beider Signalkomponenten enger beeinander liegen (rechter Teil von Bild 5.32), ist diese klassische Filteraufgabe oft nicht mehr befriedigend anwendbar.

Der Entwurf von Filtern für solche Probleme wurde erstmals von Wiener behandelt. Wir besprechen hier einen Sonderfall der Theorie.

Im Bild 5.33 ist ein System mit dem Eingangssignal

$$\tilde{x}(t) = x(t) + n(t)$$

dargestellt. x(t) ist eine Realisierungsfunktion von X(t) und n(t) ist eine Realisierungsfunktion des Störsignales N(t).

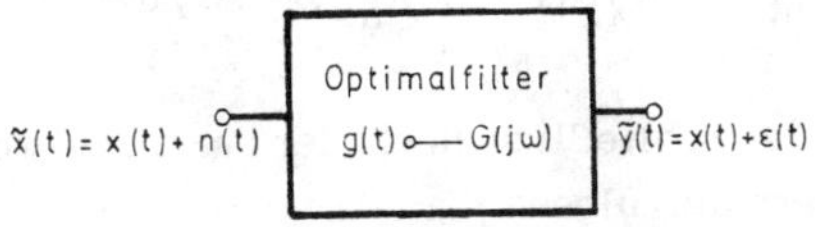

Bild 5.33 Optimalfilter nach Wiener zur Unterdrückung eines Störsignales

Im Idealfall ist das Ausgangssignal y(t) = x(t), das Störsignal wird völlig unterdrückt. Diesen Fall kann man i.a. natürlich nicht erreichen, es wird

$$\tilde{y}(t) = x(t) + \epsilon(t), \tag{5.98}$$

wobei $\epsilon(t)$ den Fehler gegenüber dem erwünschten Ergebnis darstellt. $\epsilon(t)$ ist eine Realisierungsfunktion eines (stationären) Zufallsprozesses E(t).

Nach Wiener ist die Übertragungsfunktion des Filters so zu bestimmen, daß der Fehler im "quadratischen Mittel" minimal wird, d.h.

$$E[E^2] = \lim_{T\to\infty} \frac{1}{2T} \int_{-T}^{T} \epsilon^2(t)\, dt = \min. \tag{5.99}$$

Mit $\epsilon(t)=\tilde{y}(t)-x(t)$ (siehe Gl. 5.98) und der Reaktion des (kausalen) Systems

$$\tilde{y}(t) = \int_{0-}^{\infty} \tilde{x}(t-\tau)\, g(\tau)\, d\tau = \int_{0-}^{\infty} \big(x(t-\tau)+n(t-\tau)\big)\, g(\tau)\, d\tau$$

erhalten wir aus Gl. 5.99

$$E[E^2] = \lim_{T\to\infty} \frac{1}{2T} \int_{-T}^{T} (x(t)-\tilde{y}(t))^2\, dt =$$

$$= \lim_{T\to\infty} \frac{1}{2T} \int_{-T}^{T} \Big(x(t) - \int_{0-}^{\infty} (x(t-\tau)+n(t-\tau))\, g(\tau) \Big)^2 dt = \min.$$

Nach einigen Zwischenschritten und unter Beachtung von $R_{XN}(\tau)=0$ (siehe Voraussetzungen) erhält man daraus die Bedingung

$$E[E^2] = R_{XX}(0) - 2\int_0^\infty R_{XX}(\tau)\, g(\tau)\, d\tau +$$

$$+\int_{0-}^\infty\int_{0-}^\infty \left(R_{XX}(\tau-\tau_1)+R_{NN}(\tau-\tau_1) \right) g(\tau_1) g(\tau_2)\, d\tau_1 d\tau_2 = \text{min.} \qquad (5.100)$$

In dieser Gleichung tritt als unbekannte Größe nur noch die Impulsantwort g(t) auf, die so zu bestimmen ist, daß $E[E^2]$ minimal wird. Diese Aufgabe kann mit Hilfe der Variationsrechnung gelöst werden (vgl. z.B. [16]) und führt zunächst zu der sogen. Wiener-Hopf'schen Integralgleichung

$$R_{XX}(\tau) = \int_{0-}^\infty g_{opt}(\tau')\left(R_{XX}(\tau-\tau')+R_{NN}(\tau-\tau')\right) d\tau' \text{ für } \tau \geq 0. \qquad (5.101)$$

Diese Integralgleichung ist schließlich nach der Impulsantwort $g_{opt}(t)$ des Wiener'schen Optimalfilters aufzulösen.

Mit Lösungsmethoden für die Wiener-Hopf'sche Integralgleichung befassen wir uns nicht (siehe z.B. [16]). Es soll aber kurz auf ein Problem bei der Lösung aufmerksam gemacht werden.

Gl. 5.101 stellt offenbar eine Vorschrift dar, die für alle $\tau \geq 0$ erfüllt sein muß. Für Werte $\tau < 0$ erfolgt keine Aussage. Wir ignorieren zunächst einmal die Bedingung $\tau < 0$ und nehmen an, daß Gl. 5.101 für beliebige Werte des Parameters τ gelten soll. Dann kann man Gl. 5.101 (ohne Einschränkung) auch in der Form

$$R_{XX}(\tau) = g_{opt}(\tau) * \left(R_{XX}(\tau)+R_{NN}(\tau)\right)$$

ausdrücken, wobei "*" das Faltungssymbol bedeutet. Eine Faltung im Zeitbereich entspricht der Multiplikation der zugehörenden Fourier-Transformierten:

$$S_{XX}(\omega) = G_{opt}(j\omega)\left(S_{XX}(\omega)+S_{NN}(\omega)\right).$$

Daraus würde man die Lösung erhalten:

$$G_{opt}(j\omega) = \frac{S_{XX}(\omega)}{S_{XX}(\omega)+S_{NN}(\omega)}.$$

Da $S_{XX}(\omega)$ und $S_{NN}(\omega)$ reelle gerade Funktionen sind, wird auch $G_{opt}(j\omega)$ eine reelle gerade Funktion. Die Fourier-Rücktransformation würde schließlich eine gerade Funktion g(t)=g(−t) ergeben (siehe z.B. [12]), die nicht Impulsantwort eines kausalen Systems sein kann.

Die Lösung der Wiener-Hopf'schen Integralgleichung bei Berücksichtigung der Kausalitätsbedingung $g_{opt}(t) = 0$ für $t < 0$ ist wesentlich schwieriger zu ermitteln. Für den Fall rationaler Funktionen $S_{XX}(\omega)$ und $S_{NN}(\omega)$ gibt es systematische Lösungsverfahren.

Anhang Systemtheoretische Grundlagen

Zum Verständnis (besonders der Abschnitte 4 und 5) werden Kenntnisse der "klassischen" Systemtheorie vorausgesetzt. Der Anhang soll dem Leser die Möglichkeit bieten, sich über wichtige Grundlagen und Definitionen (nochmals) zu informieren. Dabei erfolgt im wesentlichen eine Beschränkung auf diejenigen Ergebnisse und Methoden, die zum Verständnis diese Buches erforderlich und nützlich sind. Auf die Angabe von Beweisen und auf umfangreichere Erläuterungen wird weitgehend verzichtet (siehe hierzu z.B. [12], [20]). Die relativ vielen Beispiele sollen die Aussagen, trotz komprimierter Darstellung, verständlich und plausibel machen.

A1 Wichtige Grundlagen

A 1.1 Die Impulsfunktion oder der Dirac-Impuls

A 1.1.1 Definition und Zusammenhang mit der Sprungfunktion

Bild A1 zeigt im linken Teil eine Funktion $\Delta(t)$. Da die Höhe dieses Impulses $(1/\epsilon)$ reziprok zu seiner Breite (ϵ) ist, gilt offenbar für alle Werte $\epsilon > 0$

$$\int_0^{\epsilon} \Delta(t)\,dt = \int_{-\infty}^{\infty} \Delta(t)\,dt = 1.$$

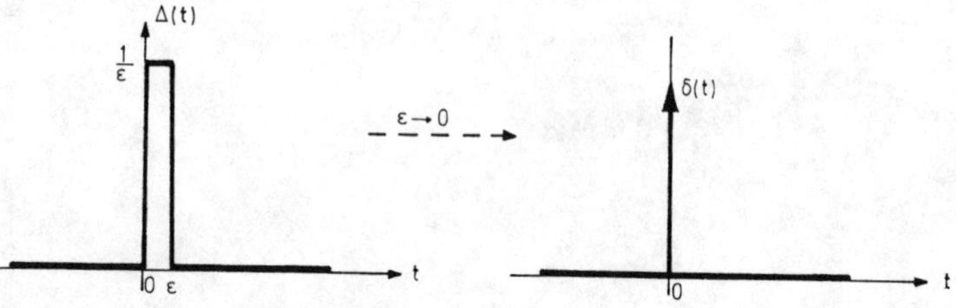

Bild A1 Dirac-Impuls $\delta(t)$ als Grenzfall der Funktion $\Delta(t)$

Der Fall $\epsilon=0$ ist im Rahmen der klassischen Analysis auszuschließen. Die Theorie der verallgemeinerten Funktionen (Distributionen) läßt den Grenz- $\epsilon\to 0$ jedoch zu, man schreibt

$$\lim_{\epsilon\to 0} \int_{-\infty}^{\infty} \Delta(t)\,dt = \int_{-\infty}^{\infty} \delta(t)\,dt = 1. \tag{A1}$$

$\delta(t)$ ist in diesem Sinne als Grenzfall von $\Delta(t)$ für $\epsilon\to 0$ aufzufassen. $\delta(t)$ wird (nach dem Physiker Dirac) als Dirac-Impuls oder auch als Nadel- oder δ-Impuls bezeichnet. Zur Darstellung von $\delta(t)$ verwendet man das rechts im Bild A1 angegebene Symbol.

Der Dirac-Impuls ist eine gerade (verallgemeinerte) Funktion), d.h.

$$\delta(t) = \delta(-t)\,. \tag{A2}$$

Wichtig ist der Zusammenhang von $\delta(t)$ zu der im Bild A2 skizzierten Sprungfunktion s(t):

$$\delta(t) = \frac{d\,s(t)}{dt}\,. \tag{A3}$$

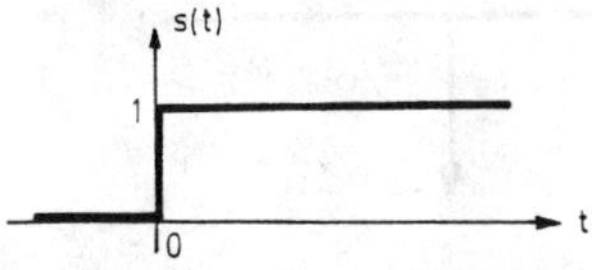

$$\text{Sprungfunktion } s(t) = \begin{cases} 0 \text{ für } t<0 \\ 1 \text{ für } t>0 \end{cases}$$

Bild A2

Im Bild A3 wird das Zustandekommen dieser Beziehung gezeigt. Offenbar hat die links oben skizzierte (stetige) Funktion u(t) die darunter dargestellte Ableitung $u'(t)=\Delta(t)$. Im Falle $\epsilon \to 0$ geht u(t) in s(t) über und $u'(t) = \Delta(t)$ in den Dirac-Impuls $\delta(t)$.

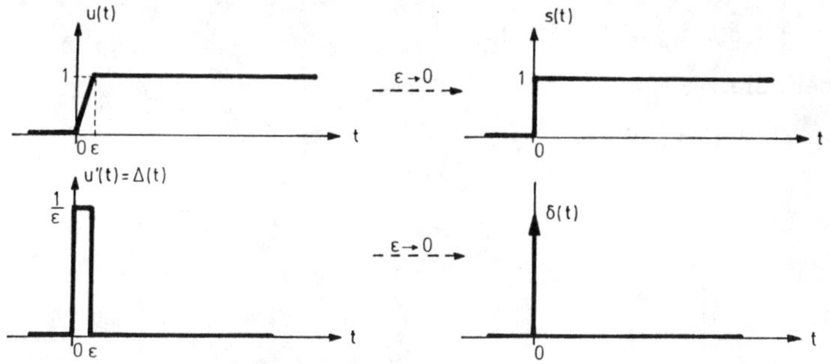

Bild A3 Erklärung der Beziehung $s'(t)=\delta(t)$

Beispiel

Der im Bild A4 skizzierte Impuls x(t) ist mit Hilfe der Spungfunktion auszudrücken und zu differenzieren

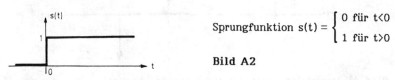

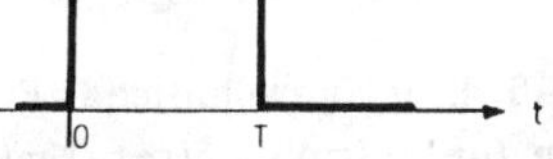

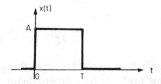

Bild A4

Offenbar gilt $x(t)=As(t)-As(t-T)$. Bild A5 zeigt im linken Teil die Funktion $As(t)$ und die um T verschobene Funktion $As(t-T)$, die Differenz ergibt den Impuls $x(t)$. Nach den üblichen Regeln der Differentiation und nach Gl. A3 folgt $x'(t)=A\delta(t)-A\delta(t-T)$. $x'(t)$ ist im rechten Teil von Bild A5 skizziert.

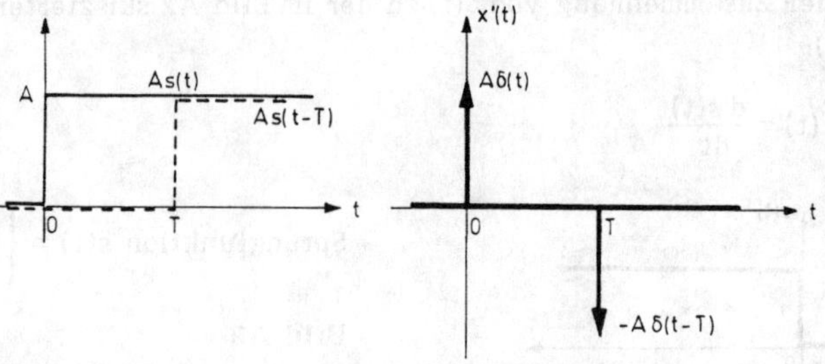

Bild A5 Darstellung von $x(t)$ nach Bild A4 als Differenz zweier Sprungfunktionen und die Ableitung $x'(t)$

A 1.1.2 Die Ausblendeigenschaft des Dirac-Impulses

Zur Vorbereitung wird die wichtige Beziehung

$$f(t)\delta(t-t_0) = f(t_0)\delta(t-t_0) \qquad (A4)$$

angegeben, die für $t_0=0$

$$f(t)\delta(t) = f(0)\delta(t) \qquad (A5)$$

lautet.

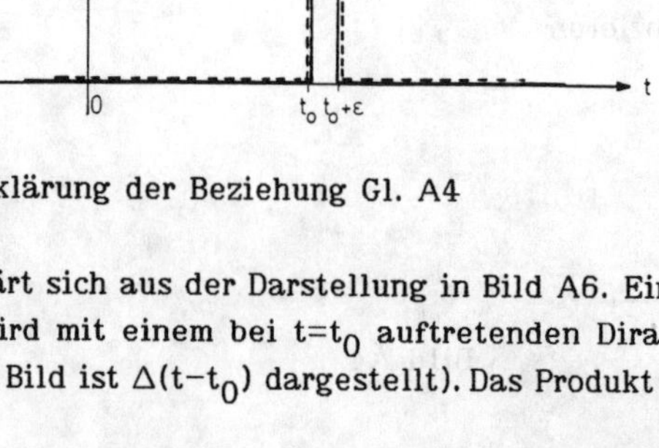

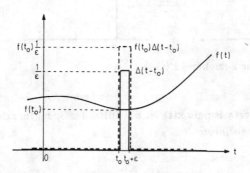

Bild A6 Erklärung der Beziehung Gl. A4

Gl. A4 erklärt sich aus der Darstellung in Bild A6. Eine (gewöhnliche) Funktion $f(t)$ wird mit einem bei $t=t_0$ auftretenden Dirac-Impuls $\delta(t-t_0)$ multipliziert (im Bild ist $\Delta(t-t_0)$ dargestellt). Das Produkt ergibt für kleine Werte von ϵ die gestrichelt dargestellte Funktion $f(t_0)\,\Delta(t-t_0)$, die für $\epsilon \to 0$ in $f(t_0)\delta(t-t_0)$ übergeht. Bei der Produktbildung spielt offenbar nur der Funktionswert von f(t) eine Rolle, bei dem der Dirac-Impuls auftritt.

Beispiele

1. $t\,\delta(t) = 0 \quad (f(t)=t,\ t_0=0,\ f(t_0)=0)$
2. $e^{-t}\,\delta(t) = \delta(t) \quad (f(t)=e^{-t},\ t_0=0,\ f(t_0)=f(0)=1)$
3. $t^2\,\delta(t-2) = 4\,\delta(t-2) \quad (f(t)=t^2,\ t_0=2,\ f(t_0)=f(2)=4)$
4. Die beiden ersten Ableitungen der Funktion

$$x(t) = \begin{cases} 0 \text{ für } t<0 \\ \sin(\omega t) \text{ für } t>0 \end{cases} = s(t)\,\sin(\omega t)$$

sind zu berechnen.

Die Identität der beiden Darstellungen für x(t) ergibt sich unmittelbar aus der Eigenschaft $s(t)=0$ für $t<0$ und $s(t)=1$ für $t>0$.

x(t) ist eine stetige Funktion, die abschnittsweise differenzierbar ist:

$$x'(t) = \begin{cases} 0 \text{ für } t<0 \\ \omega\cos(\omega t) \text{ für } t>0 \end{cases} = s(t)\,\omega\cos(\omega t).$$

Geht man von der 2. Schreibweise von x(t) aus, so findet man nach der Produktregel und unter Beachtung von Gl. A3

$$x'(t) = \delta(t)\sin(\omega t) + s(t)\,\omega\cos(\omega t).$$

Nach Gl. A5 wird schließlich $\delta(t)\sin(\omega t) = 0$ und man erhält das bereits ermittelte Ergebnis $x'(t)=s(t)\,\omega\cos(\omega t)$.

Die 2. Ableitung lautet (mit Berücksichtigung von Gl. A5)

$$x''(t) = \omega\,\delta(t) - s(t)\,\omega^2\sin(\omega t).$$

Als Ausblendeigenschaft bezeichnet man die Beziehung

$$\int_{-\infty}^{\infty} f(\tau)\,\delta(t-\tau)\,d\tau = f(t). \qquad \text{(A6)}$$

Daraus folgt für $t=0$ unter Beachtung der Eigenschaft nach Gl. A2

$$\int_{-\infty}^{\infty} f(\tau)\,\delta(\tau)\,d\tau = f(0). \qquad \text{(A7)}$$

Gl. A6 kann unmittelbar mit Hilfe von Gl. A4 bewiesen werden.

Der Name "Ausblendeigenschaft" ist so zu interpretieren, daß das Integral nach Gl. A6 aus $f(\tau)$ den Wert $f(t)$ "ausblendet". t ist dabei die Stelle, an der der Dirac-Impuls $\delta(\tau-t)$ auftritt.

Beispiel

1. $\int_{-\infty}^{\infty} (\tau-2)^2 \delta(2-t)\, d\tau = 0 \quad (f(\tau)=(\tau-2)^2, t=2, f(2)=0)$

2. $\int_{-\infty}^{\infty} e^{-\tau} \delta(\tau)\, d\tau = 1 \quad (f(\tau)=e^{-\tau}, t=0, f(0)=1)$

A 1.1.3 Weitere Eigenschaften

Im Abschnitt A 1.1.1 wurde $\delta(t)$ als Grenzfall eines Impulses $\Delta(t)$ eingeführt. Es zeigt sich, daß $\delta(t)$ auch als Grenzfall zahlreicher anderer Funktionen erklärt werden kann. So gilt z.B.

$$\delta(t) = \lim_{\omega_0 \to \infty} \frac{\sin(\omega_0 t)}{\pi t} . \qquad (A8)$$

Die Funktion

$$\tilde{f}(t) = \sin(\omega_0 t)/(\pi t)$$

ist im linken Teil von Bild A7 skizziert, der rechte Teil zeigt den Übergang von $\tilde{f}(t)$ zu $\delta(t)$ für $\omega_0 \to \infty$.

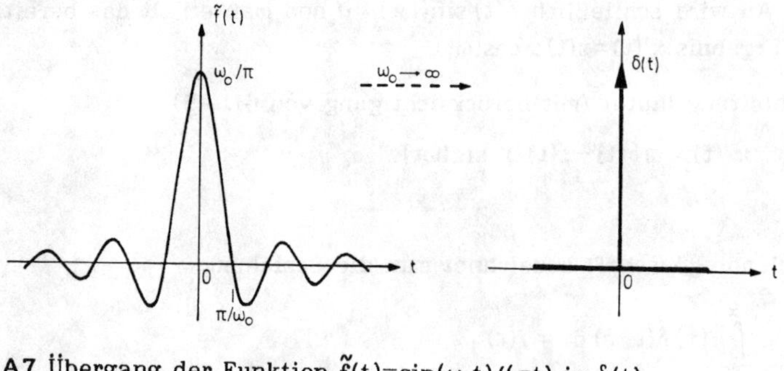

Bild A7 Übergang der Funktion $\tilde{f}(t)=\sin(\omega_0 t)/(\pi t)$ in $\delta(t)$

Erklärung

Die Aussage von Gl. A8 kann man sich folgendermaßen plausibel machen. Der Funktionswert $\tilde{f}(0)=\omega_0/\pi$ (Berechnung nach l'Hospitalschen Regel) erfüllt die Bedingung $\tilde{f}(0)\to\infty$ für $\omega_0\to\infty$. Die Nullstellen von $\tilde{f}(t)$ haben offenbar einen Abstand von π/ω_0. Dieser Abstand wird mit steigendem ω_0 immer kleiner, so daß im Falle $\omega_0 \to \infty$ die ganze Abszisse mit Nullstellen "belegt" wird. Natürlich wäre noch zu zeigen, daß die Fläche unter $\tilde{f}(t)$ (zumindest für $\omega_0 \to \infty$) den Wert 1 annimmt.

Ohne weitere Erklärung wird noch ein weiterer Grenzfall angegeben:

$$\delta(t) = \lim_{\epsilon \to 0} \frac{1}{\sqrt{\pi\epsilon}} e^{-t^2/\epsilon^2}. \qquad \text{(A9)}$$

A 1.2 Lineare Systeme

Bild A8 zeigt als Beispiel eine sehr einfache Zweitorschaltung mit einem Eingangssignal (x(t)=s(t)) und die dazugehörende Reaktion.

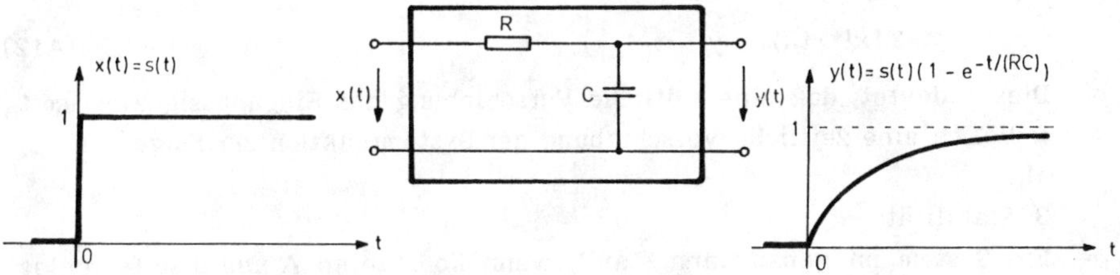

Bild A8 Zweitorschaltung mit einem Eingangssignal x(t) und der zugehörenden Reaktion y(t)

In der Systemtheorie kommt es alleine auf den mathematischen Zusammenhang zwischen Ein- und Ausgangssignal des Systems an. Die technische Realisierung, ob mit passiven Bauelementen, aktiv oder auch mechanisch, ist sekundär.

Als Symbol für ein System mit dem Eingangssignal x(t) und der Reaktion y(t) verwendet man die Darstellung nach Bild A9. Der Zusammenhang zwischen x(t) und y(t) wird durch die Operatorenbeziehung

$$y(t) = T\{x(t)\} \qquad \text{(A10)}$$

ausgedrückt.

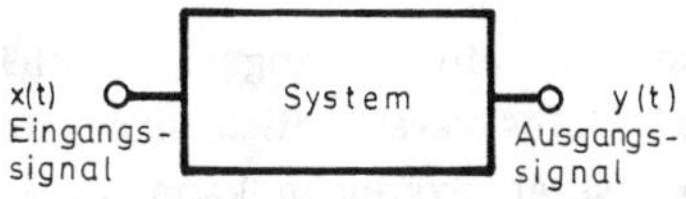

Bild A9 Symbolische Darstellung eines Systems

A 1.2.1 Systemeigenschaften

1. Linearität

$y_1(t)=T\{x_1(t)\}$ sei die Reaktion eines Systems auf das Eingangssignal $x_1(t)$. Bei dem gleichen System sei $y_2(t)=T\{x_2(t)\}$ die Reaktion auf $x_2(t)$. Linear ist das System genau dann, wenn die Beziehung gilt:

$$T\{k_1x_1(t)+k_2x_2(t)\}=k_1T\{x_1(t)\}+k_2T\{x_2(t)\}. \qquad (A11)$$

Dies bedeutet, daß die Reaktion auf das Signal $x(t)=k_1x_1(t)+k_2x_2(t)$, also die gewichtete Summe der beiden Eingangssignale, die ebenfalls gewichtete Summe der beiden Reaktionen $y(t)=k_1y_1(t)+k_2y_2(t)$ zur Folge hat.

2. Zeitinvarianz

Ist $y(t)=T\{x(t)\}$ die Systemreaktion eines Systems auf ein Signal $x(t)$, so gilt bei zeitinvarianten Systemen

$$T\{x(t-t_0)\}=y(t-t_0). \qquad (A12)$$

Dies bedeutet, daß eine zeitliche Verschiebung des Eingangssignales um t_0 lediglich eine zeitliche Verschiebung der Systemreaktion zur Folge hat.

3. Stabilität

Ein System ist genau dann stabil, wenn Konstanten A und B so festgelegt werden können, daß im Falle $|x(t)|<A$ alle Reaktionen die Bedingung

$$|y(t)|=|T\{x(t)\}|<B<\infty \qquad (A13)$$

erfüllen. Die Werte der Konstanten A, B sind von dem zulässigen Aussteuerungsbereich und der Art des Systems abhängig.

Aus dieser Stabilitätsdefinition lassen sich Stabilitätsbedingungen ableiten (siehe Abschnitte A 1.2.3 und A 2.2.3), die eine relativ einfache Überprüfung der Stabilität eines Systemes erlauben.

4. Kausalität

Kausal ist ein System dann, wenn ein (beliebiges) Eingangssignal mit der Eigenschaft $x(t)=0$ für $t<t_0$ eine Reaktion mit ebenfalls der Eigenschaft

$$y(t)=T\{x(t)\}=0 \text{ für } t<t_0 \qquad (A14)$$

zur Folge hat.

Dies bedeutet, daß ein kausales System auf ein Eingangssignal nicht reagieren kann, bevor es eingetroffen ist. Selbstverständlich sind alle realisierbaren Systeme kausal. Bei nicht kausalen Systemen kann die Reaktion $y(t)$ bereits vor der Ursache $x(t)$ eintreffen. Ein bekanntes Beispiel für ein nichtkausales System ist der ideale Tiefpaß.

Beispiele

1. Ein lineares zeitinvariantes System reagiert auf das Signal $x(t)=s(t)$ mit $y(t)=s(t)\,e^{-t}$. Wie lautet die Reaktion $\tilde{y}(t)$ auf das Signal $\tilde{x}(t)=1{,}5\,s(t-2)$?
Ergebnis: $\tilde{y}(t)=1{,}5\,s(t-2)\,e^{-(t-2)}$. $y(t)$ ist um zwei Zeiteinheiten nach rechts zu verschieben (Zeitinvarianz) und mit dem Faktor 1,5 zu multiplizieren (Linearität).

2. Bei einem linearen und zeitinvarianten System besteht zwischen Ein- und Ausgangssignal die Beziehung $y(t)=0{,}5\,x(t-T)$. Ist dieses System stabil und kausal?
Beschränkte Eingangssignale $|x(t)|<A$ führen bei diesem System zu Ausgangssignalen mit der Eigenschaft $|y(t)|<0{,}5\,|x(t-T)|<0{,}5\,A=B$. Damit ist das System stabil (vgl. Gl. A13). Kausal ist das System im Falle $T\geq 0$. Im Falle $T<0$ würde ein nichtkausales System vorliegen.

A 1.2.2 Die Übertragungsfunktion

Ist $x(t)=e^{j\omega t}$ das (komplexe) Eingangssignal eines linearen und zeitinvarianten Systems, so hat die Systemreaktion die Form

$$y(t)=G(j\omega)\,e^{j\omega t}.$$

Dies bedeutet, daß das Eingangssignal $e^{j\omega t}$ lediglich mit einem (i.a. komplexen und von ω abhängigen) Faktor $G(j\omega)$ multipliziert wird.

$G(j\omega)$ heißt Übertragungsfunktion, aus der oben genannten Bedingung folgt

$$G(j\omega)=\left.\frac{y(t)}{x(t)}\right|_{x(t)=e^{j\omega t}}. \qquad \text{(A15)}$$

Die Übertragungsfunktion ist eine wichtige Kenngröße für lineare Systeme. Bei ihrer Kenntnis können letztendlich Systemreaktionen auf beliebige Eingangssignale ermittelt werden (Abschnitte A 1.2.4 und A 2.1.3). Bei (aus konzentrierten Bauelementen bestehenden) Netzwerken, kann $G(j\omega)$ mit der komplexen Rechnung ermittelt werden.

Beispiel

Gegeben ist die im Bild A10 skizzierte Schaltung. Gesucht werden:
a) $G(j\omega)$, b) die Systemreaktion auf das Signal $e^{j\omega_0 t}$, c) die Reaktion auf das Signal $\cos(\omega_0 t)$.

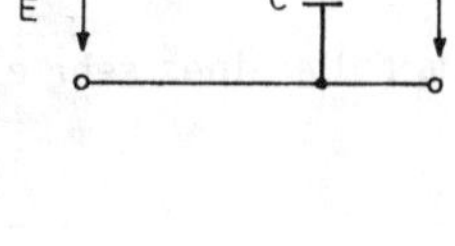

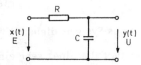

Bild A10

zu a Berechnung mit Hilfe der Differentialgleichung RC $y'(t) + y(t) = x(t)$: Zur Anwendung von Gl. A15 ist diese Differentialgleichung für das Signal $x(t)=e^{j\omega t}$ zu lösen.

Lösungsansatz: $y(t) = G\, e^{j\omega t}$, daraus folgt $y'(t) = j\omega\, G\, e^{j\omega t}$. Setzt man $x(t)$, $y(t)$, $y'(t)$ in die Differentialgleichung ein, so erhält man

$$RC\, j\omega G e^{j\omega t} + G e^{j\omega t} = e^{j\omega t}$$

und schließlich

$$G = \frac{1}{1 + j\omega RC} = G(j\omega).$$

Berechnung mit der komplexen Rechnung: Mit den im Bild A10 eingetragenen Spannungen findet man

$$G(j\omega) = \frac{U}{E} = \frac{1/(j\omega C)}{R + 1/(j\omega C)} = \frac{1}{1 + j\omega RC}.$$

zu b Mit der oben ermittelten Übertragungsfunktion folgt aus Gl. A15

$$y(t) = G(j\omega_0)\, e^{j\omega_0 t} = \frac{1}{1 + j\omega_0 RC}\; e^{j\omega_0 t}.$$

zu c Da $x(t) = \cos(\omega_0 t) = \mathrm{Re}\{e^{j\omega_0 t}\}$ ist, erhält man

$$y(t) = \mathrm{Re}\{G(j\omega_0)\, e^{j\omega_0 t}\} = \mathrm{Re}\{\frac{\cos(\omega_0 t) + j\sin(\omega_0 t)}{1 + j\omega_0 RC}\} =$$

$$= \frac{1}{1+\omega_0^2 R^2 C^2}\left(\cos(\omega_0 t) + \omega_0 RC \sin(\omega_0 t) \right).$$

A 1.2.3 Das Faltungs- oder Duhamel-Integral

Zunächst werden die Begriffe Sprungantwort und Impulsantwort eingeführt. Als Sprungantwort $h(t)$ bezeichnet man die Reaktion eines Systems auf das Eingangssignal $x(t) = s(t)$, d.h.

$$h(t) = T\{s(t)\}.$$

Die Impulsantwort $g(t)$ ist die Systemreaktion auf den Dirac-Impuls, also

$$g(t) = T\{\delta(t)\}.$$

Es gilt der Zusammenhang

$$g(t) = \frac{d\,h(t)}{dt}. \qquad \text{(A16)}$$

Gl. A16 kann zur Ermittlung der Impulsantwort eines Systems dienen.

Diese Zusammenhänge sind nochmals im Bild A11 im Falle eines sehr einfachen Systems dargestellt. Die Sprungantwort dieser RC-Schaltung hat bekanntlich die Form

$$h(t) = \begin{cases} 0 \text{ für } t<0 \\ 1-e^{-t/(RC)} \text{ für } t>0 \end{cases} = s(t)\left(1-e^{-t/(RC)}\right).$$

Nach Gl. A16 wird

$$g(t) = h'(t) = \delta(t)\left(1-e^{-t/(RC)}\right) + s(t)\frac{1}{RC}e^{-t/(RC)}.$$

Nach Gl. A5 verschwindet der 1. Summand $\left(1-e^{-t/(RC)}\right)\delta(t)=0$, damit wird

$$g(t) = s(t)\frac{1}{RC}e^{-t/(RC)}.$$

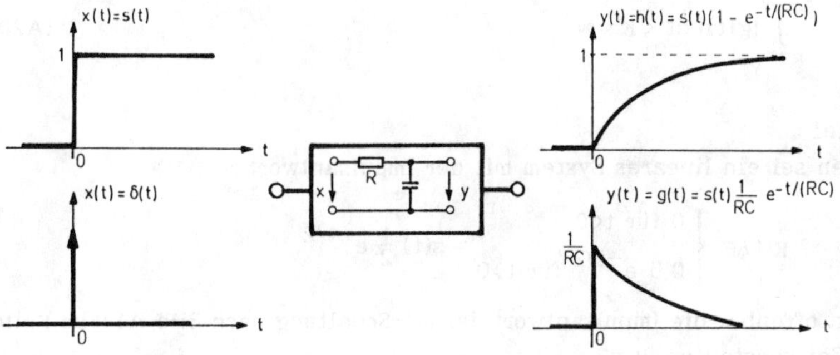

Bild A11 Sprung- und Impulsantwort eines Systems

Bei Kenntnis der Impulsantwort kann die Systemreaktion y(t) auf ein beliebiges Eingangssignal x(t) mit dem Faltungs- oder Duhamel-Integral

$$y(t) = \int_{-\infty}^{\infty} x(\tau)g(t-\tau)\,d\tau \qquad \text{(A17)}$$

berechnet werden. Gl. A17 kann auch in die Form

$$y(t) = \int_{-\infty}^{\infty} x(t-\tau)g(\tau)\,d\tau \qquad \text{(A18)}$$

umgerechnet werden.

Kurzschreibweise für die Gln. A17, A18:

$$y(t) = x(t)*g(t) = g(t)*x(t).$$

Das Zeichen "*" ist das Faltungssymbol.

Mit x(t)=s(t) erhält man aus Gl. A18 die Sprungantwort

$$y(t) = h(t) = \int_{-\infty}^{\infty} s(t-\tau)g(\tau)\,d\tau.$$

Da $s(t-\tau)$ bei negativen Argumenten (d.h. $t<\tau$) verschwindet, und für $t>\tau$ den Wert 1 annimmt, wird

$$h(t) = \int_{-\infty}^{t} g(\tau)\,d\tau. \qquad \text{(A19)}$$

Bei kausalen Systemen kann man noch die untere Grenze durch 0 ersetzen, da dann $g(t) = 0$ für $t<0$ gilt. Gl. A19 ist die Umkehrbeziehung zu Gl. A16: $g(t) = h'(t)$.

Schließlich läßt sich zeigen, daß die Stabilitätsbedingung entsprechend Gl. A13 mit Gl. A18 zu der Stabilitätsbedingung

$$\int_{-\infty}^{\infty} |g(t)|\,dt < K < \infty \qquad \text{(A20)}$$

führt.

Beispiel
Gegeben sei ein lineares System mit der Impulsantwort

$$g(t) = \begin{cases} 0 \text{ für } t<0 \\ 0{,}5\, e^{-t/2} \text{ für } t>0 \end{cases} = s(t)\,\frac{1}{2}\,e^{-t/2}.$$

Dies ist offenbar die Impulsantwort der RC-Schaltung nach Bild A11 im Falle einer Zeitkonstanten RC=2.

Zu ermitteln bzw. zu überprüfen sind: a) die Stabillität, b) die Sprungantwort h(t), c) die Systemreaktion auf den links im Bild A12 skizzierten Impuls x(t).

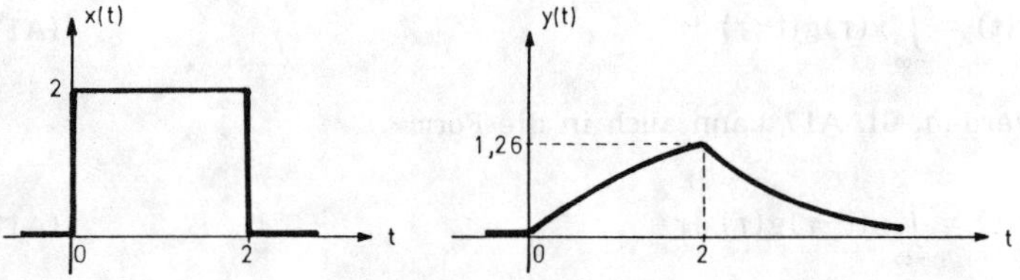

Bild A12 Ein- und Ausgangssignal der Schaltung nach Bild A11 (RC=2)

zu a Gl. A20 führt mit der angegebenen Impulsantwort zu

$$\int_{-\infty}^{\infty} |g(t)|\,dt = \int_{0}^{\infty} \frac{1}{2}\,e^{-t/2}\,dt = -e^{-t/2}\Big|_{0}^{\infty} = 1,$$

das System ist demnach stabil.

zu b Da $g(t)=0$ für $t<0$ ist, wird auch $h(t)=0$ für $t<0$. Für $t>0$ erhalten wir mit Gl. A19

$$h(t) = \int_{-\infty}^{t} g(\tau)\,d\tau = \int_{0}^{t} \frac{1}{2} e^{-\tau/2}\,d\tau = -e^{-\tau/2}\Big|_{0}^{t} = -e^{-t/2} + 1.$$

Ergebnis:

$$h(t) = \begin{cases} 0 \text{ für } t<0 \\ 1 - e^{-t/2} \text{ für } t>0 \end{cases} = s(t)(1-e^{-t/2}).$$

zu c Das Eingangssignal (links im Bild A12) kann in der Form

$$x(t) = 2s(t) - 2s(t-2)$$

dargestellt werden (vgl. auch das Beispiel im Abschnitt A 1.1.1). Mit $x(t)$ in dieser Form erhält man aus Gl. A17 formal die Systemreaktion

$$y(t) = \int_{-\infty}^{\infty} (2s(\tau)-2s(\tau-2))\,\frac{1}{2}s(t-\tau)e^{-(t-\tau)/2}\,d\tau.$$

Eine unmittelbare Auswertung dieses Integrales wird nicht empfohlen. Einen besseren Überblick erhält man, wenn zunächst Skizzen für $x(\tau)$ und $g(t-\tau)$ angefertigt werden. Dabei stellt sich die Frage, wie die über τ aufgetragene Funktion $g(t-\tau)$ für unterschiedliche Werte des Parameters t aussieht. Man findet hier die folgende "Konstruktionsregel":

1. Auf der τ-Achse wird ein Wert für den Parameter t festgelegt.
2. Die Impulsantwort g(t) wird längs der τ-Achse bis zu dem festgelegten t-Wert verschoben.
3. Die verschobene Impulsantwort wird an der Stelle t "umgeklappt".

Im Bild A13 ist dies links für einen negativen Wert von t, in der Mitte für einen Wert $0<t<2$ und rechts für einen Wert $t>2$ dargestellt. Ein Bild für g(t) befindet sich im Bild A11 (RC=2 setzen!). Im Bild A13 ist jeweils zusätzlich $x(\tau)$ eingetragen.

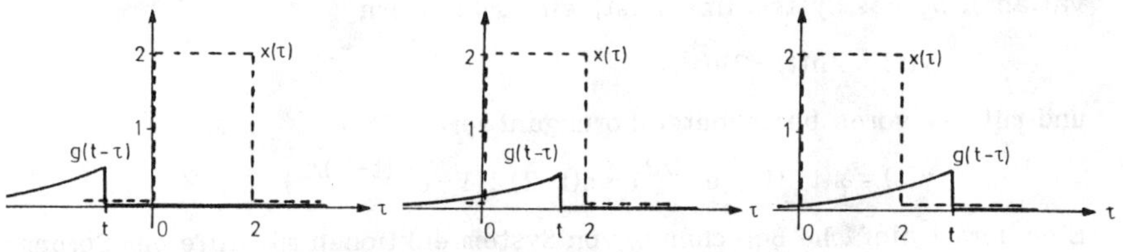

Bild A13 Darstellung von $x(\tau)$ und von $g(t-\tau)$ für die Fälle $t<0$, $0<t<2$ und $t>2$

Gl. A17 sagt aus, daß man das Produkt $x(\tau)g(t-\tau)$ zu bilden hat und die Fläche unter diesem Produkt ist die Systemreaktion y(t).

Aus dem linken Teil von Bild A13 erkennt man, daß im Falle $t<0$ das Produkt $x(\tau)g(t-\tau)=0$ ist und damit wird $y(t)=0$ für $t<0$. Dieses Ergebnis folgt übrigens auch unmittelbar daraus, daß ein kausales System vorliegt und $x(t)=0$ für $t<0$ ist.

Für Werte $t>0$ sind zwei Fälle zu unterscheiden. Aus dem mittleren Teil von Bild A13 erkennt man, daß für Werte aus dem Bereich $0<t<2$ Flächenanteile zwischen $\tau=0$ und $\tau=t$ auftreten, man erhält

$$y(t)=\int_0^t 2\,\frac{1}{2}e^{-(t-\tau)/2}\,d\tau$$

(in diesem Bereich ist $x(\tau)=2$ und $g(t-\tau)=0{,}5\,e^{-(t-\tau)}$). Die Auswertung dieses Integrales ergibt

$$y(t)=e^{-t/2}\int_0^t e^{\tau/2}\,d\tau=e^{-t/2}\,2e^{\tau/2}\Big|_0^t=2(1-e^{-t/2}).$$

Für Werte $t>2$ existieren Flächenanteile von $\tau=0$ bis $\tau=2$, es wird

$$y(t)=e^{-t/2}\int_0^2 e^{\tau/2}\,d\tau=e^{-t/2}\,2e^{\tau/2}\Big|_0^2=2(e^1-1)\,e^{-t/2}.$$

Zusammenfassung der Teilergebnisse:

$$y(t)=\begin{cases}0 & \text{für } t<0\\ 2(1-e^{-t/2}) & \text{für } 0<t<2\\ 2\,(e^1-1)e^{-t/2} & \text{für } t>2\end{cases}.$$

Diese Funktion ist rechts im Bild A12 skizziert.

Im vorliegenden Fall kann die Systemreaktion auch ohne die Anwendung des Faltungsintegrales ermittelt werden. Das Eingangssignal hat hier die Form

$$x(t)=2s(t)-2s(t-2).$$

Die Reaktion auf $s(t)$ lautet $h(t)$, die Reaktion auf $s(t-2)$ ist $h(t-2)$ (Zeitinvarianz). Da das System linear ist, wird schließlich

$$y(t)=2h(t)-2h(t-2)$$

und mit der vorne berechneten Sprungantwort

$$y(t)=s(t)2(1-e^{-t/2})-s(t-2)2(1-e^{-(t-2)/2}).$$

Eine derart einfache Berechnung von Systemreaktionen mit Hilfe der Sprungantwort ist immer dann möglich, wenn das Eingangssignal einen abschnittsweise konstanten Verlauf aufweist und somit mit Hilfe von $s(t)$ ausgedrückt werden kann.

A 1.2.4 Der Zusammenhang zwischen der Übertragungsfunktion und der Impulsantwort

Auf das Eingangssignal $x(t)=e^{j\omega t}$ erhält man nach Gl. A18 die Systemreaktion

$$y(t)=\int_{-\infty}^{\infty} e^{j\omega(t-\tau)} g(\tau)\, d\tau = e^{j\omega t}\int_{-\infty}^{\infty} g(\tau)\, e^{-j\omega\tau}\, d\tau .$$

Im Abschnitt A 1.2.2 wurde ausgeführt, daß ein lineares zeitinvariantes System auf $x(t)=e^{j\omega t}$ mit $y(t)=G(j\omega)e^{j\omega t}$ reagiert und ein Vergleich mit dem oben angegebenen Ergebnis führt zu der Beziehung

$$G(j\omega)=\int_{-\infty}^{\infty} g(\tau)\, e^{-j\omega\tau}\, d\tau .$$

Damit ist ein Zusammenhang zwischen der Impulsantwort und der Übertragungsfunktion hergestellt. Bei Kenntnis der Impulsantwort kann $G(j\omega)$ berechnet werden.

Bei Netzwerken kann die Übertragungsfunktion mit der komplexen Rechnung meist rel. einfach gefunden werden. Es stellt sich die Frage, ob es auch eine Beziehung zur Ermittlung von $g(t)$ aus $G(j\omega)$ gibt. Dies trifft zu, Gl. A21 gibt die beiden Beziehungen zwischen $g(t)$ und $G(j\omega)$ an:

$$G(j\omega)=\int_{-\infty}^{\infty} g(t)\, e^{-j\omega t}\, dt,\quad g(t)=\frac{1}{2\pi}\int_{-\infty}^{\infty} G(j\omega)\, e^{j\omega t}\, d\omega . \tag{A21}$$

Beispiel

Gegeben ist ein System mit der Impulsantwort $g(t)=s(t)0{,}5e^{-t/2}$, gesucht wird die Übertragungsfunktion dieses Systems.

Nach Gl. A21 wird (mit $g(t)=0$ für $t<0$):

$$G(j\omega)=\int_{0}^{\infty}\frac{1}{2}\, e^{-t/2}\, e^{-j\omega t}\, dt=\frac{1}{2}\int_{0}^{\infty} e^{-(0{,}5+j\omega)t}\, dt=$$

$$=-\frac{1}{2}\,\frac{1}{0{,}5+j\omega}\, e^{-(0{,}5+j\omega)t}\Big|_{0}^{\infty}=\frac{1}{2}\,\frac{1}{0{,}5+j\omega}.$$

Bei dem System mit der hier angegebenen Impulsantwort handelt es sich um ein RC-Netzwerk (Bild A11), bei dem $G(j\omega)$ natürlich viel einfacher mit der komplexen Rechnung ermittelt werden kann.

A2 Fourier- und Laplace-Transformation und einige Anwendungen

A 2.1 Die Fourier-Transformation

A 2.1.1 Die Grundgleichungen und einige Eigenschaften

Ist f(t) eine (Zeit-) Funktion, so nennt man (die Existenz der Integrale vorausgesetzt)

$$F(j\omega) = \int_{-\infty}^{\infty} f(t)\, e^{-j\omega t}\, dt \tag{A22}$$

die Fourier-Transformierte von f(t). Schreibweise: $F(j\omega) = F\{f(t)\}$.

Es läßt sich zeigen, daß folgende Umkehrbeziehung gilt:

$$f(t) = \frac{1}{2\pi} \int_{-\infty}^{\infty} F(j\omega)\, e^{j\omega t}\, d\omega, \tag{A23}$$

Schreibweise: $f(t) = F^{-1}\{F(j\omega)\}$.

Es ist üblich den (durch die Gln. A22, A23 festgelegten) Zusammenhang zwischen den Funktionen f(t) und F(jω) durch das Korrespondenzsymbol

$$f(t) \circ\!\!-\; F(j\omega)$$

auszudrüken.

Durch die Fourier-Transformation wird einer Zeitfunktion umkehrbar eindeutig eine von der Frequenzvariablen ω abhängige Funktion F(jω) zugeordnet. Dadurch wird es möglich physikalische Zusammenhänge, je nach Zweckmäßigkeit, im Zeit- oder im Frequenzbereich zu untersuchen. Die Fourier-Transformierte F(jω) wird auch Spektrum des zugehörenden Signales f(t) genannt.

Setzt man in Gl. A22 $e^{-j\omega t} = \cos(\omega t) - j\sin(\omega t)$, so erhält man die Darstellung

$$F(j\omega) = R(\omega) + jX(\omega)$$

mit dem Real- und Imaginärteil

$$R(\omega) = \int_{-\infty}^{\infty} f(t)\cos(\omega t)\, dt, \quad X(\omega) = -\int_{-\infty}^{\infty} f(t)\sin(\omega t)\, dt.$$

Bei reellen Zeitfunktionen gelten die Eigenschaften

$$R(-\omega) = R(\omega), \quad X(-\omega) = -X(\omega).$$

Es läßt sich weiterhin zeigen, daß gerade Zeitfunktionen ein rein reelles Spektrum besitzen, also aus $f(t)=f(-t)$ folgt $F(j\omega)=R(\omega)$. Ungerade Zeitfunktionen haben eine rein imaginäre Fourier-Transformierte, aus $f(t) = -f(-t)$ folgt $F(j\omega)=jX(\omega)$.

Üblich ist auch die Darstellung von F(jω) nach Betrag und Phase

$$F(j\omega) = |F(j\omega)|\, e^{j\varphi(\omega)}$$

mit

$$|F(j\omega)| = |F(-j\omega)| = \sqrt{R^2(\omega)+X^2(\omega)}\,,\ \varphi(\omega) = -\varphi(-\omega) = \arctan\frac{X(\omega)}{R(\omega)}\,.$$

Eigenschaften der Fourier–Transformation

1. Hinreichend für die Existenz einer Fourier–Transformierten ist die Existenz des Integrales

$$\int_{-\infty}^{\infty} |f(t)|\, dt < \infty\,.$$

Es gibt jedoch Funktionen, für die Fourier–Transformierte existieren und bei denen diese Bedingung nicht erfüllt ist (siehe hierzu Beispiele im Abschnitt A 2.1.2).

2. Linearitätseigenschaft: Mit $f_1(t) \circ\!\!- F_1(j\omega)$, $f_2(t) \circ\!\!- F_2(j\omega)$ gilt

$$f(t) = k_1 f_1(t) + k_2 f_2(t) \circ\!\!- k_1 F_1(j\omega) + k_2 F_2(j\omega) = F(j\omega).$$

3. Zeitverschiebungssatz:

$$f(t-t_0) \circ\!\!- F(j\omega) e^{-j\omega t_0}.$$

4. Frequenzverschiebungssatz:

$$F(j\omega - j\omega_0) -\!\!\circ f(t) e^{j\omega_0 t}.$$

5. Vertauschungssatz: Aus der Korrespondenz $f(t) \circ\!\!- F(j\omega)$ folgt

$$F(jt) \circ\!\!- 2\pi f(-\omega).$$

6. Differentiation im Zeitbereich:

$$f^{(n)}(t) \circ\!\!- (j\omega)^n F(j\omega).$$

7. Differentiation im Frequenzbereich:

$$F^{(n)}(j\omega) -\!\!\circ (jt)^n f(t).$$

8. Faltung im Zeit– und Frequenzbereich:

$$f_1(t) * f_2(t) \circ\!\!- F_1(j\omega) F_2(j\omega),\ F_1(j\omega) * F_2(j\omega) -\!\!\circ 2\pi f_1(t) f_2(t).$$

Der Begriff der Faltung von zwei Funktionen wird im Abschnitt A 1.2.3 erklärt.

9. Parseval'sches Theorem:

$$\int_{-\infty}^{\infty} f^2(t)\, dt = \frac{1}{2\pi} \int_{-\infty}^{\infty} |F(j\omega)|^2\, d\omega.$$

Dabei ist natürlich die Existenz der Integrale vorausgesetzt.

A 2.1.2 Beispiele

Der Abschnitt A 4 enthält eine Tabelle mit Korrespondenzen der Fourier-Transformation. Hier werden einige der dort aufgeführten Ergebnisse etwas genauer erläutert.

1. $f(t) = \delta(t)$:

Gl. A22 liefert unter Berücksichtigung der Ausblendeigenschaft des Dirac-Impulses (Gl. A7) die Fourier-Transformierte

$$F(j\omega) = \int_{-\infty}^{\infty} \delta(t)\, e^{-j\omega t}\, dt = 1,$$

also: $\delta(t)$ o— 1. Dieser Zusammenhang ist im Bild A14 dargestellt.

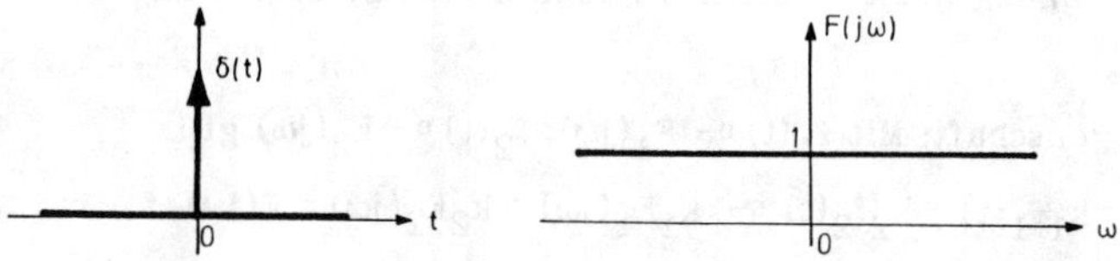

Bild A14 Dirac-Impuls und seine Fourier-Transformierte

Das Spektrum $F(j\omega)$ des Dirac-Impulses enthält alle Frequenzen. Die Einbeziehung negativer Frequenzen ist aus mathematischen Gründen zweckmäßig. Es ist zu beachten, daß die Rücktransformationsbeziehung A23 die Integration auch über negative Frequenzen verlangt.

Setzt man das ermittelte Ergebnis $F(j\omega)=1$ in Gl. A23 ein, so erhält man die oft nützliche Beziehung

$$\delta(t) = \frac{1}{2\pi} \int_{-\infty}^{\infty} e^{j\omega t}\, d\omega. \tag{A24}$$

Aus dieser Gleichung findet man

$$\delta(t) = \frac{1}{2\pi} \int_{-\infty}^{\infty} e^{j\omega t}\, d\omega = \lim_{\omega_0 \to \infty} \frac{1}{2\pi} \int_{-\omega_0}^{\omega_0} e^{j\omega t}\, d\omega = \lim_{\omega_0 \to \infty} \frac{1}{\pi t\, 2j} \left(e^{j\omega_0 t} - e^{-j\omega_0 t} \right).$$

Unter Beachtung der Beziehung $e^{jx} = \cos x + j \sin x$ folgt daraus schließlich die im Abschnitt A 1.1.3 angegebene Beziehung A8

$$\delta(t) = \lim_{\omega_0 \to \infty} \frac{\sin(\omega_0 t)}{\pi t}.$$

2. $f(t) = s(t)$:

Die Integration gemäß Gl. A22 führt schließlich auf das Ergebnis

$$f(t) = s(t) \;\circ\!\!-\; \pi\delta(\omega) + 1/(j\omega) = F(j\omega).$$

$F(j\omega)$ hat hier den Realteil $R(\omega) = \pi\delta(\omega)$ und den Imaginärteil $X(\omega) = -1/\omega$.

3. f(t) sei der links im Bild A15 skizzierte Impuls der Breite T. Mit Gl. A22 findet man

$$F(j\omega) = \int_{-T/2}^{T/2} e^{-j\omega t}\,dt = -\frac{1}{j\,\omega}\,e^{-j\omega t}\Big|_{-T/2}^{T/2} = \frac{1}{j\,\omega}\left(e^{j\omega T/2} - e^{-j\omega T/2}\right).$$

Unter Beachtung der Beziehung $e^{jx} - e^{-jx} = 2j\sin x$ erhält man

$$F(j\omega) = \frac{2\sin(\omega T/2)}{\omega}.$$

Dieses Spektrum ist rechts im Bild A15 dargestellt.

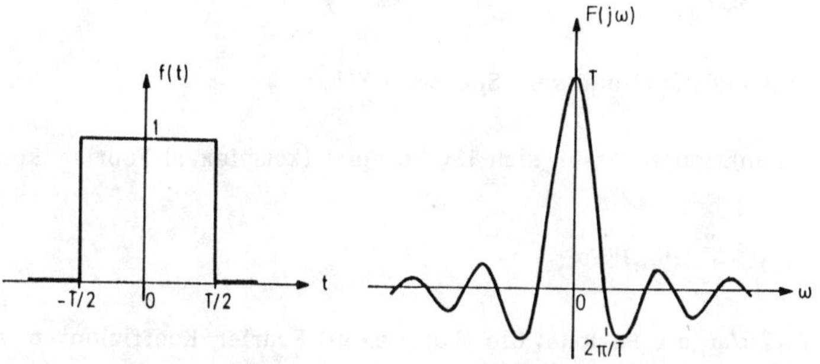

Bild A15 Signal f(t) und das zugehörende Spektrum F(jω)

Aus Bild A15 ist zu erkennen, daß ein schmaler Impuls (T klein) ein "breites" Spektrum aufweist und umgekehrt. Je kleiner T ist, desto größer ist die Frequenz $\omega = 2\pi/T$, bei der F(jω) erstmals die Abszisse schneidet. Definiert man diese Frequenz als "Bandbreite" B, so ergibt das Produkt "Bandbreite · Impulsbreite" (hier) den Wert

$$B\,T = 2\pi = \text{const.}$$

Diese Aussage, daß das Produkt aus Band- und Impulsbreite konstant ist, läßt sich auf Impulse beliebiger Form erweitern. Man spricht hier in Analogie zu einer ähnlichen Beziehung in der Quantenmechanik von der "Unschärfebeziehung".

4. Periodische Signale
Ausgangspunkt ist die Korrespondenz $e^{j\omega_0 t}$ o— $2\pi\,\delta(\omega-\omega_0)$. Die Berechnung des Spektrums dieser komplexen Schwingung kann mit Gl. A22 unter Zuhilfenahme von Gl. A24 erfolgen.
Mit

$$\cos(\omega_0 t) = \frac{1}{2}\left(e^{j\omega_0 t} + e^{-j\omega_0 t}\right),\quad \sin(\omega_0 t) = \frac{1}{2j}\left(e^{j\omega_0 t} - e^{j\omega_0 t}\right)$$

und unter Beachtung der Linearität der Fourier-Transformation erhält man die Korrespondenzen

$$\cos(\omega_0 t) \circ\!\!- \pi\delta(\omega-\omega_0) + \pi\delta(\omega+\omega_0), \ \sin(\omega_0 t) \circ\!\!- \frac{\pi}{j}\delta(\omega-\omega_0) - \frac{\pi}{j}\delta(\omega+\omega_0).$$

Bild A16 zeigt links die Cosinusschwingung mit der Kreisfrequenz ω_0 und rechts die Fourier-Transformierte $F(j\omega)$. Das Spektrum hat hier nur einen Anteil bei $\omega=\omega_0$ (und bei $\omega=\omega_0$).

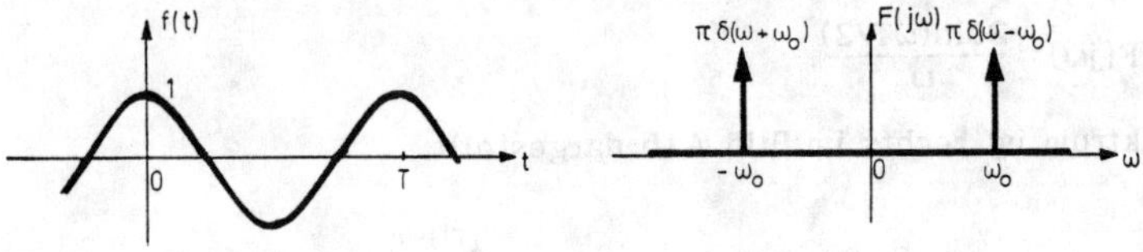

Bild A16 $x(t) = \cos(\omega_0 t)$ und sein Spektrum $F(j\omega)$

Periodische Funktionen lassen sich i.a. in Form (komplexer) Fourier-Reihen darstellen:

$$f(t) = \sum_{\nu=-\infty}^{\infty} C_\nu e^{j\nu\omega_0 t}.$$

Dabei ist $T=2\pi/\omega_0$ die Periode, die (komplexen) Fourier-Koeffizienten werden nach der Beziehung

$$C_\nu = \frac{1}{T}\int_{-T/2}^{T/2} f(t)\, e^{-j\omega_0 t}\, dt, \ \nu=0,\pm 1,\pm 2, \ldots$$

berechnet. Aus der Darstellung von $f(t)$ in Form einer Fourier-Reihe und der vorne angegebenen Korrespondenz für die komplexe Schwingung mit der Kreisfrequenz ω_0 findet man

$$F(j\omega) = \sum_{\nu=-\infty}^{\infty} 2\pi C_\nu \delta(\omega-\nu\omega_0).$$

Dies bedeutet, daß das Spektrum periodischer Funktionen die gleichen Informationen enthält, die auch aus der Fourier-Reihendarstellung entnommen werden können. Im Spektrum treten nur bei den Frequenzen Anteile auf, bei denen das Signal Schwingungen aufweist.

A 2.1.3 Die Berechnung von Systemreaktionen mit der Hilfe der Fourier-Transformation

Die Berechnung von Systemreaktionen mit dem Faltungsintegral (Gln. A17, A18) erfordert die Kenntnis der Impulsantwort $g(t)$ des betreffenden Systems. Bei Netzwerken kann diese wie folgt ermittelt werden:

1. Mit Hilfe der komplexen Rechnung wird die Übertragungsfunktion des Sy-

stems berechnet.

2. $G(j\omega)$ ist die Fourier-Transformierte der Impulsantwort (siehe Gl. A21), man findet $g(t)$ durch Fourier-Rücktransformation von $G(j\omega)$.

Beispiel

Die Impulsantwort der links im Bild A17 skizzierten Schaltung ist zu berechnen.

Die Übertragungsfunktion lautet

$$G(j\omega) = \frac{U}{E} = \frac{Rj\omega L/(R+j\omega L)}{R+j\omega L + Rj\omega L/(R+j\omega L)} = \frac{j\omega R/L}{R^2/L^2 + j\omega 3R/L + (j\omega)^2}\,.$$

Zur Rücktransformation wird eine Partialbruchentwicklung durchgeführt:

$$G(j\omega) = \frac{j\omega R/L}{(0{,}382\,R/L + j\omega)(2{,}618\,R/L + j\omega)} = \frac{-0{,}1708\,R/L}{0{,}382\,R/L + j\omega} + \frac{1{,}171\,R/L}{2{,}618\,R/L + j\omega}\,.$$

Mit der Korrespondenz (siehe Abschnitt A 4)

$$\frac{1}{a+j\omega} \;\circ\!-\; s(t)\,e^{-at},\; a>0$$

ergibt sich schließlich

$$g(t) = s(t)\,\frac{R}{L}\left(1{,}171\,e^{-2{,}618\,R/L\,t} - 0{,}1708\,e^{-0{,}382\,R/L\,t}\right).$$

$g(t)$ ist im rechten Teil von Bild A17 skizziert.

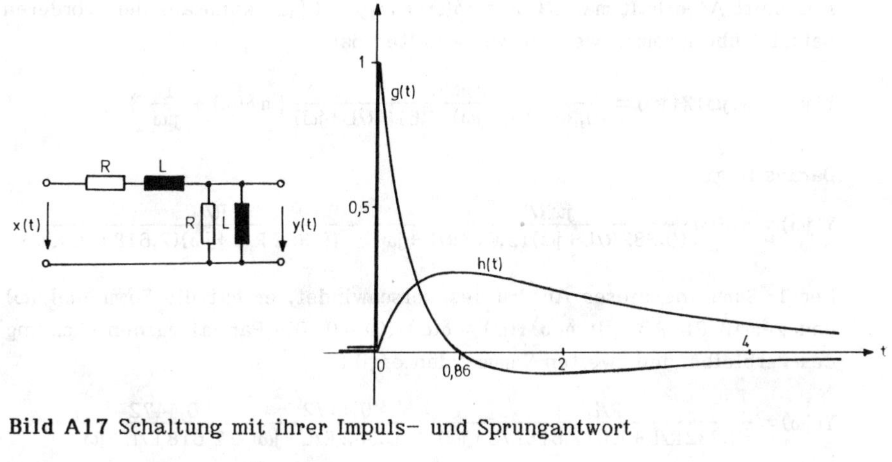

Bild A17 Schaltung mit ihrer Impuls- und Sprungantwort

Mit dem Faltungsintegral können nun Systemreaktionen auf beliebige Eingangssignale berechnet werden.

Neben dieser Berechnungsmethode ist eine andere Methode von Bedeutung, bei der das Faltungsintegral nicht ausgewertet werden muß.

Es läßt sich zeigen, daß die Fourier-Transformierten $X(j\omega)$ des Eingangssignales ($X(j\omega)$ —o $x(t)$) und $Y(j\omega)$ des Ausgangssignales ($Y(j\omega)$ —o $y(t)$) durch die einfache Beziehung

$$Y(j\omega) = G(j\omega)X(j\omega) \tag{A25}$$

verknüpft sind. Zur Berechnung von $y(t)$ wird man zunächst das Spektrum $X(j\omega)$ des Eingangssignales ermitteln. Nach Gl. A25 erhält man daraus das Spektrum $Y(j\omega)$ der Systemreaktion und nach Rücktransformation $y(t)$. Dieser Zusammenhang ist im Bild A18 nochmals dargestellt.

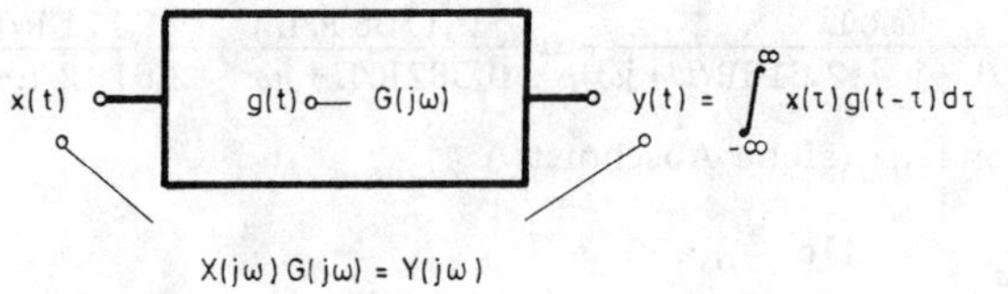

Bild A18 Berechnung von Systemreaktionen im Zeit- und Frequenzbereich

Beispiel

Die Sprungantwort der links im Bild A17 skizzierten Schaltung ist unter Verwendung von Gl. A25 zu berechnen.

Die Sprungantwort ist die Systemreaktion auf $x(t) = s(t)$, aus der Tabelle im Abschnitt A4 erhält man $X(j\omega) = \pi\delta(\omega) + 1/(j\omega)$. $G(j\omega)$ kann aus dem vorderen Beispiel übernommen werden, wir erhalten dann

$$Y(j\omega) = G(j\omega)X(j\omega) = \frac{j\omega R/L}{(0{,}382\,R/L + j\omega)(2{,}618\,R/L + j\omega)}\left(\pi\delta(\omega) + \frac{1}{j\omega}\right).$$

Daraus folgt

$$Y(j\omega) = \pi\delta(\omega)\frac{j\omega R/L}{(0{,}382\,R/L + j\omega)(2{,}618\,R/L + j\omega)} + \frac{R/L}{(0{,}382\,R/L + j\omega)(2{,}618\,R/L + j\omega)}.$$

Der 1. Summand dieses Ausdruckes verschwindet, er hat die Form $\delta(\omega)f(\omega)$ und gemäß Gl. A5 gilt $\delta(\omega)f(\omega) = \delta(\omega)f(0) = 0$. Die Partialbruchentwicklung des verbleibenden zweiten Summanden ergibt

$$Y(j\omega) = \frac{R/L}{(0{,}382\,R/L + j\omega)(2{,}618\,R/L + j\omega)} = \frac{0{,}4472}{0{,}382\,R/L + j\omega} - \frac{0{,}4472}{2{,}618\,R/L + j\omega}$$

und die Rücktransformation

$$y(t) = h(t) = 0{,}4472\, s(t)\left(e^{-0{,}382\,R/L\,t} - e^{-2{,}618\,R/L\,t}\right).$$

$h(t)$ ist rechts im Bild A17 skizziert.

A 2.1.4 Anwendungen bei idealen Übertragungssystemen

A 2.1.4.1 Die verzerrungsfreie Übertragung

Von einem verzerrungsfrei übertragenden System spricht man, wenn zwischen Ein- und Ausgangssignal der Zusammenhang

$$y(t) = K x(t-t_0) \qquad \text{(A26)}$$

besteht. Dies bedeutet, daß das Eingangssignal mit einem Faktor K multipliziert und um t_0 verschoben wird. Die "Form" des Signales bleibt erhalten.

Setzt man $x(t) = \delta(t)$, so erhält man die Impulsantwort

$$g(t) = K\delta(t-t_0)$$

und durch Fourier-Transformation die Übertragungsfunktion

$$G(j\omega) = K e^{-j\omega t_0}. \qquad \text{(A27)}$$

Hinweis: Aus der Tabelle im Abschnitt A 4 findet man die Korrespondenz $\delta(t) \circ\!- 1$ und daraus mit dem Zeitverschiebungssatz $\delta(t-t_0) \circ\!- e^{-j\omega t_0}$.

Verwendet man zur Darstellung der Übertragungsfunktion die Form

$$G(j\omega) = e^{-A(\omega)}\, e^{-jB(\omega)} \qquad \text{(A28)}$$

mit der Dämpfung und Phase

$$A(\omega) = -\ln(|G(j\omega)|), \quad B(\omega) = -\operatorname{arc}(G(j\omega)),$$

so gilt beim verzerrungsfrei übertragenden System (K>0 vorausgesetzt)

$$A(\omega) = -\ln K, \quad B(\omega) = \omega t_0.$$

Die Dämpfung ist konstant, die Phase steigt linear mit der Frequenz an.

A 2.1.4.2 Der ideale Tiefpaß

Die Übertragungsfunktion lautet

$$G(j\omega) = \begin{cases} K e^{-j\omega t_0} \text{ für } |\omega| < \omega_g \\ 0 \text{ für } |\omega| > \omega_g \end{cases}, \quad K>0. \qquad \text{(A29)}$$

Der Betrag $|G(j\omega)|$ und die Phase $B(\omega)$ sind im Bild A19 skizziert.

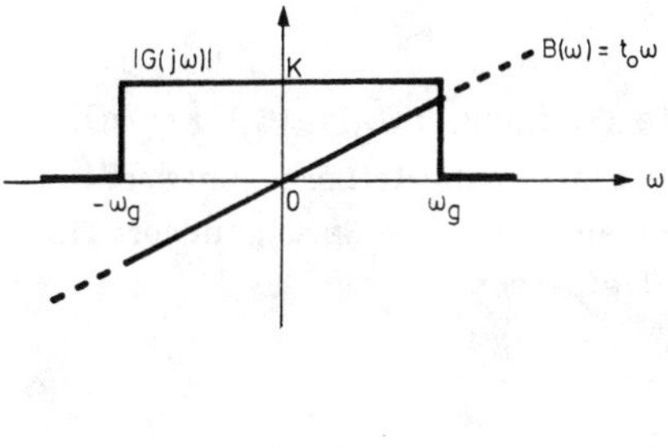

Bild A19 $|G(j\omega)|$ und $B(\omega)$ bei einem idealen Tiefpaß

Signale mit einem Spektrum ausschließlich im Bereich $|\omega| < \omega_g$ werden vom idealen Tiefpaß verzerrungsfrei übertragen, für diese Signale gilt also $y(t) = K x(t-t_0)$.

Nach Gl. A21 findet man die Impulsantwort des idealen Tiefpasses

$$g(t) = \frac{1}{2\pi}\int_{-\infty}^{\infty} G(j\omega)\, e^{j\omega t}\, d\omega = \frac{1}{2\pi}\int_{-\omega_g}^{\omega_g} K e^{-j\omega t_0} e^{j\omega t}\, d\omega = \frac{K}{2\pi}\int_{-\omega_g}^{\omega_g} e^{j\omega(t-t_0)}\, d\omega.$$

Die Auswertung führt zu der (im Bild A20 skizzierten) Impulsantwort

$$g(t) = K\frac{\sin(\omega_g(t-t_0))}{\pi(t-t_o)}. \qquad \text{(A30)}$$

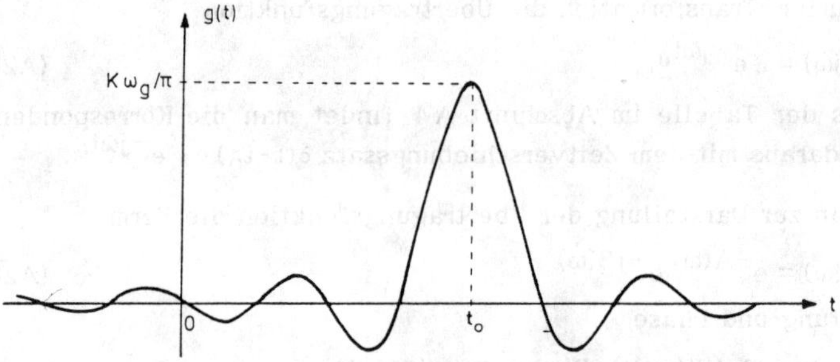

Bild A20 Impulsantwort eines idealen Tiefpasses

Aus Gl. A30 und auch der Darstellung im Bild A20 erkennt man, daß der ideale Tiefpaß ein nichtkausales System ist. g(t) ist die Systemreaktion auf das bei t=0 angelegte Signal $x(t)=\delta(t)$. Man erkennt aber auch, daß g(t) für hinreichend große Werte von t_0 im Bereich $t<0$ sehr klein wird und dann ein akzeptables mathematisches Modell für reale Tiefpaßsysteme vorliegt.

Die Sprungantwort des idealen Tiefpasses wird am besten mit Hilfe von Gl. A19 berechnet, man erhält

$$h(t) = \frac{K}{2} + \frac{K}{2}\,\mathrm{Si}(\omega_g(t-t_0)) \qquad \text{(A31)}$$

mit dem Integralsinus

$$\mathrm{Si}(x) = \int_0^x \frac{\sin u}{u}\, du.$$

h(t) ist oben im Bild A21 skizziert.

Legt man an h(t) bei $t=t_0$ eine Tangente (Steigung $h'(t_0)=g(t_0)=K\omega_g/\pi$), so kann man die unten im Bild A21 skizzierte angenäherte Sprungantwort $\tilde{h}(t)$ des idealen Tiefpasses finden. Aus dieser angenäherten Sprungantwort findet man die Einschwingzeit des idealen Tiefpasses:

$$T_e = \pi/\omega_g = 1/(2f_g). \qquad \text{(A32)}$$

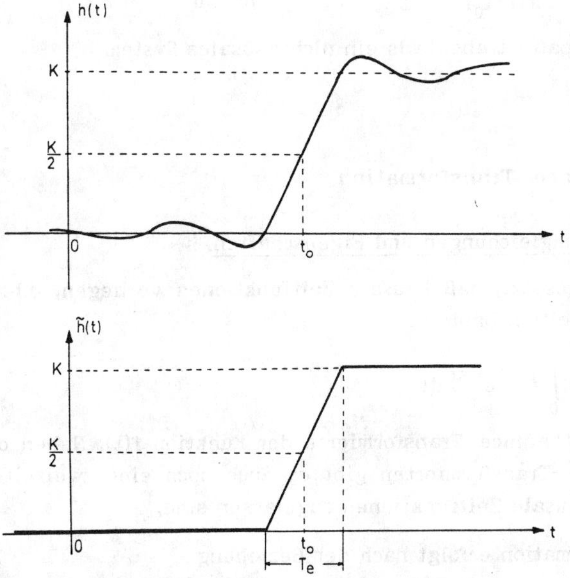

Bild A21 Sprungantwort und angenäherte Sprungsantwort des idealen Tiefpasses

A 2.1.4.3 Der ideale Bandpaß

Bild A22 zeigt den Verlauf des Betrages $|G(j\omega)|$ und der Phase $B(\omega)$ des idealen Bandpasses.

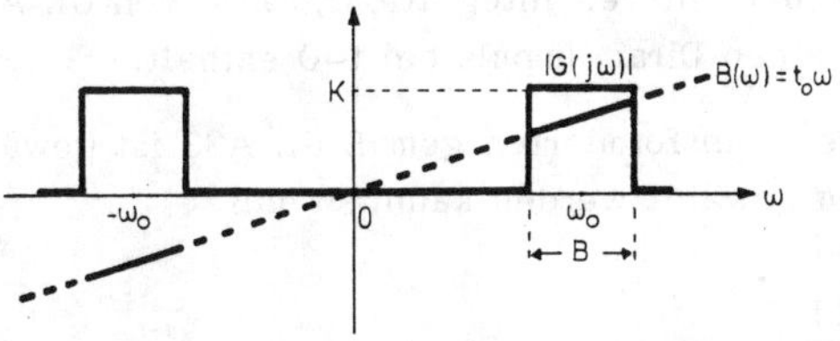

Bild A22 $|G(j\omega)|$ und $B(\omega)$ beim idealen Bandpaß

Signale, die ihr Spektrum ausschließlich innerhalb des Durchlaßbereiches des Bandpasses haben, werden von ihm verzerrungsfrei übertragen.

Die Fourier–Rücktransformierte von $G(j\omega)$ liefert nach Gl. A21 nach elemen–

tarer Rechnung die Impulsantwort

$$g(t) = 2\,\frac{K}{\pi\,(t-t_0)}\,\sin(\tfrac{B}{2}\,(t-t_0))\,\cos(\omega_0(t-t_0)).$$

Der ideale Bandpaß ist ebenfalls ein nichtkausales System.

A 2.2 Die Laplace-Transformation

A 2.2.1 Die Grundgleichungen und Eigenschaften

Es wird vorausgesetzt, daß kausale Zeitfunktionen vorliegen, d.h. es soll $f(t)=0$ für $t<0$ gelten. Dann ist

$$F(s) = \int_{0-}^{\infty} f(t)\,e^{-st}\,dt \qquad (A33)$$

die (einseitige) Laplace-Transformierte der Funktion f(t). Neben der einseitigen Laplace-Transformierten gibt es auch noch eine zweiseitige, bei der auch nichtkausale Zeitfunktionen zugelassen sind.

Die Rücktransformation erfolgt nach der Beziehung

$$f(t) = \frac{1}{2\pi j}\int_{\sigma-j\infty}^{\sigma+j\infty} F(s)\,e^{st}\,ds. \qquad (A34)$$

Ebenso wie bei der Fourier-Transformation wird auch hier das Korrespondenzsymbol $f(t)$ o— $F(s)$ verwendet.

Bemerkungen

1. s ist eine komplexe Variable: $s = \sigma + j\omega$. Im Fall $\sigma=0$ (d.h. $s=j\omega$) geht Gl. A33 (unter Beachtung der Bedingung $f(t)=0$ für $t<0$) in die Definitionsgleichung für die Fourier-Transformierte $F(j\omega)$ über (Gl. A22).

2. Die Bezeichnung "0-" an der unteren Integrationsgrenze von Gl. A33 ist nur erforderlich, wenn f(t) einen Dirac-Impuls bei $t=0$ enthält.

3. Die Existenz der Laplace-Transformierten gemäß Gl. A33 ist gewährleistet, wenn eine Konstante σ gewählt werden kann, so daß

$$\int_0^{\infty} |f(t)|\,e^{-\sigma t}\,dt < K < \infty$$

ist. Damit existieren auch für exponentiell ansteigende Funktionen Laplace-Transformierte. Ist σ_0 der kleinstmögliche Wert (bzw. Grenzwert) von σ mit der Eigenschaft, daß das Integral für $\sigma > \sigma_0$ konvergiert und für $\sigma < \sigma_0$ divergiert, so existiert F(s) für alle Werte von s mit $Re\{s\} > \sigma_0$. Diesen (in der komplexen s-Ebene markierbaren) Bereich nennt man den Konvergenzbereich der

Laplace-Transformierten.

4. Der Integrationsweg bei Gl. A34 muß im Konvergenzbereich der Laplace-Transformierten liegen.

5. Falls die imaginäre Achse im Konvergenzbereich liegt (d.h. $\sigma_0 < 0$), erhält man aus der Laplace- die Fourier-Transformierte, indem $s=j\omega$ gesetzt wird, d.h. $F(j\omega) = F(s=j\omega)$. Falls die imaginäre Achse außerhalb des Konvergenzbereiches liegt, existiert keine Fourier-Transformierte. Wenn schließlich die imaginäre Achse den Konvergenzbereich begrenzt, sind einfache Aussagen nicht möglich (vgl. hierzu das folgende Beispiel).

6. Die enge Verwandtschaft der Laplace- zur Fourier-Transformation bedingt, daß viele der im Abschnitt A 2.1.1 genannten Eigenschaften (Nr. 2, 3, 6, 8) sinngemäß auch bei der Laplace-Transformation gelten. Dabei ist natürlich auf die Bedingung $f(t)=0$ für $t<0$ zu achten.

Beispiel

Die Laplace-Transformierte der Funktion $f(t) = s(t)e^{-at}$ ist zu berechnen. Mit Gl. A33 erhält man

$$F(s) = \int_0^\infty e^{-at}\, e^{-st}\, dt = \int_0^\infty e^{-(s+a)t}\, dt = \frac{-1}{s+a}\, e^{-(s+a)t} \Big|_0^\infty .$$

Um festzustellen, welchen Wert dieser Ausdruck an der oberen Grenze $t=\infty$ annimmt, wird $s=\sigma+j\omega$ gesetzt, dann wird

$$e^{-(s+a)t} = e^{-(\sigma+j\omega+a)t} = e^{-(\sigma+a)t}\, e^{-j\omega t}.$$

Für $t\to\infty$ sind zwei Fälle zu unterscheiden:

1. $\sigma+a > 0$ bzw. $\sigma > -a$, dann wird $e^{-(\sigma+a)t} = 0$ für $t\to\infty$. Der Ausdruck verschwindet an der oberen Grenze. Der Faktor $e^{-j\omega t} = \cos(\omega t) - j\sin(\omega t)$ spielt dabei keine Rolle, denn es gilt $|e^{-j\omega t}| = 1$.
2. $\sigma+a < 0$ bzw. $\sigma < -a$, dann ist $e^{-(\sigma+a)t}$ eine ansteigende Exponentialfunktion, die für $t\to\infty$ unendlich groß wird.

Offenbar existiert im 2. Fall keine Laplace-Transformierte und man erhält (unter Berücksichtigung von $e^{-(s+a)t} = 1$ für $t=0$)

$$F(s) = \frac{1}{s+a}, \quad \mathrm{Re}\{s\} = \sigma > -a.$$

Der Bereich $\mathrm{Re}\{s\} > -a$ ist hier der Konvergenzbereich der Laplace-Transformierten.

Im Bild A23 sind die Ergebnisse für die drei Fälle $a=1$, $a=0$ und $a=-1$ dargestellt. Der obere Bildteil zeigt die entsprechenden Zeitfunktionen, der unter Bildteil die komplexen s-Ebenen mit den (schraffierten) Konvergenzbereichen. Im Fall $a=1$ liegt die imaginäre Achse im Konvergenzbereich, daher erhält man die Fourier-Transformierte von f(t), indem s=jω gesetzt wird, also $F(j\omega) = F(s=j\omega) = 1/(j\omega+1)$. Für das Signal $f(t)=s(t)e^{t}$ (a=−1) existiert keine Fourier-Transformierte, die jω-Achse liegt außerhalb des Konvergenzbereiches. Im Fall a=0, d.h. f(t) = s(t) bildet die imaginäre Achse die Grenze des Konvergenzbereiches. In diesem Fall gibt es eine Fourier-Transformierte $s(t)$ o— $\pi\,\delta(\omega) + 1/(j\omega)$, allerdings gilt hier nicht der Zusammenhang $F(j\omega) = F(s=j\omega)$.

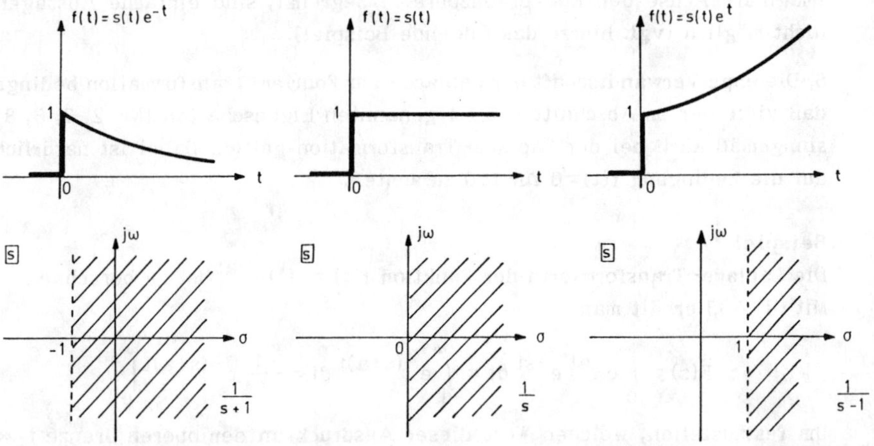

Bild A23 $f(t) = s(t)e^{-at}$ für a=1, a=0, a=−1 sowie die Konvergenzbereiche der Laplace-Transformierten

A 2.2.2 Rationale Laplace-Transformierte, das Pol-Nullstellenschema

F(s) sei eine gebrochen rationale Funktion

$$F(s) = \frac{P_1(s)}{P_2(s)} = \frac{a_0 + a_1 s + a_2 s^2 + \ldots + a_m s^m}{b_0 + b_1 s + b_2 s^2 + \ldots + b_n s^n} \qquad \text{(A35)}$$

mit reellen Koeffizienten a_μ, b_ν ($\mu=0 \ldots m$, $\nu=0 \ldots n$).

Sind $s_{01}, s_{02}, \ldots, s_{0m}$ die Nullstellen des Zählerpolynoms $P_1(s)$ und $s_{\infty 1}, s_{\infty 2}, \ldots, s_{\infty n}$ die Nullstellen von $P_2(s)$, d.h. die Polstellen von F(s), so gilt die Darstellung

$$F(s) = \frac{a_m}{b_n} \frac{(s-s_{01})(s-s_{02}) \ldots (s-s_{0m})}{(s-s_{\infty 1})(S-s_{\infty 2}) \ldots (s-s_{\infty n})}. \qquad \text{(A36)}$$

Pole und Nullstellen sind entweder reell, oder sie treten als konjugiert komplexe Paare auf.

Markiert man die Pol- und Nullstellen in der komplexen Ebene (Pole durch Kreuze, Nullstellen durch Kreise), so erhält man das Pol-Nullstellenschema (PN-Schema). In Bild A24 ist ein PN-Schema (mit einer doppelten Polstelle bei −1) skizziert.

Aus dem PN-Schema kann F(s) bis auf einen Faktor "zurückgewonnen" werden. Der Konvergenzbereich der Laplace-Transformierten wird durch den am weitesten rechts liegenden Pol begrenzt. Schließlich läßt sich zeigen, daß die zu F(s) gehörende Zeitfunktion f(t) die Eigenschaft $f(t) \to 0$ für $t \to \infty$ aufweist, wenn alle Pole in der linken s-Halbebene liegen. Tritt ein Pol in der rechten s-Halbebene auf, so gilt $f(t) \to \infty$ für $t \to \infty$. Die Rücktransformation gebrochen rationaler Funktionen erfolgt durch eine Partialbruchentwicklung unter Verwendung der im Abschnitt A 4 angegebenen Korrespondenzen.

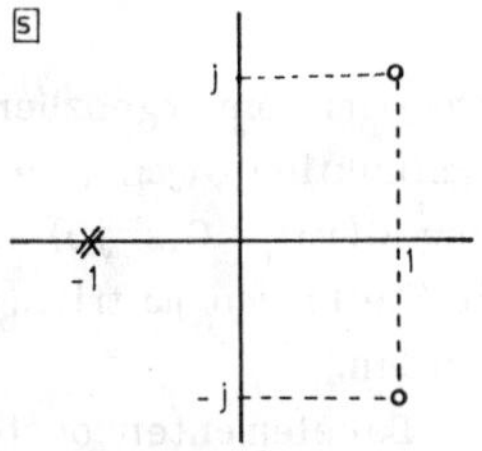

Bild A24 Pol-Nullstellenschema

Beispiel

Gegeben ist das PN-Schema nach Bild A24. Gesucht sind:

a) der Konvergenzbereich von F(s),

b) ein Formelausdruck für F(s),

c) die zugehörende Zeitfunktion f(t),

d) die Fourier-Transformierte von f(t), falls existent.

zu a Konvergenzbereich $\mathrm{Re}\{s\} > -1$.

zu b Aus dem PN-Schema findet man

$$F(s) = K\,\frac{(s-1-j)(s-1+j)}{(s+1)^2} = K\,\frac{2-2s+s^2}{(s+1)^2}\,,$$

K ist ein beliebiger Faktor.

zu c Vor der Partialbruchentwicklung ist (hier) eine Konstante abzuspalten, damit eine echt gebrochen rationale Funktion entsteht. Man erhält

$$F(s) = K + K\,\frac{1-4s}{(1+s)^2} = K + \frac{-4K}{1+s} + \frac{5K}{(1+s)^2}\,.$$

Mit den Korrespondenzen nach Abschnitt A 4 ergibt sich

$$f(t) = K\delta(t) - 4Ks(t)e^{-t} + 5Ks(t)\,t\,e^{-t}.$$

zu d Da die imaginäre Achse im Konvergenzbereich liegt, gilt

$$F(j\omega) = F(s=j\omega) = K\,\frac{2-2j\omega+(j\omega)^2}{(j\omega+1)^2}\,.$$

A 2.2.3 Die Berechnung von Systemreaktionen mit Hilfe der Laplace-Transformation

Ist g(t) die Impulsantwort eines kausalen Systems, so gilt $g(t)=0$ für $t<0$ und es kann die Laplace-Transformierte

$$G(s) = \int_{0-}^{\infty} g(t)\,e^{-st}\,dt \tag{A37}$$

berechnet werden.

G(s) hat folgende Eigenschaften:

1. Bei stabilen Systemen liegt die imaginäre Achse im Konvergenzbereich. Dies bedeutet, daß man aus G(s) die Übertragungsfunktion $G(j\omega)$ (die Fourier-Transformierte von g(t)) durch die Beziehung $G(j\omega) = G(s=j\omega)$ erhält. Umgekehrt erhält man G(s), indem in $G(j\omega)$ s an die Stelle von $j\omega$ tritt. $G(j\omega)$ kann oft mit der komplexen Rechnung ermittelt werden.
2. Systeme, die aus endlich vielen konzentrierten Bauelementen bestehen, besitzen eine gebrochen rationale Übertragungsfunktion

$$G(s) = \frac{a_0+a_1s+a_2s^2+\ldots+a_ms^m}{b_0+b_1s+b_2s^2+\ldots+b_ns^n}\,.$$

Die Koeffizienten a_μ, b_ν ($\mu=0\ldots m$, $\nu=0\ldots n$) sind reell. Stabil ist das System genau dann, wenn $m\leq n$ ist und alle Polstellen von G(s) in der linken s-Halbeben liegen. Diese Stabilitätsbedingung ist in der Praxis wegen ihrer relativ einfachen Nachprüfbarkeit von großer Bedeutung.

Bei der Ermittlung von Systemreaktionen kann aus G(s) durch Rücktransformation die Impulsantwort g(t) berechnet werden. Anschließend kann mit dem Faltungsintegral die Systemreaktion auf das gewünschte Eingangssignal berechnet werden. Im Falle kausaler Eingangssignale, d.h. $x(t)=0$ für $t<0$, kann auch die Beziehung

$$Y(s) = G(s)\,X(s) \tag{A38}$$

zur Anwendung kommen. Gl. A38 entspricht der Beziehung A25 bei der Fourier-Transformation. Die Berechnung mit der Laplace-Transformation ist oft einfacher. Dies liegt u.a. auch daran, daß bei der Laplace-Transformation im "s-Bereich" keine Dirac-Impulse auftreten können.

A3 Zeitdiskrete Signale und Systeme

A 3.1 Bemerkungen zu den Signalen

Aus einem zeitkontinuierlichen Signal f(t) erhält man durch Abtastung im Abstand T ein zeitdiskretes Signal f(n) = f(nT). Wird angenommen, daß f(t) ein mit der Frequenz f_g bandbegrenztes Signal ist (d.h. $X(j\omega)=0$ für $\omega>\omega_g$), so kann f(t) aus seinen Abtastwerten f(nT) exakt zurückgewonnen werden, wenn $T\leq 1/(2f_g)$ ist. Dies ist eine Aussage des Abtasttheorems (vgl. z.B. [12]). I.a. wird man auf die Einhaltung dieser "Abtastbedingung" achten.

Bei zeitdiskreten Signalen tritt der Einheitsimpuls

$$\delta(n) = \begin{cases} 0 \text{ für } n \neq 0 \\ 1 \text{ für } n=0 \end{cases} \tag{A39}$$

an die Stelle des Dirac-Impulses. δ(n) ist links im Bild A25 skizziert.

Mit Hilfe von δ(n) kann man eine zur Ausblendeigenschaft des Dirac-Impulses (Gl. A6) analoge "Ausblendsumme" angeben:

$$f(n) = \sum_{\nu=-\infty}^{\infty} f(\nu)\delta(n-\nu). \tag{A40}$$

Rechts im Bild A25 ist die Sprungfolge

$$s(n) = \begin{cases} 0 \text{ für } n<0 \\ 1 \text{ für } n\geq 0 \end{cases} \tag{A41}$$

dargestellt. Ihr Zusammnenhang zu δ(n) lautet

$$\delta(n) = s(n) - s(n-1). \tag{A42}$$

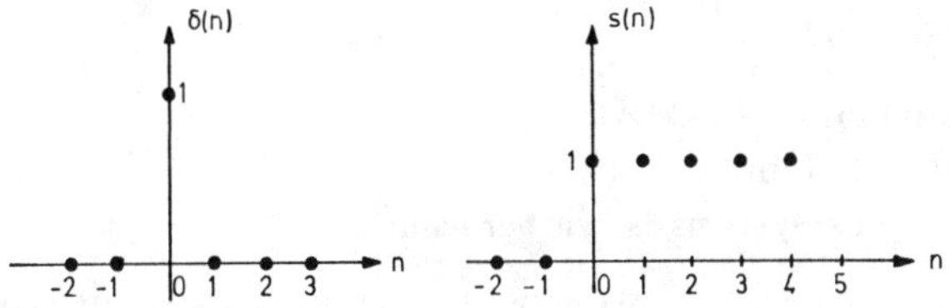

Bild A25 Einheitsimpuls δ(n) und Sprungfolge s(n)

A 3.2 Lineare zeitinvariante zeitdiskrete Systeme

A 3.2.1 <u>Die Faltungssumme</u>

Entsprechend der Darstellung bei zeitkontinuierlichen Systemen (Abschnitt A 1.2) ist x(n) die Eingangsfolge und y(n) = T{x(n)} die Ausgangsfolge des hier als linear und zeitinvariant vorausgesetzten Systems. Die im Abschnitt

A 1.2.1 angegebenen Systemeigenschaften sind unter Beachtung der modifizierten Schreibweise voll für zeitdiskrete Systeme übernehmbar.

Als Impulsantwort g(n) bezeichnet man bei zeitdiskreten Systemen die Systemreaktion auf den Einheitsimpuls, d.h. $g(n) = T\{\delta(n)\}$. Die Impulsantwort kann aus der Sprungantwort $h(n) = T\{s(n)\}$ mit der Beziehung

$$g(n) = h(n) - h(n-1) \qquad \text{(A43)}$$

berechnet werden.

Schließlich können Systemreaktionen auf beliebige Eingangssignale mit der Faltungssumme

$$y(n) = \sum_{\nu=-\infty}^{\infty} x(\nu) g(n-\nu) = \sum_{\nu=-\infty}^{\infty} x(n-\nu) g(\nu) \qquad \text{(A44)}$$

berechnet werden (vgl. hierzu das Faltungsintegral, Gln. A17, A18). Gl. A44 wird häufig in der Kurzschreibweise

$$y(n) = x(n) * g(n) = g(n) * x(n)$$

dargestellt. Das Zeichen "*" ist das Faltungssymbol.

Aus Gl. A44 kann man die Stabilitätsbedingung

$$\sum_{n=-\infty}^{\infty} |g(n)| < K < \infty \qquad \text{(A45)}$$

ableiten.

Beispiel

Die Impulsantwort eines zeitdiskreten Systems lautet

$$g(n) = \begin{cases} 0 \text{ für } n<0 \\ k^n \text{ für } n \geq 0 \end{cases} = s(n) k^n, \; |k|<1,$$

sie ist (für k=0,5) links im Bild A26 skizziert.

a) Ist das System kausal und stabil?

b) Die Sprungantwort h(n) des Systems ist zu berechnen.

zu a Das System ist kausal, da $g(n)=0$ für $n<0$ ist. Nach Gl. A45 erhält man

$$\sum_{n=-\infty}^{\infty} |g(n)| = \sum_{n=0}^{\infty} |k|^n = \frac{1}{1-|k|} < \infty \quad (|k|<1!),$$

damit ist das System auch stabil.

Hinweis: Eine geometrische Reihe $1, q, q^2, \ldots, q^{N-1}$ hat die Summe $S_N = (1-q^N)/(1-q)$. Die Summe konvergiert für $N \to \infty$ und $|q|<1$ gegen den Grenzwert $S_\infty = 1/(1-q)$. Dies gilt auch bei komplexen Werten q.

zu b Mit $x(n)=s(n)$, $g(n) = s(n)k^n$ erhält man aus Gl. A44 (rechte Form):

$$y(n) = h(n) = \sum_{\nu=-\infty}^{\infty} s(n-\nu)s(\nu)k^{\nu}.$$

Da $s(\nu)=0$ für $\nu<0$ und $s(n-\nu)=0$ für $\nu>n$ ist, wird für $n\geq 0$:

$$h(n) = \sum_{n=0}^{n} k^{\nu} = \frac{1-k^{n+1}}{1-k}$$

(Summe einer geometrischen Reihe mit n+1 Summanden). Für $n<0$ gilt $h(n)=0$.
Zusammenfassung:

$$h(n) = \begin{cases} 0 \text{ für } n<0 \\ (1-k^{n+1})/(1-k) \text{ für } n\geq 0 \end{cases} = s(n)\frac{1-k^{n+1}}{1-k}.$$

Diese Sprungantwort ist (für k=1/2) rechts im Bild A26 dargestellt.

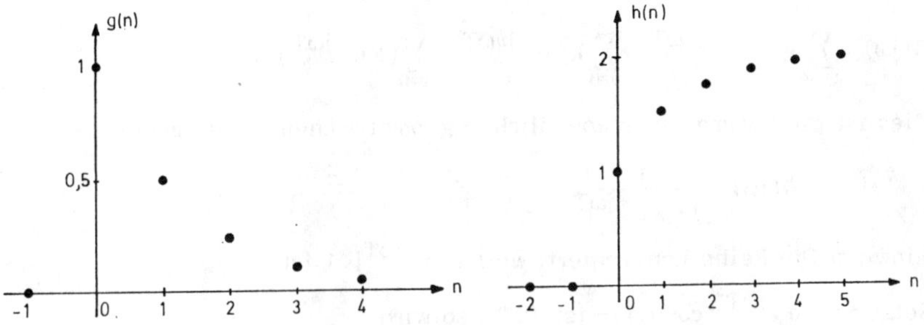

Bild A26 Impuls- und Sprungantwort eines zeitdiskreten System

A 3.2.2 Die Übertragungsfunktion

Mit dem Eingangssignal $x(n) = e^{jn\omega T}$ (abgetastetes Signal $e^{j\omega t}$) findet man nach Gl. A44 die Systemreaktion

$$y(n) = \sum_{\nu=-\infty}^{\infty} e^{j(n-\nu)\omega T} g(\nu) = e^{jn\omega T} \sum_{\nu=-\infty}^{\infty} g(\nu)\, e^{-j\nu\omega T}.$$

Die hier auftretende Summe ist die Übertragungsfunktion

$$G(j\omega) = \sum_{\nu=-\infty}^{\infty} g(\nu)\, e^{-j\nu\omega T} \qquad \text{(A46)}$$

des zeitdiskreten System.

Dann gilt im Falle $x(n) = e^{jn\omega T}$: $y(n) = G(j\omega)e^{jn\omega T}$ bzw.

$$G(j\omega) = \frac{y(n)}{x(n)}\bigg|_{x(n)=e^{jn\omega T}} \qquad \text{(A47)}$$

(vgl. hierzu die entsprechende Beziehung A15 bei zeitkontinuierlichen Systemen).

Aus Gl. A46 erkennt man, daß die Übertragungsfunktionen zeitdiskreter Systeme periodische Funktionen sind, es gilt

$$G(j\omega) = G(j\omega + k\,j2\pi/T),\ k = 0, \pm 1, \pm 2, \dots ,$$

dies ist eine wesentliche Besonderheit gegenüber zeitkontinuierlichen Systemen. In der Praxis ist i.a nur der Frequenzbereich bis zur Frequenz $\omega=\pi/T$ bzw. $f=1/(2T)$ relevant, da nur bis zu dieser Frequenz die Bedingungen des Abtasttheorems erfüllt sind.

Beispiel

Die Übertragungsfunktion des Systems mit der Impulsantwort $g(n) = s(n)\,k^n$, $|k|<1$ ist zu berechnen. $g(n)$ ist (für $k=1/2$) links im Bild A26 dargestellt.

Aus Gl. A46 erhält man

$$G(j\omega) = \sum_{\nu=-\infty}^{\infty} g(\nu)\,e^{-j\nu\omega T} = \sum_{\nu=0}^{\infty} k^{\nu}\,e^{-j\nu\omega T} = \sum_{\nu=0}^{\infty} (k e^{-j\omega T})^{\nu}.$$

Dies ist die Summe einer unendlichen geometrischen Reihe, man erhält

$$G(j\omega) = \frac{1}{1-k e^{-j\omega T}}.$$

Hinweis: Die Reihe konvergiert, weil $|k e^{-j\omega T}|<1$ ist.

Setzt man $e^{-j\omega T} = \cos(\omega T) - j\sin(\omega T)$, so wird

$$G(j\omega) = \frac{1}{1 - k\cos(\omega T) + jk\sin(\omega T)}$$

und daraus erhalten wir den Betrag

$$|G(j\omega)| = \frac{1}{\sqrt{1+k^2-2k\cos(\omega T)}}.$$

Für $k=1/2$ ist diese Funktion im Bild A27 dargestellt. In der Praxis wird man i.a. (z.B. durch einen "Vortiefpaß") dafür sorgen, daß nur Frequenzen bis $\omega=\pi/T$ zur Wirkung kommen.

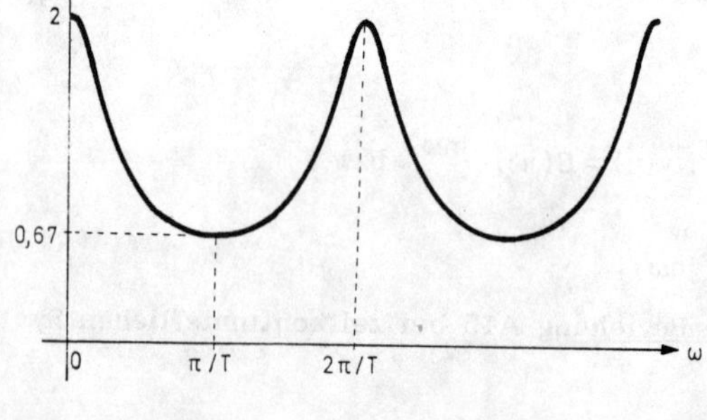

Bild A27 $|G(j\omega)|$ bei $k=1/2$

A 3.2.3 Die Beschreibung zeitdiskreter Systeme durch Differenzengleichungen

Zeitkontinuierliche Systeme können, soweit sie aus endlich vielen konzentrierten Bauelementen aufbaubar sind, durch (gewöhnliche) Differentialgleichungen beschrieben werden. Bei zeitdiskreten Systemen treten Differenzengleichungen an deren Stelle.

Bei einem zeitdiskreten System 1. Ordnung wird der Zusammnenhang zwischen Ein- und Ausgangsfolge durch die Differenzengleichung

$$y(n)+d_0 y(n-1)=c_1 x(n)+c_0 x(n-1) \tag{A48}$$

beschrieben. Bei einer Differenzengleichung 2. Ordnung

$$y(n)+d_1 y(n-1)+d_0 y(n-2)=c_2 x(n)+c_1 x(n-1)+c_0 x(n-2) \tag{A49}$$

spielen noch die um zwei "Zeittakte" verschobenen Signalwerte $x(n-2)$ und $y(n-2)$ eine Rolle usw..

Beispiel

Gegeben ist ein System mit der Differenzengleichung

$$y(n)-ky(n-1)=x(n),\ |k|<1.$$

Gesucht wird die Übertragungsfunktion $G(j\omega)$ dieses Systems.

Im Falle $x(n)=e^{jn\omega T}$ wird $y(n)=G(j\omega)e^{jn\omega T}$ und $y(n-1)=G(j\omega)e^{j(n-1)\omega T}$. Diese Ausdrücke werden in die Differenzengleichung eingesetzt:

$$G(j\omega)e^{jn\omega T}-kG(j\omega)e^{j(n-1)\omega T}=e^{jn\omega T}.$$

Nach Kürzen von $e^{jn\omega T}$ erhält man

$$G(j\omega)=\frac{1}{1-ke^{-j\omega T}}.$$

Diese Lösungsmethode entspricht derjenigen, die im Beispiel des Abschnittes A 1.2.2 bei der RC-Schaltung angewandt wurde. Man stellt auch fest, daß die gefundene Übertragungsfunktion die gleiche wie bei dem Beispiel aus dem früheren Abschnitt A 3.2.2 ist. Für $k=1/2$ ist der Betrag $|G(j\omega)|$ im Bild A27 dargestellt.

A 3.3 Die z-Transformation

A 3.3.1 Die Grundgleichungen und einige Eigenschaften

$f(n)$ sei eine kausale Folge, d.h. $f(n)=0$ für $n<0$. Dann nennt man die von der komplexen Variablen z abhängige Funktion

$$F(z)=\sum_{n=0}^{\infty} f(n)\, z^{-n} \tag{A50}$$

die (einseitige) z-Transformierte von f(n). Die Rücktransformation erfolgt mit der Beziehung

$$f(n) = \frac{1}{2\pi j} \oint F(z)\, z^{n-1}\, dz. \tag{A51}$$

Wie bei der Fourier- und der Laplace-Transformation wird auch hier das Korrespondensymbol verwendet: $f(n) \circ\!\!- F(z)$.

Bemerkungen und Eigenschaften

1. Bei der zweiseitigen z-Transformation entfällt die Bedingung f(n)=0 für n<0. Bei Gl. A50 läuft dann der Summationsindex von $n=-\infty$.

2. Lassen sich Konstante K und R finden, so daß $|f(n)|<KR^n$ für alle n gilt, so konvergiert die Summe A50 für alle Werte $|z|>R$. Diesen Bereich nennt man den Konvergenzbereich der z-Transformierten.

3. Der Integrationsweg bei Gl. A51 muß vollständig im Konvergenzbereich von F(z) verlaufen.

4. Linearität: Aus $f_1(n) \circ\!\!- F_1(z)$, $f_2(n) \circ\!\!- F_2(z)$ folgt

$$k_1 f_1(n) + k_2 f_2(n) \circ\!\!- k_1 F_1(z) + k_2 F_2(z).$$

5. Verschiebungssatz: Für i>0 gilt

$$f(n-i) \circ\!\!- z^{-i}\, F(z).$$

6. Faltung:

$$f_1(n) * f_2(n) \circ\!\!- F_1(z) F_2(z).$$

Die Faltung von zwei Folgen ist durch Gl. A44 erklärt.

7. Die Rücktransformation von rationalen z-Transformierten erfolgt (ebenso wie bei der Laplace-Transformation) durch Partialbruchentwicklung und durch Rücktransformation der Partialbrüche.

Beispiel

Die z-Transformierten von $f(n) = \delta(n)$ und $f(n) = s(n)$ sind zu ermitteln.

a) $f(n) = \delta(n)$: Aus Gl. A50 folgt

$$F(z) = \sum_{n=0}^{\infty} \delta(n)\, z^{-n} = 1.$$

Nur der Summand bei n=0 liefert einen Beitrag zur Summe. Der Konvergenzbereich ist in diesem Fall die gesamte z-Ebene.

b) $f(n) = s(n)$: Aus Gl. A50 folgt

$$F(z) = \sum_{n=0}^{\infty} s(n)\, z^{-n} = \sum_{n=0}^{\infty} z^{-n} = \sum_{n=0}^{\infty} (z^{-1})^n = \frac{1}{1-z^{-1}} = \frac{z}{z-1} \text{ für } |z|>1.$$

Die Summe konvergiert nur im Fall $|z|>1$, dies ist der Konvergenzbereich der z-Transformierten von $f(n)=s(n)$.

A 3.3.2 Die Berechnung von Systemreaktionen mit der z-Transformation

Ist $g(n)$ die Impulsantwort eines kausalen Systems, also $g(n)=0$ für $n<0$, so ist nach Gl. A50

$$G(z) = \sum_{n=0}^{\infty} g(n)\, z^{-n} \tag{A52}$$

die z-Transformierte der Impulsantwort.

Ein Vergleich mit der Übertragungsfunktion $G(j\omega)$ nach Gl. A46 (mit dort $g(n)=0$ für $n<0$) zeigt, daß der folgende Zusammenhang besteht:

$$G(j\omega) = G(z=e^{j\omega T}). \tag{A53}$$

Entsprechend der bei zeitkontinuierlichen Systemen gültigen Beziehung $Y(s)=G(s)\,X(s)$ gilt bei zeitdiskreten Systemen

$$Y(z) = G(z)\,X(z). \tag{A54}$$

Die Ausgangsfolge $y(n)$ erhält man durch Rücktransformation von $Y(z)$.

Wenn das System durch eine Differenzengleichung beschrieben werden kann, ist $G(z)$ eine rationale Funktion. Stabil ist das System genau dann, wenn der Zählergrad den Nennergrad nicht übersteigt und alle Pole von $G(z)$ im Bereich $|z|<1$ liegen.

Beispiel

Gesucht wird die Übertragungsfunktion und $G(z)$ des Systems mit der Differenzengleichung $y(n) + y(n-1) + 0{,}5\; y(n-2) = x(n)+x(n-1)$. Weiterhin ist zu prüfen, ob das System stabil ist.

Zur Bestimmung von $G(j\omega)$ wird $x(n) = e^{jn\omega T}$ und $y(n)=G(j\omega)e^{jn\omega T}$ in die Differenzengleichung eingesetzt:

$$G(j\omega)e^{jn\omega T}+G(j\omega)e^{j(n-1)\omega T}+0{,}5\,G(j\omega)e^{j(n-2)\omega T} = e^{jn\omega T}+e^{j(n-1)\omega T}.$$

Nach Kürzen von $e^{jn\omega T}$ erhält man schließlich

$$G(j\omega) = \frac{e^{j\omega T}+e^{2j\omega T}}{0{,}5+e^{j\omega T}+e^{2j\omega T}}.$$

Nach Gl. A53 erhält man $G(z)$, wenn $e^{j\omega T}=z$ gesetzt wird:

$$G(z) = \frac{z + z^2}{0{,}5+z+z^2}$$

Die Pole von $G(z)$ liegen bei $-0{,}5\pm j0{,}5$, also bei $|z|=0{,}7071$, das System ist somit stabil.

A4 Korrespondenzen

A 4.1 Fourier–Transformation

f(t)	F(jω)
$\delta(t)$	1
1	$2\pi\delta(\omega)$
$\cos(\omega_0 t)$	$\pi(\delta(\omega-\omega_0)+\delta(\omega+\omega_0))$
$\sin(\omega_0 t)$	$\frac{\pi}{j}(\delta(\omega-\omega_0)-\delta(\omega+\omega_0))$
$\operatorname{sgn} t$	$\frac{2}{j\omega}$
$s(t)$	$\pi\delta(\omega)+\frac{1}{j\omega}$
$s(t)\cos(\omega_0 t)$	$\frac{\pi}{2}(\delta(\omega-\omega_0)+\delta(\omega+\omega_0))+\frac{j\omega}{\omega_0^2-\omega^2}$
$s(t)\sin(\omega_0 t)$	$\frac{\pi}{2j}(\delta(\omega-\omega_0)-\delta(\omega+\omega_0))+\frac{\omega_0}{\omega_0^2-\omega^2}$
$s(t)e^{-at},\ a>0$	$\frac{1}{a+j\omega}$
$s(t)\frac{t^n}{n!}e^{-at},\ a>0,\ n=0,1,2,\ldots$	$\frac{1}{(a+j\omega)^{n+1}}$
$s(t)e^{-at}\cos(\omega_0 t),\ a>0$	$\frac{j\omega+a}{(j\omega+a)^2+\omega_0^2}$
$s(t)e^{-at}\sin(\omega_0 t),\ a>0$	$\frac{\omega_0}{(j\omega+a)^2+\omega_0^2}$
$e^{-a\|t\|},\ a>0$	$\frac{2a}{a^2+\omega^2}$
$e^{-a\|t\|}\operatorname{sgn} t,\ a>0$	$\frac{-2j\omega}{a^2+\omega^2}$
$e^{-a\|t\|}(b\cos(\omega_0 t)+c\sin(\omega_0\|t\|)),\ a>0$	$2\frac{\omega^2(ab-\omega_0 c)+(ab+\omega_0 c)(a^2+\omega_0^2)}{\omega^4+2\omega^2(a^2-\omega_0^2)+(a^2+\omega_0^2)^2}$
$\frac{1}{4a^3}(1+a\|t\|)e^{-a\|t\|},\ a>0$	$\frac{1}{(a^2+\omega^2)^2}$
$e^{-at^2},\ a>0$	$\sqrt{\frac{\pi}{a}}\,e^{-\omega^2/(4a)}$
$f(t)=\begin{cases}1 \text{ für } \|t\|<T\\ 0 \text{ für } \|t\|>T\end{cases}$	$\frac{2\sin(\omega T)}{\omega}$
$f(t)=\begin{cases}1-\|t\|/T \text{ für } \|t\|<T\\ 0 \text{ für } \|t\|>T\end{cases}$	$\frac{4\sin^2(\omega T/2)}{T\omega^2}$

A 4.2 Laplace-Transformation

f(t)	F(s), Konvergenzbereich
$\delta(t)$	1, s beliebig
$s(t)$	$\frac{1}{s}$, $Re\{s\}>0$
$s(t)\frac{t^n}{n!}$	$\frac{1}{s^{n+1}}$, $Re\{s\}>0$
$s(t)\cos(\omega_0 t)$	$\frac{s}{\omega_0^2+s^2}$, $Re\{s\}>0$
$s(t)\sin(\omega_0 t)$	$\frac{\omega_0}{\omega_0^2+s^2}$, $Re\{s\}>0$
$s(t)e^{-at}$ (a auch komplex)	$\frac{1}{a+s}$, $Re\{s\}>-Re\{a\}$
$s(t)\frac{t^n}{n!}e^{-at}$ (a auch komplex)	$\frac{1}{(a+s)^{n+1}}$, $Re\{s\}>-Re\{a\}$
$s(t)e^{-at}\cos(\omega_0 t)$	$\frac{s+a}{(a+s)^2+\omega_0^2}$, $Re\{s\}>-a$
$s(t)e^{-at}\sin(\omega_0 t)$	$\frac{\omega_0}{(a+s)^2+\omega_0^2}$, $Re\{s\}>-a$

A 4.3 z-Transformation

f(n)	F(z), Konvergenzbereich
$\delta(n)$	1, z beliebig
$s(n)$	$\frac{z}{z-1}$, $\lvert z\rvert>1$
$s(n)e^{-an}$	$\frac{z}{z-e^{-a}}$, $\lvert z\rvert>e^{-a}$
$s(n)\cos(n\omega_0 T)$	$\frac{z\,(z-\cos(\omega_0 T))}{z^2-2z\cos(\omega_0 T)+1}$, $\lvert z\rvert>1$
$s(n)\sin(n\omega_0 T)$	$\frac{z\sin(\omega_0 T)}{z^2-2z\cos(\omega_0 T)+1}$, $\lvert z\rvert>1$
$s(n-1)a^{n-1}$ (a auch komplex)	$\frac{1}{z-a}$, $\lvert z\rvert>\lvert a\rvert$
$s(n-i)\binom{n-1}{i-1}a^{n-1}$ $i=1,2,3,\ldots$ (a auch komplex)	$\frac{1}{(z-a)^i}$, $\lvert z\rvert>\lvert a\rvert$

Verzeichnis der wichtigsten Formelzeichen

$A(\omega)$, $B(\omega)$	Dämpfungs- und Phasenfunktion
$E[\ ]$, σ^2	Erwartungswert und Streuung einer Zufallsgröße
$\delta(t)$, $\delta(n)$	Dirac-Impuls, Einheitsimpuls
f, ω	Frequenz- und Kreisfrequenzvariable
$f(t)$, $f(n)$	Zeitfunktion, Folge
$F(j\omega)$	Fourier-Transformierte von $f(t)$
$g(t)$, $g(n)$	Impulsantwort eines zeitkontinuierlichen und diskreten Systems
$G(j\omega)$	Übertragungsfunktion
$G(s)$, $G(z)$	Laplace- bzw. z-Transformierte von $g(t)$ bzw. $g(n)$
$s=\sigma+j\omega$	komplexe Frequenzvariable
$p(x)$, $F(x)$	Wahrscheinlichkeitsdichte und Verteilungsfunktion
$P(A)$	Wahrscheinlichkeit für das Zufallsereignis A
r	Korrelationskoeffizient
$R_{XX}(\tau)$	Autokorrelationsfunktion
$R_{XY}(\tau)$	Kreuzkorrelationsfunktion
$s(t)$, $s(n)$	Sprungfunktion, Sprungfolge
$\mathrm{sgn}\, t$	Signumfunktion
$S_{XX}(\omega)$	spektrale Leistungsdichte
t, τ	Zeit, Zeitparameter
$x(t)$, $y(t)$	Signale
$X(t)$, $Y(t)$	Zufallssignale
$\widetilde{x(t)}$	zeitlicher Mittelwert von $x(t)$
z	komplexe Variable der z-Transformation
$\circ\!-$	Korrespondenzsymbol
$*$	Faltungssymbol

Literaturverzeichnis

[1] Ball, G.A.: Korrelationsmeßgeräte. Verlag Technik, Berlin 1972

[2] Beneking, H.: Praxis des elektronischen Rauschens. Bibliograph. Institut, Mannheim 1971

[3] Beyer,O., Hackel, H. u.a.: Wahrscheinlichkeitsrechnung und mathematische Statistik. Verlag Harri Deutsch, Frankfurt 1980

[4] Fischer, F.A.: Einführung in die statistische Übertragungstheorie. Bibliograph. Institut, Mannheim 1969

[5] Fritzsche, G.: Theoretische Grundlagen der Nachrichtentechnik. Verlag Technik, Berlin 1972

[6] Giloi, W.: Simulation und Analyse stochastischer Vorgänge. Oldenbourg-Verlag, München 1970

[7] Heinhold, J., Gaede, K.W.: Ingenieur-Statistik. Oldenbourg-Verlag, München 1979

[8] Lee, Y.W.: Statistical Theory of Communication. J. Wiley, New York 1960

[9] Lüke, H.D.: Signalübertragung. Springer-Verlag, Berlin 1985

[10] Meyer-Eppler, W.: Grundlagen und Anwendungen der Informationstheorie. Springer-Verlag, Berlin 1969

[11] Middleton, O.: The Introduction to Statistical Communication Theory. McGraw-Hill, New York 1960

[12] Mildenberger, O.: System- und Signaltheorie. Vieweg-Verlag, Wiesbaden 1988

[13] Papoulis, A.: Probability, Random Variables, and Stochastic Processes. Mc Graw-Hill, New York 1965

[14] Schröder, H., Rommel, G.: Elektrische Nachrichtentechnik, Bd. 1a. Hüthig&Pflaum-Verlag, München 1978

[15] Renyi, A.: Wahrscheinlichkeitsrechnung. Deutscher Verlag der Wissenschaften, Berlin 1971

[16] Schlitt, H., Dittrich, F.: Statistische Methoden der Regelungstechnik. Bibliograph. Institut, Mannheim 1972

[17] Schneeweiss, W.G.: Zufallsprozesse in dynamischen Systemen. Springer-Verlag, Berlin 1974

[18] Solodownikow, W.W.: Einführung in die statistische Dynamik linearer Regelungssysteme. Oldenbourg-Verlag, München 1963

[19] Spataru, A.: Theorie der Informationsübertragung. Vieweg-Verlag, Braunschweig 1973

[20] Unbehauen, R.: Systemtheorie. Oldenbourg-Verlag, München 1983

[21] Wehrmann, W.: Korrelationstechnik. Lexika-Verlag, Grafenau 1977

[22] Winkler, G.: Stochastische Systeme. Akademische Verlagsanstalt, Wiesbaden 1977

[23] Wunsch, G.: Systemanalyse, Bd. 2. Dr. A. Hüthig-Verlag, Heidelberg 1970

Sachregister